21世纪
高等学校精品规划配套辅导教材

水利水电工程专业毕业设计指南（第二版）

主 编 胡 明 沈长松

中国水利水电出版社
www.waterpub.com.cn

内 容 提 要

本书是专门为水利水电工程专业应届毕业生进行毕业设计而编写的，同时兼顾了在职的工程技术人员的实际需要。本书在第一版的基础上按照新的规范和准则进行了修订，同时增加了部分典型范例。全书共三章，主要介绍了水工建筑物设计的基本理论和发展趋势、水工毕业设计方法和典型毕业设计，并附录了毕业设计中的常用工具性资料。通过本书的学习，力图引导学生把在课堂上学到的专业知识很好地应用到工程实践中去。

本书主要供水利水电工程专业应届毕业生、已工作的水工设计师、大专生使用，也可供水利水电工程设计和教学人员参考。

图书在版编目（CIP）数据

水利水电工程专业毕业设计指南 / 胡明，沈长松主编. -- 2版. -- 北京 : 中国水利水电出版社，2010.1(2020.9重印)
21世纪高等学校精品规划配套辅导教材
ISBN 978-7-5084-7211-9

Ⅰ. ①水… Ⅱ. ①胡… ②沈… Ⅲ. ①水利工程－毕业设计－高等学校－教学参考资料②水力发电工程－毕业设计－高等学校－教学参考资料 Ⅳ. ①TV

中国版本图书馆CIP数据核字(2010)第023317号

书　　名	21世纪高等学校精品规划配套辅导教材 **水利水电工程专业毕业设计指南（第二版）**
作　　者	主编　胡明　沈长松
出版发行	中国水利水电出版社 （北京市海淀区玉渊潭南路1号D座　100038） 网址：www.waterpub.com.cn E-mail：sales@waterpub.com.cn 电话：（010）68367658（营销中心）
经　　售	北京科水图书销售中心（零售） 电话：（010）88383994、63202643 全国各地新华书店和相关出版物销售网点
排　　版	中国水利水电出版社微机排版中心
印　　刷	北京市密东印刷有限公司
规　　格	184mm×260mm　16开本　20印张　474千字
版　　次	2001年1月第1版 2010年2月第2版　2020年9月第4次印刷
印　　数	9701—11200册
定　　价	**52.00**元

第二版前言

《水利水电工程专业毕业设计指南》（第一版）自2001年问世以来，为全国许多相关高校水利水电工程专业所采用，对于促进专业发展、指导毕业设计的教学工作起了积极的推进作用。但近10年来，我国水利水电事业发生了翻天覆地的变化，无论是工程规模，还是技术水平都居于世界前列，很多设计规范和准则都进行了重新修订，迫切需要对原有的《水利水电工程专业毕业设计指南》进行相应的修订。《水利水电工程专业毕业设计指南》（第二版）一方面采用了目前已修订的新规范和准则进行设计和改编，使之更适应于工程发展的需要；另一方面也增加了“混凝土面板堆石坝设计”和“抽水蓄能电站设计”等毕业设计典型范例，使其内容更加丰富、全面。第二版也对第一版中存在的一些错误和不足之处进行了更正和补充。

《水利水电工程专业毕业设计指南》（第二版）由河海大学水利水电学院胡明、沈长松担任主编。其中第一章第一、三、七节，第二章第一、二、四节由沈长松、任旭华编写；第一章第二节由顾圣平、任旭华编写；第一章第四节、第二章第五节、第三章第六节由胡明编写；第一章第五节、第三章第八节由赵坚编写；第一章第六节、第二章第三节、第三章第七节由蔡付林编写；第一章第八节由胡明、任旭华、沈长松合作编写；第三章第一节由顾圣平编写；第三章第二、三节由沈长松编写；第二章第四节由任旭华、王玲玲编写；第三章第五节由沈振中、沈长松编写。此外，叶翔也参与了部分内容的编写工作。

全书由胡明统稿，河海大学林益才教授审阅了全稿，在此表示衷心感谢。

本书如有错误和不足之处，请读者予以指正，可通过电子邮件 mhu2@hhu.edu.cn 或 hhuscs@126.com 与编者联系。

编　者

2009年12月

第一版前言

毕业设计是高等工科学校教学中一个不可缺少的实践性环节。由中国水利水电出版社组织编写出版的《大学生毕业设计指南丛书》之《水利水电工程专业毕业设计指南》，是为高等学校水利水电工程专业毕业设计所编写的一本指导书。它既可作为该专业本、专科学生毕业设计的参考书，也可供从事该专业教学工作的高校教师以及新近从事该专业设计工作的技术人员参考。

本书共分三章。第一章为水工建筑物设计的基本理论和发展趋势，简要地介绍了规划设计、枢纽布置、水工建筑物的设计理论、施工组织设计以及水工设计理论及技术的发展。第二章为毕业设计方法，分别介绍了毕业设计的目的、作用和要求，毕业设计的选题、准备和实施，毕业设计文件，毕业设计的评阅和答辩以及计算机在毕业设计中的应用。第三章为典型毕业设计，介绍了水利水电规划、混凝土拱坝设计、混凝土宽缝重力坝设计、土石坝和坝外泄洪建筑物设计、水电站建筑物设计、渠系建筑物设计等六个专题的毕业设计实例。

本书由河海大学水电系索丽生、任旭华、胡明编著。第一章第七节由索丽生、任旭华编写；第二章第五节由索丽生、胡明编写；第一章第一、三、六节、第二章第一、二、四节、第三章第四节由任旭华编写；第一章第四节、第三章第五节由胡明编写；第一章第二节由顾圣平和任旭华编写；第三章第一节由顾圣平编写；第一章第五节、第三章第六节由赵坚编写；第三章第二、三节由沈长松和任旭华编写；第二章第三节由蔡付林编写。全书由索丽生修改定稿，河海大学林益才教授审阅了全稿，并提出了建设性的修改意见，在此表示衷心的感谢。

本书大量引用了有关专业文献和资料，未在书中一一注明出处，在此一并感谢。

本书如有错误和不妥之处，请读者予以指正。意见请寄南京河海大学水电系（邮政编码 210098）。

编　者

2000 年 12 月

目录

第二版前言

第一版前言

第一章　水工建筑物设计基本理论及发展趋势…… 1

第一节　水工设计的程序、设计依据和设计标准 …… 1

第二节　工程规划及枢纽布置 …… 5

第三节　挡水建筑物及泄水建筑物 …… 17

第四节　水电站建筑物 …… 36

第五节　抽水蓄能电站建筑物 …… 46

第六节　渠道、渠系建筑物 …… 53

第七节　施工组织设计 …… 62

第八节　水工设计理论及技术的发展 …… 67

第二章　水工毕业设计方法 …… 77

第一节　毕业设计的目的、作用和要求 …… 77

第二节　毕业设计的选题、准备和实施 …… 79

第三节　计算机在毕业设计中的应用 …… 88

第四节　毕业设计文件 …… 98

第五节　毕业设计的评阅和答辩 …… 101

第三章　典型毕业设计…… 104

第一节　水利水电规划 …… 104

第二节　混凝土拱坝设计 …… 122

第三节　混凝土宽缝重力坝设计 …… 144

第四节　土石坝和坝外泄洪建筑物设计 …… 169

第五节　混凝土面板堆石坝设计 …… 194

第六节　水电站建筑物设计 …… 209

第七节　抽水蓄能电站建筑物设计 …… 249

第八节　渠系建筑物设计 …… 274

附录…… 295

附录一　分块积分法求拱坝梁的变位系数 a_{ij} …… 295

附录二　毕业设计中的常用参考文献及资料…… 309

第一章　水工建筑物设计基本理论及发展趋势

第一节　水工设计的程序、设计依据和设计标准

一、水利工程基本建设程序

水利工程修建在河流、湖泊、海岸等水域中，既控制水又承受水的作用。与一般的土木工程相比，具有工作条件复杂、效益显著、施工建造艰难、失事后果严重等特点。相对于其他工程而言规模都较大，牵涉因素较多，因此工程建设须严格遵守基本建设程序和规程规范。根据国家基本建设管理规定，水利工程建设大体可分为前后两个阶段，即工程开工建设前的规划、勘测、设计为主的前期阶段；工程开工建设以后至竣工投产的施工阶段。具体来说，首先是对一条河流或地区的自然和社会状况进行勘查和调查研究，获取必要的资料，编制流域规划或地区水利工程的总体布局，确定合理的开发程序以及每一项工程的任务和技术经济指标。其次，对确定兴建的某一水利工程，按规范要求分阶段进行勘测、规划、设计和施工。在工程施工过程中，设计单位根据工作需要派驻工地设计代表，配合施工，负责说明设计意图，解释设计文件，并监督工程质量。工程建成后要组织竣工验收，验收合格后移交管理部门即投入运行。运行时要对各种水工建筑物进行经常的定期的和临时的检查和观测，及时进行养护、维护和加固，保证工程安全，同时须做好水库的调度工作，合理利用水资源。

世界各国水利工程建设的基本程序与我国大体相似，具体的建设过程大都经过工程招标、工程施工、竣工验收和正式投产等阶段。

二、设计阶段及其任务

（一）设计阶段的划分

工程设计是水利工程建设过程中的一项非常重要的工作，设计工作应遵循分阶段循序渐进、逐步深入的原则进行。我国以往大中型水利枢纽工程常按4个阶段进行，即可行性研究、初步设计、技术设计和施工详图设计。20世纪80年代后，我国水利水电建设体制开始发生变化，为与国际接轨，适应招投标合同管理体制的需要，并与国家基本建设项目审批程序相协调，缩短设计周期，加快水利水电事业发展，对水电工程设计阶段的划分调整为：预可行性研究、可行性研究、招标设计、施工详图设计（水利工程为项目建议书、可行性研究、初步设计、施工详图设计）。

世界各国都非常重视可行性研究，美国规定先进行预可行性研究和可行性研究，然后

进行方案设计和详细设计；前苏联规定在技术经济调查报告中选定的工程，分期进行初步设计、技术设计和施工图设计；日本则分为初步调查、编制计划、可行性研究和施工图设计等几个阶段。

（二）设计阶段的深度和任务

1. 预可行性研究

预可行性研究是在江河流域综合利用规划或河流（河段）水电规划以及电网电源规划基础上进行的设计阶段。其任务是论证拟建工程在国民经济发展中的必要性、技术可行性和经济合理性。本阶段的主要内容包括：河流概况及水文气象等基本资料的分析；工程地质与建筑材料的评价；工程规模、综合利用及环境影响的论证；初拟坝址、厂址和引水系统线路；初步选择坝型、电站、泄洪、通航等主要建筑物的基本形式与枢纽布置方案；初拟主体工程的施工方法，进行施工总体布置、估算工程总投资，工程效益的分析和经济评价等。具体内容和深度可参阅《水电工程预可行性研究报告编制暂行规定》。预可行性研究阶段的成果，为国家和有关部门作出投资决策及筹措资金提供基本依据。

2. 可行性研究

可行性研究阶段的设计任务在于进一步论证拟建工程在技术上的可行性和经济上的合理性，并要解决工程建设中重要的技术经济问题。主要设计内容包括：对水文、气象、工程地质以及天然建筑材料等基本资料作进一步分析与评价；论证本工程及主要建筑物的等级；进行水文水利计算，确定水库的各种特征水位及流量，选择电站的装机容量、机组机型和电气主结线以及主要机电设备；论证并选定坝址、坝轴线、坝型、枢纽总体布置及其他主要建筑物的型式和控制性尺寸；选择施工导流方案，进行施工方法、施工进度和总体布置的设计，提出主要建筑材料、施工机械设备、劳动力、供水、供电的数量和供应计划；提出水库移民安置规划及环境评价；提出工程总概算，进行技术经济分析，阐明工程效益。最后提交可行性研究报告文件，包括文字说明和设计图纸及有关附件。

3. 招标设计

招标设计是在批准的可行性研究报告的基础上，将确定的工程设计方案进一步具体化，详细定出总体布置和各建筑物的轮廓尺寸、材料类型、工艺要求和技术要求等。其设计深度要求做到可以根据招标设计图较准确地计算出各种建筑材料的规格、品种和数量，混凝土浇筑、土石方填筑和各类开挖、回填的工程量，各类机械电气和永久设备的安装工程量等。根据招标设计图所确定的各类工程量和技术要求，以及施工进度计划，可以进行施工规划并编制出工程概算，作为编制标底的依据。编标单位则可以据此编制招标文件，包括合同的一般条款、特殊条款、技术规程和各项工程的工程量表，满足以固定单位合同形式进行招标的需要。施工投标单位，也可据此进行投标报价和编制施工方案及技术保证措施。

4. 施工详图设计

施工详图设计是在招标设计的基础上，对各建筑物（含机电、金属结构）进行结构和细部构造设计；最后确定地基处理方案，进行处理措施设计；确定施工总体布置及施工方法，编制施工进度计划和施工预算等；提出整个工程分项分部的施工、制造、安装详图。施工详图是工程施工的依据，也是工程承包或工程结算的依据。

（三）设计基本资料

在进行上述各阶段的设计中，必须有与设计精度相适应的勘测调查资料。主要有以下资料。

1. 社会、经济、环境资料

枢纽建成后对环境生态的影响、库区的淹没范围及移民、房屋拆迁等；枢纽上下游的工业、农业、交通运输等方面的社会经济情况；供电对象的分布及用电要求；灌区分布及用水要求；通航、过水、过鱼等方面的要求；施工过程中的交通运输、劳动力、施工机械、动力等方面的供应情况。

2. 勘测资料

水库和坝区地形图、水库范围内的河道纵断面图、拟建建筑物地段的横断面图等；河道的水位、流量、洪水、泥沙等水文资料；库区及坝区的气温、降雨、蒸发、风向、风速等气象资料；岩层分布、地质构造、岩石及土壤性质、地震、天然建筑材料等的工程地质资料；地基透水层与不透水层的分布情况、地下水情况、地基的渗透系数等水文地质资料。

（四）科学研究

科学研究往往是大中型水利枢纽设计的重要组成部分。枢纽中有许多重大技术问题常需通过现场或室内试验以及数值模拟和分析提出论证，如对枢纽布置方案、坝下消能方式以及施工导流方法等往往要进行水工水力学模型试验；多沙河流上的库区淤积和河床演变也要借助试验分析研究；建筑物地基的岩体或土壤的物理力学性质如抗剪强度、渗透特性、弹性模量、岩体弹性抗力、地应力、岸坡稳定性等要由现场勘探和室内试验配合提供设计数据；大坝、水电站厂房、地下洞室等主要建筑物的结构强度和稳定性有时也要由静、动态的结构模型试验和数值计算来加以分析论证。

三、设计依据和设计标准

（一）设计依据

我国规定，大中型水利工程建设项目必须纳入国家经济计划，遵守先勘测，再设计，后施工的必要程序。工程设计需要有以下资料或设计依据：

（1）工程建设单位的设计委托书及工程勘察设计合同，说明工程设计的范围、标准和要求。

（2）经国家或行业主管部门批准的设计任务书。

（3）规划部门、国土部门划准的建设用地红线图。

（4）地质部门提供的地质勘察资料，对工程建设地区的地质构造、岩土介质的物理力学特性等加以描述与说明。

（5）其他自然条件资料，如工程所在地的水文、气象条件和地理条件等。

（6）工程建设单位提供的有关使用要求和生产工艺等资料。

（7）国家或行业的有关设计规范和标准。

根据国民经济发展计划要求，参照流域或区域水利规划可建设的水利工程项目及其开发程序，按照建设项目的隶属关系，由主管部门提出某一水利工程的基本建设项目建议书，经审查批准后，委托设计单位进行预可行性研究、可行性研究，编制可行性研究报告。按照批准的可行性研究报告，编制设计任务书，确定建设项目和建设方案（包括建设依据、规模、布置、主要技术经济要求）。设计任务书的内容一般包括：建设的目的和依据；建设规模；水文、气象和工程地质条件；水资源开发利用的规划、水资源配置和环境保护；工程总体布置；水库淹没、建设用地及移民；建设周期；投资总额；劳动安全；经济效益等。任务书是设计依据的基本文件，可按建设项目的隶属关系，由主管部门或省、直辖市、自治区审查批准；大型水利工程或重要的技术复杂的水利工程，则由国家计划部门或国务院批准。有些不编制设计任务书，而在投资前、可行性研究后，有一个项目评价和决策阶段，对拟建工程提出评价报告，作为决策，以此作为设计依据。

（二）设计标准

为使工程的安全可靠性与其造价的经济合理性有机地统一起来，水利枢纽及其组成建筑物要分等分级，即按工程的规模、效益及其在国民经济中的重要性，将水利枢纽分等，而后将枢纽中的建筑物按其作用和重要性进行分级。设计水工建筑物均需根据规范规定，按建筑物的重要性、级别、结构类型、运用条件等，采用一定的洪水标准，保证遇设计标准以内的洪水时建筑物的安全。水工建筑物的运用条件一般分为正常和非常两种，正常运用采用设计洪水标准，非常运用情况采用校核洪水标准。

我国GB 50201—94《国家防洪标准》和SL 252—2000《水利水电工程等级划分及洪水标准》等规范将水利枢纽工程分成5等，水工建筑物分为5级，详见表1-1、表1-2。

表1-1 水利水电枢纽工程的等别

工程等别	水库		防洪		治涝	灌溉	供水	水电站
	工程规模	水库总库容（亿 m^3）	城镇及工矿企业的重要性	保护农田面积（万亩）	治涝面积（万亩）	灌溉面积（万亩）	城镇及工矿企业重要性	装机容量（万kW）
Ⅰ	大（1）型	≥10	特别重要	≥500	≥200	≥150	特别重要	≥120
Ⅱ	大（2）型	10～1.0	重要	500～100	200～60	150～50	重要	120～30
Ⅲ	中型	1.0～0.1	中等	100～30	60～15	50～5	中等	30～5
Ⅳ	小（1）型	0.1～0.01	一般	30～5	15～3	5～0.5	一般	5～1
Ⅴ	小（2）型	0.01～0.001		<5	<3	<0.5		<1

表1-2 水工建筑物级别的划分

工程等别	永久性建筑物级别		临时性建筑物级别
	主要建筑物	次要建筑物	
Ⅰ	1	3	4
Ⅱ	2	3	4
Ⅲ	3	4	5
Ⅳ	4	5	5
Ⅴ	5	5	

对于综合利用的工程，如按表1-1中指标分属几个等别时，整个枢纽的等别应以其中的最高等别为准。按表1-2确定水工建筑物级别时，如该建筑物同时具有几种用途，

应按最高级别考虑，仅有一种用途时则按该项用途所属级别考虑。

对于Ⅱ～Ⅴ等工程，在下述情况下经过论证可考虑提高其主要建筑物级别：一是水库大坝高度较高时提高一级；二是建筑物的工程地质条件特别复杂，或采用缺少实践经验的新坝型、新结构时提高一级；三是综合利用工程如按库容和不同用途的分等指标有两项接近同一等别的上限时，其共用的主要建筑物提高一级。对于临时性水工建筑物，如其失事后果将使下游城镇、工矿区或其他国民经济部门造成严重灾害或严重影响工程施工时，视其重要性或影响程度，应提高一级或两级。对于低水头工程或失事损失不大的工程，其水工建筑物级别经论证可适当降低。

不同级别水工建筑物的不同要求主要体现在以下方面：

（1）抗御洪水能力。如洪水标准，坝顶安全超高等。

（2）强度和稳定性。如建筑物的强度、稳定安全系数，抗裂要求及限制变形要求等。

（3）建筑材料。如选用材料的品种、质量、标号及耐久性等。

（4）运行可靠性。如建筑物各部分尺寸裕度和是否设置专门设备等。

第二节 工程规划及枢纽布置

一、水文、水利计算

（一）水文分析与计算

进行水工设计时，必须通过对工程所在河流水文资料的分析，掌握该河流的暴雨、洪水、径流、泥沙等水文要素的特性，并计算符合设计要求的各水文特征参数及水文过程，为工程的规划设计提供水文依据。

1. 设计年径流的分析与计算

年径流分析计算的主要任务是分析研究年径流量的年际变化和年内分配规律，提供符合工程规划设计要求的来水资料，包括反映年径流变化特性的统计参数、设计年径流量以及设计年径流的年内分配过程。

首先，对实测径流资料进行审查，确认其满足可靠性、一致性、代表性要求。然后，划分水文年度，计算各年平均流量。再按适线法对年平均流量系列进行频率分析，确定年平均流量的频率曲线及相应的均值、离散系数、偏态系数等统计参数。经对频率分析成果的综合分析并确认其合理性后，即可根据给定的设计枯水年、平水年、丰水年等设计频率，从年平均流量频率曲线上查算相应的设计年径流量。

设计年径流的年内分配过程，可采用典型年法推求，即先按年径流量接近、年内分配对工程不利等原则，从实测年份中选出设计枯、平、丰水年的典型年，并计算典型年各月径流量占全年径流量的百分数；再将已求得的设计年径流量乘以典型年各月的百分数，即得设计年各月径流量的分配过程。

2. 设计洪水的分析计算

设计洪水是水利工程防洪设计的依据。设计洪水的推求分两大部分，即先推求设计洪峰、洪量，再推求设计洪水过程线。

首先，对实测洪水资料进行可靠性、一致性、代表性的审查，使其满足分析计算的要求。再按年最大值法进行“选样”，即从同类型洪水资料中，每年分别选取最大洪峰流量值和不同时段（1天、3天、5天、……）的最大洪量值，组成频率计算的样本系列。然后，对洪峰流量系列及不同时段的洪量系列分别用适线法绘制洪峰流量及不同时段洪量的频率曲线。最后，根据设计洪水的设计频率，由这些频率曲线查得相应的设计洪峰流量和不同时段的设计洪量。若洪水资料中包含特大洪水，初估统计参数时，可采用矩法、三点法、绘线读点法等进行计算，但最后仍应根据配线成果选定统计参数。

工程上一般采用同倍比放大法或同频率放大法推求设计洪水过程线。先根据设计要求，选择峰高量大，在发生季节、地区组成、洪峰次数、历时长短、峰量关系等方面能代表大洪水的一般特性，且峰形较集中、主洪峰靠后，对工程不利的洪水过程线作为典型洪水过程线。同倍比放大法是用同一个放大系数（“以峰控制”时取设计洪峰流量与典型洪水洪峰流量之比，“以量控制”时取设计时段洪水总量与典型洪水的时段洪水总量之比），将典型洪水过程线放大成设计洪水过程线；同频率放大法是指对典型洪水过程线的洪峰流量和不同时段内的流量采用不同的放大系数进行放大，使放大后洪水过程线的洪峰流量及各计算时段的洪量同时符合设计频率的要求。

有关设计暴雨及设计泥沙的资料，一般也采用频率分析的方法进行分析计算。

（二）水利计算

1．兴利调节计算

兴利调节计算的主要任务是确定水库兴利库容、保证率及水库的供水水平（调节流量）之间的关系，以及相应的水库运用过程，从而为规划设计工程规模及进行工程效益分析提供依据。兴利调节计算依据的基本原理是水库水量平衡原理，计算方法通常采用时历法。

依据水量平衡原理，水库供水期调节流量（各用水部门平均综合用水流量）计算公式

$$Q_d = (W_d - W_{dl} + V_v)/T_d \tag{1-1}$$

式中：W_d 为供水期来水总量，m^3；W_{dl} 为供水期水库蒸发、渗漏等损失水量，m^3；V_v 为水库兴利库容，m^3；T_d 为供水期总历时，s；Q_d 为供水期调节流量，m^3/s。

在 V_v 给定的前提下，可采用试算法或图解法确定水库调节流量，并可通过逐时段的水量平衡计算，得到相应的水库运用过程。

工程规划设计时，如果具有长期径流资料，可逐年对供水期进行调节计算求得调节流量；再通过频率计算，绘制调节流量与相应频率之间的关系曲线。利用该曲线，即可查得符合设计保证率的调节流量。简化计算时，可只对设计枯水年供水期进行调节计算，求得 Q_d。

水库非供水期调节计算的基本原理与供水期相同。在理想情况下，蓄水期及不蓄不供期的调节流量 Q_w 及 Q_m 计算公式分别为

$$Q_w = (W_w - W_{wl} - V_v)/T_w \tag{1-2}$$

$$Q_m = (W_m - W_{ml})/T_m \tag{1-3}$$

式中：W_w、W_m 分别为蓄水期及不蓄不供期来水总量，m^3；W_{wl}、W_{ml} 分别为蓄水期及不蓄不供期损失水量，m^3；T_w、T_m 分别为蓄水期及不蓄不供期总历时，s。

2. 水电站水能计算

水电站水能计算的主要内容是要计算水电站的出力和发电量。水电站出力及发电量计算公式如下

$$N = AQH \tag{1-4}$$

$$E = NT \tag{1-5}$$

式中：N 为水电站的时段平均出力，kW；A 为水电站出力系数，大型水电站取 8.5，中型水电站取 8～8.5，小型水电站取 6～8.0；Q 为水电站引用流量，m^3/s；H 为水电站时段平均水头，m；E 为水电站发电量，kW·h；T 为计算时段的小时数，h。

水电站水能计算可以在兴利调节计算的基础上进行，即根据调节计算确定的各时段水电站发电流量（调节流量）及时段末水库蓄水量，进一步计算确定时段平均水库水位、水电站下游水位及平均水头，并将水电站发电流量及时段平均水头代入水电站出力方程，即可求得时段平均发电出力。

（1）水电站保证出力计算。水电站保证出力是指水电站在长期工作中，符合水电站设计保证率要求的枯水期（供水期）内的平均出力。以年调节水电站为例，其保证出力计算方法如下：

在给定水库正常蓄水位和死水位的条件下，根据长期径流资料，逐年进行兴利调节和水能计算，求出水电站每年供水期各时段平均出力及各供水期的平均出力，在此基础上，绘制供水期平均出力的保证率曲线，该曲线上相应于设计保证率的供水期平均出力值，即作为年调节水电站的保证出力。

在规划设计阶段进行大量方案比较时，为节省计算工作量，可仅对水电站设计枯水年的供水期进行水能计算，并以该供水期的平均出力作为水电站保证出力。

对无调节及日调节水电站，须根据逐日平均流量值及其相应水头，计算日平均出力，并绘制其保证率曲线。曲线上与设计保证率对应的日平均出力，即为水电站保证出力。

对多年调节水电站，应在对长系列中各枯水系列进行兴利调节和水能计算的基础上，确定枯水系列平均出力与保证率的关系，再根据设计保证率确定其保证出力。简化计算时，可采用设计枯水系列的平均出力作为保证出力。

（2）水电站多年平均年发电量计算。水电站多年平均年发电量计算是指水电站在多年工作时期内，平均每年所能生产的电能量。由此定义，可根据水电站长系列径流资料，按照水库调度图，逐时段进行水能计算，求出每年的出力变化过程及年发电量，再取全部年发电量数据的平均值，作为水电站多年平均年发电量。

在规划设计阶段，当比较方案较多时，只要不影响方案比较的结果，可采用较为简化的方法进行计算，如设计中水年法、三个代表年（设计丰水年、平水年、枯水年）法、设计平水系列法（适用于多年调节水电站）等，即对设计代表期逐时段进行水能计算，求出水电站在这些年份的年发电量，并取其平均值作为水电站多年平均年发电量。计算过程中，若时段平均出力值大于水电站装机容量，则以装机容量值作为该时段平均出力值。

3. 水库洪水调节计算

水库洪水调节计算是水库防洪设计的重要工作内容。调洪计算时，入库洪水的大小需根据防洪标准及水工建筑物的设计标准来选定。水库调洪计算的基本原理是描述明渠非恒

定流运动规律的圣维南方程组。实际工作中，常采用简化了的近似解法，如瞬态法等。瞬态法用于水库调洪计算的实用公式为

$$\left(\frac{Q_1+Q_2}{2}-\frac{q_1+q_2}{2}\right)\Delta t=\Delta V=V_2-V_1 \tag{1-6}$$

$$q=f(V) \tag{1-7}$$

式中：Q_1、Q_2 分别为时段初、末的入库洪水流量，m^3/s；q_1、q_2 分别为水库下泄流量，m^3/s；Δt 为计算时段长度，s；V_1、V_2 分别为时段初、末水库蓄水量，m^3。

根据调洪计算的初始条件，从第一时段起，逐时段联立求解上述两式，即可由各时段的 V_1、q_1 求出 V_2、q_2 两个未知数。具体计算可采用试算法或半图解法。

二、工程参数选择

工程主要参数的选择是水利水电工程规划设计的重要任务。这些参数包括水电站的装机容量以及水库的特征水位。

（一）水电站装机容量的选择

水电站装机容量 N_{hi} 由其最大工作容量 N''_{hw}、备用容量 N_{hs} 及重复容量 N_{sc} 等部分组成。

1. 水电站最大工作容量的确定

水电站最大工作容量是指设计水平年电力系统负荷最高时，水电站所能担负的最大发电容量。水电站最大工作容量的大小，与设计水平年电力系统的负荷图、系统内已建成电站在系统负荷图上的工作位置以及拟建水电站的天然来水情况、水库调节性能、经济指标等有关，一般须通过系统电力电量平衡的方法来确定。

对年调节水电站，一般按在枯水年供水期担任系统峰荷的运行方式，进行设计枯水年供水期的电力电量平衡计算，并根据水电站供水期保证电能值，确定其最大工作容量。对多年调节水电站，则按在枯水年全年担任系统峰荷的运行方式，进行枯水年全年的电力电量平衡，并根据多年调节水电站的年保证电能值，确定其最大工作容量。日调节水电站在枯水期一般承担电力系统峰荷，据此可根据其保证出力及相应的日保证电能，直接通过电力系统设计水平年冬季典型日的电力电量平衡确定其最大工作容量。无调节水电站由于没有径流调节能力，一般只能担任电力系统的基荷，因此，无调节水电站最大工作容量即等于按历时保证率所求出的保证出力。

2. 水电站备用容量的确定

为保证电力系统的供电质量和供电可靠性，系统中各电站除最大工作容量以外，还须设置一定的备用容量，包括负荷备用容量、事故备用容量和检修备用容量。水电站备用容量是整个电力系统备用容量的一部分。通常，水电站备用容量的确定方法是，先定出电力系统所需的备用容量，再按一定的原则在各电站之间进行合理分配，从而定出水电站承担的备用容量值。通常，无调节水电站不承担系统备用容量。

（1）负荷备用容量。负荷备用容量是指用来维持电力系统标准频率和负担计划以外的短时负荷或超过正常最大负荷以外的脉动负荷所需要的容量。根据 DL/T 5015—1996《水利水电工程动能设计规范》的规定，调整周波所需要的系统负荷备用容量，可采用系

统最大负荷的2%～5%左右，大系统用较小比例值，小系统用较大比例值。

担任电力系统负荷备用容量的电站，通常被称为调频电站。调频电站的选择，应以保证电力系统周波稳定、运行性能经济为原则。所以靠近负荷中心、具有大水库、大机组的坝后式水电站，应优先选作调频电站。对于引水式水电站，应选择引水道较短的水电站作为调频电站。对于电站下游有通航等综合利用要求的水电站，在选作调频电站时，应考虑由于下游流量和水位发生剧烈变化对航运等引起的不利影响。当系统负荷波动的变幅不大时，可由某一电站担任调频任务，而当负荷波动的变幅较大时，尤其电力系统范围较广、输电距离较远时，应由分布在不同地区的若干电站分别担任该地区的调频任务。此外，若需安排日调节或无压引水式水电站承担负荷备用时，则水库应具有相应备用容量可连续工作2h的备用容积。当系统内缺乏水电站担任调频任务时，亦可由火电站担任，只是由于火电机组技术特性的限制，担任系统的调频任务往往比较困难，且单位电能的煤耗率增加，因而常常是不经济的。

基于以上分析，经对有关因素的综合考虑，即可分析选定水电站所应承担的负荷备用容量 N_{hl}。

需要指出，实际运行中，在年内不同时期负荷备用可在不同电站间互相转移，但必须由正在运转的机组承担。例如在丰水期，蓄水式水电站以全部装机容量在负荷图的基荷工作，这时可由正在运转的火电站担任负荷备用。当蓄水式水电站承担系统峰荷时，亦只能由正在运转的机组担任周波调整任务；在非峰荷时间内，尤其当水电站不运行时，应由正在运转的火电站调整周波。

（2）事故备用容量。事故备用容量是指系统内某些机组发生事故时或电站预想出力突然下降时，为避免停电而设置的容量。根据DL/T 5015—1996《水利水电工程动能设计规范》规定，电力系统事故备用容量采用系统最大负荷的10%左右，且不得小于系统中最大一台机组的容量。

电力系统的事故备用容量，应分布在各主要电站上，并尽可能安排在正在运转的机组上。事故备用容量在水、火电站之间的分配，应根据各电站容量的比重、电站机组的可利用情况、系统负荷在各地区的分布等因素确定。对于调节性能良好和靠近负荷中心的大型水电站，可多设置一些事故备用容量。初步计算时，一般可按水电站、火电站工作容量的比例分配。

考虑到事故备用容量的使用时间较长，承担系统事故备用的各类电源，均应具有相应的能量或燃料储备。根据规范规定，承担事故备用的水电站，应在水库内预留所承担事故备用容量 N_{he} 在基荷连续运行3～10天（$T=72\sim240$h）的备用容积（水量）V_e，即

$$V_e=\frac{TN_{he}}{0.00272\eta H_{\min}}\quad(\mathrm{m}^3)\qquad(1-8)$$

当算出的 V_e 小于水库兴利库容的5%时，则可不专设事故备用库容。

（3）检修备用容量。检修备用容量是指电力系统中为保证机组进行计划检修而专门装置的容量。系统检修备用容量的设置及其大小，应按系统电力、电量平衡和容量平衡的要求来确定。当系统年内负荷低落时期不能满足全部机组的年计划检修需要时，即需设置检修备用容量。在规划设计阶段，编制系统电力、电量平衡和容量平衡时，常按各类电站机

组的大修周期及每台机组检修所需要的平均时间进行安排。DL/T 5015—1996《水利水电工程动能设计规范》规定，常规水电站和抽水蓄能电站机组大修周期2～3年，每台机组检修时间30天，但对多沙河流上的水电机组，可适当增加；火电机组大修周期1～1.5年，检修时间为45天；核电站每台机组为60天。

系统检修备用容量的设置，应根据电站的实际情况通过技术经济论证确定，一般以设置在火电站上为宜。

3. 水电站重复容量的选定

水电站重复容量是在必需容量（最大工作容量与备用容量之和）的基础上额外设置的，其目的是为了利用丰水期的多余水量，增发季节性电能，从而替代系统内火电站发电量，达到节省系统煤耗的目的。但是，在水电站上设置重复容量，就要额外增加水电站的投资和年运行费。因此，必须通过动能经济分析，合理选定经济上有利的水电站重复容量值。一般认为，当所增设的单位重复容量年利用时间大于其经济利用小时数 h_e 时，在经济上才是有利的。

$$h_e \geqslant \frac{k_h[(A/P,i,n)+p_h]}{\alpha f} \tag{1-9}$$

式中：k_h 为水电站补充千瓦造价，元/kW；$(A/P, i, n)$ 为年资金回收因子；i 为额定资金年收益率；n 为重复容量设备的经济寿命，$n=25$ 年；p_h 为水电站补充千瓦容量的年运行费率，$p_h=2\%\sim3\%$；α 为系数，$\alpha=1.05$，表示水电站发1kW·h电量可替代火电站1.05kW·h；f 为火电站发1kW·h电量所需的燃料费，元/（kW·h）。

据此，应先通过调节计算，求出水电站在必需容量得到充分利用前提下各年的弃水流量及弃水出力过程，再统计各种弃水出力多年平均的年持续时间，并绘制弃水出力持续曲线，进而根据 h_e 的数值，确定水电站的重复容量。

4. 水电站装机容量的选择

先计算 $N_{hi}=N''_{hw}+N_{hs}+N_{sc}$，以此作为装机容量的初选值；再参考机组制造厂家的机组系列，根据水电站的水头与出力变化范围，通过方案比较，定出机组的型式、台数、单位容量和电站的装机容量值；然后进行电力系统的容量平衡，以检查装机容量及其机组能否满足设计水平年系统对电站容量及其他方面的要求，以及电站水库下游的灌溉、航运等综合利用要求是否能得到满足。规划阶段一般至少研究设计枯水年和设计平水年两个典型年度的容量平衡，编制相应的容量平衡图或平衡表。当系统各方面的要求都得到较好满足时，才可最后定出水电站的装机容量。

（二）以发电为主的水库特征水位的选择

1. 水库正常蓄水位的选择

水库正常蓄水位是指水库在正常运用情况下，为满足设计兴利要求，在开始供水前应蓄到的最高水位。进行水电站水库工程规划设计时，必须通过全面的技术经济比较和综合的分析评价，选出合理的正常蓄水位方案。大致步骤如下：

（1）根据设计任务书的要求，在河流规划的基础上，综合分析水库库区的淹没、浸没损失，坝址及库区的地形、地质条件，河流梯级开发规划方案，水库的蒸发、渗漏损失，工程建设所需的人力、物力、财力方面的具体条件，以及各水利部门的最低兴利要求等因素，确定正常蓄水位的上下限，并在此范围内拟定几个比较方案。

(2) 对所拟定的每个比较方案，拟定水库的消落深度，进行径流调节计算和水能计算，求出各方案的水电站保证出力、多年平均年发电量、装机容量以及其他水利动能指标(如灌溉面积、城镇供水量等)。

(3) 计算各个方案之间水利动能指标的差值，并选择合适的替代方案来补充。

(4) 计算各个方案水利枢纽各部分的工程量、建筑材料消耗量以及所需机电设备情况。

(5) 计算各方案的淹没、浸没的实物指标和移民人数，并逐项估算所需费用。

(6) 进行水利动能经济计算。计算各方案相应的工程投资和年运行费用，并在各水利部门之间进行投资费用的分摊。根据各水利部门的效益指标及其应分摊的投资费用，计算水电站的造价及其在施工期内各年的分配。相应地，计算各替代方案的造价、年运行费和燃料费。在此基础上，计算各个方案的水电站年费用、相应替代方案的补充年费用和电力系统的年费用。

(7) 根据各方案系统年费用的大小，选出经济上最有利的正常蓄水位。最后，从政治、经济、技术、社会、环境等方面进行综合评价，保证所选出的水库规模符合地区经济发展的要求，而且是技术上正确的、经济上合理的、财务上可行的方案。

2. 死水位的选择

死水位是指水库在正常运行情况下允许消落的最低水位。一般情况下，水库水位将在正常蓄水位与死水位之间变动，其变幅即为水库消落深度。在正常蓄水位与死水位之间的库容即为水库的兴利调节库容。在正常蓄水位一定的前提下，死水位的选择，除应考虑各有关经济部门的综合效益外，还要考虑泥沙淤积的影响、水轮机运行情况、闸门制造及启闭机能力等因素，经综合比较后确定。对以发电为主的水库，死水位选择的大致步骤如下：

(1) 在已定的正常蓄水位条件下，根据水库库容特性、综合利用要求、地形地质条件、水工、施工、机电设备等要求，确定死水位的上、下限，并在上下限之间拟定几个死水位方案进行比较。

(2) 对各个死水位方案，求出相应的兴利库容和水库消落深度，并对每个方案用设计枯水年或枯水年系列进行径流调节，得出各方案的调节流量及平均水头。

(3) 计算各方案的保证出力、多年平均年发电量，并通过系统电力电量平衡，求出各方案水电站的最大工作容量、必需容量和装机容量。

(4) 计算各个方案的水工建筑物和机电设备的投资、年运行费以及各方案的年费用。

(5) 为使各个死水位方案同等程度地满足系统对电力、电量的要求，计算各方案替代电站补充的必需容量及补充的年电量，从而求出不同死水位方案替代电站的补充年费用。

(6) 根据年费用最小准则，并考虑综合利用要求以及其他因素，最终选出合理的死水位方案。

3. 水库防洪特征水位的选择

水库防洪特征水位包括防洪限制水位、防洪高水位、设计洪水位及校核洪水位。

(1) 防洪限制水位的选择。防洪限制水位是指水库在汛期允许兴利蓄水的上限水位，它是水库汛期防洪运用时的起调水位。一般可根据河流的水文特性及汛后来水、供水情况，并结合溢洪道的型式、尺寸比较，确定水库的汛期防洪限制水位。

1）防洪限制水位与正常蓄水位重合。如果在整个汛期内，大洪水随时都可能出现，任何时刻都应预留一定防洪库容；汛期一过，入库来水量又小于水库供水量，水库水位开始消落，这样汛末的防洪限制水位，就是汛后的正常蓄水位。这种情况下，防洪库容与兴利库容完全不结合。

2）设计洪水位与正常蓄水位重合。如果汛期洪水变化规律较为稳定，或者洪水出现时期虽不稳定，但所需防洪库容较小，则在汛期初，水库只允许蓄到防洪限制水位，到汛末水库再继续蓄到正常蓄水位。这时，可根据汛后蓄水时期内各时段的入库水量及出库水量，逆时序反求汛期的防洪限制水位。这是防洪库容与兴利库容完全结合的情况，水库这部分容积将得到充分的综合利用。

3）防洪库容与兴利库容部分结合。这是介于上述两种情况之间的情况。此时，防洪限制水位低于正常蓄水位，设计洪水位比正常蓄水位高。可通过必要的方案比较确定防洪限制水位。

此外，实际工作中，还常根据河流洪水发生规律及工程规划设计的要求，研究采用分期防洪限制水位的合理性。

（2）防洪高水位的选择。防洪高水位是指当遇下游防护对象的设计标准洪水时，水库为控制下泄流量而拦蓄洪水，这时在坝前达到的最高水位。防洪高水位的选择可通过方案比较法进行。具体来说，先假设若干个下游安全泄流量方案，通过水库调洪计算，求出各方案所需的防洪库容及相应的防洪高水位；然后分别计算各方案由于设置防洪库容所需增加的坝体和泄洪工程的投资、年运行费和年费用，以及各方案相应堤防工程的年费用；再求出总的年费用；最后，根据总的年费用最小的原则，并征求有关部门对堤防工程等方面的意见，经综合分析比较后定出合理的防洪高水位、相应的下游安全泄流量以及相应的水库下游堤防高程。

（3）设计洪水位及校核洪水位的选择。设计洪水位是指水库遇大坝设计洪水时，在坝前达到的最高水位。校核洪水位是指水库遇大坝校核洪水时，在坝前达到的最高水位。在防洪限制水位、下游安全泄流量以及溢洪道型式、尺寸均一定的情况下，分别对水库的设计洪水及校核洪水进行调洪计算，即可求出水库的设计洪水位及校核洪水位。

必须指出，水库的防洪限制水位，下游安全泄流量，溢洪道型式、尺寸以及设计洪水位，校核洪水位之间都有着密切的关系，有时需反复调整，反复修改，直至符合各方面的要求。

三、经济评价

经济评价是水利水电建设项目规划设计工作的重要内容，也是项目优选与科学决策的重要依据，主要包括国民经济评价和财务评价两大部分。

（一）国民经济评价

国民经济评价是指从全社会国民经济的角度出发，分析用影子价格计算项目所需投入的费用和可以获得的效益，评价建设项目的经济合理性。为此，经济评价时，不仅应计及项目的直接费用和直接效益，而且还应计及其明显的间接费用和间接效益，以全面准确地反映项目的实际效果。

项目的费用应包括项目的固定资产投资、流动资金和年运行费。其中，固定资产投资应包括项目达到设计规模所需由国家、企业和个人以各种方式投入的主体工程和相应配套工程的全部建设费用。流动资金应包括维持项目正常运行所需购买燃料、材料、备品、备件和支付职工工资等的周转资金。年运行费应包括项目运行初期和正常运行期每年所需支出的全部运行费用。项目的效益，按其功能可划分为防洪效益、灌溉效益、城镇供水效益、水力发电效益、航运效益等。其中，水力发电效益应包括水电站容量效益和电量效益。

进行项目的国民经济评价时，应按有关规范规定的原则和方法计算项目的效益和费用，以项目的经济效益费用流程报表反映其在各年的效益、费用和净效益流程，并据以计算其经济内部收益率、经济净现值、经济效益费用比等评价指标，分析其经济合理性。

（二）财务评价

财务评价是指从项目财务核算单位的角度出发，分析用财务价格计算项目所需的支出和可以获得的效益，评价建设项目的财务可行性。项目的财务支出应包括建设项目总投资、年运行费、流动资金和税金等费用。项目的财务收入应包括出售水利产品和提供服务所获得的收入。进行项目的财务评价时，应根据现行财税制度和现行财务价格，分析测算项目直接发生的实际收入和支出，编制财务报表，计算财务内部收益率、投资回收期、财务净现值、资产负债率、投资利税率、固定资产投资借款偿还期等评价指标，据以考察项目的盈利能力、清偿能力等财务状况，判别项目的财务可行性。

此外，为了全面比较项目在经济上的各种利弊得失，应在国民经济评价和财务评价的基础上，结合有关单位经济指标（如水电站单位千瓦投资、单位发电量投资、单位电能成本）、单位实物指标（单位装机容量、单位发电量、单位库容、单位灌溉面积、单位供水量的土石方工程量、混凝土工程量、“三材”耗用量、淹没耕地面积、迁移人口数和所需劳动工日数）等因素进行综合经济评价分析。

（三）方案比选

根据水利水电工程的特点，其设计标准和工程规模应通过对各种可能的方案进行全面分析对比，合理选定。方案比选应根据国民经济评价结果确定，并视项目的具体条件和资金情况，采用差额投资经济内部收益率法、经济净现值法、费用现值法及年费用法等方法进行。

一般来说，多方案比较时，经济净现值大的方案经济效果好；当按投资现值由小到大依次两两比较时，若差额投资经济内部收益率不小于社会折现率，则投资现值大的方案经济效果好。当各方案的效益相同或基本相同时，应选择其中费用现值较小的方案，或选择其中等额年费用较小的方案。

由于经济分析比较中涉及因素众多，各主要参数及经济指标一般都含有一定的误差，因此，应当对所选最优方案经济效果的稳定程度进行分析，即应在各项计算的基础上，分析研究影响工程经济效果的主要因素，按照其可能的变动范围，进行敏感性分析，并列出相应的效果指标，供决策时参考。

此外，对具有综合利用功能的水利建设项目，在进行方案研究、比较时，应根据项目的各项功能，对项目的投资和年运行费进行分摊，分析项目各项功能的合理性，协调各项功能的要求，合理选择项目的开发方式和开发规模。

四、环境影响评价

在水利水电工程的规划设计阶段，必须研究工程建设对环境的影响问题，作出正确的环境影响评价，以便进行方案比选及采取相关对策措施。

水利水电工程的环境影响包括对自然环境和社会环境的影响两个方面。其中，对自然环境的影响主要有对水文、气象、土壤、地貌、地质、地震、河道、水质、植物群、动物群的影响等；对社会环境的影响包括对人口、土地利用、交通、风景区、文物古迹的影响以及对人类健康的影响等。

水利水电工程环境影响评价的主要内容包括环境状况调查、环境影响识别、环境影响预测和综合评价等。其中，环境状况调查是指对拟建工程影响地区的自然环境和社会环境状况进行调查了解，为分析环境现状和进行环境影响预测、评价提供基础资料和依据。

环境影响识别是指在环境状况调查的基础上，选择进行评价的环境组成和环境因子，确定环境组成和环境因子在环境总体中的相对重要程度，即从各个环境因子中，通过影响性质和影响程度的识别，筛选出主要环境因子及其组成的各主要环境问题。水利水电工程的环境影响因子很多，对具体工程，应根据工程的功能和特性，结合工程影响地区的环境特点，并参考类似工程环评经验，从众多因子中初选出一部分因子，进行环境影响性质和重要程度的识别。工程对环境的影响性质是多方面的，有有利影响与不利影响、可逆影响与不可逆影响、短期影响与长期影响、直接影响与间接影响等。环境因子的重要程度用环境因子权重来表示。确定环境因子权重，可采用专家评估法、层次分析法、灰色统计法等方法。

环境影响预测是指对已确定评价的环境因子，由于工程实施的结果可能产生的变化进行预测。环境影响预测的方法很多，可分为定性分析法和定量计算法两类，应根据环境因子的不同特性，选用不同的方法进行预测。如在水利水电工程建设中，对地貌、地质、土壤、文物古迹等环境因子，往往不可能或不完全可能用定量衡量或描述其变化，只能用定性分析法，对它的未来环境或可能变化情况作叙述性的或非定量的描述。常用的定性分析法有类比法、机理分析法、生态习性分析法及专家评估法等。而对有些环境因子，如降水、气温、水温、水质等，其性能或技术指标可以定量化描述，因此可用定量计算法来预估它们受工程建设影响造成数量上的变化。定量计算法有数学模型法、物理模型法、图解模型法等。实际工作中，常常采用定性分析与定量计算相结合，以提高预测的可靠性。

综合评价是在环境因子预测、评价的基础上，将工程建设对各环境因子产生的影响和改变状况，从总体上进行分析和评价，为方案比选提供科学依据。环境影响综合评价的方法也分为定性分析和定量分析两类，其中，常用的定性分析方法有判别法、清单法、矩阵法、叠图法、网络法等；定量分析方法有分级加权一览表法、矩阵分析法、环境质量指标法、模糊评判法以及灰色关联分析法等。此外，扩大的投资—效益分析法也是发展中国家进行环境评价时应用较广的方法之一。采用该法时需对工程建设的各种环境影响深入分析并进行货币化，再进行经济的益本比较。但应注意，分析过程中，对一些不能量化或货币化的因子，如人的生命、人群健康等因素，必须保留，最后评价和决策时一并考虑。

五、枢纽布置

（一）水利枢纽的分类及布置原则

水利枢纽按承担任务的不同可分为防洪枢纽、灌溉（或供水）枢纽、发电枢纽、航运枢纽等。大多数情况下水利枢纽都是多目标的综合利用枢纽。按其作用水头的大小又可分为高水头（$H>70$m）、中水头（$30\text{m}<H<70\text{m}$）和低水头（$H<30$m）水利枢纽。按拦河坝的型式还可分为重力坝枢纽、拱坝枢纽、土石坝枢纽及水闸枢纽等。水利枢纽布置须充分考虑地形、地质条件，使各种水工建筑物都能布置在安全可靠的地基上，并能满足建筑物的尺度和布置要求以及施工的必需条件。枢纽布置必须使各个不同功能的建筑物在其位置上各得其所，在运用中相互协调，充分有效地发挥所承担的任务；各个水工建筑物单独使用或联合使用的水流条件良好，上下游的河道冲淤变化不影响或少影响枢纽的安全运行，结构强度满足要求，即技术上安全可靠。在满足基本要求的前提下，力求建筑物布置紧凑，一物多用，减小工程量、降低造价；同时要充分考虑运行管理的便利和施工的方便，枢纽的外观与周围环境协调，在可能的情况下尽量考虑美学要求。一个大型水利枢纽工程的总体布置是一项复杂的系统工程，需要按系统工程的分析方法进行论证确定。

（二）坝址、坝型选择

坝址、坝型选择与枢纽布置密切相关，不同的坝轴线适于采用不同的坝型和枢纽布置，同一坝址也可以有不同的坝型和枢纽布置可供选择。通常是选择不同的坝址和相应的坝轴线，作出不同坝型的各种枢纽布置方案，通过技术经济比较择优选出坝轴线位置及相应的合理坝型和枢纽布置。

坝址地质条件是水利枢纽设计的重要依据之一，对坝型选择和枢纽布置往往起决定性作用。理想坝址地质条件是强度高、透水性小、不易风化、没有构造缺陷的岩基。但理想的天然地基是很少的。一般来说，坝址在地质上总是存在这样或那样的缺陷。因此，在选择坝址时应从实际出发，针对不同情况采用不同的地基处理方法，以满足工程要求。坚实的岩基具有较高的承载力和抵抗冲刷防止渗透的能力，对坝型选择几乎没有什么特别的限制；砾石地基经过充分压实，对土坝、堆石坝和低混凝土坝还是适合的，但要特别注意地基的渗流控制问题；粉砂、细砂地基如设计适当也可以修建低混凝土重力坝和土坝，其主要问题是防止沉陷及渗流问题；黏土地基适于建土坝，不宜建混凝土坝和堆石坝。在非均质地基上建坝须进行专门的地基处理。还可以在枢纽布置和坝型选择上设法适应坝址地质条件，比如沿坝轴线分段选用不同坝型或将坝轴线转折。选择坝址时，不仅要慎重考虑坝基地质条件，还要对库区及坝址两岸的地质情况予以足够的重视，既要使库区及坝址两岸尽量减少渗漏水量，又要使库区及坝址两岸的边坡有足够的稳定性，以防因蓄水而引起滑坡现象。

坝址地形条件是坝型选择和枢纽布置时必须考虑的十分重要的因素。一般来说，坝址宜选在河谷狭窄地段，坝轴线较短，可以减少坝体工程量；但对一个具体枢纽来说，还要考虑坝址是否便于布置泄洪、发电、通航等建筑物以及是否便于施工导流。枢纽经济与否应由枢纽总造价来衡量，因此需要全面分析，综合考虑，选择最有利的坝址。对于多泥沙的河道，要考虑坝址位置是否对取水防沙有利；对有通航要求的枢纽，还要注意布置通航建筑物对河道水流形态的要求，坝址位置要便于上下游引航道与通航过坝建筑物衔接；对于引水灌溉枢纽，坝址位置要尽量接近用水区，缩短引水渠长度，节省引水工程量。

此外，坝区建筑材料、施工条件、综合效益及环境保护也是必须详尽考虑的。对不同坝址与相应的坝型选择，要综合考虑防洪、发电、灌溉、航运等各部门的经济效益，还要考虑库区的淹没损失和枢纽上下游的生态影响等。环境影响问题是大坝设计中必须考虑的重要因素。环境保护的要求可能会影响坝址、坝型的选择，还会使工程的总造价增加。

（三）枢纽布置的要求

在进行水利枢纽布置时应全面考虑运用、施工、管理、技术经济等问题，一般应进行多方案比较。在保证方便和安全可靠的前提下，力求做到节省工程量、便于施工、缩短工期，优选技术经济效益最佳的方案。具体地说，有下列几方面的要求。

1. 运用方面

枢纽布置应首先满足建筑物正常工作的要求，避免各建筑物之间相互干扰，保证在各种工作条件下，都能完成枢纽所担负的任务。灌溉取水建筑物应保证按照水量及水质的需要为灌区提供灌溉用水；溢洪道或泄洪隧洞的布置应保证安全泄洪，进口水流平顺，出口水流最好与原河道主流一致，尽量减小对其他建筑物正常运行的影响；水电站枢纽布置主要应保证电站运用可靠，水头损失较小，因此要求进口水流平顺，尾水通畅；通航建筑物布置应能使船舶顺利航行，有足够的过船能力。船闸的进/出口要求水流平顺和水面平稳。如船闸引航道进口有明显的横向流速或泥沙淤积，对船舶航行不利，应设置导墙或导堤，使其与溢流坝或其他泄水建筑物分开，避免相互干扰。此外，枢纽对外和内部交通线路也要合理布置，以便满足交通运输的要求。

2. 施工方面

枢纽布置应与施工导流、施工方法和施工进度结合考虑，力求施工方便，程序简单，工期短，劳动力省。施工设计时应尽可能采用在洪水季节不中断施工的导流方案，较好安排各建筑物的施工程序和施工进度，使枢纽中的部分建筑物及早投入运行，尽快发挥效益。

3. 经济方面

枢纽布置应在技术可行的条件下，力求经济最优，应在满足建筑物的稳定、强度、运用及远景规划等要求的前提下，使枢纽的总造价和年运行费用最低。在不影响运用且不互相矛盾的前提下，应尽量发挥各建筑物的综合利用能力。如利用导流洞改建为泄洪洞、尾水洞；导流底孔改建为深式泄水孔，兼起放空水库的作用；利用排沙洞泄洪等。在河床较窄，并列布置溢流坝和水电站厂房有困难时，可以考虑采用坝内式厂房、溢流式厂房或地下厂房等布置形式。要力求缩短枢纽建设工期，考虑提前发电的可能性和分期实施的合理性。大力推广应用新技术、新材料等，也可有效地降低工程造价。

枢纽布置是一项复杂的系统工程，存在许多非结构性问题，并不是一般确定性算法所能完全解决的，需借助水工专家的实践经验和综合推理，水利枢纽布置专家系统的研究为今后的工作指出了一个方向。

4. 环境方面

水利枢纽的兴建会使周围环境发生明显的改变。特别是大型水库的形成为发展水电、灌溉、供水、养殖、旅游等水利事业和防止洪水灾害创造了有利条件，同时也带来了一些不利的影响。水利枢纽布置要求尽量避免或减轻对周围环境的不利影响，并充分发挥有利的影响。对蓄水枢纽在汛期要充分利用泄水和输水建筑进行排沙，以减少水库淤积，延长水库寿命。布置泄水和输水建筑也要便于配合使用，以减小淹没及浸没损失，降低防洪投资。对于下游衔接问题，在布置上也要采取适当措施，以减轻下游河床冲刷、淤积、回流等对尾水的影响。还要注意建筑的美观，使枢纽的外观与周围景观环境相协调。

第三节　挡水建筑物及泄水建筑物

一、挡水建筑物

常见的挡水建筑物有坝、水闸、堤、海塘等。拦河修建的河床式电站、船闸也可视为挡水建筑物，本书重点讨论坝和闸。

（一）重力坝

重力坝按结构形式分为：实体重力坝、宽缝重力坝和空腹重力坝；按泄水条件可分为非溢流坝和溢流坝。重力坝的坝轴线一般为直线，但有时由于地形、地质条件的限制，采用折线或曲线。设计要点如下。

1. 坝体断面的拟定

坝顶在最高洪水位上要留有一定的安全超高。坝顶宽视运用和交通的需要而定。坝的上游面通常做成铅直面，或略向上游倾斜，一般坡度 $n=0\sim0.2$；坝的下游面通常为均一的坡度，一般坡度 $m=0.6\sim0.8$。坝底宽，一般为坝高的 7/10～9/10。坝体断面需根据稳定和应力要求进行优化设计，并考虑布置和运行需要，做某些修正。

2. 溢流坝和泄水孔的布置

在进行坝体布置时，首先要考虑溢流坝和泄水孔口的位置，满足泄洪与放水的需要，并与下游平顺连接，不致淘刷坝基、岸坡和相邻建筑物基础。泄水孔口高程和尺寸应根据水库调洪计算和水力计算，结合闸门和启闭机条件确定。溢流面要求有较高流量系数，同时不产生空蚀。坝下要设置消能工，综合考虑地形、地质、枢纽布置和水流条件，比较选定其形式和尺寸。一般溢流坝段与厂房坝段应分列布置，当河谷狭窄时，也可经厂房顶溢流。

3. 稳定分析

为保证重力坝的安全可靠，在结构设计的标准中，为明确重力坝的安全储备，有定值安全系数法和分项系数极限状态法两种表达形式。前者是 SL 319—2005《混凝土重力坝设计规范》中规定出的分析方法和控制标准；后者是 DL 5108—1999《混凝土重力坝设计规范》在可靠度理论基础上规定的标准和表达式。

（1）定值安全系数法。抗滑稳定分析主要核算坝体沿坝基面或沿地基深层软弱结构面抗滑稳定的安全度。当岸坡坝段地形陡峻时，还需核算岸坡坝段在三向荷载作用下的抗滑稳定。常用的沿坝基面稳定分析计算方法有两种。

抗剪断强度公式或称剪摩公式

$$k'=\frac{f'\sum W+c'A}{\sum P} \tag{1-10}$$

抗剪强度公式或称摩擦公式

$$k=\frac{f\sum W}{\sum P} \tag{1-11}$$

式中：k、k'为安全系数；$\sum W$、$\sum P$ 分别为作用于坝体上的全部荷载在滑动面上的法向分力和切向分力；f、f'和c'分别为滑动面上的摩擦系数、抗剪断摩擦系数和抗剪断黏聚力；A 为坝基截面积。

目前美国、苏联和日本等国均趋向采用式（1－10）进行计算。在我国，有关技术规范规定：当坝基内不存在可能导致沿坝基岩体内部滑动的软弱结构面时，应按式（1－10）计算沿坝基面的抗滑稳定安全系数，否则按式（1－11）计算抗滑稳定安全系数。

从上述抗滑稳定计算公式中可以看出，抗剪断摩擦系数 f'、黏聚力 c'和抗剪摩擦系数 f 的大小，对抗滑稳定的影响很大。如果选取数值偏大，则坝体或坝基抗滑稳定性就没有保证；反之，则偏于保守，造成浪费。因此，f'、c'和 f 值均应通过野外或室内试验确定。

f'及 c'值系指野外现场试验测定峰值的小值平均值。选取时应以此值为基础。考虑室内试验成果，结合现场实际情况，参照地质条件类似的工程经验并考虑坝基处理效果，由地质、试验和设计人员共同分析研究加以适当调整后确定。

f 值的选取，应参考野外试验成果的屈服极限值（塑性破坏型）或比例极限值（脆性破坏型）以及室内试验成果，由前述三方面人员结合有关因素研究确定。

国内外已建工程的资料统计，混凝土与基岩间的 f 值常为 0.5～0.8。f'和 c'与基岩性质密切相关。f'的变化范围为 0.7～1.5，c'为 0.3～1.5MPa。

（2）分项系数极限状态法。重力坝按承载能力极限状态设计时，应对持久状况、短暂状况采用基本组合，对偶然状况采用偶然组合。

承载能力极限状态基本组合应采用下列设计表达式

$$\gamma_0\psi S(\gamma_G G_k,\gamma_Q Q_k,a_k)\leqslant\frac{1}{\gamma_{d1}}R\left(\frac{f_k}{\gamma_m},a_k\right) \tag{1-12}$$

式中：S（＊）为作用效应函数；R（＊）为结构抗力函数；G_k 为永久作用标准值；γ_G 为永久作用分项系数；Q_k 为可变作用标准值；γ_Q 为可变作用分项系数；a_k 为几何参数标准值；γ_{d1}为承载能力极限状态基本组合的结构系数；其余符号意义同前。

承载能力极限状态偶然组合应采用下列设计表达式

$$\gamma_0\psi S(\gamma_G G_k,A_k,\gamma_Q Q_k,a_k)\leqslant\frac{1}{\gamma_{d2}}R\left(\frac{f_k}{\gamma_m},a_k\right) \tag{1-13}$$

式中：A_k 为偶然作用代表值；γ_{d2}为承载能力极限状态偶然组合的结构系数；其余符号意义同前。

对正常使用极限状态作用效应的短期组合，设计状况系数、作用分项系数、材料性能分项系数都取为 1.0，并采用下列设计表达式

$$\gamma_0 S(G_k, Q_k, f_k, a_k) \leqslant \frac{c}{\gamma_{d3}} \tag{1-14}$$

式中：c 为结构的功能限值；γ_{d3} 为正常使用极限状态短期组合的结构系数；其余符号意义同前。

对正常使用极限状态作用效应的长期组合，设计状况系数、作用分项系数、材料性能分项系数亦取为 1.0，但可变作用的标准值应乘以小于 1.0 的长期组合系数 ρ，并采用下列设计表达式

$$\gamma_0 S(G_k, \rho Q_k, f_k, a_k) \leqslant \frac{c}{\gamma_{d4}} \tag{1-15}$$

式中：γ_{d4} 为正常使用极限状态长期组合的结构系数；其余符号意义同前。

以上诸式中系数的取值，要根据所设计的岩基上重力坝的级别、设计状况、作用组合、材料性能等实际情况具体确定。重力坝结构系数可见表 1-3，与混凝土及基岩有关的材料性能分项系数见表 1-4。诸系数定值后，重力坝设计计算工作就归结为作用效应函数和抗力函数的计算求值与比较了。

表 1-3　　　　结　构　系　数

序　号	项　　目	组合类型	结构系数	备　　注
1	抗滑稳定极限状态表达式	基本组合	1.2	包括建基面、层面、深层滑动面
		偶然组合	1.2	
2	混凝土抗压极限状态表达式	基本组合	1.8	
		偶然组合	1.8	

表 1-4　　　　材料性能分项系数

材料性能	抗　剪　强　度								混凝土抗压强度 f_c
	混凝土/基岩		混凝土/混凝土		基岩/基岩		软弱结构面		
	f'_R	c'_R	f'_c	c'_c	f'_d	c'_d	f'_d	c'_d	
分项系数 γ_m	1.3	3.0	1.3	3.0	1.4	3.2	1.5	3.4	1.5
备　注			包括常态混凝土和碾压混凝土层面						

重力坝的抗滑稳定按承载能力极限状态进行计算时，把滑动力作为作用效应函数，阻滑力（包括摩擦力和黏聚力）作为抗滑稳定抗力函数，并认为承载能力达到极限状态时刚体处于极限平衡状态。此时阻滑力［抗力函数 R（*）］与滑动力［作用效应函数 S（*）］相平衡。因此，抗滑稳定计算应满足承载能力极限状态下的式（1-12）和式（1-13）。

1）基面抗滑稳定的极限状态。按式（1-12）和式（1-13）计算时，作用效应函数 S（*）和抗力函数 R（*）可分别简写为

$$S(*) = \sum P_R \tag{1-16}$$

$$R(*) = f'_R \sum W_R + c'_R A_R \tag{1-17}$$

式中：$\sum P_R$、$\sum W_R$ 分别为坝基上全部切向作用和法向作用的设计值；c'_R、f'_R 分别为坝基面上的抗剪断黏聚力和抗剪断摩擦系数；A_R 为坝基面面积。其中，$\sum P_R$ 和 $\sum W_R$ 的设计值

为分项系数乘标准值，f'_R、c'_R 的设计值则为标准值除以分项系数。按基本组合和偶然组合分别算出 $S(*)$ 和 $R(*)$，然后代入式（1-12）和式（1-13），并按 DL 5108—1999 规范的规定，对 γ_0、φ、γ_{d1} 和 γ_{d2} 取值，即可核算基本组合和偶然组合情况下，坝体沿坝基面抗滑稳定极限状态。

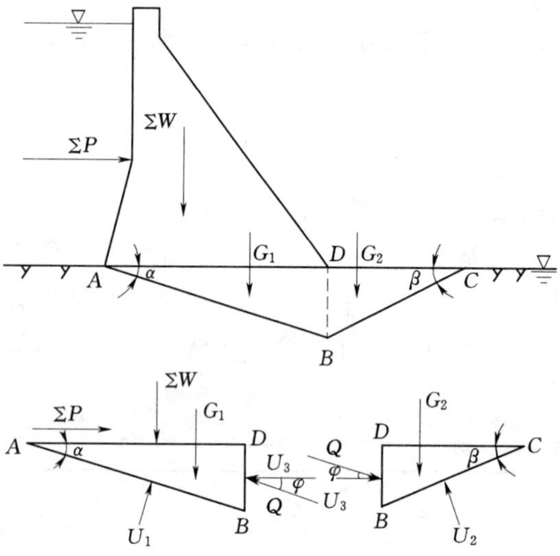

图 1-1　深层抗滑稳定计算示意图

2）坝基深层抗滑稳定的极限状态。核算深层抗滑稳定时，仍应按承载能力极限状态分别计算基本组合和偶然组合两种情况。以图 1-1 双斜滑动面为例，可采用刚体极限平衡的被动抗力法计算，即将滑动岩体分为 ABD 和 DBC 两块，先假定 DBC 处于极限平衡状态，求出阻滑力 Q（即两块相互作用力）的表达式，再将 Q 施加于滑动体 ABD 上，考虑坝体连同滑动块体沿 AB 的深层抗滑稳定的极限平衡，即可算出作用效应函数 $S(*)$（滑动力）、抗力函数 $R(*)$ 和抗力 Q。然后按式（1-12）和式（1-13）核算坝基深层抗滑稳定极限状态，以衡量稳定与否。

$$Q=\frac{f'_2(G_2\cos\beta+U_3\sin\beta-U_2)+G_2\sin\beta-U_3\cos\beta+C'_2A_2}{\cos(\varphi+\beta)-f'_2\sin(\varphi+\beta)} \quad (1-18)$$

$$S(*)=\sum P_d \quad (1-19)$$

$$R(*)=\frac{(\sum W+G_1)(f'_1\cos\alpha-\sin\alpha)+Q\left[\cos(\varphi-\alpha)-f'_1\sin(\varphi-\alpha)\right]-f'_1U_1+C'_1A_1}{f'_1\sin\alpha+\cos\alpha}+U_3 \quad (1-20)$$

$$\sum P_d=(\sum W+G_1)\sin\alpha+\sum P\cos\alpha \quad (1-21)$$

式中：$\sum W$ 为不计入扬压力的坝体垂直力之和；Q、φ 分别为 BD 面上的抗力或不平衡剩余推力及剩余推力作用方向与水平面的夹角；$\sum P_d$ 为作用在深层滑动面 AB 上的全部切向作用之和（包括滑动面以上的岩体和坝体）；$\sum P$ 为坝体所受全部水平作用之和，以指向下游为正；其余符号意义同前。

4. *应力分析*

设计的坝体断面需满足规定的应力条件。在基本荷载组合下，重力坝坝基面的最大垂直正应力应小于坝基容许压应力，最小垂直正应力应大于零；在地震情况下，坝基容许出现不大的拉应力。对于坝体应力，在基本荷载组合下，下游面最大主压应力不大于混凝土的容许压应力；上游面的最小主压应力 σ_2 大于 0。应力分析的方法可归纳为理论计算和模型试验两大类。目前常用的模型试验方法有偏光弹性试验、激光全息试验和脆性材料试验。理论计算方法有材料力学法、基于可靠度理论的分项系数极限状态法和有限单元法。这里主要讨论前两种方法。

（1）应力分析的材料力学法。材料力学法又称重力法，它计算简便，适用范围广，已经过模型试验和工程实践的验证，有一套成熟的应力控制标准。重力法的主要假定是：坝体水平截面上的垂直正应力 σ_y 呈直线分布，其计算公式如下

$$\left.\begin{aligned}\sigma_y'=\frac{\sum W}{T}+\frac{6\sum M}{T^2}\\ \sigma_y''=\frac{\sum W}{T}-\frac{6\sum M}{T^2}\end{aligned}\right\}\qquad(1-22)$$

式中：$\sum W$、$\sum M$ 分别为作用于坝段上全部荷载的法向力总和及对计算截面形心轴的力矩总和；T 为计算截面沿上下游方向的宽度。

求出 σ_y' 和 σ_y'' 后，可在上下游边缘分别切取三角形微元体，根据力的平衡条件即可求得 τ' 和 τ''。求得 τ' 和 τ'' 后，由上下游坝面微元体的平衡条件 $\sum F_x=0$ 可求得 σ_x' 和 σ_x''。进一步可求得坝体主应力，具体计算公式从略。

（2）分项系数极限状态法。

1）分项系数极限状态坝体强度验算。

DL 5108—1999《混凝土重力坝设计规范》采用分项系数极限状态设计方法，即荷载计算时，考虑了各种作用（荷载）都有变异性或随机性。并给出了各种作用的分项系数，从而计算出相应的设计值，然后用材料力学法计算各应力分量并用极限状态设计原则进行强度验算。

a. 承载能力极限状态坝趾的抗压强度验算。验算坝趾抗压强度时，应按承载能力极限状态，按式（1-12）和（1-13）分别计算基本组合和偶然组合两种情况，计算时按公式要求采用材料的标准值和作用的标准值或代表值。作用效应函数 S（$*$）和抗压强度极限状态抗力函数 R（$*$）分别为

$$S(*)=\left(\frac{\sum W_R}{A_R}-\frac{\sum M_R T_R}{J_R}\right)(1+m_2^2)\qquad(1-23)$$

$$R(*)=f_C\quad\text{或}\quad R(*)=f_R\qquad(1-24)$$

式中：$\sum W_R$ 为坝基面上全部法向作用之和，kN，以向下为正；$\sum M_R$ 为坝基面上全部作用对形心的力矩之和，kN·m，以逆时针为正；A_R 为坝基面的面积，m^2；J_R 为坝基面对形心轴的惯性矩，m^4；T_R 为坝基面形心轴到下游面的距离，m；m_2 为坝体下游坡率；f_C、f_R 分别为混凝土抗压强度和基岩抗压强度，kPa。

b. 承载能力极限状态坝体选定截面下游端点的抗压强度验算。验算坝体选定截面下游端点的抗压强度时，同样应按承载能力极限状态，按式（1-12）和式（1-13）分别计算基本组合和偶然组合两种情况，计算时按公式要求采用材料的标准值和作用的标准值或代表值。作用效应函数 S（$*$）和抗压强度极限状态抗力函数 R（$*$）分别为

$$S(*)=\left(\frac{\sum W_C}{A_C}-\frac{\sum M_C T_C}{J_C}\right)(1+m_2^2)\qquad(1-25)$$

$$R(*)=f_C\qquad(1-26)$$

式中：$\sum W_C$ 为计算截面上全部法向作用之和，kN，以向下为正；$\sum M_C$ 为计算截面上全部作用对形心的力矩之和，kN·m，以逆时针为正；A_C 为计算截面的面积，m^2；J_C 为计算截面对形心轴的惯性矩，m^4；T_C 为计算截面形心轴到下游面的距离，m；其余符号意义同前。

2）正常使用极限状态坝体上、下游面拉应力验算。

a. 运行期坝体上游面拉应力验算。规范要求运行期按正常使用极限状态验算坝体上游面拉应力，应满足分项系数极限状态表达式（1－14）和式（1－16），并按作用的标准值分别计算作用的长期组合和短期组合。要求坝踵垂直应力不出现拉应力（计扬压力），核算坝踵拉应力的计算公式为

$$\frac{\sum W_R}{A_R}+\frac{\sum M_R T_R}{J_R}\geqslant 0 \tag{1-27}$$

式中：T_R 为坝基面形心轴到上游面的距离，m；其余符号意义同前。

核算坝体上游面拉应力的计算公式为

$$\frac{\sum W_C}{A_C}+\frac{\sum M_C T_C}{J_C}\geqslant 0 \tag{1-28}$$

式中：T_C 为计算截面形心轴到上游面的距离，m；其余符号意义同前。

b. 施工期坝体下游面拉应力验算。施工期属短暂状况，规范规定按正常使用极限状态作用的标准值计算作用的短期组合。坝体下游面垂直拉应力应不大于100kPa。计算公式为

$$\frac{\sum W_C}{A_C}-\frac{\sum M_C T_C}{J_C}\leqslant 100 \tag{1-29}$$

（3）有限元法。

应力控制标准与采用的分析方法有关，应力分析方法不同，控制标准也不一样，目前我国重力坝设计规范规定了按材料力学法计算的应力控制标准，还提出了有限元法计算坝体应力时的应力控制标准。

用有限元法计算坝体应力时，作用（荷载）取标准值，材料、地基性能应根据试验结合工程类比取定值计算。有限元法计算混凝土重力坝上游垂直应力时，控制标准为：

坝基上游面：计入扬压力时，拉应力区宽度宜小于坝底宽度的0.07倍或坝踵至帷幕中心线的距离。

坝体上游面：计入扬压力时，拉应力区宽度宜小于计算截面宽度的0.07倍或计算截面上游面至排水孔（管）中心线的距离。

有限元法进行重力坝的应力分析时，一般可采用二维有限元法。属于空间性质的问题，则采用三维有限元法。

对于中、低坝，当地质条件较简单时，可只用材料力学方法计算坝的应力。对于高坝，尤其是当地质条件复杂时，除用材料力学方法计算外，宜同时进行模型试验或采用有限元法进行计算。

5. 坝体构造

（1）廊道。沿坝高设置一层或多层廊道，有纵向和横向两种，断面一般为上圆下方的城门洞形。

（2）分缝。为适应地基变形和温度变化，沿坝轴线方向用横缝把坝分成若干个坝段，横缝缝面距离通常为15～20m。横缝缝面根据需要设或不设键槽，灌浆或不灌浆。在施工中，由于混凝土浇筑能力的限制和温度控制的要求，还要设置施工缝。平行于坝轴线方向设竖向施工缝叫纵缝。纵缝的间距一般为15～30m，可以是铅直缝、错缝或斜缝。缝面设

键槽，并需灌浆。水平施工缝的间距在基础约束范围以内和以外分别为1～3m和3～6m，缝面一般均需进行凿毛处理。

（3）止水。在坝体横缝内、陡坡坝段与基础接触面以及廊道和孔洞穿越横缝处的周围，必需设置止水。止水应具有柔性，可以用金属片、橡皮、塑料片或沥青井做成。高坝上游面的横缝止水需用两道止水片，中间设一沥青井。

（4）坝体排水。为了减少渗水对坝体的不利影响，在坝体靠近上游防渗层的下游侧布设一排垂直向排水管，常用多孔混凝土管，间距为2～3m，将渗水汇入廊道。

6. 坝基处理

坝基处理的任务是采取措施来改善坝基的完整性和均匀性，使之具有较高的承载能力和较均匀的变形，并减少地基的渗水性。通常采取的措施有坝基开挖、固结灌浆、帷幕灌浆以及排水减压和断层破碎带处理等。

7. 观测设计

为了监视大坝和地基的工作状况和运用安全，对重力坝需要根据其等级、坝高、地质和结构形式等条件，设置必要的观测设备。因此，需对观测的项目、内容、方法，以及观测设备选型和布置进行设计。

（二）拱坝

拱坝按体型可分为单曲拱坝、双曲拱坝和空腹拱坝；按厚高比可分为薄拱坝、中厚拱坝和重力拱坝。

1. 体型和布置

拱坝体型和布置主要取决于坝址地形以及水文地质、水工、施工等条件，包括溢洪、泄水和发电等要求。拱坝体型可分为定中心、定半径和变中心、变半径两大类。定中心、定半径形式，常见于宽高比较大的或接近U形的河谷；变中心角、变半径形式常用于宽高比较小的V形或梯形河谷。变中心、变半径的形式变化多，更易适应不同坝址河谷地形地质条件的变化。调整各高程中心位置、半径、中心角、厚度等参数，可使：①拱坝体型及布置与地形更趋和谐；②坝体应力均匀合理；③各高程拱座推力更指向岸边，以改善拱座及坝肩稳定条件。在初选基本体型的基础上，具体制定各高程拱圈的形式、中心位置、中心角、曲率半径和厚度等，在拱冠剖面图及平面图上进行布置比较后最终确定。拱坝参数变化多，要经过多次计算，优化选定。为改善拱坝应力及稳定要求，水平拱圈除采用圆拱外，还常采用三心或多心圆拱及变曲率曲线拱，如抛物线、椭圆或对数螺旋线拱等。通常拱坝上部中心角宜在90°～110°左右，下部逐渐变小。拱座宜嵌入两岸基岩内一定深度以改善拱座及坝基稳定条件。一般拱座的水平剖面宜做成半径向，以便较好地发挥拱的作用。拱坝沿坝轴线方向设径向横缝，缝面一般做成键槽并设置灌浆系统。为坝体进行人工冷却，常在拱坝内埋设冷却水管。当坝体冷却至稳定温度，即可封拱，横缝用水泥灌浆，使整个坝连成整体。

拱坝体型的各种参数，应在不同荷载组合下进行应力计算及坝基和坝肩稳定计算分析后优化选定。

2. 荷载

拱坝承受的主要荷载，除坝面水荷载、自重、地震荷载外，温度荷载对拱坝应力及稳定影响较大，必须予以考虑。温度荷载取决于封拱时与运行期间混凝土温度的差值。而封拱时混凝土温度，取决于坝面年平均库水温度场、坝下游年平均气温以及地基的年平均温度场。要分别考虑温度上升和温度下降、库空和库满以及是否与地震遭遇等各种不同荷载组合。此外，在拱坝应力计算时，一般不计渗透压力和扬压力的影响，但拱座及坝基坝肩稳定分析中必须予以考虑。

3. 应力分析

拱坝体型的各种参数必须通过应力及稳定计算优化选定。一般认为拱坝的应力分析比其他坝型更为重要。拱坝坝身轮廓较大程度上由应力决定。坝体应力分布力求均匀，且均应在允许拉应力、压应力、剪应力范围之内。

常用的拱坝应力计算方法有拱梁分载法（又称拱梁试载法）及有限元法。前者将坝体分成若干水平拱和竖直梁两个系统，利用这些梁和拱共轭点变位一致的条件，经过反复试算进行径向、切向、竖向及扭转等变位调整，最后确定拱梁荷载的分配。为简化计算，在初步估算时可取拱冠梁及若干个水平拱进行计算，即拱冠梁法。有限元法可以适用于任何拱坝和地基。在拱坝计算中，对拱梁分载法及有限元法的使用各有侧重。如在确定拱坝各种参数及轮廓时常采用拱梁分载法，以便和规范中规定的允许拉、压等应力值配套使用。而在研究坝体角缘及孔口应力及基础对坝体应力的影响时，则常用有限元法。法国、意大利等国主要采用有限元法。

除常用的上述两种方法外，还有壳体理论法、纯拱法、斜拱法和有效拱法等。壳体理论法适用于厚度与曲率半径之比小于 1/10 的薄拱坝或穹坝，利用有限差分解。后 3 种方法均系近似方法，依次只考虑水平拱、倾斜拱或只考虑拱断面中受压部分是有效的，不计受拉部分的作用，故与实际有出入，不常作为最终的计算手段，仅对宽高比较小的拱坝进行参考性核算时采用。目前，由于计算技术的发展，加快了计算速度并提高了精度，但必要时仍须辅以有关的结构试验。

目前拱坝最高允许压应力值已提高至 10～15MPa 左右，允许拉应力从过去的 0.5～0.7MPa 已增至 1.0～1.5MPa，甚至个别到 2.5～3.0MPa。拱坝允许应力所以能定得如此高，其原因是即使坝体因拉应力过高而导致某些截面局部开裂，拱梁荷载会重新调整，梁和拱截面上的应力亦有所调整，只要调整后的拉、压应力仍在许可应力以下，则可认为此拱坝仍是安全的。

SL 282—2003《混凝土拱坝设计规范》规定：用拱梁分载法计算时，坝内的主压应力和主拉应力应符合以下要求：

（1）容许压应力。混凝土的容许压应力等于混凝土的极限抗压强度（90 天龄期 15cm，立方体强度，保证率为 80%）除以安全系数，对于基本荷载组合，1 级、2 级坝的安全系数为 4.0，3 级拱坝的安全系数采用 3.5；对于非地震情况特殊组合，1 级、2 级坝的安全系数为 3.5，3 级拱坝的安全系数采用 3.0；当考虑地震荷载时，混凝土的容许压应力可比静荷载情况适当提高，但不超过 30%。据统计国内混凝土拱坝的容许压应力一般采用 4～7MPa，但个别的曾用到过 9.0MPa。

（2）容许拉应力。在保持拱座稳定的条件下，通过调整坝的体形来减少坝体拉应力的作用范围和数值。对于基本荷载组合，容许拉应力不得大于 1.2MPa，对于非地震情况特殊荷载组合，容许拉应力不得大于 1.5MPa。当考虑地震荷载时，其处理原则同容许压应力。

拱坝属于高次超静定结构，且混凝土的抗压强度较高，拱坝断面设计常受拉应力控制，拉应力较大的部位常在拱冠梁的上游面坝底处，实际上这个部位的梁向拉应力并非最危险，因为当梁向拉应力大时可自行调整给拱结构。因此，一般认为可适当提高上游面的允许拉应力，国内多数拱坝设计允许拉应力值大多控制在 0.5～1.5MPa 范围内。

SL 282—2003《混凝土拱坝设计规范》规定：用有限元法计算时，应补充计算“有限元等效应力”。按“有限元等效应力”求得坝体的主拉应力和主压应力，并符合下列规定：

（1）容许压应力。同拱梁分载法。

（2）容许拉应力。对于基本荷载组合，容许拉应力不得大于 1.25MPa；对于非地震情况特殊荷载组合，容许拉应力不得大于 2.0MPa。

DL/T 5346—2006《混凝土拱坝设计规范》规定：拱坝应力控制指标，应根据其建筑物的等级，按不同的水工建筑物结构安全级别确定。拱坝应力按分项系数极限状态表达式（1-30）进行控制。

$$\left.\begin{aligned}\gamma_0\psi S(*) &\leqslant \frac{1}{\gamma_d}R(*)\\ R(*) &= f_k/\gamma_m\end{aligned}\right\}\qquad(1-30)$$

式中：γ_0 结构重要性系数，对应于安全级别为Ⅰ、Ⅱ、Ⅲ级的建筑物分别取 1.1、1.0、0.9；ψ 为设计状况系数，对应于持久状况、短暂状况、偶然状况分别取 1.00、0.95、0.85；S（*）作用效应函数，为由拱梁分载法或弹性有限元法算出的主应力；R（*）结构抗力函数；f_k 坝体混凝土强度，用混凝土强度标准值表示；γ_m 为材料性能的分项系数，取 $\gamma_m=2.0$；γ_d 为结构系数，按表 1-5 采用。

表 1-5　　拱坝应力分析结构系数 γ_d 表

计算方法	受力状况	基本组合 偶然组合
拱梁分载法	抗压	2.00
	抗拉	0.85
弹性有限元法	抗压	1.60
	抗拉	0.65

注　地震情况下的结构分项系数应按 DL 5073—1997《水工建筑物抗震设计规范》规定执行。

拱坝应力的控制标准，无论是拱梁分载法或有限元法，都应满足式（1-30）的要求。持久状况、基本组合情况下，采用拱梁分载法计算时，坝体最大拉应力不得大于 1.2MPa；采用有限元法计算时，经等效处理后的坝体最大拉应力不得大于 1.5MPa。短暂状况、基本组合情况下，未封拱坝段最大拉应力不宜大于 0.5MPa。所谓等效处理系指对有限元法分析所得的坝体应力进行面积分求出其截面内力，再用材料力学法求出截面应力，转化为有限元等效应力，这样得出的上、下游面应力，可以消除局部应力集中问题。

4. 拱座和坝肩稳定

拱坝所受荷载通过拱的作用及悬臂梁的作用传至拱座及岩基。设计时必须验算坝体沿基岩面或连同部分基岩沿基岩内某些软弱面的抗滑稳定，即拱座及坝肩的稳定。

评价坝肩稳定的方法有两类：一类是数值计算法，它包括刚体极限平衡法（如刚性块法、分块法、赤平投影法等）和有限元法；另一类是模型试验法，它包括线弹性结构应力模型试验和地质力学模型试验。

在实际工程中，常用刚体极限平衡法来判断坝肩岩体的稳定性。其表达形式有定值安全系数法和分项系数极限状态法。前者是 SL 282—2003《混凝土拱坝设计规范》中规定的分析方法和控制标准；后者是 DL/T 5346—2006《混凝土拱坝设计规范》中规定的分析方法和控制标准，它用分项系数"代替"安全系数，将安全裕度隐匿在分项系数中。

一般沿坝与接触面分层进行抗滑稳定计算。若各高程核算都能满足要求，即不需进行坝体某部分或整体的稳定分析。否则应对不能满足稳定要求的拱圈以上部分整体予以核算。

如坝基及坝肩内存在可能构成滑动的软弱面，还必须核算坝基及坝肩的稳定。对坝基常需进行浅层或深层稳定分析。坝体连同部分地基沿某些软弱面滑动的稳定分析仍可参照上述办法进行，计算中除需考虑滑动面以上岩体重量外，还要考虑地下水渗流场作用。当坝基中存在某些软弱面或软弱带较厚或局部变形模量较小时，除须按照上述方法进行抗滑稳定分析外，尚需对坝体及坝基的应力及变形进行核算。这是由于坝基局部存在软弱岩体会导致不均匀变形，从而使坝体及坝基局部应力集中或应力重新分布。对于这类问题一般采用有限元法进行分析，有时尚需辅以地质力学模型试验。

若核算坝基或坝肩稳定不能满足要求时，必须采取措施，或调整修改坝轴线或拱坝体型，或对地基进行加固，使地基具有足够的整体性和稳定性（包括抗滑及渗透稳定），并具有足够的强度和刚度。

（三）土坝

土坝利用当地土料、砂、砂砾、卵砾、石渣、石料等填筑而成。按施工方法不同可分为碾压式土坝、水中填土坝和水力冲填坝，现代土坝多由碾压而成。按筑坝材料在坝内的配置又可分为均质土坝、分区坝和人工防渗材料坝。土坝设计的总体要求是，大坝在正常和非常工作条件的荷载组合情况下，必须保证它能长期安全运用和充分发挥经济效益，满足稳定、变形、渗流以及规定的超高等要求。

1. 坝体构造

根据自然条件、运用要求和工程设计标准而定。

（1）护坡。为了防止风浪和雨水冲刷，以及冻胀干裂等有害作用，应设上、下游护坡。上游护坡材料可用抛石、干砌石、浆砌石、混凝土、钢筋混凝土、沥青混凝土等；下游护坡材料可用干砌石、碎石、卵石、草坡等。

（2）坝面排水。为了排除坝面雨水，应在下游坝坡设纵、横向排水沟，用以拦截汇集雨水，排到坝下游。

（3）坝顶构造。土坝一般不允许坝顶过水，故坝顶应超出库水位一定高度，具体超高由计算确定。通常在坝顶上游侧用浆砌石、混凝土或钢筋混凝土等修建坚固不透水的防浪墙。坝顶宽度由施工、运行和交通等要求确定。坝顶常用碎石、单层砌石或预制混凝土块盖面。

2. 筑坝材料

根据土坝对各分区的材料要求，选择坝料并进行土料设计。

（1）防渗料。防渗土料应有较小的渗透系数、较好的渗透稳定性和一定的塑性。黏性土一般都可用作防渗料，但沼泽土、斑脱土、地表土及含有未完全分解有机质的土料不宜采用。防渗料内盐类含量不得超过有关规范的允许值。上坝土料的含水量应控制在最优含水量附近，使施加相同的压实功能可获得最大干容重。如料场的天然含水量过干或过湿应进行处理。近年来含有粒径大于 5mm 的粗粒和小于 5mm 的细粒砾石土也广泛用于高土坝的防渗料。选料时粗粒含量一般不要超过 50%，以满足防渗要求。砾石土同时具备粗粒土和细粒土的特点，强度高、压缩性低、透水性小，为理想的防渗料；缺点是抗裂性能差一些。由于砾石土的采用，使防渗土料级配范围大为扩大。除土料外，混凝土、钢筋混凝土、沥青混凝土亦可用作防渗料。

（2）坝壳料。坝壳料应具有较高的强度和渗透稳定性，砂、砂砾、卵砾石、碎石、石料以及从基坑挖出来的石渣均可用作坝壳，均匀粉细砂不易压实，遇地震易液化，应慎用。20 世纪 60 年代以后采用大型振动平碾分薄层压实坝壳料，开挖出来的风化岩和软岩也可上坝。

（3）反滤料。设在坝内粗细料之间，要求质地致密坚硬，含泥量不超过 5%。反滤料应既能排水通畅又不让被保护材料流失。材料级配和层数由计算或试验确定。反滤料可来自筛分天然砂砾料或人工轧碎的骨料，也可直接采用天然砂砾料。为防止刚度突变而在坝体设置的过渡料，其要求可低些。

3. 坝体坝基的渗流控制

坝体坝基渗流控制包括坝体、坝基防渗和排水两方面的内容，目的是保证蓄水后坝体坝基的渗透稳定并控制渗流量。

（1）坝体防渗体。坝体的防渗体通常是土质心墙、土质斜墙或人工材料防渗体。防渗体的结构尺寸，除必须满足将渗流量及渗透坡降、浸润线降低到所要求的范围以内，还要满足结构上和施工上的要求。

（2）坝基防渗。对土坝而言，坝基的强度往往不是控制坝基处理的因素，而坝基的渗流则是影响大坝安全的主要问题之一。因此，对坝基的渗流控制是大坝基础处理设计的关键，其基本要求是：①保证坝基的渗透稳定；②控制渗流量；③减少下游浸没；④降低坝体及两岸的浸润线；⑤控制化学溶蚀。

对于土基应清除腐殖土层，然后将表土压实，沿土坝防渗体与土基接触面设置若干小齿槽回填防渗料，以延长渗径加强连接。对于岩基应清除表面松动岩石，用水泥砂浆或喷浆封堵表面裂隙，对防渗体下面岩石进行帷幕灌浆。对于砂砾地基，如砂砾层不厚，一般开挖截水槽，用防渗料回填并压实，将砂砾层截断。截水槽上下分别与防渗体及基岩连接，必要时在基岩中设置灌浆帷幕。如砂砾层比较厚，可用防渗料填筑上游水平铺盖与土坝防渗体连接。深厚砂砾坝基常采用垂直防渗，建筑混凝土防渗墙截断砂砾层。防渗墙上部插入土坝防渗体，下部与基岩连接，必要时在基岩中设灌浆帷幕。如砂砾级配合适，具备适宜吸浆能力，可对砂砾层进行灌浆，形成防渗灌浆帷幕截断砂砾层。

(3) 坝体坝基排水。排水设施的透水性应远大于周围材料并满足过渡要求。常用的排水形式有：

1) 棱体排水。

2) 贴坡排水。

3) 坝内排水，其中褥垫排水常用于弱透水地基上的均匀土质坝，降低坝体浸润线的作用显著。如排水料不足，可用由纵向连续排水带及横向间隔排水组成的网状排水。纵向排水带降低坝体浸润线并汇集渗水，经横向间隔排水导出坝外。

4) 减压井。常设于上下层分别为弱透水层和强透水层，且弱透水层较厚，或强、弱透水层互为夹层的透水基础上。减压井一般伸入强透水层一定深度，或将其穿透直抵基岩面，以对坝基排水减压。渗水经井中滤管和出水管导至地面。如基岩存在几个强透水层，应分别设置减压井。

5) 排水沟。如表层弱透水层较薄，常将其挖穿直抵下面强透水层，形成排水沟，以排除坝基强透水层中的渗水。

4. 土坝计算

(1) 渗流计算。确定坝体浸润线、坝体及坝基流网、渗流量及出逸比降、库水位下降时上游坝体自由水面位置及孔隙水压力，供坝坡稳定分析使用，及了解渗漏量并确保渗透稳定。根据坝体和坝基的渗透系数、边界条件及上下游各种水位组合，通过手绘流网、数值计算和模拟试验求解。计算时，一般简化为二维问题，对于三维渗流场如岸边绕流，可用数值分析或模拟试验求解。

(2) 稳定计算。土坝体积很大，在水压力作用下整个坝体产生水平滑动的可能性通常不存在，故仅需核算上下游坝坡的抗滑稳定。一般分施工期、稳定渗流期和库水位降落期3种情况。

均质土坝、厚心墙和厚斜墙坝常用圆弧滑动法计算坝坡稳定。

对于坝基有软弱夹层或薄心墙、薄斜墙坝，宜用滑楔法。假定滑动面为折线，滑楔间作用力假定平行于坡面或为水平向。沿折线将各种材料的抗剪强度除以 K 后，滑楔处于极限平衡状态，此 K 值即所求安全系数。最小的安全系数由假设不同滑动面试算求得。如在地震区，应将地震力作为外力加入计算。

(3) 沉降计算。确定坝体和坝基在自重作用下的沉降量与时间的关系及完工后的总沉降量。据此计算竣工后为抵消沉降而预留的坝顶超填，预测不均匀沉降量，判断坝体产生裂缝的可能性和预防措施。常用分层总和法计算，即把坝体坝基分为若干层，根据坝体和坝基土的压缩曲线计算时刻 t 各层中心所受竖向总应力、孔隙压力、有效应力及相应沉降量，将各层沉降量叠加，得时刻 t 及完工后坝体和坝基的沉降量。

(4) 应力应变计算。高土石坝一般要用有限单元法计算坝体坝基及岸坡接头在填土自重及其他荷载作用下的填土应力应变，以判断是否发生剪切破坏、有无过量变形、是否存在拉力区和裂缝、防渗土体是否发生水力劈裂，为坝体稳定分析和与土坝连接建筑物设计提供依据。

5. 与岸坡及混凝土建筑物的连接

与土坝连接的岸坡应处理成上下均匀平顺，不得过陡，不出现突变、台阶或倒坡，以免土坝因不均匀沉陷而产生裂缝。在岸坡接头处常将心墙或斜墙局部扩大，以延长接触面渗径。对于岩石岸坡通常沿土坝防渗体与基岩接触面设混凝土齿墙，并在墙底设灌浆帷幕，向岸内延伸一定距离，以增加绕坝渗径。

土坝与混凝土建筑物连接多采用重力墙，按其平面形状通常分为L形、侧墙式和插入式。插入式多用于高坝，其余多用于中低坝。对于侧墙式及插入式常设深入土坝防渗体的刺墙。沿重力墙与土坝防渗体接触面一定宽度范围内，最好填筑黏性高的土料，以提高抗接触冲刷能力。为避免不均匀沉陷，重力墙与防渗体接触不采取垂直坡。

（四）堆石坝

堆石坝主体用石料填筑配以防渗体而成，主要类型包括土心墙堆石坝、沥青混凝土心墙堆石坝、黏土斜墙堆石坝、黏土斜心墙堆石坝、钢筋混凝土面板堆石坝。土质防渗体堆石坝的设计与土坝设计基本相似，包括稳定分析、渗流计算、坝体细部结构设计等。对于高堆石坝还应采用有限元法进行应力应变计算，以了解坝体的应力和变形情况，有无产生拉力和裂缝的区域。坝体稳定计算可根据坝型采用圆弧法和折线法。当两侧堆石体较厚时，也可用堆石的内摩擦角和堆石体坡角的比值直接求出堆石体的稳定安全系数。在地震区，应计入地震荷载。如为土心墙，心墙与坝壳在固结时会产生应力转移，引起心墙的拱效应，易产生水平裂缝。如采用钢筋混凝土面板或沥青混凝土斜墙，蓄水后在陡岸处易引起面板沉陷量过大，造成止水破坏。为防止上述现象，除通过有限元法计算分析外，还应从构造上采取措施，防止裂缝的产生。

面板堆石坝受其本身结构特点所决定，有与一般土石坝不同的特点。面板堆石坝的设计原则如下：

（1）坝体稳定。面板堆石坝沿地基面的抗滑稳定应是安全可靠的。坝的上游与下游面坡度除了应使堆石体具有足够重量和抗剪强度满足整体稳定外，还须能保证满足上、下游坝坡自身稳定要求。上、下游坝坡通常采用接近于堆石料的天然休止角（1∶1.3左右）。

（2）坝体变形。堆石体在各种荷载作用下并考虑堆石蠕变特性后产生的最大变形值，必须限制在钢筋混凝土面板所能适应的限度以内，以避免面板产生裂缝和引起周边接缝与伸缩缝止水的失效。为此，在设计中应根据堆石体各分区的受力条件和现场爆破与碾压试验的资料，以及坝址附近料场情况对坝体进行合理分区，并对各分区分别提出石料的特性、规格和铺筑、碾压的工艺要求。

（3）坝体防渗。面板堆石坝的渗流问题没有一般土石坝那样突出。除在上游面设置防渗面板外，在面板下设垫层、过渡层（各厚数米），由级配料填筑的垫层，通常是半透水的反滤层，其渗透系数为$1\times10^{-2}\sim1\times10^{-4}$cm/s，它除了起面板的垫层作用外，还可阻滞渗水。

（4）面板的可靠性。为保证面板工作的可靠性，应使堆石体得到最大密实度。

（5）基础处理。面板的趾板部位必须挖至良好的基岩，如底座下部有断层等构造则应在与底座两侧交接处的一定范围内，对这些构造进行处理。两岸边坡的地形突变或倒悬部位应予以修整。深覆盖层上修建面板堆石坝须进行专题论证。

二、泄水建筑物

溢洪道、溢流坝、泄水孔、泄水隧洞等是泄水建筑物的主要形式，与坝结合在一起的为坝体泄水建筑物；设在坝身以外的统称为岸边泄水建筑物。

泄水建筑物是水利枢纽的重要组成部分，其造价常占工程总造价的很大比例。所以，合理选择形式，确定其尺寸十分重要。泄水建筑物按其进口高程可布置成表孔、中孔、深孔或底孔。表孔常是溢洪道及溢流坝的主要形式。深孔及隧洞一般不作为重要大泄量水利枢纽的单一泄水建筑物。

泄水建筑物的设计主要是确定泄水流量和水位、泄水系统组成、位置和轴线、孔口形式和尺寸等。总泄流量、枢纽各建筑物应承担的泄流量、形式选择及尺寸根据当地水文、地质、地形以及枢纽布置和施工导流方案的系统分析和技术经济比较决定。对于多目标或高水头、窄河谷、大流量的水利枢纽，一般可选择采用表孔、中孔或深孔，坝身与坝体外泄流，坝与厂房顶泄流等联合泄水方式。

修建泄水建筑物的关键是要解决好消能防冲和防空蚀、抗磨损问题。对于较轻型建筑物或结构，还应防止泄水时的振动。泄水建筑物设计和运行实践的发展与结构力学和水力学的进展密切相关。近年来高水头窄河谷宣泄大流量、高速水流压力脉动、高含沙水流泄水、大流量施工导流、高水头闸门技术以及减振、掺气减蚀、高强度耐蚀耐磨材料的开发和进展，对泄水建筑物设计、施工、运行水平的提高起了很大的推动作用。

（一）溢流坝和坝身泄水孔

1．溢流坝

溢流坝一般由混凝土或浆砌石筑成。按坝型有溢流重力坝、溢流拱坝、溢流支墩坝和溢流土石坝。后者仅限于溢流面和坝脚有可靠防护设施、单宽流量比较小的低坝。与厂房结合在一起，作为泄洪建筑物的坝内式厂房溢流坝、厂房顶溢流和挑越厂房顶泄流的厂坝联合泄洪方式，可用在高山峡谷地区，是宣泄大流量时，解决溢洪道和电站厂房布置位置不足的一种途径，也是从溢流坝发展起来的新形式。

溢流坝过流形式有坝顶溢流（跌流）、坝面溢流和大孔口坝面溢流。前两者属表面溢流，能顺利排放冰凌等漂浮物，堰顶可设或不设闸门。无闸门的溢流坝，蓄水位只能与堰顶齐平，泄洪时要靠壅高库水位形成水头，逐渐增加泄量，适用于水库较小或溢流前缘较长的溢流坝。设有闸门的溢流坝，能够调节水库蓄水位和下泄流量，其堰顶高程和溢流前缘长度根据水库和枢纽建筑物功能、泄水要求经水库调洪计算确定；堰顶设闸墩，用以支撑闸门，墩上架桥以装设闸门启闭设备或设置通道。

溢流坝设计要满足：①有足够的溢流前沿长度和泄流能力以满足防洪要求；②水流平顺，坝面无不利的负压或振动；③下泄水流不造成危害性冲刷；④满足强度和稳定性要求。从溢流或泄水段到下游消能工设计要解决好空蚀和磨蚀、掺气和雾化、轻型结构的振动、河床和岸坡的冲刷等一系列高速水流问题。要选择合适的坝顶和堰面曲线形式。既要有较大泄流能力，又要有稳定的水流流态和免遭空蚀破坏、容易施工的体型。较好的消能工形式和尺寸对枢纽各建筑物的安全运行具有重要意义。

溢流堰面体型关系到溢流坝的溢流能力、流态稳定和压力分布均匀等问题，应通过水力计算、水工模型试验进行设计。

2. 坝身泄水孔

泄水孔一般设置在混凝土或浆砌石的重力坝、拱坝、支墩坝体内，需有闸门控制。一般由 3 个部分组成：进口段（进水口）、孔（管）身段和出口段。泄水孔按进口高度和设计水位的相对位置，可分为中孔、深孔或底孔以及双层或多层泄水孔。按水流条件，可分为有压孔和无压孔。泄水孔的出口段常考虑与消能工设计相结合。岩基上的高坝在宣泄大流量情况下常采用各种形式鼻坎，以增强挑流扩散和消能效果，解决泄水孔出流集中问题。泄水孔各部位流速较高，边界条件复杂，容易产生空蚀、磨蚀、振动等。因此应精心进行体型设计，必要时要通过试验论证。过流表面常可采用耐蚀、耐磨混凝土，并应设法提高过流表面平整度或采取通气减蚀措施。

（二）水闸

水闸在水利工程中的应用十分广泛，多建于河道、渠系、水库、湖泊及滨海地区。按其承担的任务可分为节制闸、进水闸、排水闸、分洪闸、挡潮闸等。

1. 工作特点和设计要求

水闸关门挡水时，闸室承受上下游水位差所产生的水平推力，有可能向下游滑动。闸室的设计，须保证有足够的抗滑稳定性。在上下游水位差的作用下，水从上游沿闸基和绕过两岸连接建筑物向下游渗透，产生渗透压力，对闸基和两岸连接建筑物的稳定不利，尤其是对建于土基上的水闸，由于土的抗渗稳定性差，有可能产生渗透变形，危及工程安全，故需综合考虑闸址地质条件、上下游水位差、闸室和两岸连接建筑物布置等因素，分别在闸室上下游设置完整的防渗和排水系统，确保闸基和两岸的抗渗稳定性。闸室的总净宽度须保证开门泄水时能通过设计流量。闸的孔径，按使用要求、闸门形式及考虑工程投资等因素选定。由于过闸水流形态复杂，流速较大，两岸及河床易遭水流冲刷，需采取有效的消能防冲措施。对两岸连接建筑物的布置应使水流进/出闸孔有良好的收缩与扩散条件。建于平原地区的水闸地基多为较松软的土基，承载力小，压缩性大，在水闸自重与外荷载作用下将会产生变形或不均匀沉陷，导致闸室或翼墙等下沉、倾斜，甚至引起结构断裂而不能正常工作。为此，对闸室和翼墙等的结构形式、布置和基础尺寸的设计，需与地基条件相适应，尽量使地基受力均匀，并控制在地基承载力的允许范围以内，必要时应对地基进行妥善处理。需考虑地基不均匀沉陷对结构的强度和刚度的影响，并尽量减少相邻建筑物的不均匀沉陷。此外，对水闸的设计还要求做到结构简单、经济合理、造型美观、便于施工管理，以及有利于环境绿化等。

2. 闸址和闸槛高程的选择

根据水闸所负担的任务和运用要求，综合考虑地形、地质、水流、泥沙、施工、管理和其他方面等因素，经过技术经济比较选定。闸址一般选在水流平顺、河床及岸坡稳定、地基坚硬密实、抗渗稳定性好、场地开阔的河段。闸槛高程的选定，应与过闸单宽流量相适应。在水利枢纽中，应根据枢纽工程的性质及综合利用要求，统一考虑水闸与枢纽其他建筑物的合理布置，确定闸址和闸槛高程。

3. 水力设计

根据水闸运用方式和过闸水流形态，按水力学公式计算过流能力，确定闸孔总净宽。

结合闸下水位及河床地质条件，选定消能方式。水闸多用底流水跃消能。通过水力计算，确定消能防冲设施的尺度和布置，估算水闸投入运用后，上下游河床可能发生冲淤变化引起的上下游水位变动。及其对过水能力和消能防冲设施的不利影响。大型水闸的水力设计，应做水力模型试验验证。

4. 防渗排水设计

根据闸上下游最大水位差和地基条件，并参考工程实践经验，确定地下轮廓线布置。须满足沿地下轮廓线的渗流平均坡降和出逸坡降在允许范围以内，并进行渗透水压力和抗渗稳定性计算。在渗流出逸面上应铺设反滤层和设置排水沟槽（或减压井），尽快地、安全地将渗水排至下游。两岸的防渗排水设计原理与闸基的基本相同。

5. 结构设计

根据运用要求和地质条件，选定闸室结构和闸门形式，妥善布置闸室上部结构。分析作用于水闸上的荷载及其组合，进行闸室和翼墙等的抗滑稳定计算、地基应力和沉陷计算。必要时，应结合地质条件和结构特点研究确定地基处理方案。对组成水闸的各部建筑物（包括闸门），根据其工作特点，进行结构计算。

（三）岸边溢洪道

岸边溢洪道修建在坝肩或岸边离坝一定距离，简称溢洪道。按泄洪标准和运用情况可分为正常溢洪道和非常溢洪道。根据布置特征，又可分为正槽溢洪道、侧槽溢洪道、井式溢洪道和虹吸溢洪道。其选型和布置，根据水库水文、坝址地形地质、水流条件、枢纽布置、施工、管理条件及造价等因素，通过技术经济比较确定。溢洪道除了应具备足够的泄流能力外，还要保证在工作期间自身及邻近建筑物的安全，并使下泄水流与原河道水流妥善衔接。溢洪道的使用率，取决于洪水特性、工程开发性质和水库设计标准，一般不经常工作，但却是水库枢纽中重要的建筑物。

1. 布置和形式选择

坝址地形、地质、枢纽布置及施工条件等对溢洪道布置和选型影响很大。从开挖量大小考虑，当坝址附近有高程接近正常蓄水位的马鞍形山口，或岸坡平缓，又能很快使下泄洪水归原河道时，宜采用正槽溢洪道；若两岸山高坡陡，可考虑采用侧槽溢洪道；在过于陡峭的河岸下，宜采用泄洪隧洞或井式溢洪道。要避免将溢洪道布置在大断层和滑坡体等地质条件很差的岸坡上。在岩基上，可以修建各种形式溢洪道；在非岩基上，多修正槽溢洪道；当泄槽纵坡较陡时，有时可考虑采用多级跌水。从枢纽布置方面考虑，溢洪道进、出口应离坝及其他建筑物有适当距离，以免水流冲刷或回流淘刷，影响建筑物安全。水位波动不要影响水电站或通航建筑物的正常运行。若溢洪道与大坝紧接，应修导水墙将两者隔开，邻近坝体要加强保护和做好防渗连接。溢洪道控制段应靠近水库，以减少水头损失。在需要随时间调节和水库水位变化不大的中小型水利枢纽中，宜采用虹吸溢洪道。在设计洪水和校核洪水水量相差很大的河流上，应考虑正常溢洪道与非常溢洪道分开布置，以减少投资、加快施工进度。溢洪道布置还应仔细考虑出渣、堆渣及渣石利用，做到与其他建筑物相互协调，避免干扰。

2. 组成建筑物设计

溢洪道通常由进水渠、控制段、泄水段、消能段及尾水渠组成。

进水渠起进水与调整水流作用。前方水域应开阔，进水通畅，平面布置力求平顺，避免断面突然变化，如需转弯，其转弯半径宜大于5倍渠道水面宽度，渠底高程比堰顶高程低些；渠内水流平顺均匀，水面波动小而无旋涡；流速不宜大于2～3m/s；进水渠是否砌护，视地质、渠线长短及流速大小而定。有的溢洪道，由于进水渠短或基本没有进水渠，应注意合理选择进口形式，保证进水条件。

控制段为控制溢洪泄流能力的部分，主要包括溢流堰及连接建筑物。控制段也是挡水结构，应按闸坝建筑物设计，堰体结构应满足强度和稳定及基础防渗要求。溢流堰的水力设计应力求获得大的流量系数及泄流时不产生负压空蚀或诱发危险振动，通常选用宽顶堰、实用堰、驼峰堰，有时也用胸墙的孔口。洪水流量较小的中、小型工程，溢流堰可不设闸门；大中型工程中的溢流堰和带胸墙的孔口均设有闸门调节控制库水位和下泄流量。控制段孔口尺寸，要通过调洪演算，经综合技术经济比较选定。侧槽溢洪道、井式溢洪道及虹吸溢洪道的控制段各具特点，需要相应考虑侧槽、溢流喇叭口、渐变段、竖井和虹吸管的设计。

泄水段通常有泄槽与泄洪隧洞两种形式。泄槽在平面上尽可能采用直线、等宽、对称布置；在实际工程中，往往因地质、地形，或为减少开挖、有利消能和减轻冲刷等原因，有时需要设置收缩段、扩散段或弯段。泄槽纵坡一般大于临界坡度，为了减少工程量，泄槽沿程可以随地形、地质变坡，但变坡次数不宜过多，变坡处宜用曲率半径较大的平滑曲线连接。泄槽横剖面在岩基上接近矩形，在土基上常采用边坡为1∶1～1∶2的梯形。泄槽边墙高度，根据计算水深，并考虑冲击波、水流掺气的影响及一定安全超高确定。为了防止泄槽冲刷和岩石风化，大中型工程一般都用混凝土衬砌。衬砌接缝表面应平整，要做好接缝止水和底部排水。为增强衬砌稳定，对岩基可用锚筋加固，对土基可采用锚筋桩。对于高水头、大流量的溢洪道为防范空蚀破坏，可设置掺气减蚀装置或控制过水表面不平整度。

消能段通常采用挑流消能或水跃消能。

尾水渠仅当下泄水流不能直接归入原河道时才修建，要求与下游河道妥善衔接。

(四) 水工隧洞

1. 分类

水工隧洞按用途可分为灌溉输水隧洞、发电引水隧洞、工业及城镇供水隧洞、泄水隧洞（包括泄洪洞、排沙洞和放空水库隧洞）、施工导流隧洞和通航隧洞等；按水流流态分为无压隧洞和有压隧洞。在实际工程中，为简化枢纽布置，节省投资，在可能条件下宜考虑一洞多用。如发电与灌溉、供水相结合，将发电后的尾水用于灌溉、工业及城镇供水；导流隧洞在完成导流任务后，可以改作灌溉洞或泄洪洞。有的工程采用发电与泄洪或灌溉与泄洪二洞合一的布置形式，泄洪与发电共用一条主洞布置时，必须保证各自的运行要求和较好的水力条件，安全宣泄规定的泄洪流量，保证发电隧洞的压力状态及发电时的最小水头。这种布置因涉及分岔处的水流形态和电能损失，需要通过技术经济比较慎重确定，对于经常使用的泄洪洞或重要的水电站，不宜采用。

2. 组成及设备

水工隧洞除洞身外，一般还包括进口段（进水口）和出口段（发电引水隧洞身后接压力管道）。有时受地形条件限制，在进口前或出口后，需增设引水渠或尾水渠。渠道线路上的输水隧洞或通航隧洞，只有洞身段，但前后洞脸需加护砌，以维持山体稳定。

在水工隧洞中一般需设两道闸门：一是工作闸门，用来调节流量，可以设在进口、出口或洞内适宜位置。明流洞的工作闸门设在进口；压力洞的闸门设在出口；当闸门布置在洞内，则门前为压力流，门后为明流。工作闸门多用平面闸门或弧形闸门。二是事故检修闸门或检修闸门，位于进口。

3. 洞线选择

隧洞选线关系到工程造价、施工难易、工期长短和运行的可靠性，应初选几条线路，通过技术经济比较，确定最优方案。洞线选择的一般原则有：

（1）沿线地质构造简单，岩石坚硬完整、渗透性微弱并有足够的覆盖厚度；洞线与岩层、构造断裂面和主要软弱带保持较大的交角，其夹角不宜小于30°；在高地应力地区，考虑围岩稳定，应尽量使洞线与最大水平地应力方向相近，并与围岩主要裂隙面走向具有较大的交角，使围岩具有较高的稳定性。

（2）洞线在平面上应力求短而直，以节省工程量和减小水头损失。由于地形、地质和枢纽布置等原因需要转弯时，其转弯半径不宜小于5倍洞径或洞宽，转角不宜大于60°，曲线两端设直线段，要求进水均匀，出流平稳。

（3）隧洞纵坡根据运用要求、施工和检修条件确定。有压隧洞的纵坡主要取决于施工期和检修期的排水，一般取3‰～5‰；无压泄水隧洞为使洞内水流处于急流状态，纵坡应大于临界坡度；渠线上输水隧洞的纵坡常大于渠道的纵坡，以防洞内淤积并减小洞身断面面积。

（4）对于较长的隧洞，为加快施工进度和便于通风，可根据地形、地质条件和施工情况设置施工支洞或竖井。对长隧洞，还要考虑在施工期，由于开挖、地下水位降低对周围环境的影响。

4. 洞身断面形状及尺寸

深式泄洪洞进水渠和尾水渠的设计原则与正槽式河岸溢洪道所述相同，在洞身断面体型设计时则应充分考虑由高速水流带来的负压、掺气、振动、空蚀、磨损和冲击波等不利影响，断面形状和尺寸根据隧洞泄洪量、地质条件、地应力大小和方向、施工方法等因素综合考虑确定。

5. 隧洞的支护与衬砌

隧洞的支护和衬砌设计应充分发挥围岩的自承和承载能力，支护结构宜按围岩自承能力确定，衬砌结构宜按围岩与衬砌联合承受作用设计。支护型式应根据工程地质、水文地质、断面大小、施工方法等，通过分析计算或工程类比决定。隧洞的衬砌型式应综合考虑断面形状和尺寸，运行条件及内水压力、围岩条件（覆盖厚度、围岩分类、承载内水压力能力、地下水分布及连通情况、地质构造及影响程度）、防渗要求、支护效果、施工方法等因素，经过技术经济比较确定。

根据隧洞衬砌结构的不同设计原则，考虑隧洞的压力状态、围岩最小覆盖厚度、围岩分类、围岩承担内水压力能力4项因素，进行岩洞衬砌型式选择时，可按表1-6并通过工程类比研究确定。

表 1-6　　岩洞衬砌型式选择

压力状态	设计原则	最小覆盖厚度要求	承担内水压能力	围岩分类			备　注
				Ⅰ、Ⅱ	Ⅲ	Ⅳ、Ⅴ	
无压	抗裂	—	—	钢筋混凝土并加防渗措施			研究是否采用预应力混凝土
	限裂	—	—	喷锚、钢筋混凝土	钢筋混凝土		—
	非限裂	—	—	不衬砌、混凝土、喷锚		喷锚、钢筋混凝土	—
有压	抗裂	满足	具备	预应力混凝土、钢筋混凝土并加防渗措施		预应力混凝土、钢板	钢筋混凝土并加防渗措施宜在低压洞使用
			不具备	预应力混凝土、钢板			
		局部不满足	—	预应力混凝土、钢板			
	限裂	满足	具备	喷锚、钢筋混凝土	钢筋混凝土		喷锚宜在低压洞使用
			不具备	钢筋混凝土			
		局部不满足	—	钢筋混凝土、预应力混凝土			
	非限裂	满足	具备	不衬砌、混凝土、喷锚、钢筋混凝土	喷锚、钢筋混凝土		不衬砌隧洞宜在Ⅰ、Ⅱ类围岩使用
			不具备	钢筋混凝土			
		局部不满足	—	钢筋混凝土			

为防止衬砌由于温度变化而开裂，通常沿洞线每隔 6～12m 设横向伸缩缝，缝中设止水。洞身与进口段连接处或洞身经较宽的断层破碎带时，为防止衬砌因不均匀沉降而开裂，应设沉降缝。为充填衬砌与围岩之间的空隙，使之紧密贴接，协同工作，需要在顶拱中心角 90°～120°范围内进行回填灌浆。为提高围岩的整体性，减小作用在衬砌上的围岩压力，保证弹性抗力，减小渗漏，常需沿整个断面进行固结灌浆。为减小外水压力，对有压隧洞，除加强固结灌浆外，可在洞底衬砌外设纵向排水管；对无压隧洞，还可以在洞内水面线上穿过衬砌设径向排水孔。

衬砌计算在于验算衬砌的强度。计算前，要确定岩体的各项参数、荷载及其组合、衬砌形式和尺寸。各项参数可由野外试验、室内试验和参考类似工程研究确定。衬砌所受荷载主要有围岩压力、内水压力、外水压力和衬砌自重等。计算方法有结构力学法、弹性力学法和有限单元法。其中，前两种方法都是将衬砌围岩分开，按文克尔假定考虑围岩的弹性抗力作用；有限单元法可将衬砌与围岩视为整体，能够模拟复杂的岩体结构，计算结果更趋合理，但由于原始参数、围岩压力、外水压力等荷载都难以准确确定，因而计算成果也是近似的。

6. 出口消能设施

除发电引水隧洞的洞身段后接压力水管外，用于灌溉、供水、泄水等的隧洞出口均需设有消能设施。对有压隧洞，为使水流平顺过渡，常需设渐变段；为减免负压，防止空蚀，常将出口工作闸门处的断面加以收缩后接消力池或挑流鼻坎，消能后流入河道或渠道。无压隧洞的水流经消力池或挑流鼻坎后流入河道或渠道。隧洞出口一般单宽流量大，能量集中，常采用平面或纵向扩散，以降低单宽流量，减轻对下游河床及岸坡冲刷。

第四节　水电站建筑物

一、水电站的典型布置及组成建筑物

（一）电站的典型布置形式

按组成建筑物及其特征，水电站有坝式、河床式及引水式 3 种典型布置形式。

1. 坝式水电站

坝式水电站靠坝来集中水头。最常见的布置方式是水电站厂房位于非溢流坝坝趾处，即坝后式水电站，这种水电站常建于河流上游的高山峡谷中，集中的落差为中、高水头。当河谷较窄而水电站机组较多、溢流坝和厂房并排布置有困难时，可将厂房布置在溢流坝下游，或者让溢流水舌挑越厂房顶泄入下游河道，成为挑越式水电站；或者让厂房顶兼作溢洪道宣泄洪水，成为厂房顶溢流式水电站。当坝体足够大时，还可将厂房移至坝体空腹内，成为坝内式厂房。

采用当地材料坝时，厂房可布置在坝趾，由穿过坝基的引水道供水；或布置在坝下游河岸上，由穿过坝肩山体的引水隧洞供水。采用轻型坝时，厂房位置可因坝型、地形的不同而异，布置更为灵活。

2. 河床式水电站

河床式水电站的特点是：位于河床内的水电站厂房本身起挡水作用，从而成为集中水头的挡水建筑物之一，这类水电站一般常见于河流中下游，水头较低，流量较大。

河床式水电站枢纽最常见的布置方式是泄水闸（或溢流坝）在河床中部，厂房及船闸分踞两岸，厂房与泄水闸之间用导流墙隔开，以防泄洪影响发电。当泄水闸和厂房均较长，布置上有困难时，可将厂房机组段分散于泄水闸闸墩内而成闸墩式厂房，或通过厂房宣泄部分洪水而成泄水式厂房（也称混合式厂房）。

3. 引水式水电站

引水式水电站的引水道较长，并用来集中水电站的全部或相当大的一部分水头。根据引水道中的水流是有压流或明流，又分为有压引水式水电站及无压引水式水电站。这种水电站常见于流量小、坡度大的河流中上游或跨流域开发方案。

有压引水式水电站的建筑物包括水库、拦河坝、泄水道、水电站有压进水口、有压引水道（压力隧洞）、调压室、压力管道、厂房枢纽（含变电、配电建筑物）及尾水渠。

无压引水式水电站的特点是采用了无压进水口、无压引水道（渠道或无压隧洞）及压力前池，有的电站还设有日调节池。

（二）电站的组成建筑物

典型的水电站枢纽一般包括挡水建筑物，泄水建筑物，进水建筑物，引水及尾水建筑物，平水建筑物，发电、变电和配电建筑物（厂房、变压器场及开关站）。水电站的进水、引水和尾水以及平水建筑物统称为输水系统，发电、变电和配电建筑物统称为厂房枢纽。

有的水电站还有过船、过木、过鱼、拦沙、冲沙等建筑物。

本节介绍水电站输水系统及厂房枢纽。挡水及泄水建筑物见本章第三节。

二、输水建筑物

（一）进水口

1. 有压进水口

有压进水口由进口段、闸门段和渐变段组成，有洞式、墙式、塔式和坝式 4 种基本形式。

洞式进水口的进口段和闸门井均从山体中开凿而成，进口段开挖成喇叭形，以使入水平顺。闸门段经渐变段与引水隧洞衔接。这种进水口适用于隧洞进口的地质条件较好、地形坡度适中的情况。

墙式进水口的进口段和闸门段均布置在山体之外，形成一个紧靠在山岩上的墙式建筑物。这种进水口适用于洞口附近地质条件较差或地形陡峻因而不宜采用洞式进水口时。

塔式进水口的进口段和闸门段组成一个竖立于水库边的塔式结构，通过工作桥与岸边相连。这种进水口适用于洞口附近地质条件较差或地形平缓从而不宜采用洞式进水口时。

坝式进水口的基本特征是进水口依附在坝体上，进口段和闸门段常合二为一，渐变段衔接紧凑以缩短进水口长度。当水电站压力管道埋设在坝体内时，只能采用这种进水口。

有压进水口应满足以下要求：①在任何库水位下，能保证不断向电站供水；②进水口的布置及其外形轮廓应能保证水流平顺地进入引水隧洞，以使水头损失尽量小；③在多泥沙的河流中，应防止进水口处泥沙淤积过高和泥沙进入进水口；④在死水位之下应有足够的淹没深度，防止生成吸气旋涡；⑤一般应设有工作闸门、检修闸门、旁通管和通气孔，工作闸门动水关闭、静水开启，一般要求 2～3min 内闸门能完全关闭。检修闸门是为了检修工作闸门及其门槽而设置的备用门，平压启闭；⑥应设有拦污栅，以防漂浮物进入隧洞，并需设置清污设备；为减少水流流经拦污栅的水头损失，过栅流速一般不大于 1m/s，当拦污栅面积往往过大时，需增设中墩。

有压进水口在枢纽中的位置，应尽量使进入进水口的水流平顺、对称，不发生回流和旋涡，不出现淤积，不聚集污物，泄洪时仍能正常进水；应与隧洞路线的选择协调一致，布置在地形地质及水流条件均合适的地点。

有压进水口应低于运行中可能出现的最低水位，并有一定的淹没深度。淹没深度应以不产生漏斗状吸气旋涡为原则。不出现吸气旋涡的临界淹没深度可按以下经验公式估算

$$S_{cr} = Cv\sqrt{d} \tag{1-31}$$

式中：d 为闸门净高，m；v 为闸门断面的流速，m/s；S_{cr} 为闸门门顶低于最低水位的淹没深度，m；C 为经验系数，$C=0.55\sim0.73$，对称进水者取小值，侧向进水者取大值。

有压进水口的底部高程应高于水库的设计淤积高程。在可能出现淤积的水电站上，在进水口处设排砂孔，以保证进水口不被淤塞，并防止有害的石块进入进水口。

2. 无压进水口

无压引水式水电站的进水口多半是低水头的进水闸。无压进水口一般应选在河道弯曲段凹岸，以利用河道弯段内所形成的横向环流，使河中表面较清的水流进入引水道，

而河中的底沙则由底层水流带向凸岸，从而减轻泥沙对进水口的威胁。可参见本章第六节。

进水闸控制进水量与水质，使发电用水以尽可能小的水头损失进入渠道。进水口通常设有拦污栅和控制水流的闸门，在寒冷地区以及多沙河流上，进水口还应备有防止冰块和泥沙进入引水道的措施。当河流中引用流量较大，河道比降较陡，泥沙较多或河床不甚稳定时，则应考虑在河床中修筑导流堤，并在靠近进水口处设置冲沙闸。

（二）引水隧洞和渠道

1. 有压引水隧洞

引水隧洞线路选择要和进水口、调压井、高压管道及厂房位置联系起来综合考虑，一般都要作几个方案进行技术经济比较。

水电站有压引水隧洞线路选择的总原则是：线路短、弯道少；沿线地质、水文地质条件好；便于布置施工支洞。隧洞进口的位置应选择在山岩比较完整坚固、山坡稳定、明挖方量少的地方。这样不易塌方，施工安全，工期可以缩短。隧洞出口位置应选择适于修建调压井的地形，山坡岩体要稳定，裂隙、地下水较少，以利高压管道布置。

进/出口位置决定后，两点之间的连线，可以作为首先考虑的线路，然后再考虑：

（1）沿线地质条件。应尽量避开大断层、大破碎带，躲开节理特别发育、地下水特别旺盛的地带。

（2）地形条件。应保证隧洞轴线有足够埋深，围岩净厚度最好在开挖洞径的 3 倍以上。

（3）施工条件。沿隧洞轴线应该能选择几个施工支洞口，增加工作面，以利运输、通风，加快施工进度。

按照以上要求选择的隧洞线路，往往不是笔直的，为了减少水头损失和便于施工，转弯半径一般不应小于隧洞直径的 5 倍，转角不宜大于 60°。

隧洞的纵坡一般很小，为 0.3%～0.5%，以利于施工期交通运输及排水。

隧洞直径一般由动能经济计算确定。对于不太重要的工程，可采用经济流速控制，我国引水隧洞的经济流速一般为 4m/s 左右。

2. 无压引水道

无压进水口后面为引水明渠，或无压隧洞，渠末接压力前池，通过它将水引入高压管道。当地形条件合适时，可在压力前池前修建日调节池调节流量，减小明渠尺寸。

引水明渠常沿等高线修建，断面一般都是梯形，并尽可能接近水力最优断面。当渠道建在深挖方中或岩石地质条件较好时，应减小其宽度而增加其深度。对机械化施工的土质渠道，宜减少其深度而增加宽度。为了减少渠道的渗漏损失和水头损失，可采用防渗护面。与明渠相比，无压隧洞可裁弯取直，缩短长度，依围岩稳定性不同，采用城门洞或马蹄形断面。通过电站最大引用流量（即渠道设计流量）时渠中水流为均匀流，一般运行状态下，渠中水流为非均匀流，水面曲线为回水曲线。

渠道断面尺寸应通过动能经济计算确定。一般中、小型渠道设计可按经济流速控制。我国渠道经济流速一般为 1.5～2.0m/s。

（三）压力管道

1. 布置方式与线路选择

压力管道的供水方式可分为单元供水、集中供水和分组供水 3 种。

单元供水指每一台机组由一根专用管供水，一般适用于单机引用流量较大而压力管道较短的情况以及采用坝内钢管的情况。集中供水指全部机组集中由一根管道供水，适用于高水头、小流量、压力管道较长的电站。分组供水指电站设几根压力管道，其中每一根管道向几台机组供水，适用于机组台数多、压力管道较长的情况。

压力管道通常以与厂房纵轴线相垂直的方向，即正向引进厂房，直接与蜗壳相连，以减小水头损失和管道对厂房内部布置的影响。但在高水头的电站中，常常采用管道与厂房纵轴平行或成一角度布置方式，以减小厂房的跨度和避免管道发生事故时对厂房的威胁。

选择压力管道线路时，应力求缩短其长度，节约材料与投资，减小水头损失与水击压力。布置压力管道也必须与调压室（或压力前池）的位置选择相结合，并力求减少整个厂房枢纽的工程量，改善施工和运行条件。

露天式管道常沿垂直等高线方向布置，以获得最短的线路。当山坡地形起伏很大时，管道可能需要在平面或立面上曲折。管道曲折之处，应设镇墩以承受不平衡的轴向力。为了缩短管道长度和减少镇墩的数目，并避免局部管道产生负压，在线路通过山坡的突起部分时，应尽量进行开挖；而通过低洼部分时，应考虑将管道架设在架高的支墩上。工程地质对线路选择常常具有决定性的作用。管道的支墩和镇墩应力求布置在坚实的基础上，并应满足地基的允许应力和不发生滑动的要求。管线最好沿山脊布置，避免将管道布置在山水集中的谷地。谷地沿线应保证排水畅通。

地下埋管应尽量保证在坚固、完整、地下水位较低的山岩中。考虑到开挖出渣和混凝土浇筑的施工要求，如自上而下施工，管道与水平面夹角一般不宜超过 35°，如采用自下而上开挖，为了使爆破以后的石渣能自由滑落，夹角宜用 45°左右，应特别注意相邻管道间和管道上覆岩层的稳定问题，必须留有足够的岩石厚度。应认真仔细地研究沿线的地质构造，如岩层走向、节理、裂隙等，避免塌方和岩石脱落。

坝后式厂房的压力管道需穿过坝身，其布置形式主要有两种：①管道埋于混凝土坝体之中，称坝内埋管；②管道上段穿过混凝土坝体后，沿坝下游面布置在坝体之外，称为钢衬钢筋混凝土管。坝内埋管的布置主要决定于进水口的高程、坝型及坝体尺寸、水轮机的安装高程和厂房的位置。坝内埋管在坝体内常布置成倾斜的，其轴线与下游坝坡平行，即基本上与坝体最大主压应力的方向一致，这样可以减小坝体荷载在孔口边缘引起的应力。但对坝内式厂房，进水口和水轮机的水平距离较小而高差较大，压力管道在坝体内只能垂直布置。与坝内埋管相比，钢衬钢筋混凝土管长度较大，费材较多，但可以加快施工进度，缩短工期，正在世界各国逐步推广。

2. 经济直径

压力管道直径的选择原则与方法（动能经济计算）与引水隧洞基本相同，但压力管道流速要影响水击压力，因此，在分析比较中，应注意这个因素。目前一般作法是，在管径方案的经济论证中暂不计水击影响，待初步决定直径后，再对水击压力进行校核，作为最后选定管径的论据之一。

对于不太重要的工程，同样可以采用经济流速的概念选择压力管道的直径。根据国内经验，对各种结构型式的压力管道，其经济流速值为：露天式压力钢管和地下埋管，内压100～300m，$V_{经}=4\sim6$m/s。坝内式压力管道内压30～70m，$V_{经}=3\sim6$m/s；内压70～150m，$V_{经}=5\sim7$m/s；内压150m以上，$V_{经}>7$m/s。

3. 结构计算

钢管的受力构件有管壁、加劲环、支承环及支座的滚轮和支承板等。钢管管壁、支承环、岔管加强构件等主要受力构件应符合相关规范的要求。

作用在露天钢管上的荷载按作用性质分为以下几种：

(1) 正常（基本）荷载。包括内水压力（其中有正常蓄水位的静水压力、正常工况最高压力、特殊工况最高压力、水压试验内水压力等）、钢管结构自重、钢管内满水重、温度变化产生的力（伸缩节及支墩处产生的摩擦力，无伸缩节时钢管径向变形产生的轴向力等）、钢管墩座不均匀沉降引起的力等。

(2) 临时（附加）荷载。包括风雪荷载钢管充、放水过程中，管内部分水重、钢管放空时产生的负压、施工荷载等。

(3) 特殊荷载，如地震力。

根据SL 281—2003《水电站压力钢管设计规范》压力管道仍按允许应力法设计。用第四强度理论进行强度校核，钢材的允许应力[σ]一般用屈服点σ_s的某一百分比表示。不同荷载组合和内力、应力特性下采用的允许应力，详见该规范。

确定钢管壁厚度的步骤是：根据钢管承受的内压和管材的允许应力用锅炉公式，并留有15%裕量，估算管壁的计算厚度，并另加2mm防锈蚀厚度，得出结构厚度。根据钢管结构的受力条件和实际荷载组合进行强度校核。其中计算钢管自重时用结构厚度，进行应力分析用计算厚度。如果管壁厚度满足强度要求，再与相关规范要求的最小结构厚度相比，采用其中较大者。最后对管壁的计算厚度进行抗外压稳定计算，求出临界压力，以判别是否满足弹性稳定要求。如果不满足，通常采用设加劲环的办法提高管壁刚度。

三、水击与调压室

(一) 水击

在水电站实际运行中常常会遇到负荷在较大范围内的突然变化，此时调速器自动关闭或开启导叶，引起流量变化，从而在水电站的压力管道、蜗壳及尾水管中引起水击。对水击计算，起控制作用的是事故引起的负荷变化，如输电线或母线短路、主要设备发生故障及有关建筑物发生事故等。输电线和母线短路视主接线图和短路的性质，可能迫使水电站丢弃全负荷，或只丢弃部分负荷；主要设备故障一般只会迫使与之有关的那个单元停机；因建筑物事故引起的停机可能性较小，但也并非不会发生，应对具体情况作具体分析。

水击通常有直接水击和间接水击，简单管末阀门开度线性变化时，间接水击又有第一相水击和极限水击之分。第一相水击是高水头水电站水击的特征，而极限水击是中、低水头电站水击的特征。丢启负荷（阀门或导叶关闭）时的水击计算公式见表1-7。

表 1－7　　水击计算公式

阀门状态	水击类型	开度		计算公式	近似公式
		起始	终了		
关闭	直接水击	τ_0	τ_c	$\tau_c\sqrt{1+\zeta}=\tau_0-\dfrac{1}{2\rho}\zeta$	$\zeta=\dfrac{2\rho(\tau_0-\tau_c)}{1+\rho\tau_c}$
	间接水击	τ_0	0	$\zeta_m=\dfrac{\sigma}{2}(\sqrt{\sigma^2+4}+\sigma)$	$\zeta_m=\dfrac{2\sigma}{2-\sigma}$

表 1－7 中 τ_0 为水电站因事故丢弃负荷时的起始开度，τ_c 为终了开度，$\rho\left(\rho=\dfrac{cV_{\max}}{2gH_0}\right.$，其中 c 为波速，H_0 为初始水头，$V_{\max}$为管道中水流的最大流速$\left.\right)$和 $\sigma\left(\sigma=\dfrac{LV_{\max}}{gH_0T_s}\right.$，其中 L 为管道长度，T_s 为导叶的有效关闭时间$\left.\right)$分别为水击常数，ζ 为水击相对压强。增加负荷（阀门或导叶开启）时，在所有公式中只需用 $-\eta$ 替代 ζ 即可。

（二）机组转速变化计算

调节过程中水轮机与发电机间的不平衡能量导致机组转速变化。转速变化的大小还与机组转动部分的惯性矩有关，工程中习惯用所谓飞轮力矩 GD^2 表之，G 为机组转动部分的重量，D 为惯性直径。

全弃负荷情况下，机组转速变化率的计算公式为

$$\beta=\sqrt{1+\frac{365N_0T_{sl}f}{n_0^2GD^2}}-1 \tag{1-32}$$

式中：N_0 为机组负荷；n_0 为机组转速；f 为修正系数；T_{sl} 为对于混流式和水斗式水轮机为 0.8～0.9T_s，对于轴流式水轮机为 0.6～0.7T_s。

水击和机组转速变化计算统称调节保证计算，其主要任务是根据水电站输水系统和水轮发电机组的特性，合理选择阀门（导叶）的调节时间和调节规律，进行水击和机组转速变化计算，使两者均在允许的范围（详见有关规范）之内，并尽可能降低水击压强。

调节保证计算一般内容包括：

（1）丢弃全部或部分负荷时，求转速的最大升高值，压力管道和蜗壳内的压强最大升高值及最大降低值（负水击），尾水管内的最大真空值。

（2）增加全部负荷或部分负荷时，求转速的最大降低值，压力管道和蜗壳内的压强最大降低值。

调节保证计算往往要多次反复才能把转速变化、调节时间及规律和水击压强处理到比较理想的情况。如经过调整，转速变化或水击压强仍不能满足要求，则应采取适当的工程措施，如设置调压室，装设减压阀。如计算结果与调节保证的要求相差不远，则适当增加 GD^2 或减少输水系统的流速也可能是合理的方案。

（三）调压室

调压室通常是一个具有自由水面的筒形结构，设置在引水道末端，用于反射水击波，减小压力管道中的水击压力，限制水击压力向引水道传播，并改善机组在负荷变化时的运行条件。

根据调压室与厂房的相对位置不同，可以有：引水调压室（上游调压室）、尾水调压室（下游调压室）、上下游双调压室及上游双调压室之分。

按水力特性调压室可以分为：

（1）简单式调压室。上下断面相同，结构简单，反射水击波条件好，但涌浪幅值大，水位波动衰减慢，多用于低水头小容量的电站。

（2）阻抗式调压室。调压室的底部设断面较小的短管或孔口，称阻抗孔口。阻抗孔口消耗了进、出调压室水流的一部分能量，使水位波动振幅减小，衰减加快，因而所需调压室的容积小于简单式。正常运行时水头损失小。但由于阻抗的存在，水击波不能完全反射，隧洞中可能受到水击的影响，设计时必须选择合适的阻抗。

（3）双室式调压室。由一个断面较小的竖井和上下两个断面扩大的储水室组成。这种调压室的总容积比较小，适用于水头较高和工作深度较大的水电站。

（4）溢流式调压室。调压室顶部设溢流堰，限制调压室中水位的进一步上升，有利于机组稳定运行。溢出的水量，可设上室加以储存，也可排至下游。

（5）差动式调压室。由两个直径不同的圆筒组成，中间升管的圆筒直径较小，上设有溢流口，其底部以阻力孔口与外面的大井相通，它综合地吸收了阻抗式和溢流式调压室的优点，但结构复杂。

（6）气垫式调压室。顶部完全封闭，内部充满压缩空气，可以大大削减水位波动和减少调压室的高度，多用于高水头、地质条件好、深埋于地下的水道。

引水道—调压室系统中的非恒定流与高压管道中的水击，虽同属有压管道非恒定流，却有很多不同特点。压力管道中的水击，压力幅值大、变化快、周期短，衰减也很快。而引水道—调压室系统中的非恒定流，振幅小、变化慢、周期长，衰减得也较慢。一般情况下，将两者分开研究，以简化问题。只有在特殊的情况下，才有必要联合分析。

满足调压室波动稳定的最小断面称为托马断面。

$$F_k = \frac{Lf}{2\alpha g H_1} \tag{1-33}$$

式中：F_k 为波动衰减的临界断面，即托马断面；L 为引水道长度；f 为引水道断面面积；α 为水头损失系数。

$$H_1 = H_0 - h_{w0} - 3h_{wm0}$$

式中：H_0 为水电站的静水头；h_{w0} 为引水道通过流量 Q_0 时的水头损失值；h_{wm0} 为压力管道通过流量 Q_0 时的水头损失值。

调压室涌浪的计算方法，有解析法和逐步积分法，后者又包括图解法和数值积分法。解析法是根据水流的动力方程和连续方程以及相应的边界条件求出其解。由于问题的复杂性，一般情况下通解是不容易求出的，但对于一些特殊情况（如圆筒式简单调压室瞬时丢弃全部负荷的情况）可以求出最高涌浪的值，并可得出一些近似解。这些解的应用范围有限，但计算迅速方便，在初步规划、布置、选择调压室尺寸时是非常有用的。对基本方程进行逐步积分求解，就可以得到波动的全过程。这种方法具有较大的灵活性和适用性。在最终设计阶段，常用数值积分法或图解法作最后验算。但图解法的工作量很大，精度有限。编制计算机程序采用数值积分方法进行调压室水位波动计算目前已成为最常用的方法。

四、水电站机电设备

水电站厂房中的主要机电设备包括五大系统。

1. 水流系统

水流系统即水轮机及其进/出水设备，包括钢管、蝴蝶阀、蜗壳、水轮机、尾水管、尾水闸门等。

（1）水轮机。按水流能量的转换特征分成反击式和冲击式。水轮机的核心部件为转轮。根据其转轮区内水流的流动特征和转轮的结构特征，反击式又可分为混流式、轴流式、斜流式和贯流式等；冲击式又可分为水斗式、斜击式和双击式。

（2）进水阀。大中型水轮机常用的进水阀有蝴蝶阀和球阀。前者适用于水头小于200m的电站，后者适用于水头等于或大于200m的电站。这两种阀门均可以立轴或卧轴两种装置方式，多采用液压操作机构。进水阀门配套设备有伸缩节、空气阀、旁通阀和排水阀等。

（3）蜗壳。反击式水轮机的引水部件为蜗壳，有金属蜗壳和混凝土蜗壳之分。当水头小于40m时多采用混凝土蜗壳，当水头大于40m时常采用钢板焊接或铸钢蜗壳。混凝土蜗壳的断面常做成梯形，以便施工和减小其径向尺寸，降低厂房的土建投资。金属蜗壳的断面均做成圆形，以改善受力条件。

（4）尾水管。反击式水轮机的另一个重要的过流部件为尾水管，尾水管的型式通常有直锥形、弯锥形和弯肘形三种。尾水管的断面形式和尺寸通常由推荐尺寸或模型试验确定。

2. 电流系统

电流系统即所谓电气一次回路系统，包括发电机、发电机引出线、发电机电压配电设备、主变压器、高压开关站及各种电缆、母线等。

发电机分为卧式和立式两种。卧式布置通常为高水头的大中型冲击式机组和低水头的贯流式机组采用；立式布置为多数大中型机组采用。按支承方式立式水轮发电机可分成悬式和伞式。前者多用于大于150r/min的高转速机组。后者多用于小于150r/min低转速大容量的机组。

水轮发电机主要数据，如定子和转子直径、有效铁芯高度、轴长和总高度、转子带轴重量及总重量等，均由水轮发电机制造厂提供。一般情况可根据水轮机转速、功率来初步选择水轮发电机类型、额定容量、额定电压、飞轮力矩和定子、制造重量及总重量。

水轮发电机励磁系统是向发电机转子供给形成磁场的直流电源。每台发电机都各设有独立的励磁系统。励磁系统包括励磁机和励磁盘。每台发电机一般有3～5块励磁盘。

3. 电气控制设备系统

电气控制设备系统包括机旁盘、励磁设备、中央控制室、各种互感器、表计、继电器、控制电缆、自动及远动装置、通信及调度设备等。

4. 机械控制设备系统

机械控制设备系统包括水轮机调速设备、蝴蝶阀的操作控制设备、其他各种闸门、减压阀、拦污栅的操作控制设备。

5．辅助设备系统

辅助设备系统包括为了水电站的安装、检修、维护、运行所必需的各种电气及机械辅助设备，如厂用电系统（厂用变压器、厂用配电装置、直流电系统），油系统（透平及绝缘油的存放、处理、流通设备），气系统（又称风系统，包括高低压压气设备、储气筒、气管等），水系统（技术供水、生活供水、消防供水、渗透排水、检修排水等），起重设备（厂房内外的桥式起重机、门式起重机、闸门启闭机等）以及各种电气及机械修理室、实验室、工具室、通风采暖设备等。

五、水电站厂房

水电站厂房是包含机、电、水的综合体，它由下列几部分组成。

1．主厂房

主厂房中布置着主机组和主要辅助设备。一般以发电机层地板为界将厂房分为：上部结构和下部结构。上部结构与一般工业厂房基本上相似，即构架、梁、板、柱和吊车梁等结构。下部结构一般为块体结构，包括机座、蜗壳和尾水管。

主厂房的长度是装配场的长度与机组段总长度之和。机组段总长度是机组段长（机组中心距）乘以机组台数再加上两端加长。对于中低水头水电站，机组段长度主要取决于蜗壳、尾水管尺寸，而对于高水头水电站，机组段长度主要取决于发电机层尺寸。如按此决定的机组段长度不满足其余各层的要求，则可适当加长。主厂房的宽度取决于下部块体结构的布置、桥吊的跨度与各层的布置，也可能受吊运最大部件的影响。拟定主厂房的高度时，首先决定水轮机的安装高程，根据蜗壳、尾水管尺寸向下可定出尾水管底板高程及厂房底部开挖高程，根据机组尺寸及机座型式及发电机上机架的埋入方式，向上可定出水轮机层和发电机层的高程。在确定桥吊的尺寸和吊运最大最长部件的要求后，便可决定桥吊的安装高程，然后在桥吊顶部与厂房屋顶横梁之间留出适当的距离，在此之上再加上屋顶大梁及屋面板的厚度，就得到屋顶高程。

主厂房的上部结构常为钢筋混凝土结构。厂房构架是上部结构的骨骼，它的横向为Π形构架，在纵向则以联系梁、吊车梁等相连接，形成空间骨架，其上支承着屋顶，中间支承着吊车梁及联系梁，四周围以墙及门窗，下面还可能支承着楼板。此骨架坐落在下部块体结构之上。水电站下部结构主要由机座、蜗壳、尾水管、底板和边墙所组成。

进行结构布置设计时，先参考已建成的类似厂房初估各构件的尺寸，以后在技术设计中根据结构计算的成果对这些尺寸进行必要的修改。

2．装配场

装配场又称安装间，是设备卸车、拆箱组装和机组检修时存放部件的场所，一般位于厂房一端，有对外铁路或公路直接进入。如多于6台机组时，可考虑两个装配场，布置在两端（或一端和中间）。装配场的跨度一般总是与主厂房的跨度相同。面积应满足一台机组安装或检修的要求，即能同时放下上机架、发电机转子、水轮机上部顶盖、水轮机转轮，且其周围应留有0.5～2.0m的净空，供检修和作通道用。

3．副厂房

副厂房是由布置控制设备（例如中央控制室）、电气设备（例如开关室）和其他设备

（如蓄电池室）等的间室以及必要的工作和生活用房所组成。副厂房的布置原则是既要方便运行、管理，又要最大限度地利用一切可利用的空间。一般办公室和生产管理部门不应布置在副厂房内，而应另设办公大楼，以减少厂房投资和避免不必要的人员进入厂房。

4. 主变压器场和开关站

主变压器场和户外高压配电装置（即开关站）常分开布置。主变压器应尽量靠近机组出线端，节省引出线投资，运行也较为安全，电能损耗少。户外开关站往往占地面积很大，不易在厂房附近找到理想场地。分开布置比较灵活、方便，易于找到合适的场地。

六氟化硫气体绝缘开关（GIS）的出现，使开关站所占面积大大减少，主变场和开关站往往被安排在副厂房中。

5. 不同类型厂房的布置

（1）地下厂房。由于地下厂房布置在山体岩石中，布置时应考虑以下两个问题：

1）合理地减小主厂房的开挖尺寸，岩石开挖量，增加厂房的安全性。减小主厂房尺寸的途径有：选用有利于厂房布置的机型；采用比较窄长形的厂房，将进水阀不设在主厂房内而设在专门的地下阀室内，以减跨度；适当加大厂房一侧的吊运通道，以降低机组最大部件吊运高度，减少厂房的高度；适当加大交通洞厂房进口段，并设置一些起重设备，作为临时检修场地。以减小安装场的尺寸。

2）充分考虑厂房排水、通风防潮、照明、防噪声等问题。

（2）坝内式厂房。在确定厂房尺寸和布置设备时，要与坝型相适应，要考虑大坝的分段。有可能因大坝应力和稳定等条件所限，要求水轮发电机组、厂内起重机等主要设备的结构及尺寸有所变动，或有意降低机组安装高程、缩小厂房宽度及加大机组中心距等，以适应坝内布置的要求。同时，应充分考虑厂房的通风、照明、防潮等问题。

当机组设备布置在拱坝内时，其厂房纵向机组中心线与拱坝相应地成一弧线，即坝内式弧形厂房。这种厂房除具有一般坝内式厂房布置的特点外，在确定机组中心线和选择机组安装起吊设备时，还应注意弧形布置的特殊要求。

六、地面厂房构造和结构设计

水电站地面厂房主厂房的结构可分为上部结构和下部结构两大部分，此外还有发电机支承结构。上部结构包括屋盖结构、吊车梁柱、各层楼板和梁柱系统以及围护结构等。上部结构直接承受设备重量和活荷载等荷载，将它们传给下部结构。下部结构包括蜗壳、尾水管、尾水墩墙、下部挡墙和底板以及河床式厂房的进水口等。下部结构除承受水压力、土压力等荷载外，在厂房中起基础作用，将上部结构传来的荷载及本身承受的荷载分散传给地基。水电站厂房在水平荷载如水压力、土压力的作用下应保持稳定，而下部结构在保持厂房稳定中起主要作用。发电机支承结构承受水轮发电机组的重量及动力荷载，将它们传给下部结构，发电机支承结构应进行动力计算。

水电站厂房结构采用概率极限状态设计原则，以分项系数设计表达式进行设计。应根据承载能力极限状态和正常使用极限状态的要求，分别按下列规定进行计算和验算。

（1）承载能力。厂房所有结构构件均应进行承载能力计算；对需要抗震设防的结构，上部进行结构的抗震承载能力计算。

（2）变形。对使用上需要控制变形的结构构件，如吊车梁、厂房构架等，应进行变形验算。

（3）裂缝控制。对承受水压力的下部结构构件，如钢筋混凝土蜗壳、闸墩、胸墙及挡水墙等，应进行抗裂或裂缝宽度验算；对使用上需要限制裂缝宽度的上部结构构件，应进行裂缝宽度验算。

厂房结构应根据在施工、安装、运行、检修等不同时期可能出现的不同作用、结构体系和环境条件，按持久状况、短暂状况、偶然状况三种状况进行设计。三种设计状况均因按承载能力极限状态进行设计。对持久状况尚应进行正常使用极限状态设计；对短暂状况可根据需要进行正常使用极限状态设计；对偶然状况可不进行正常使用极限状态设计。

厂房上部结构主要包括屋盖系统、吊车梁、构架、各层板梁柱和围护结构等，可根据工程具体情况，简化为平面问题计算，必要时，也可按空间结构体系进行计算。对于平面问题，用结构力学方法可以比较正确地求出内力。下部结构的构件厚度大，整体性强，有些部分为块体结构，所以在荷载作用下，下部结构整体受力，但是下部结构的体形和荷载分布都很复杂，要按整体结构精确计算下部结构的应力，计算工作量大，目前可采用有限元法进行计算，并有商用软件可以采用，如 ABAQUS 等。

用一般结构力学或平板理论的方法进行下部结构计算是近似的方法，有些方法的结果与实际情况有较大的出入，重要的厂房应该用有限元法和模型试验分析应力状态。此外，构件截面上存在的渗流压力对构件的内力有影响，影响大时在内力计算中应考虑渗流压力的作用，并采取措施减小渗流。

下部结构块体混凝土在施工中会出现施工温度应力，运行期间温度的变化以及下部结构空腔内外的温差，会在结构内引起较大的温度应力，所以应采取措施减小温度应力和防止出现裂缝，温度应力比较大的结构应进行温度应力计算。此外，还要考虑湿度变化对应力的影响。

厂房结构通常用沉降伸缩缝分成若干段，以减小温度和不均匀沉降的影响。为了减小施工温度应力和裂缝，下部结构必须分层分块浇筑混凝土，因而在下部结构中存在不少施工缝。下部结构要进行分缝和分块设计。

第五节　抽水蓄能电站建筑物

一、抽水蓄能电站的功能及其组成建筑物

1. 抽水蓄能电站的功能

抽水蓄能电站能够快速跟踪响应电力系统的负荷的变化，常在电力系统中担任调峰、调频、填谷、备用和调相任务。由于其启动灵活迅速，因此很适合担任电力系统的调峰、调频和事故备用功能，并具有黑启动服务能力。在电网负荷低谷期间利用富裕的电能抽水，起填谷作用。一般的电网都以火电为主，利用抽水蓄能电站调峰、调频和填谷运行，可以使电网中的火力发电机组在高效率位置平稳运行，使之负荷均匀化，不仅节省全电网燃料的消耗，而且减少了火电机组频繁开停机及增减负荷所导致的设备磨损，提高机组的

利用率和使用寿命，减少火电机组的小修次数，延长大修周期。

电力系统中无功功率不足或过剩，会造成电网电压下降或上升，影响供电质量。利用抽水蓄能机组调相运行，及时提供或吸收无功功率，可平衡电网无功，保持电压稳定。由于抽水蓄能机组一般都靠近负荷中心，使之能更好地发挥上述功能。

2. 抽水蓄能电站的组成建筑物

抽水蓄能电站的组成建筑物与常规水电站基本相同，包括挡水建筑物、泄水建筑物、进/出水建筑物、输水建筑物、平水建筑物、发配电建筑物和过船过木等其他附属建筑物。由于兼具抽水和发电两种功能，抽水蓄能电站需要两座水库：位置较高的上水库和位于低处的下水库，一般需建两座（组）挡水建筑物。既有抽水蓄能机组，又有常规水轮发电机组的混合式抽水蓄能电站。与常规水电站相比，抽水蓄能电站中较少应用过船、过木、过鱼、拦沙和冲沙等附属建筑物。此外，抽水蓄能电站还有以下特点：

（1）由于其具有上水库和下水库，站址的上游和下游都要有建造水库的自然条件，或者有天然湖泊、已经建成的人工水库可以用作上水库或者下水库。

（2）目前抽水蓄能电站朝高水头、大单机容量方向发展，并且其水量可以反复利用，只需要少量的水源补充渗漏和蒸发，多数抽水蓄能电站只需要进行日调节或周调节，所以，与常规电站相比，其库容一般都比较小，选址所受到的限制较常规水电站少。

（3）水库的水位变化频繁、幅度大。由于库容小，调节周期短，运行过程中，库水位的日变化幅度常达十几米甚至数十米。每小时变幅达数米至十多米，对坝体和库坡的稳定性要特别重视。

（4）机组的安装高程低，较多采用地下厂房。抽水蓄能电站在抽水运行时的气蚀系数比发电工况大得多，为了避免气蚀，其机组的吸出高度一般达到负数十米，据此算出的机组安装高程常在下水库最低水位以下数十米，如果使用地面厂房，其布置将很困难。

（5）水库渗漏造成的危害大。由于水头较高，渗漏，尤其是上水库的渗漏不仅引起较大的能量损失，而且容易引起相关建筑物和库坡失稳，以及山体滑坡和凹地的浸没。故上水库的岸坡和库底一般考虑护面，以防止渗漏和冲刷。

（6）输水系统水流复杂。抽水蓄能电站运行工况多，工况转换频繁，在发电和抽水运行时，输水建筑物中的水流方向是相反的，上水库和下水库进/出水口的水流方向在不同运行工况时也是相反的，其流态比常规水电站复杂得多，设计应分清问题的主次，合理确定进/出水口的体型。

二、抽水蓄能电站站址选择及其建筑物的布置

（一）站址的选择

抽水蓄能电站站址的选择应同电力发展规划保持一致，贯彻统一规划、综合平衡的原则，正确处理蓄能发电与其他用电部门的关系，并与河流水电规划或江河流域规划相协调。

采用比例尺不小于 1：50000 的地形图，按照抽水蓄能电站的基本要求，初步拟定可能兴建抽水蓄能电站的地址，进行初步筛选，然后用比例尺不小于 1：10000 的地形图及 1：200000 区域地质图进行复核，从中选出地理位置及地形地质条件适合的站址进行现场

勘测。考察其地理位置、地形、地质、水源、水库淹没、环境影响、工程布置及施工条件。在站址选择过程中，应选择规模适应电力系统发展需要，靠近负荷中心，距高比小，水源水质可满足要求，地形地质、工程布置、施工、环境影响及水库淹没等综合条件较好的站址。

抽水蓄能电站上、下水库的水平距离与垂直距离的比值——距高比，可大致说明其引水建筑物的相对长度。一般情况下，水平距离可采用上水库进/出水口与下水库进/出水口之间的水平距离，垂直距离可采用电站的平均水头。对于纯抽水蓄能电站，上、下水库的距高比在 4～12 之间比较合适：高水头取 10～12；中水头取 4～5。

上、下水库应接近天然水库，至少要保证上水库的初期蓄水和运行中的补水水源。

（二）建筑物的布置

1. 水库和挡水、泄水建筑物

在有条件的地方，抽水蓄能电站常利用已建水库、湖泊等作为上下水库，也有利用海湾和废矿井作下水库的；在无条件的地方，则需要新建水库。

如果水库库盆的渗漏损失较大，常采用黏土或者沥青混凝土作防渗护面和铺盖对库坡和库底加以保护，而且防渗体后应设置完善的排水系统，以防止库水位骤降时，防渗体受到渗流破坏。护坡、铺盖和坝的防渗体应该很好地结合在一起，以便给水库构成一个完整的防渗体系。

虽然抽水蓄能电站的挡水建筑物与常规水电站的挡水建筑物的基本工作特点相同，常规水电站用过的各种类型的挡水建筑物在抽水蓄能电站中差不多都用过，但对抽水蓄能电站挡水建筑物自身的以下特点也要足够重视：

（1）由于库容小、调节周期短，库水位变化幅度大和变化速度快，挡水建筑物承受强烈的不稳定渗流作用，容易造成混凝土坝、土石坝坝肩岸坡以及土石坝坝坡的失稳，因此，必须采取可靠的防渗和排水措施。

（2）较多采用土石坝，以充分发挥土石坝对地基适应性强、可以就地取材的特点，还可以挖填结合，既解决筑坝材料问题又可以扩大库容，同时还可以解决挖方的弃渣问题。

（3）在凹地或平地上修建水库，把轴线常布置成弧形或者环形，以增加水库容积。

如果抽水蓄能电站水库的控制流域面积较小，可以不设泄洪建筑物，而只设放空水库的泄水底孔。

2. 输水建筑物

抽水蓄能电站的输水建筑物包括进/出水口、引水道、压力管道、分岔管和尾水道等。调压室也可以归入输水建筑物。在抽水与发电两种工况，水流以相反的方向在输水建筑物中流动。

（1）进/出水口。抽水蓄能电站的进/出水口常采用较大的流速，以减少尺寸，但这样可能导致过栅流速较大，流速分布也不均匀，在出流时尤其明显。水流在栅条尾部发生分离，形成旋涡脱落，可能诱发振动，也增大了过栅的水头损失。目前文献中已报道的进流时拦污栅断面最大平均过栅流速不超过 1.7m/s。

进/出水口的高程主要受水库的死水位控制，其在死水位以下的淹没深度应保证在入流时不产生挟气旋涡。当闸门靠近进/出水口的扩散段时，可用式（1-34）计算其临界淹没深度；当闸门离进/出水口的扩散段较远时，可用潘尼诺（Pennino）总结的进水口弗劳德数 Fr 来计算。

$$Fr = \frac{V}{\sqrt{gS'_{cr}}} < 0.23 \tag{1-34}$$

式中：S'_{cr} 为进水口中心线以上的淹没深度；g 为重力加速度；V 为由拦污栅净过流断面面积计算的平均进流流速。

不论用哪种方法确定淹没深度，在死水位时，进/出水口顶部的淹没深度不应小于 0.5m。

为充分利用库容，经常把进/出水口最低淹没深度设计得很小，进/出水口即使放在较低的位置有时也难获得足够的淹没水深。为了避免产生挟气旋涡和拦污栅等结构的振动，除了选用好的进/出水口体型和位置，控制过栅流速的大小和分布，经常采用消涡梁、防涡板、防涡浮排等结构。

与进水口连接的隧洞最大平均流速不超过 5m/s，与出水口连接的隧洞最大平均流速不超过 4m/s。靠近进/出水口的隧洞宜尽量避免弯道，或把弯道布置在离进/出水口较远处，与连接进/出水口的隧洞在平面布置上应有不小于 30～40 倍洞径的直线段，在立面上的弯曲段，因在其平面上仍是对称的，可采用一段较短的整流距离，用以减小弯道水流对进/出水口出流带来的不利影响。

根据地形、地质特点和输水管道的布置情况，抽水蓄能电站的进/出水口可选用侧式或者井式两种基本类型。

1）侧式进/出水口。侧式进/出水口的纵轴线是水平的（或基本水平），水流水平地流进或流出进/出水口。适用于地势高、山坡较陡、地质条件较好的上、下水库进/出水口，输水道呈水平向与水库连接。特别是下水库进/出水口，因尾水洞多从水平向与下水库连接，用侧式进/出水口便于布置，同时它对水道的施工有一定的方便之处。

对于一些安装高程不太低，水头不大的抽水蓄能电站，有可能用常规地面厂房或竖井厂房，其下水库的进/出水口，可能和电站的尾水管结合，或将尾水管适当延长。这种下水库进/出水口如果没有足够长的扩散段，由于受水轮机泄水水流的影响，流速分布较不均匀，局部流速会很高，易引起拦污栅振动，造成破坏，在设计时应引起注意。

扩散段是侧式进/出水口的重要组成部分，是设计中的重点，其体形和尺寸主要取决于出流情况。立面扩散角宜不超过 10°，出口高度不超过与之连接的隧洞洞径的 1.5 倍。如果平面尺寸较大，可设置分流墩将扩散段分为数孔，以强迫水流扩散，减少扩散段的长度，每孔的扩散角小于 10°为宜。

2）井式进/出水口。顺进流方向，井式进/出水口由以下几部分组成：收缩曲线的垂直喇叭口、竖井、体型特殊的弯管与水平的或接近水平的输水隧洞。它适用于地势较低、山坡较缓、输水道与水库连接不具备水平向布置的地形地质条件。水流水平地流进或流出进/出水口，经过 90°转弯，进入竖井段，再通过弯管进入输水隧洞。当抽水蓄能电站的输水道与上水库底部使用竖井垂直连接时，在水库内最宜采用这种进/出水口。井式进/出水口应设在水库底板离开边坡一段距离处，其附近的地形要求比较平坦。这种进/出水口的优点是结构紧凑，工程量较小，在岸边的开挖量很少，施工时可以较早地进行开挖。

对于上水库进/出水口：当压力管道采用埋藏式，且设有工作主阀时，宜设置一道事故闸门；当压力管道为明管或者埋藏式压力管道和地下厂房有快速闭门保护要求时，可设置检修闸门和工作闸门各一道。对于下水库进/出水口：当尾水闸门为事故闸门时，宜在事故闸门的下水库一侧设置一道检修闸门。对于首部式和中部式地下厂房的抽水蓄能电站，尾水道较长而且机组的安装高程较低，常在尾水道上设事故闸门，其位置可设在调压室内，或者单独设立尾水闸门室。

侧式进/出水口的事故闸门多用平面钢闸门。井式进/出水口常采用圆筒形闸门，用同一个闸门同时控制若干个进/出水口。

根据进/出水口的维修需要，结合水工建筑物和拦污栅的布置，通过技术经济比较后，可设置一道检修门与拦污栅共槽。

（2）引水隧洞和尾水隧洞。抽水蓄能电站引水隧洞的断面形式多采用受力条件较好的圆形断面，在地质条件较好且内水压力不大的情况下，有时也采用城门洞形断面以便于施工。引水隧洞的经济流速常稍大于常规水电站引水隧洞，发电时的最高流速多为 4～5m/s，也有高达 6.4m/s，甚至 7.5m/s 的工程实例。根据围岩的实际情况，引水隧洞的衬砌可以选用以下形式之一：不加衬砌、喷锚衬砌、混凝土衬砌、钢筋混凝土衬砌、预应力混凝土衬砌、有防渗膜薄钢板的混凝土衬砌等。

由于抽水蓄能电站机组的安装高程一般都较低，故较多采用地下厂房，尾水道也多用有压隧洞。当尾水隧洞较短时，一般采用一机一洞布置；尾水隧洞较长时，多采用数机一洞布置，尾水道中设岔管分别与各机组连接。当尾水道较长时，还需要设置尾水调压室。尾水隧洞的断面常用城门洞形或者圆形，衬砌形式可以参考引水隧洞。由于厂房位置较低，为了和下水库连接，尾水隧洞常设一定的负坡，也可以将负坡集中在尾水道的某一段。

（3）压力管道、岔管。抽水蓄能电站的压力管道大多采用地下管道，既降低工程造价，又便于与地下厂房相配合。地下压力管道的布置形式有三种：竖井、斜井和平洞。竖井式压力管道常用于首部开发的地下厂房电站，尾部开发式电站中也偶有采用。斜井式压力管道应用较多，其倾角常取决于施工要求：自上而下开挖时，倾角不宜大于 35°；自下而上开挖，倾角宜大于 45°。平洞一般为竖井和斜井的过渡段。压力管道的管线布置和衬砌形式与引水隧洞类似。

分岔管是压力管道的重要组成部分，有不对称的 Y 形和对称的 Y 形两种形式。压力管道从侧面进入厂房时，使用前一种形式比较方便；压力管道从正面进入厂房时，多采用后一种形式。抽水蓄能电站岔管的体型设计要求高于常规水电站，因为在发电和抽水两种运行工况下，岔管中的水流方向相反，不同方向的水流对岔管体型的要求不同。一般按发电工况设计，并适当照顾抽水工况。

抽水蓄能电站调压室的基本布置方式和基本类型与常规水电站基本相同，具体内容可参考第一章第四节及其他文献。

3. 厂房的位置

根据主厂房在输水系统中的位置，抽水蓄能电站有以下三种布置形式：首部式布置、中部式布置、尾部式布置。

(1) 首部式布置。厂房离上水库较近，靠近输水系统的上游侧。厂房与上水库之间的高压引水道较短，多采用一管一机供水；与下水库之间的低压尾水道较长，多采用多机一尾水道的布置形式。厂房的对外交通、通风、出线多用斜井或者竖井，适用于水头不太高的情况。因厂房离上水库较近，应注意防潮和防渗，这种布置方式应用不多。

(2) 中部式布置。厂房位于输水系统的中部，其上下游的输水道都比较长。在输水道较长而其中部地形又不太高的情况下，应用较多。当上下游水道较长时，上下游可能都需要设置调压室。厂房的对外交通用平洞，通气、出线用斜井。

(3) 尾部式布置。厂房靠近下水库，位于输水系统的下游侧。因有利于厂房施工，对外交通和出线方便而应用较多。其厂房视具体情况可以采用地下式、半地下式或地面式布置。

(三) 抽水蓄能电站的水力—机械过渡过程

抽水蓄能机组的运行工况比常规水电机组多，在启动、停机、增减负荷以及不同工况之间转换的过渡过程中，输水道的流量发生变化，产生水锤现象。抽水蓄能机组的水力—机械过渡过程计算既要考虑发电工况，又要考虑抽水运行工况，具体方法可以参考有关文献。

三、抽水蓄能电站的机电设备

(一) 抽水蓄能电站的主机设备

抽水蓄能电站的主要设备是抽水蓄能机组。目前抽水蓄能机组都采用水泵水轮机，即可逆式机组，可逆式机组可分为单级和多级。目前单级可逆机组的应用水头已发展到700m，在水头更高时，可采用多级机组，目前最高级数为5级，最高发电水头达到1773m。抽水蓄能电站的主机设备应用水头不断提高，单机容量增大和转速不断增高的发展趋势非常明显。

根据可逆式机组的工作水头，常用的水泵水轮机大致有以下几种形式：混流式水泵水轮机，应用水头30～700m；斜流式水泵水轮机，应用水头12～150m；轴流式水泵水轮机，应用水头5～25m和贯流式水泵水轮机，应用水头小于20m。

由于抽水蓄能机组比常规水电机组多了水泵运行工况以及水泵工况与水轮机工况之间的转换操作，其控制系统比常规水电机组复杂，监控对象比较多，电网对抽水蓄能电站监控系统的要求更高些，因此，其所需要的辅助机械和电气设备也多些，在设计中应注意这些特点。

(二) 抽水蓄能电站机组的进水阀和闸门

抽水蓄能电站一般水头较高、压力管道较长，为了检修的方便和运行的安全，在机组的蜗壳上游一般设置进水阀（多为球阀）。在有岔管的压力管道集中供水或分组供水布置中，每台机组进口必须设置进水阀，当一台机组检修时，关闭其进水阀，以免影响其他机组正常运行。当调速系统或导水机构发生故障时，可以用进水阀紧急切断水流，作为机组防飞逸装置；如果设置了进水阀，机组检修时不必放空压力管道，减少了机组再次启动时所需充水时间。

进水阀可以设置在主厂房内，以便于利用主厂房的吊车安装和检修，但主厂房的洞室跨度可能因此增加；也可以在主厂房上游侧单独设置阀门洞室，如果机组为多级水泵水轮机，采用单独设置阀门室的布置，增加阀门和蜗壳之间的流道长度，有利于改善机组的流态。设计时应通过技术经济比较确定采用哪种布置方式。

如果抽水蓄能电站的尾水隧洞较短，一般只在尾水洞的出口设平板闸门。对于尾水洞较长的电站，在机组的下游侧常设事故阀门，机组检修时只需要关闭事故阀门即可，而不必放空整个尾水洞。下游事故闸（阀）门可以布置在主厂房下游侧单独的洞室内，也可以结合尾水调压室、主变洞等建筑物合并布置，我国大部分长尾水抽水蓄能电站，是在主变洞下游布置专门的尾水事故闸门洞。

（三）抽水蓄能电站主变压器和开关站

抽水蓄能电站的地下厂房一般埋藏较深，一般将主变压器布置在地下洞室内，以缩短母线的长度，降低成本。可以采用的布置方式有：主变压器布置在主厂房下游侧、与主厂房平行的单独的洞室内；或者将主变压器布置在主厂房一端，以减少地下洞室数；或者将主变压器布置在机组之间。

四、抽水蓄能电站厂房和结构设计

根据装机规模和特征水头，得到了抽水蓄能电站的机型、台数、外形控制尺寸、重量及主要机电设备清单后，可以进行厂房和开关站的布置。按照厂房与地面的相对位置，抽水蓄能电站的厂房可以分为地面式厂房、半地下式厂房和地下式厂房三类。前两种一般用于水头不太高，下游水位变化幅度不太大，以及地质条件不宜做地下厂房的电站。抽水蓄能电站机组的吸出高度很小，需要较大的淹没深度，地下式厂房的使用非常普遍。除主厂房布置在地下，主变压器以及开关站也往往同时布置在地下。因此，除了主厂房洞室，地下厂房还需要开挖各种洞室，以布置机电设备和作交通运输、出线以及通风的通道。这些洞室包括：交通运输洞和装配场、地下副厂房、阀门洞（室）、尾水闸门洞（室）、主变洞、开关洞和出线洞以及通风洞等。

1. 主厂房

抽水蓄能电站地下式厂房的断面尺寸在满足机电设备布置需要的条件下应尽量小，以减少洞室的开挖量，节省造价。主厂房围岩的稳定性和地应力是设计中的主要考虑因素，跨度是洞室围岩稳定的主要影响因素之一，应尽量减小。在主厂房布置上，应特别注意紧凑合理，以减小洞室尺寸，主要途径有：选用有利于厂房布置的机型；采用窄长形的厂房；将进水阀设在主厂房外专门的地下阀室内；采用悬挂式吊车梁、锚着式吊车梁、岩台式吊车梁和带形牛腿吊车梁等结构型式以减小跨度；适当加大厂房一侧的吊运通道，以降低机组最大部件吊运高度，减少厂房的高度；适当加大交通洞厂房进口段，并设置一些起重设备，作为临时检修场地，以减小安装场的尺寸。

主洞室最常采用的断面形状为直墙拱顶形，它适用于围岩坚固完整且地应力不大的情况，椭圆形或马蹄形断面主要用于软弱破碎的围岩，或水平地应力较大的中等质量围岩。

地下厂房主洞室和附属洞室宜布置在地质构造简单、岩体完整坚硬、上覆岩层厚度适宜、地下水微弱及山坡稳定的地段，尽量避开较大断层、节理裂隙发育区、破碎带以及高地应力区。

主洞室纵轴线走向，宜与围岩的主要构造弱面（断层、节理、裂隙、层面等）呈较大的夹角，同时，应注意次要构造面对洞室稳定的不利影响；在高地应力地区，洞室纵轴线走向与最大主应力水平投影方向的夹角宜采用较小角度。主洞室顶部岩体厚度不宜小于洞室开挖跨度的2倍。

2. 洞室群的布置要求

洞室群各洞室之间的岩体厚度不宜小于相邻洞室的平均开挖跨度的1～1.5倍；上、下层洞室之间岩石厚度，不宜小于小洞室开挖跨度的1～2倍；两洞室相交时，其轴线之间宜采用较大的夹角；洞室群的布置宜遵循临时与永久相结合和一洞多用的原则，尽量减少附属洞室数目。

3. 副厂房及其他洞室

副厂房应按集中与分散相结合、地面与地下相结合、管理运行方便的原则布置。必须靠近主机的附属设备，可集中布置在紧靠主机间的地下洞室内；可以远离主机放置的设备，则利用已有洞室分散布置或置于地面。

主变压器及开关站的布置应根据地形、地质、洞室群规模及电气设计等综合比较选定。

交通运输洞的宽度及高度应满足设备运输要求，如运输洞兼作其他用途时，其断面尺寸还应满足其他使用要求；交通运输洞进入安装间前应有一段平直段，其进口宜位于校核洪水位以上，进口段宜做成反坡；当受地形条件限制，布置有困难时，经过论证，可采用竖井运输方式；地下厂房至少应有两个通往地面的安全出口。

如果引水压力管道末端阀门布置在单独设立的阀门室内，阀门室的布置应满足阀门的运输、安装及检修等要求。

尾水管扩散段之间应保留维持围岩稳定需要的岩体厚度，应选择窄高形的尾水管；在尾水管末端宜设尾水闸门。当采用一机一洞时，尾水洞长度较短且其出口设有检修闸门，则尾水管末端可不设尾水闸门。

4. 其他

地下厂房应充分考虑厂房排水、通风、防潮、照明、防噪声等问题。

洞室距水库较近时或位于地下水丰富地区，应加强前沿部位的防渗、排水措施，必要时可在洞室群外围与厂房顶部分层设置防渗帷幕、排水洞，并在排水洞内设排水幕。当设有尾水调压室时，应加强靠近尾水调压室侧的防渗排水措施，设置足够容积的集水井和抽排设施。

第六节　渠道、渠系建筑物

一、渠道

在土基或岩基上，通过挖方、填方或半挖半填方形成有一定规则形状断面的开敞式人工河床，称为渠道。渠道按其用途分为灌溉渠道、通航渠道、输水渠道和过鱼渠道等，按其供水方式分，有自流式渠道和非自流式渠道。与渠道有关的国家规范有：SDJ 217—84《灌溉排水渠系设计规范》、SL 18—91《渠道防渗工程技术规范》、SL 23—91《渠系工程抗冻胀设计规范》、GB 5088—99《灌溉与排水工程设计规范》、SL 265—2001《水闸设计规范》等。

（一）渠道的选线布置

渠道选线，即确定渠道的轴线位置。应考虑：

（1）用途。自流式渠道线路应尽可能沿最高地形布置；发电渠道的渠线布置应使能量损失的价值和运行费用达到最小；为生活用水而修建的输水渠道，要避开污染源，满足卫生要求。

（2）地质。渠线应尽可能避开不良地质条件的地区，如地质构造破坏处、滑坡体、强透水区、沼泽地带、有沉陷土等。

（3）挖填方。渠道布置线路上应无全填方地段或深挖高填地段。

（4）直曲段。尽可能按直线布置渠道线路，以减少工程量和渠道中水头损失。曲线段的渠道，转弯半径不宜小于5倍水边线的渠道宽度。

（5）渠系建筑物。尽可能减少渠道线路上附加建筑物（如渡槽、倒虹吸等）的数量。

（二）渠道的断面形状

渠道的断面形状有梯形、矩形、多边形、抛物线形和半圆形，如图1-2所示，其中，梯形断面最为常用。渠道断面形状的选择，应结合渠道的用途、施工方法、水力条件、地质情况、衬砌方式等因素，作综合分析后确定。一般地形和地质条件无特殊问题的地区，可选用梯形断面；在对冻胀有要求的寒冷地区，选择抗冻能力较强的弧形底断面；若地下水位较高，可选宽浅式端面。

梯形渠道底宽 b 据水力最优断面计算和施工机械选定，最小值取1.5～2.0m。边坡 m 应满足边坡稳定要求，用水泥土、砌石、混凝土和沥青混凝土等刚性材料作衬砌的防渗渠道以及用这些材料作保护层的薄膜防渗渠道，最小边坡可参考表1-8选用。

表1-8　刚性材料防渗渠道的最小边坡系数

防渗材料名称	渠基土质类别	渠道设计水深（m）											
		<1			1～2			2～3			>3		
		挖方	填方		挖方	填方		挖方	填方		挖方	填方	
		内坡	内坡	外坡	内坡	内坡	外坡	内坡	内坡	外坡	内坡	内坡	外坡
混凝土、砌石、水泥土、灰土、三合土、四合土、沥青混凝土和以它们为保护层的膜料防渗	稍胶结的卵石	0.75	—	—	1.00	—	—	1.25	—	—	1.50	—	—
	夹砂的卵石或砂土	1.00	—	—	1.25	—	—	1.50	—	—	1.75	—	—
	黏土、重壤土、中壤土	1.00	1.00	1.00	1.00	1.00	1.00	1.25	1.25	1.00	1.50	1.50	1.25
	轻壤土	1.00	1.00	1.00	1.00	1.00	1.00	1.25	1.25	1.25	1.50	1.50	1.50
	砂壤土	1.25	1.25	1.25	1.25	1.50	1.50	1.50	1.50	1.50	1.75	1.75	1.50

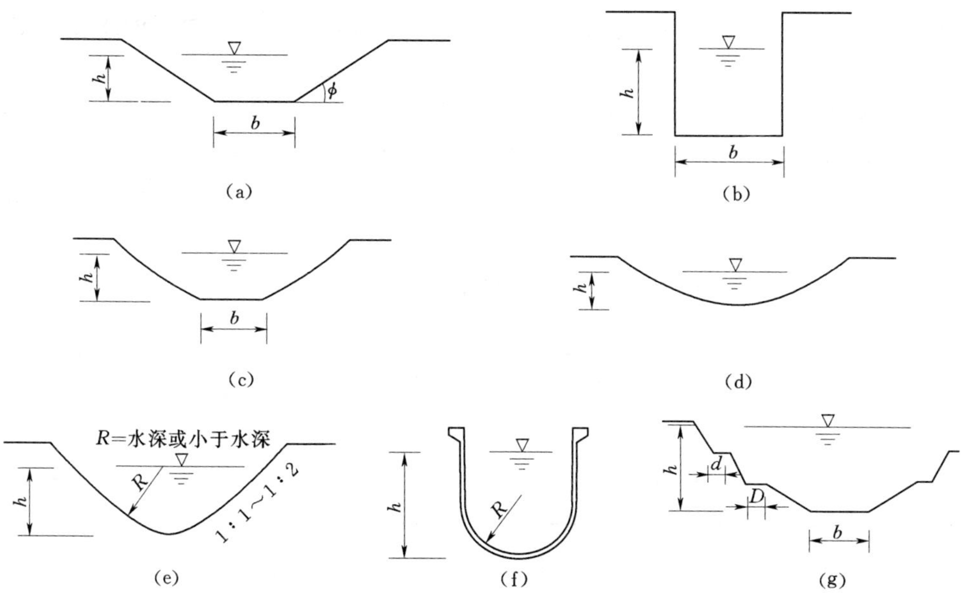

图 1－2　常用渠道断面型式

(a) 梯形断面；(b) 矩形断面；(c) 多边形断面；(d) 抛物线形断面；(e) 弧形渠底断面；(f) U 形断面；(g) 复式断面

(三) 渠道水力计算

梯形渠道水力计算一般按均匀流假定，用谢才公式计算，主要计算内容有：

(1) 已知渠道的底宽 b、水深 h、边坡 m、糙率系数 n 和渠道纵坡比降 i，求渠道中水流的平均流速 V 或流量 Q。

(2) 已知流量 Q、渠道尺寸和糙率系数 n，求纵坡比降 i。

(3) 已知 Q、i、n，计算渠道断面尺寸 b、h。

谢才公式：

$$V = C\sqrt{Ri} \tag{1-35}$$

$$Q = \omega C\sqrt{Ri} \tag{1-36}$$

式中：C 为谢才系数；R 为水力半径；i 为水力坡降；ω 为过水断面。

设计渠道时，设计流量通过水利经济和技术经济分析得到，i 由渠道所经过地段的地形、地质及水流泥沙含量等确定；m 和 n 可根据渠道经过地区的地质条件、施工要求或相近工程以及所用的护面材料选定。

(四) 渠道的允许速度

渠道中水流的平均速度 V 应小于渠道的不冲流速和大于不淤流速，即

$$V_{不淤} \leqslant V \leqslant V_{不冲}$$

$V_{不淤}$ 和 $V_{不冲}$ 的选用，主要考虑渠道水流的含沙量、衬砌类型和其他特殊要求（如航运等）。

(五) 渠道衬砌（护面）

为了防止渠道受水流冲刷、波浪掏挖和机械冲撞等作用，为了降低渗透损失，减少

渠道断面面积，可以采用不同形式的衬砌。衬砌的形式，应根据渠道的用途、地质条件、水流速度、当地材料、运用条件和工程投资大小等因素来决定。常用的衬砌材料有堆石、浆砌块石、混凝土、钢筋混凝土、沥青混凝土、水泥土、黏性土等。衬砌（护面）的范围，通常上限取在渠中最高水位时波浪爬高处，或直至渠顶。衬砌厚度视防冻深度要求和渠身植被情况而定，表 1-9 列出了梯形断面混凝土衬砌渠道等厚板的最小厚度参考值。

表 1-9　　梯形断面混凝土衬砌渠道等厚板的最小厚度

渠道设计流量 (m^3/s)	温和地区（cm）			寒冷地区（cm）		
	钢筋混凝土	素混凝土	喷射混凝土	钢筋混凝土	素混凝土	喷射混凝土
<2		4	4		6	5
2～20	7	6	5	8	8	7
>20	7	8	7	9	9	8

衬砌（护面）背水坡，要做好排水设施，图 1-3 是一种将堤身水排入渠底集水沟的排水结构形式。

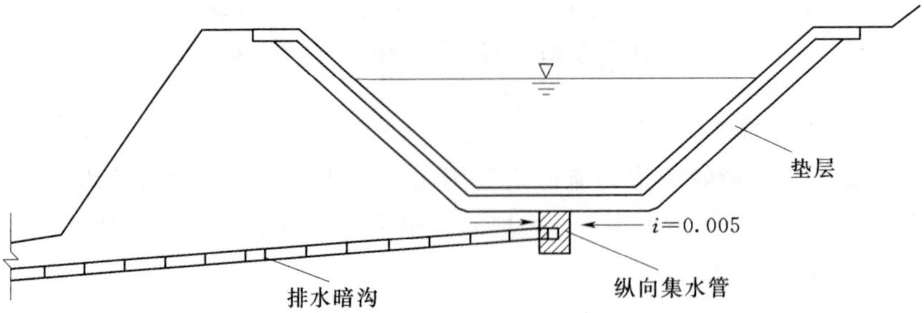

图 1-3　垫层和集水管式排水系统

对于渠道防渗，各国都极为重视，采用了很多新的施工方法和新型防渗材料。如混凝土防渗渠道运用全断面（小型渠）或半断面（大型渠）系列机械一次浇筑成渠施工技术；压实土体用振动碾压机；用铺膜机铺设防渗薄膜等。防渗材料也正朝着防渗效果好、经久耐用、维修方便、价格低廉的方向发展。

二、渠系建筑物

建于渠道系统上的各类水工建筑物称为渠系建筑物。渠系建筑物按其作用的不同分为：取水建筑物（如节制闸、分水堰、测流槽等），输水建筑物（如渡槽、倒虹吸、涵管等）和连接建筑物（如跌水、陡槽、船闸等）。

（一）渠首工程

在渠道引水水源附近所修建的建筑物的综合体称为渠首工程。渠首工程分为无坝渠首、有坝渠首、水库取水渠首和提水渠首等。

（1）无坝渠首。当引水水源的流量、水位不论是在丰水期，还是在枯水期，都能满足渠道引水要求时，可建无坝渠首。无坝渠首是一种自流引水式渠首，多布置在河道一侧，其引水保证率受到河流水位变化、泥沙运动及河床演变等因素的影响。

(2) 有坝渠首。当河流水位不能满足自流引水要求，或河流流量小于引水流量时，可以通过拦河筑坝，抬高水位，满足引水所需的流量。这种筑坝取水方式称为有坝渠首。有坝渠首位置的选定，原则上与无坝渠首基本一致，另外还需考虑在不同宽窄河床上建坝对工程量和施工条件的影响，以及可能造成的上游淹没损失程度等。

(3) 水库配水渠首。水库配水渠首无需作流量调节，从水库中直接取水。这种渠首取水多在静水中进行，所以大多不设排沙冲沙设施。

(4) 提水渠首。当河道流量丰富，水位很低，且不宜建有坝渠首时，可通过修建泵站，从河道提水送到渠道中，这种渠首称为提水渠首。

渠道设计内容主要包括：

(1) 根据地形、地质、洪水特性、含沙量、河床演变规律及用途等，选择渠首位置和类型。

(2) 渠首布置形式。

(3) 结构设计。

(4) 水力设计。

(二) 水闸

水闸是一种能调节流量和控制水位的低水头建筑物，多建于渠首和干支渠连接处。

1. 水闸的类型

水闸的类型可根据其所承担的主要任务划分为：

(1) 进水闸：用于从江河、水库、湖泊等水源地或上一级渠道取水。

(2) 节制闸：用于控制过闸流量、调节闸前水位。

(3) 排水闸：用于及时排除低洼地区的积水或防止外水倒灌。

(4) 分水闸：用于控制分流流量。

(5) 挡潮闸：建于河流入海口河段，承受双向水头，用于挡潮、防止海水倒灌。

2. 水闸的型式

依据水闸结构，可将水闸分为两大型式：一是在工程上应用最广的开敞式水闸（图 1-4），这种水闸的闸室是露天的，具有引水量大，泄水量大，排冰、过木等多种功能；二是涵洞式水闸（图 1-5），这种水闸常修建在挖方较深的渠道中，闸室上部封闭，用填土覆盖。

3. 水闸组成

(1) 开敞式水闸。开敞式水闸主要由闸室、上游连接段和下游连接段三大部分组成（图 1-4）。

1) 上游连接段。上游连接段由上游翼墙、铺盖、护坦、上游防冲槽和上游护坡 5 大部分组成，其作用是平顺地引导水流进入闸室，防止两岸侧向绕流和地基渗透，保护上游河床免受冲刷。

2) 闸室。闸室是水闸的主体，由底板、闸墩、闸门、闸墙、工作桥、交通桥等结构组成。

3) 下游连接段。下游连接段由下游翼墙、护坦、海漫、下游防冲槽及下游护坡等组

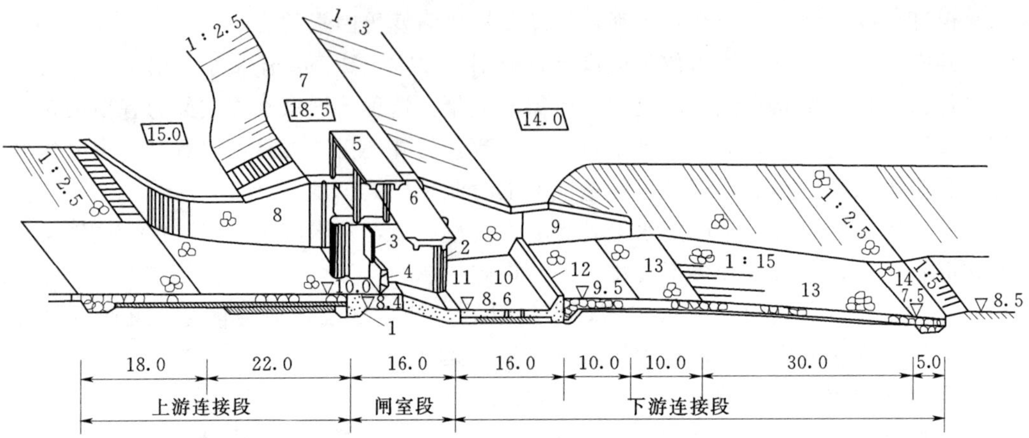

图 1-4　土基上的开敞式水闸立体图

1—闸室底板；2—闸墩；3—胸墙；4—闸门；5—工作桥；6—交通桥；7—堤顶；8—上游翼墙；9—下游翼墙；10—护坦；11—排水孔；12—消力池；13—海漫；14—防冲槽

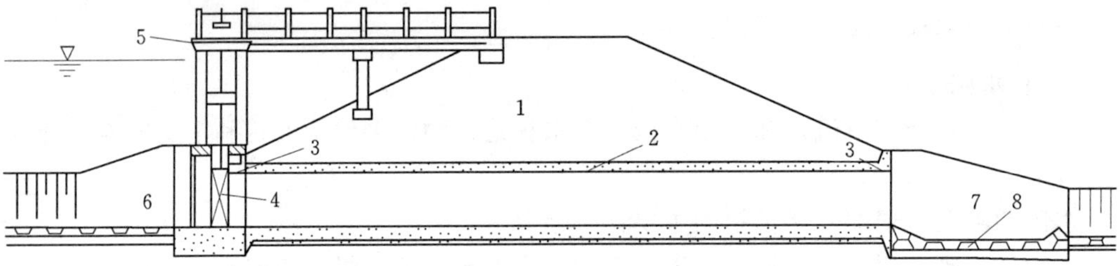

图 1-5　涵洞式水闸

1—大堤；2—洞身；3—挡墙；4—闸门；5—工作桥；6—上游翼墙；7—下游翼墙；8—消力池

成，其作用是消减水流多余能量，使之均匀扩散，减少对下游河床和岸坡的冲刷。

（2）涵洞式水闸。涵洞式水闸由上游连接段、进口闸室段、洞身段和下游连接段四部分组成。除洞身段较特殊外，其余各部分作用与开敞式水闸基本相同。闸室和洞身上部的深层土是有利于闸室和洞身稳定的一个主要外荷载。

（三）渡槽

渡槽是跨越道路、河流、溪谷等的架空输水建筑物。

1. 渡槽的组成

渡槽由槽身、支承结构、基础和进/出口建筑物等部分组成（图 1-6）。槽身为输水通道，置于支承结构上，支承结构将槽身及槽中水重传递至基础，再由基础传给地基。进/出口建筑物起到将渠道与槽身水流平顺衔接的作用。

2. 渡槽的型式

渡槽可依据不同分类方式进行划分，如：按施工方法分，有现浇整体式、预制装配式、预应力式等；按所用材料分，有木制的、砖石的、混凝土的、钢筋混凝土的和钢丝网水泥的等；按槽身断面分，有梯形的、U 形的、矩形的、抛物线形的等；按支承结构分，有梁式、拱式、梁形桁架式、桁架拱式和悬吊斜拉式等。

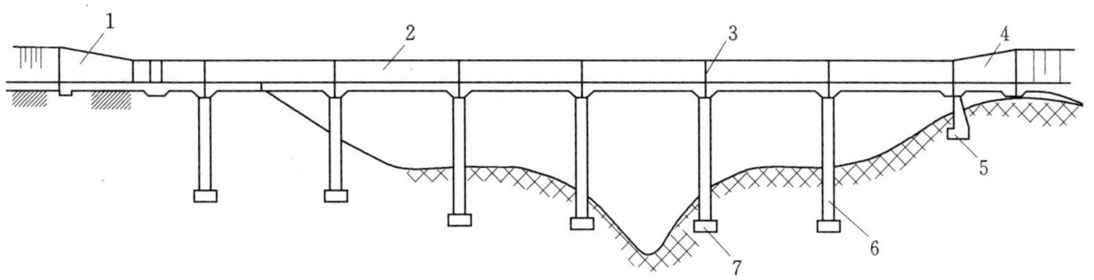

图 1－6 渡槽结构组成图

1—进口渐变段；2—槽身（上部结构）；3—伸缩缝；4—出口渐变段；5—边墩；6—槽架；7—基础

按支承结构进行分类，能直接反映出渡槽的结构特点、受力状态和荷载传递方式，便于选择相应的计算方法。

3. 渡槽的设计内容

渡槽设计主要内容包括：

（1）根据渡槽所承担的任务和地形、地质条件，确定渡槽的级别、设计标准。

（2）确定渡槽轴线，初步拟定渡槽结构型式、槽身断面型式、分跨比、纵向布置剖面等。

（3）通过水力计算，确定槽身净宽、净深和槽底纵坡以及进/出口高程、两端与渠道的连接方式。

（4）验算渡槽及其地基的稳定性，对拟定的各类参数作修正、调整，并进行多方案优化分析。

（5）绘制设计图，计算工程量，提出工程概算。

（四）倒虹吸管

当渠道与高程相近的障碍物（如河流、道路、铁路等）或深而宽的河道、谷地和沟壑等相交时，往往采用倒虹吸管。倒虹吸管是一种有压输水建筑物，其断面有圆形、矩形和其他形状。圆形断面多用于对水力条件和受力条件要求都高的情况，矩形断面用于过流量大、水头小的渠系。

1. 倒虹吸管组成

倒虹吸管由进口段、管身、出口段三部分组成（图 1－7）。进口段包括进水口、拦污栅、闸门、启闭台、进口消能池及沉沙池等，它的作用是控制流量，平顺水流，保证管道进口处于淹没水流状态。管身段要承受一定的压力，应选用具有抗压性、抗渗性的材料，如混凝土、钢筋混凝土及钢材等。在布置上，为了减少水头损失，管身长度应尽量短。通过在管身各段之间设置伸缩缝，可以防止地基不均匀沉陷，适应由于地基沉陷引起的纵向收缩变形。收缩缝的间距土基上取 15～20m，岩基上取 10～15m。出口段有出水口、闸门、消力池、渐变段等部分，主要起消减水头、调整流速、使水流较均匀地进入下游渠道等作用。

2. 倒虹吸管类型

根据倒虹吸管埋设情况，通常有填土式和明管式两种类型，填土式又有竖井式和斜管式［图 1－7（a）、（b）］。竖井式倒虹吸管的特点是管路短，构造简单，施工方便，常用于压力水头 3～5m 的小型工程。斜管式在工程中常用，它构造简单，水流流畅，水头

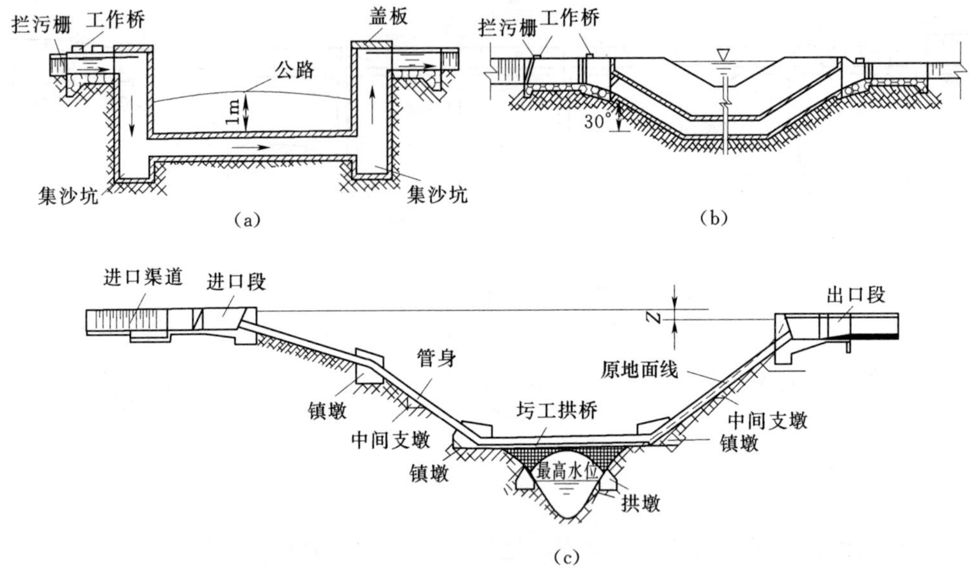

图 1－7　倒虹吸管

(a) 竖井式；(b) 斜管式；(c) 明管式

损失小，且不设沉沙池。明管式倒虹吸管直接敷设在渠线下降地段的斜坡上和沟谷底部［图 1－7（c）］，最低布置高程应高于河槽最高水位。随地形变化的管身转折处，需设混凝土重力镇墩，以加强管道的连接和固定，为了减少水头损失，镇墩数目应尽可能少。

3. 倒虹吸管设计主要内容

（1）根据管路埋设情况，选择倒虹吸管类型和布置线路。

（2）进/出口布置形式设计。

（3）管身及镇墩形式和构造设计。

（4）水力计算。水力计算的内容或是根据需要通过的流量和允许的水头损失，确定管道的断面积（型式、尺寸）；或是据允许的水头损失和初步拟定的断面尺寸，校核能否通过的流量；或是由流量和拟定的管内流速，校核水头损失是否超过允许值。计算公式为

$$Q = \mu\omega\sqrt{2gZ} \tag{1-37}$$

式中：Q 为通过倒虹吸管的流量；Z 为进、出口水位差；g 为重力加速度；ω 为过水断面积；μ 为流量系数。

（5）结构计算。结构计算含管身结构计算、进、出口结构计算和镇墩强度计算等。计算考虑的荷载有管身自重、填土压力、地基反力、内水压力、外水压力、地面荷载和温度影响。进、出口结构可按挡土墙及板、梁、柱结构进行计算。

（五）涵管（洞）

渠道与高于渠道的道路相交或通过宽而不深的河谷时，可在道路或渠道下设置涵管，用以输运渠水或排泄沟谷中的水流，如图 1－8 所示。用于输水的涵管，按无压管流设计，而排水涵管可设计成无压、有压或混压式。

涵管由进口、管身、出口组成。根据涵管受力、水流、地质和施工等条件，可选用砖

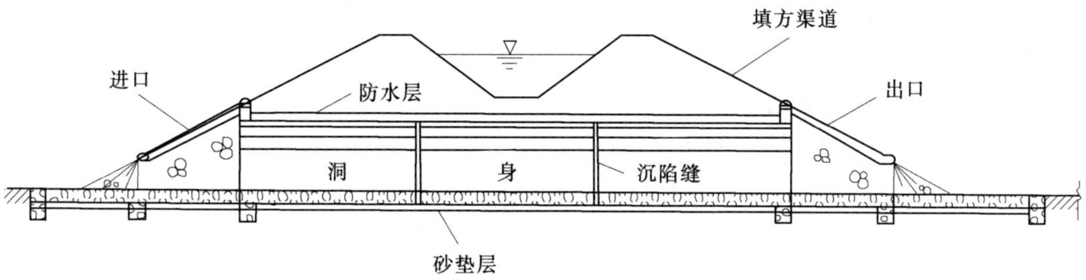

图 1-8　填方渠道下的涵洞

石、钢筋混凝土作为其建筑材料，管身断面型式常采用圆形、矩形或拱形。

涵管的水力计算内容可据规划给定的流量和上游面允许壅高，确定涵管泄水能力，校核涵管过流时的下游连接条件和确定冲刷值及需采用的消能形式。考虑涵管所受的填土压力（垂直向和水平向）、内外水压力、自重及填土顶部的其他荷载，可对涵管各部分结构进行承载力或抗震验算。

（六）跌水和陡坡

渠线地形落差大，渠道无法正常延续时，可采用跌水或陡坡。跌水和陡坡之间最大的不同是，通过跌水口的水流呈自由抛射状态，不受任何约束，自由落至底部消力池。而陡坡中的水流受底部陡槽约束，下泄至下游。跌水建筑物的长度一般比陡坡短，结构也要简单些。

根据上下游渠道落差大小，可采用单级跌水和多级跌水。单级跌水落差小于 5m。跌水建筑物由进口、跌水墙、侧墙、消力池、出口几部分组成（图 1-9），设计内容为：

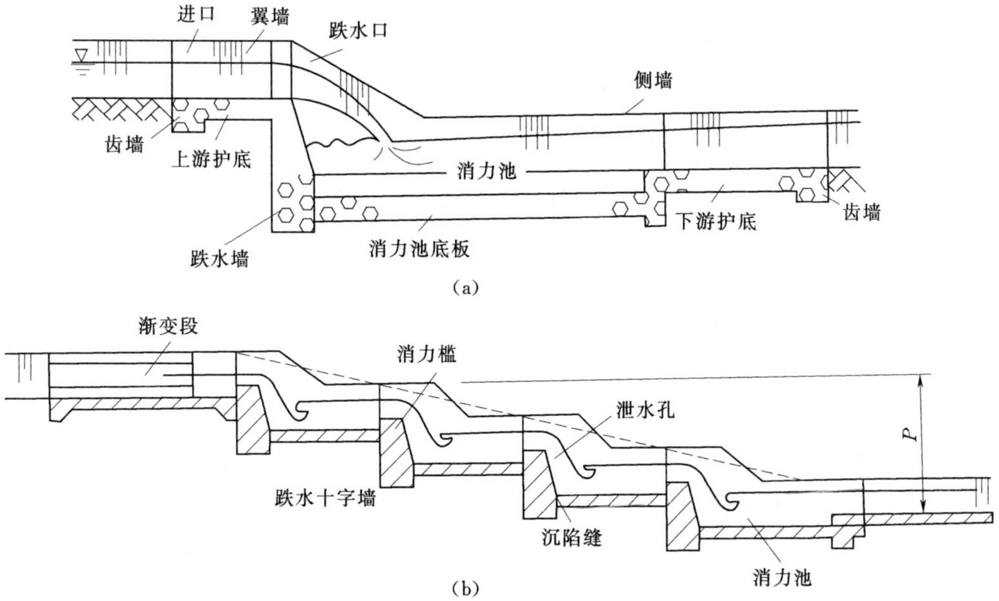

图 1-9　跌水建筑物

（a）单级跌水；（b）多级跌水

（1）确定跌水口形式和尺寸，使之在通过各种流量下，上游渠道水面不产生过大的壅高与降落。

（2）验算跌水和侧墙的稳定性。

（3）选择下游消力池长度和深度等。

陡坡的组成从上游至下游分别为进口段、陡槽段、边墙、消能段和出口段（图 1-10）。土基上陡槽的纵坡可选用 1∶3～1∶5，断面有矩形、梯形。在陡槽底板上，每隔 5～15m 设带止水的沉陷缝，底板之下，应做好防渗排水设施。陡坡下游消能方式多采用鼻坎挑流形式。

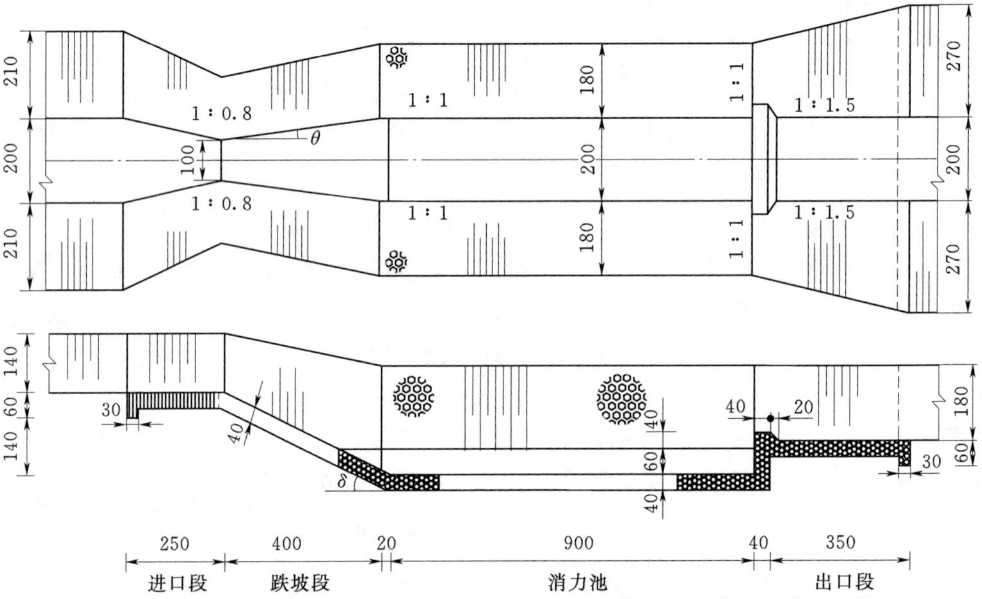

图 1-10　扩散型陡坡

第七节　施工组织设计

一、施工组织设计的内容和要求

施工组织设计是工程设计的重要组成部分，是编制工程投资概（估）算的主要依据和编制招、投标文件的主要参考，是工程建设和施工管理的指导性文件。它主要是按照工程设计要求，研究施工条件，选择施工方案，确定施工布置、程序和进度安排。不同设计阶段对施工组织设计有不同的深度要求。可行性研究阶段，要求初选施工导流方式、导流建筑物形式与布置，初选主体工程的主要施工方法、施工总布置、基本选定对外交通运输方案和场内主要交通干线布置，提出控制性工期和分期实施意见。初步设计阶段，要求选定施工导流方案，说明主要建筑物施工方法及主要施工设备，选定施工总布置、总进度及对外交通方案，提出天然（人工）建筑材料、劳动力、供水和供电需要量及其来源。招投标阶段的施工组织设计在已批准的初步设计的基础上，落实施工方案、施工方法及相应的施工工期，并根据项目实施与管理要求，对具体工程合同方面的问题作出规划安排。对比上述各阶段，初步设计阶段施工组织设计所要求的内容最为全面。根据初步设计编制规程和施工组织设计规范，初步设计阶段的施工组织设计主要内容包括：

（1）施工条件分析。

（2）施工导流。

（3）料场的选择与开采。

（4）主体工程施工。

（5）施工交通运输。

（6）施工工厂设施。

（7）施工总布置。

（8）施工总进度。

（9）主要技术供应。

（10）附图。

二、施工导流

（一）施工导流设计

施工导流是水利工程施工，特别是闸坝工程所特有的一项极为重要的工作，它关系到工程施工的工期、质量、造价和安全度汛，是工程建设成败的关键阶段。其主要设计内容包括：

（1）导流方式、导流时段、导流标准的选择。

（2）导流建筑物的主要型式及布置。

（3）措施。

（4）导流建筑物的施工、围堰拆除及导流建筑物的封堵。

（5）施工期通航供水等综合利用措施。

（二）施工导流方式

施工导流方式大体可分为断流围堰导流（又称河床外导流）和分期围堰导流（又称河床内导流）两种基本方式。导流方式的选择应根据坝址地形和地质条件、河道情况、主体建筑物特点、当前的施工技术水平和能力等因素分析而定。对于修建在较窄河床的工程，特别对土石坝、拱坝等要求整体平起不宜分期施工的工程常用断流围堰导流。导流建筑物包括：上下游围堰，导流隧洞或河床导流明渠，中小工程也有在河床中布置涵管等导流建筑物。对于宽河床大流量的情况，通常采用分期围堰导流方式。

（三）导流设计标准

（1）导流标准。导流标准（即选择导流设计流量的标准）是选择导流方案、确定导流建筑物规模的主要依据。施工过程中河道流量经常变化，为使设计的导流流量尽可能符合施工期的实际流量，各个国家根据河流特性、建筑物特点、建设经验和安全、经济等因素，都制定选择导流设计流量所依据的洪水标准。我国 SL 303—2004《水利水电工程施工组织设计规范》规定了导流建筑物所采用的洪水标准及各阶段度汛的洪水标准。

(2) 导流时段。导流时段（又称挡水时段）是指水利工程施工过程中，依靠围堰挡水进行导流的延续时间。有些小型水利工程的围堰，只需挡一个枯水期流量，所以围堰较低，工程量较小；大中型水利枢纽工程通常难以在一个枯水期修筑到拦洪高程，特别是土石坝不允许坝面溢流，导流时段就要按全年考虑，围堰要挡洪水期流量，所以围堰较高，工程量也较大。混凝土坝可以坝体溢流，有时采用过水围堰，洪水时允许淹没基坑，导流时段可不考虑洪水期。选择导流时段时要仔细研究河道的水文特性，根据主体工程的特点和施工进度的要求，进行技术经济比较。一般不宜把导流时段划分过细。导流设计即采用该导流时段设计频率的相应流量和洪量。分月设计频率的流量，只作为安排施工进度计划时的参考，不宜作为导流设计的依据。

(四) 导流方案的选择

一个完整的导流方案受多方面因素的制约，要进行技术经济比较，反复论证后确定。这些因素主要有：

(1) 水文条件。河流流量大小、流量过程线特征、水位变化幅度、洪水及枯水延续时间长短、冬季流水及冰冻情况等，均是直接影响导流方案选择的重要因素。例如，水位变幅很大的河流，冬季有流冰的河流，需充分考虑流冰宣泄问题等。

(2) 地形条件。施工地区的河床及两岸地形，对导流方案有重大影响。例如，河道宽阔、施工期有通航要求，宜选用分期导流；河床狭窄、岸壁陡峭、河谷较深，宜选用隧洞导流。

(3) 工程地质和水文地质条件。选择施工导流方案时，对隧洞或明渠导流的经济合理性，河床的可能束窄程度，围堰的构造及修建方法，以及基坑排水措施等，都要考虑工程地质和水文地质的条件。例如，深厚覆盖层、透水性大的河床，要妥善解决围堰地基的抗冲、防渗等问题。在满足通航条件下，岩基河床分期导流时的束窄度允许大一些。

(4) 水利枢纽布置及建筑物型式的影响。施工导流需与枢纽布置结合考虑，并充分利用建筑物构造的特点。例如，导流隧洞与泄洪、发电、排水洞的结合，永久泄洪底孔、中孔、排砂、放空孔等与临时导流孔洞的结合，围堰与坝体结合，坝体断面与导流度汛的结合等。就坝体结构形式，混凝土坝采用分期导流的可能性大。

(5) 河流综合利用的影响。施工期间须满足通航、过木、给水、排水、灌溉等要求，这使施工导流问题复杂化。例如，分期导流时，被束窄的河道要满足通航的流速、坡降(纵坡、横坡、局部坡降)、流态和水流衔接等的要求，有时还需设置临时船闸；封孔蓄水时，要注意下游通航水位以及灌溉、给水、水电站等正常用水的需要。

(6) 施工进度、施工方法及场地布置。选择导流方案时，要全面考虑社会影响、施工设备及建材供应和施工经验等因素，在保证安全的前提下，力求简化施工导流工程，降低费用，缩短总工期。重要施工导流工程，要进行必要的模型试验或计算机模拟计算，并作充分的比较论证。

三、施工总平面布置

(一) 任务

施工总体布置（又称施工总平面布置）要求对主体工程及其施工辅助企业、交通系统、各类房屋和临时设施等作出全面部署，一般以《施工总体布置图》或各项《施工布置图》表示。

水利工程施工总平面布置的设计，涉及问题比较广泛，需要因地制宜、因时制宜，以保证施工安全、提高工程质量、缩短建设周期、节约资金、提高社会经济效益为目标，经过系统分析，选定最优方案。施工总平面布置时应做的前期工作包括：

（1）掌握必要的水文、气象、地质、地形等自然条件资料。

（2）调查了解当地材料、人力、资源和社会经济条件及其发展规划。

（3）熟悉国家有关政策、法令、有关规划、设计文件、规程、规范等。

（4）掌握施工导流、施工进度、施工方法等各种技术资料和技术条件。

（二）设计原则

施工总平面布置设计应遵循因地制宜的原则：

（1）满足规划设计、主体工程施工工艺和施工进度的要求，适应各施工阶段的施工特点，注意前后照应、远近结合，努力避免或减少可能出现的干扰。

（2）场内外交通运输方案经济可靠，与施工机械化水平相适应，主要辅助企业和临时建筑工程应尽可能靠近服务对象，而且交通顺畅、线路可靠。

（3）布置尽量紧凑，形成统一的施工系统，并要符合国家有关安全、防火、防震、卫生、环保等法规、规范要求。

（4）充分考虑气象、水文特点，合理确定防洪、排涝等防护标准。

（5）场地划分和布置符合有利生产、方便生活、易于管理的原则。

（6）尽量少占耕地，合理利用地形，并做好挖填平衡及还田造地规划。

（7）尽量考虑临时建设与永久建设相结合。

（三）设计内容

施工总体布置在不同的设计阶段有不同的深度要求，在可行性研究阶段，初步提出场内外交通运输方式及主要干线布置；初定生产、生活系统布置方案和主要辅助企业规模；初选主要料场，估算施工占地面积，提出补偿措施。施工详图阶段则在以上基础上进行分项分区施工场地和各项辅助企业，大型临时设施的具体布置。施工总体布置的成果，需要标示在一定比例尺的施工场区地形图上，构成施工总体布置图，图上应包括以下3方面的内容：

（1）所有地上和地下已有的建筑物。

（2）所有地上和地下拟建的建筑物。

（3）一切为施工服务的临时性建筑物、房屋和施工设施，其中包括：施工导流建筑物，如围堰、隧洞、明渠等；运输系统；各种仓库、弃料堆；各种料场及其加工系统；混凝土生产系统；混凝土运输和浇筑系统；机械修配系统；金属结构、机电设备和施工设备安装基地；水、电及动力供应系统；其他施工辅助企业；办公及生活区；安全、防火设施及其他等。

四、施工进度计划

（一）计划编制原则

施工进度计划，包括总进度计划和单项进度计划，是规定工程的施工程序和施工进度的文件。编制施工进度计划的原则：

（1）满足指令性计划及合同规定的要求。

（2）遵守设计要求及施工规范规定。

（3）符合各种自然条件，特别是地质、水文、气象条件特点。

（4）选用定额和类比资料可靠。

（5）计划所需的各项技术供应有实现的可能。

（6）与设计施工方案、施工方法协调一致。

（7）尽量符合施工队伍的素质与特点。

（8）从实际出发，抓住关键，统筹兼顾，反复测算比选，达到优化。

施工进度计划还是计划管理的依据。自工程可行性研究阶段开始，经各个设计阶段，以至施工期间逐年、季、月、旬甚至更短阶段，都要编制施工进度计划，以指导生产及各项工作。预可行性研究阶段，根据国家对工程进度的要求，结合自然条件与技术供应条件，进行合理工期分析，提出进度安排原则和主体工程进度计划，估列资金、劳力、材料、设备、动力需用计划。可行性研究阶段，编制施工总进度计划，论证计划安排的可行性，规定关键工程的施工程序和进度，安排准备工程、主体工程和结尾工程的工期，协调各单项工程的进度，提出主要技术经济指标，如施工强度、劳力、材料、设备、动力、资金配置等。可行性研究阶段的施工组织设计及施工总进度计划是编制总工程概算及招标文件的重要依据，也是安排年度基本建设计划和施工措施计划的依据。在施工期间，施工单位根据总进度计划或承包合同编制年度计划，以指导生产，落实各项技术供应计划，控制资金使用。季度计划是从年到月的过渡性计划，通过及时调整，以保证年度计划的完成；月计划是施工单位内部的生产作业计划，以指导现场施工的工作安排；旬计划主要用以指导现场连续作业，均衡生产，以保证月计划的完成。在工序、工种较多、施工干扰较大而工期很紧的工地，必要时还常编制周、日、班作业计划，及时调整，平衡生产工作。在大型水利工程施工中，因受洪水影响，施工条件变化较大，还可编制按汛期划分的年度施工进度计划。

（二）编制方法

我国长时期使用横道法编制施工进度计划。20 世纪 80 年代开始，应用系统工程的关键路线法（简称 CPM，Critical Path Method）和计划协调技术（简称 PERT，Program Evaluation and Review Technique）表示施工进度计划，效果显著。

（三）总进度计划的编制

编制计划的基本依据为：

（1）设计任务及其他政策资料。

（2）自然条件资料，如水文、气象、地质、地形、水文地质、建筑材料等。

（3）工程设计文件。

（4）交通运输和技术供应方面资料。

（5）国民经济各部门对建设期的防洪、灌溉、航运、洪水等方面的要求。

（6）施工导流、施工方法、施工布置等资料。

（7）施工单位的技术水平、装备能力等方面的资料。

编制过程为：

（1）列出工程项目。

（2）计算工程量。

（3）草拟各项工程进度。

（4）论证施工强度。

（5）编制劳力、材料和设备需求计划。

（6）调整和修改。

施工总进度计划批准后，到施工图设计阶段，要编制单项工程进度计划，并以此调整总进度计划。在施工过程中，再根据施工条件的演变，进行调整和修改，用以指导施工。

第八节　水工设计理论及技术的发展

一、水资源的开发利用

随着科学技术的突飞猛进，工农业生产的快速发展，以及为满足日益增长的人口需要，世界上许多国家投入大量资金发展水利，在整治河道，提高防洪能力，扩大灌溉面积，建设大水库和大电站，改善航运条件，跨流域引水，防治水污染，保护水资源及结合水利工程建设发展旅游等方面都取得了较大成就，使水资源的开发利用达到了较高的水平。但由于降水在时空上分布不均，人类尚无能力充分控制和调节水，致使许多地区的水旱灾害频繁发生。此外城镇及工农业用水剧增，加之水体污染蔓延，水资源管理、调配不善，资源的供需矛盾非常突出。现代水利强调开发、利用、节约、保护、配置、治理全面考虑，水资源开发强调综合利用，即防洪、灌溉、发电、航运、供水、渔业和旅游业等多目标开发。开发途径主要是：①在河道上筑坝蓄水，调节径流；②建跨流域引水工程，调节水资源在地区上的分布不同；③开发地下水。

经过几代人实践和曲折经历，人们对今后水资源开发、利用的发展得出下列共识。

1. 重视流域规划

现代水利建设要求以流域为单元进行多目标水利规划。20 世纪 70 年代以前流域规划主要从工程技术经济因素考虑，70 年代以后特别是到了 90 年代开始重视社会、环境等方面的问题及其长远的影响。

2. 重视生态环境问题

以前我们过分强调水利工程建设有益的一面，关心的环境问题主要是水源污染。随着水资源的大规模开发，流域一些不可逆转的生态环境问题开始出现，并带有负面影响。埃及阿斯旺高坝建成后，其环境影响引起全世界的关注和争议。因此对重大水利工程除坚持充分开发水利资源的原则外，事先需作出对环境影响的评价、权衡利弊。

3. 提高用水效率、优化水源配置、加强水资源管理

大力推广节水灌溉技术，提高工业用水的重复利用率，在城镇建筑中采用节水型设备，将多水季节多余的地表水人工补给地下含水层，建造地下水库等，是缓解水资源紧缺的经济合理措施。

二、水利水电建设技术及设计理论的发展

水工建筑物历史悠久。早在公元前 2900 年，埃及就在尼罗河上进行水利工程建设，建造了一座高 15m、长 240m 的挡水坝。中世纪及其以前的水利工程建设，大都凭借经验，缺乏理论指导。19 世纪中期，特别是进入 20 世纪以后，随着生产发展和科学技术进步，水工设计理论逐步建立并逐步完善，施工技术水平不断提高，水工建设取得了较快的发展。

（一）坝工技术的发展

筑坝蓄水、灌溉农田已有几千年的历史，用于发电则仅有 100 多年的历史。而坝工建设的迅速发展是 20 世纪才开始的。根据坝工技术历史发展的进程，可将水坝分为三类，19 世纪中期以前的称古代坝；19 世纪中期至 20 世纪初期的称近代坝；20 世纪初期以后的称现代坝。古代坝无论是重力坝、拱坝还是土石坝都是凭经验建造的，人们在长期的经验摸索中缓慢前进，积累了一些建坝经验。19 世纪以来，在水文学方面发展了量测技术和统计理论；在水力学方面发现了水流连续方程、水流能量方程、动量方程和渗流方程，获得了水头损失的大量试验资料；在工程力学方面，发展了强度理论、杆件体系结构力学和块体弹性力学；在土力学方面，发展了土的固结理论、抗剪强度理论和土压力理论；在工程结构和材料方面，开发了水泥、混凝土等新材料，发展了钢筋混凝土和钢木结构设计理论。随着这些基础学科和工程地质学、机械、电工电子等有关学科的发展，以及工程实践经验的积累。用这些理论、知识和经验等科学地规划、设计水工建筑物的学科——水工建筑学等逐步建立起来。近代重力坝和拱坝的设计开始有了理论的指导，此时土石坝的设计仍主要依靠经验。坝的设计理论与几千年的筑坝经验相结合使得坝工技术发生巨大变革。现代坝的基本特征是重力坝和拱坝设计理论进一步完善和提高，土石坝设计理论在 20 世纪 20 年代开始形成。20 世纪中期以后，新的水文分析理论和水文预报，遥控遥测技术，计算水力学、实验水力学和多相流水力学，环境水文学和水力学，计算力学、实验力学、黏弹塑性力学、断裂力学和岩土力学等的进一步发展，特别是有限元分析和电子计算机的兴起，结构优化、可靠度理论的出现使设计理论充实了新的内容，获得了新的研究手段。新材料、新技术和大型施工机械的出现，使得坝工技术得以飞速发展。

1. 重力坝

重力坝是最早出现的一种坝型。18 世纪法国和西班牙用浆砌石修建了早期的重力坝，横断面都很大，接近于梯形。1853 年以后，设计理论逐步发展，法国工程师们开始提出一些重力坝的设计准则，如抗滑稳定、坝基应力三分点准则等，出现了以三角形断面为基础的重力坝断面。20 世纪初，由于混凝土工艺和施工机械的迅速发展，美国建造了第一批混凝土重力坝。1930 年以后，美国修建了高 183m 的沙斯塔坝和高 168m 的大古力坝以后，重力坝的设计理论和施工技术有了一个飞跃。在应力计算方面，提出了重力法和弹性理论法，包括考虑空间影响的试荷载法；在构造方面，建立了完整的分缝、排水和廊道系统，以及温度、变形、应力等观测系统；在施工方面，机械化程度有了显著增长，发展了柱状浇筑法和混凝土散热冷却以及纵缝灌浆等一整套施工工艺。1950 年以后，重力坝继续得到发展，在瑞士修建了当今世界上最高的重力坝——大迪克桑斯坝，坝高 285m。在

我国，20 世纪 60 年初建成高 106m 的三门峡重力坝和高 105m 的新安江宽缝重力坝。宽缝重力坝的出现克服了实体重力坝扬压力大的缺点，大大节省了混凝土用量。抽排措施的采用使得坝基扬压力进一步降低，甚至低于下游水头。70 年代建成了高 147m 的刘家峡重力坝和高 90.5m 的牛路岭空腹重力坝。80 年代又建成了高 165m 的乌江渡拱形重力坝。乌江渡拱形重力坝地处岩溶地区，利用帷幕灌浆解决坝基渗漏，其帷幕深达 260m。70 年代出现碾压混凝土（RCC）筑坝技术，它的特点是采用干硬性混凝土，用自卸汽车运料入仓，推土机平仓，振动碾碾压，通仓薄层浇筑，不设纵缝，不进行水管冷却，横缝用切缝机切割。它具有节省水泥，简化温度控制和施工工艺，缩短工期，降低造价的优点。目前世界上已建和在建的大坝 116 座，分布五大洲。日本建成高达 155m 的宫濑坝为 RCC 大坝。中国龙滩 RCC 重力坝坝高达 216m，为世界第一。碾压混凝土筑坝因其卓越的优点正成为极富生命力的筑坝方式，目前在世界上正方兴未艾，且随着材料性能，施工工艺及设计理论的不断丰富，正不断向高坝发展。

2. 拱坝

拱坝的出现比重力坝晚得多，公元 3 世纪在法国修建的坝高 12m 的鲍姆（Borm）砌石圆筒拱坝是世界上最早的一座拱坝。从现代坝工理论看，拱坝是坝轴线在平面呈曲线形的一种坝型，它可借助拱的作用将部分或大部分水平向荷载传向两岸，并可充分发挥筑坝材料的抗压强度。然而这种理论是人们在对拱坝建筑的长期经验摸索和近 100 多年的研究和发展过程中逐步形成的。古代拱坝主要集中于中东与西欧地区，坝是凭经验而建的。这个时期的拱坝大多建于很狭窄的河谷中，初步显示了拱坝坝体本身结构上的稳定性和拱的传力效果。坝高超过了当时的重力坝高度，最大坝高达 60m。这些早期的拱坝，虽然全凭经验建造，但现代拱坝的一些主要特征已有所体现。19 世纪欧洲和美国修建了一些不高的拱坝，这些近代拱坝的设计开始通过理论计算。近代设计所采用的理论是薄壁圆筒理论。将圆筒理论首先用于拱坝设计的是法国工程师 F·左拉，世界上第一座用理论指导设计的拱坝便是左拉坝。

20 世纪开始大量修造拱坝，20 世纪 40 年代著名的胡佛坝建成（高 221m）。其间拱坝设计理论得到发展，坝体设计理论与设计方法在圆筒法的基础上有了新的突破，出现了较符合实际情况的纯拱法和拱梁法，拱坝的设计理论达到了较高的水平。拱坝因此向更高、更好的双曲型的方向发展。50 年代以后，意大利、瑞士、法国等西欧国家建成了大量双典拱坝，日本、美国、前苏联等国家也相继修建。世界现有 100m 以上的拱坝约 130 余座，其中最高的是前苏联的英古里坝，高 272m。我国在 1927 年建成福建上里砌石拱坝，高 27.3m，1958 年和 1959 年分别建成高 87.5m 的响洪甸重力拱坝及坝高 78m 的流溪河双曲拱坝。此后各种拱坝如双曲薄拱坝、空腹拱坝等相继出现，各种中小型砌石拱坝的发展尤为迅速。目前中国最高的拱坝是坝高 240m 的四川二滩双曲拱坝。

拱坝建设对坝址地形、地质条件要求逐渐放宽，在宽高比大于 5 及地质条件复杂的情况下也开始修建拱坝。在不太对称的河谷，开始修建带周边缝的拱坝，以适应河谷形状，改善坝体应力。20 世纪 80 年代，我国在拱坝建设中首创碾压混凝土拱坝筑坝技术，建成普定拱坝，使其成为今后一个重要发展方向。拱坝的发展颇为迅速，坝高从 1910 年的 100m 到 1936 年的 211m，1957 年的 237m，到 1961 年发展到 262m，1974 年发展到

272m。我国正在兴建的锦屏一级拱坝高 305m，云南小湾拱坝高 296m，四川溪洛渡高 283m，拉西瓦高 250m，都已走在世界前列。

3. 土石坝

土坝、土石混合坝、堆石坝统称土石坝，是一种最古老的坝型。公元前 2200 年，巴比伦人开始在幼发拉底河修建土坝。公元前印度和埃及也修建了一些土坝以蓄水和防洪。早在春秋（公元前 770～前 476）以前中国开始沿黄河两岸筑堤。中国最早的土坝是建于安徽淮河支流上的安丰塘土坝。公元 514 年中国在淮河干流上修建过高 50m 浮山堰大土坝，这表明当时筑坝技术已有相当水平。土石坝由于易于建造，因此在早期的坝工建设中占有相当的比重，也正是这个优点，在某种意义上却妨碍了它在理论上的发展。在较长的时期内人们都不恰当地认为，土石坝只要凭经验建造就可以保证坝的安全。20 世纪 40 年代以前的土石坝设计基本上都是经验性的。由于施工机具的限制，大型碾压而成的土石坝很少，水力冲填筑坝则大为流行，建坝高度已达 50m。堆石坝起步较晚，初期堆石坝采用抛投法施工，用木面板防渗，以后又用钢、混凝土、沥青混凝土防渗。由于蓄水后堆石变形大带来一系列问题，20 世纪 40～50 年代这类高坝几乎停建。20 世纪土力学成为一门独立的学科，其理论实践和测试手段日臻完善，高功效的大型土石方施工机械的出现，加之土石坝本身具有的优点，遂使土石坝得以迅速发展。土力学理论的发展提高了土石坝的设计水平。特别是反滤层原理、压实理论等重大发现，使土石坝的安全性更有保证。同时由于施工机具的发展、土质心墙坝迅速发展，一批 150m 级的高心墙坝建成并运行良好。

20 世纪 60 年代以后，土石坝建设进入现代阶段。岩土力学、计算技术的发展，使人们对坝体工作性态的认识进一步深化。60 年代末期，重型振动碾应用于压实堆石和砂卵石，不仅使土心墙和土斜墙坝提高了质量，而且使停建了约 20 年的混凝土面板堆石坝重新获得生命力。首先是美国将 94.5m 高的新国库（New Exchequer）拱形重力坝，用碾压式堆石钢筋混凝土面板坝加高到 149m。接着澳大利亚 1968 年开始修建 110m 高的塞沙那（Cethana）混凝土面板堆石坝，用 13.5t 重型振动碾压实堆石，1971 年建成竣工后竖向变形很小，仅坝高的 0.1%，面板没有裂缝，取得很大成功，后来各国相继采用。我国在 1989 年成功修建了 95m 高的西北口面板堆石试验坝后，又相继建成了江西东津、北京十三陵抽水蓄能电站上库、浙江的成屏、天荒坪抽水蓄能电站下库、辽宁关门山天生桥一级等多座混凝土面板堆石坝。我国已建成的清江水布垭面板堆石坝，坝高达 233m，为世界上最高的面板堆石坝。土质心墙坝也得以发展，且已达到 300m 以上。土石坝朝着高坝方向发展，且比重进一步增大，20 世纪 80 年代建成的努列克心墙土石坝，坝高 310m。建设中的罗贡斜心墙土石坝，坝高 335m，为世界第一高坝。

土工膜用于土石坝的防渗也是土石坝设计的一个发展，在国外已有近 40 年的历史，坝高也由 20 世纪 60 年代的 10 余 m 发展到 80 年代的百米级高坝，如 1984 年建成的西班牙波扎捷洛斯拉莫斯坝高 134m，采用 2mm 的复合土工膜防渗，至今运行良好。20 世纪 60～70 年代，前苏联的阿特巴申坝、努列克大坝的围堰以及法国的考道尔坝等，都应用土工膜防渗。我国将土工合成材料应用于水利工程也有 30 多年的历史。80 年代，我国相继应用土工膜处理病险坝的防渗取得了很好的效果。1991 年我国在浙江鄞县修建了坝高为 36.4m 的小岭头复合土工膜防渗堆石坝。目前，我国应用复合土工膜防渗的堆石坝最高的是仁宗海堆石坝，坝高 56m，规模最大的是黄河小浪底反调节水库西霞院，应用复合土工膜除险加固的大坝为陕西省石砭峪水库，坝高 85m。总之，土工膜防渗堆石坝坝坡较陡，可节省工程量、施工也很方便、造价低、工期短、不受降雨和冬季的影响，是一种很好的、有发展前景的新坝型。同时透水土工布也广泛用于反滤层。随着对材料性能的进一步认识和建设的深入，设计理论逐步形成。

由于土石料的物理力学性质比其他材料复杂得多，在土石坝渗流、稳定以及应力变形方面还有许多待解决的问题，设计理论有待进一步完善和丰富。

4. 透水地基防渗技术

与土石坝设计理论发展相呼应的是深厚透水坝基防渗技术的革新，在深厚覆盖层上修建土石坝获得成功。早期在深厚透水坝基上建土石坝，常在坝基打钢板桩防渗（主要在美国采用）。这种措施造价十分昂贵，且单排钢板桩遇到大卵石时易出现桩尖卷刃、板桩倾斜、接头槽口撕开等问题，使得美国在 20 世纪 60 年代以后已不再采用钢板桩，而采用泥浆槽防渗技术。这种方法造价低、速度快，适宜于厚度小于 30m 的透水地基。深厚透水坝基防渗的另一种技术是水泥黏土灌浆帷幕，法国首先在 128m 高的 Serre Poncon 坝中采用，该坝透水坝基的砂卵石覆盖层深达 110m，用预埋穿孔管双塞高压灌浆法施灌，钻灌 19 排孔，帷幕厚 35m，1957 年建成。此后各国相继采用，著名的阿斯旺高坝中帷幕深达 170m。

1954 年意大利首先在 30m 高的马利亚拉哥坝的砂卵石坝基覆盖中建成 40m 深的柱列式混凝土防渗墙，随后各国相继采用。我国在密云、毛家村、碧口、十三陵等 20 多座坝基卵石层中建成混凝土防渗墙。碧口坝水头 100m，墙深 62.5m。国外有 50 座坝采用这种坝基防渗措施。加拿大马尼夸 3 级（Manic3）坝水头 105m，墙深 131m，是目前世界上最深的混凝土防渗墙。混凝土防渗墙技术，我国已进入世界先进行列，黄河小浪底工程混凝土防渗墙达 70 多 m，是国内最深的。

日本于 1973 年用高压旋喷桩加固地基，我国将其发展成高压定向喷射板墙。1980 年开始，我国首先将高压定向喷射技术应用于透水坝基防渗处理，其防渗效果好，施工速度快，造价低。与之相应的试验和设计理论逐步建立，该技术广泛用于病险坝的坝基防渗加固和新建坝的坝基防渗处理，取得了很好的效果。喷射板墙的渗透系数达 $1\times10^{-5}\sim1\times10^{-6}$cm/s，抗压强度为 6.0～20.0MPa，容许渗透比降为 80～100。定向喷射板墙的施工速度比混凝土防渗墙施工速度快 10 倍以上，一道板墙的造价为混凝土防渗墙造价的 1/4，两道板墙的造价为混凝土防渗墙造价的 1/2。

（二）泄水建筑物技术的发展

早在春秋战国时期（公元前 770 年～前 476 年）我国就有关于泄水建筑物的记载。随着实践经验的不断丰富和有关科学技术的不断发展，泄水建筑物的型式、构造以及消能防冲，防空蚀、抗振动、地基处理等措施日趋完善，规模也不断扩大。由于高坝建设的增多，大流量泄洪消能设施发展迅速，单宽流量不断加大。为解决由于高速水流引起的空蚀问题，除做好体形设计外，还发展了掺气减蚀等措施。在高山峡谷地区，为解决布置上的矛盾，厂房顶溢流、挑越式厂坝联合泄洪等形式付诸实施。

1. 水闸

中国修建水闸的历史悠久，公元前598～前591年。楚令尹孙叔敖在安徽寿县建芍坡灌区时即设5个闸门引水。早期的水闸一般规模较小，主要用于农业水利，多凭经验设计。近代钢筋混凝土水闸是在1924年英国制造水泥成功后逐渐发展起来的。以后随着建闸技术的提高和建筑材料新品种的出现，水闸建设也日益增多。我国在1950年后兴建了大量水闸，并积累了丰富的经验，水闸设计理论逐步建立和发展，建闸技术达到相当的水平。黄河上泄放冰凌的水闸单孔宽达30m，葛洲坝二江泄水闸的最大泄量达89000m^3/s。国际上修建水闸的技术也不断发展和创新，如荷兰曾采用净跨48m、高7.5m的拱形闸门挡水。1984年英国建成泰晤士河闸，利用两侧活动旋转盘支承扇形闸门启动，净跨达61m。我国上海苏州河挡潮闸，单孔跨度也将近60m。随着建闸理论和技术的完善和提高，施工方法的改进，水闸正朝轻型多样化、结构轻型化、施工预制装配化和管理运用自动化的方向发展。

2. 溢流坝和坝身泄水孔

坝身泄水技术很早就在混凝土重力坝中采用，但即使到了20世纪初期的现代混凝土重力坝，对溢流坝断面形状问题的研究开展得并不多。在近代坝中，溢流坝的顶部多为矩形和梯形。法国工程师巴青1888年曾悉心研究过多种形式的断面，但未能及时用于坝工实践。1891～1894年，美国的拉格兰奇坝将坝顶矩形或梯形的两角修圆形成"圆—直—圆"的形态。1929年，美国工程师克里盖尔首次提出按薄壁堰自由溢流水舌的下缘形状进行溢流坝面设计的思想，可以说这是溢流坝设计理论的初步建立。20世纪30年代，前苏联提出了著名的"克奥曲线"，1941年美国在试验基础上提出了现在广为人知的"WES"曲线。我国在50年代的溢流重力坝设计中广泛采用克奥断面，由于WES的流量系数较大加之有系统的实验和设计运行资料，70年代后我国开始广泛采用WES曲线。溢流重力坝是溢流坝中修建较多、运行经验丰富的坝型。巴西图库鲁伊水电站的重力坝，最大坝高86m，23个溢流孔，总泄流量104400m^3/s；我国河北省潘家口水利枢纽重力坝，坝高107.5m，设计最大泄流量56200m^3/s，部分采用宽尾墩形式的新型消能工。它们都是世界上泄量较大的高水平的溢流重力坝，具有很好的消能防冲效果。

早期的拱坝，担心下游冲刷和坝体振动，坝体内避免开孔，坝顶也不布置泄流，而另设坝外溢洪道。20世纪40年代以后通过对坝体孔洞进行应力计算和模型试验，逐步尝试在坝体内开孔和坝顶布置溢流取得成功。如萨扬舒申斯克坝在坝体内设11个宽5m、高6m的泄水孔，孔底水头75m，孔口单宽流量247$m^3/(s\cdot m)$。1974年莫桑比克建成的卡布拉巴萨双曲拱坝坝身设8个6m×7.8m的中孔，孔底以上水头96m，单孔泄量1630m^3/s，是世界上最高水平的坝身泄水孔。贵州省东风拱坝的坝身泄水孔单孔尺寸6m×6.5m，泄量1256m^3/s，接近这个水平。我国的高水头大孔口弧门技术水平走在世界前列，如白山拱坝坝顶设4个宽12m、高16m的溢流孔，单宽流量142$m^3/(s\cdot m)$；坝内设3个深式泄水孔，宽6m、高7m，孔底水头70m，孔口单宽流量222$m^3/(s\cdot m)$。1950年以来，我国修建了各种类型的溢流拱坝，如溢流跌坎式、挑坎式、溢流面板滑雪道式以及高低坎对冲、窄缝、转向挑坎等消能工形式，较好地解决了拱坝消能防冲、抗振减蚀等问题，使得溢流拱坝建设在中国有了较大的发展。湖南省凤滩水电站空腹拱式溢流拱坝，设计泄洪

流量达 $32600m^3/s$，是世界上泄流量最大的溢流拱坝，采用独特的高低坎对冲消能，效果甚佳。

土石坝枢纽一般要求另设坝外溢洪道，但在小流量情况下溢流土石坝依然有其生命力。15 世纪，中国即在四川修建了高 3m 的岩头溢流堆石坝，流量达 $1000m^3/s$；1874 年湖北荆门修建了赵家闸过水灰土坝，高 8.3m。20 世纪 50 年代以后中国在实践及试验的基础上，新创了多种类型的溢流土石坝，如江西省高 20m 的瑞港溢流堆石坝，单宽流量达 $20m^3/(s \cdot m)$；辽宁省鞍子河浆砌块石护面溢流土石坝，高 7.4m。1975 年以后我国建起了几座沥青混凝土护面的过水土石坝，坝高 10～20m，单宽流量 $10 \sim 25m^3/(s \cdot m)$，流速达 $15 \sim 20m^3/s$。尽管土石坝溢流已积累了一定的经验，但仅限于低坝小流量的情况，设计理论尚不完善。随着面板坝建设技术及设计水平的提高，兴建中、高溢流面板堆石坝的研究已开展起步。随着研究的深入，相信溢流面板坝的高度、泄量等都将会有一定的突破。

3. 水工隧洞

水工隧洞历史悠久，早在公元前 120～前 111 年，中国就在陕西省龙首渠上修建了长达 10km 的输水隧洞。近代，由于灌溉、供水和水电建设的发展，采用隧洞的工程日益增多。20 世纪 60 年代以后，随着岩石力学、施工技术以及新奥地利隧洞施工法的应用和计算技术的发展，水工隧洞建筑规模不断扩大，设计理论也逐步趋向合理。30 年来，隧洞施工技术几经革新，隧洞开挖除爆破作业的矿山法外，出现了机械法，利用隧洞掘进机已能开挖直径达 12m 的隧洞。掘进机开挖隧洞不仅速度快，而且基本不破坏围岩的结构。20 世纪 60 年代，在奥地利隧洞施工采用锚杆和喷混凝土支护的实践经验的基础上总结出“新奥法（NATM）”，不仅是隧洞施工技术的重大变革，也是人们对隧洞科学在认识上的飞跃。“新奥法”改变了以往把衬砌视为结构，把围岩看成荷载那种不反映实际的观点，促进了对岩石力学的研究，也促进了隧洞设计理论的革新。

20 世纪 50 年代，水工隧洞应力分析方法主要采用解析法，通常用弹性力学方法求解，如轴对称问题（围岩为均质无限体，圆形断面，均匀内压），都用弹性力学方法；其他则用文克尔地基梁方法。实际隧洞围岩并非均质，软弱结构面（如断层）对应力场干扰很大，上述方法计算带来较大差误。此外，岩体初始应力对隧洞工作状态有显著影响，地下水在围岩中渗流形成渗流场力是水荷载作用于隧洞的主要形态。这些都难以用解析法进行分析。隧洞施工方法和技术、地勘技术、岩石力学、计算机和计算方法的发展全面地促进隧洞科学的发展，隧洞应力分析方法的发展尤为迅速。现在可以按照围岩实际条件（非均质、非线性）和荷载的实际分布（初始应力，渗流场力）用数值方法对隧洞应力场进行分析。对于水工隧洞而言，当前正处在由主要按经验设计向主要按分析设计的过渡之中。

水工隧洞另一个重要问题——水力设计问题也取得了重大进展，特别是对高速水流水工隧洞空蚀研究及其防止有所突破，用掺气槽防止空蚀在水工隧洞得到成功的应用。

随着高坝建设的发展，作为水利枢纽中的泄洪隧洞，一般流速大、流量高，其主要水流问题是由高速水流而带来的掺气、空蚀、振动以及出口流速高，能量集中等问题，对这些问题国内已积累了一些经验，但泄水建筑物设计理论的完善仍然有许多问题有待解决。隧洞属于地下结构，围岩稳定性及衬砌支护结构应力状态的影响因素较为复杂，现行荷载计算和设计理论还存在某些不尽符合实际的假定。对深埋隧洞，在高地应力、高内外水压力作用下的设计问题目前尚无成熟的办法，许多问题还有待深入研究。

(三) 水电站建筑物设计理论的发展

近年来，随着水电工程实践经验的积累，施工技术的提高，科研成果的应用和计算手段的改进，水电站建筑物的设计理论和方法也有了进一步的发展。

1. 新型调压室的应用

(1) 差动式调压室。在20世纪50年代和60年代，我国修建了一些“典型”的（即升管与隧洞相连、大井套在其外的）差动式调压室。这种型式在当时比较新颖，认为它吸取了溢流式和阻抗式调压室的优点，因而能节省工程量并提供更佳的调节质量。但这种调压室结构复杂、施工困难。乌溪江水电站的差动式调压室的大井通过阻力洞与引水道相连，小井（升管）置于大井之外，两井的顶部用溢流槽沟通，其外形与典型的差动式调压室相差甚远，但工作原理相同。它巧妙地利用了地形，简化了结构，又便于施工。鲁布革水电站的差动式调压室采用一个带上室的大井，它通过阻力孔与引水道相连，而分置于两根压力管道首部的两个闸门井兼作升管。这种差动式调压室进一步吸取了双室式调压室的优点，并增加了调压室与引水道的连接点，改善了对水击波的反射条件，还做到了一物多用。这种布置形式在天生桥（二级）、太平驿等水电站中得到应用。综合了多种调压室优点的形式各异的调压室方案层出不穷。

(2) 气垫式调压室。至今为止世界各国绝大多数水电站的调压室都是开敞式建筑，即调压室顶部和大气相通，调压室内水位波动时，作用在水面上的压力一直是大气压。但数十年前就有人设想和研究过封闭式的调压室：这种调压室顶部是封闭的，和大气隔绝。其目的在于利用封闭腔中的气压的变化来抑制水位波动，减小涌浪幅度，加速波动的衰减，缩小调压室容积。因为它可置于地下，给引水道和调压室的布置也带来更大的灵活性。这种调压室顶部有一个空气腔，所以称为气垫式调压室或压气式调压室。地下气垫调压室对围岩要求较高，气体渗漏损失较难控制，因此尚未得到广泛的采用。挪威、日本等国在这一领域走得较早，尤其挪威已成功地建成一批气垫式调压室。我国第一座（地上）气垫式调压室已在青海大干沟水电站投入使用。随着抽水蓄能电站及地下厂房的增多，气垫式调压室的应用前景看好。

2. 有压引水系统非恒定流分析

(1) 水力过渡过程计算的数学模型。特征线法是复杂管网系统水力过渡过程计算的常用方法。但常规的特征（相容）方程是针对每一个特征网格管段建立的，引水道长时，计算工作量较大；若将其扩展到跨管段情况，则其摩阻项的一阶精度积分可能导致计算结果的精度降低，为此可对摩阻项进行二阶精度积分，得出如下跨管段特征相容方程。

$$C^{+}:\ H_B(t) = C_p - B_p Q_B(t) \tag{1-38}$$

$$C^{-}:\ H_A(t) = C_M + B_M Q_A(t) \tag{1-39}$$

其中

$$C_p = H_A(t-k\Delta t) + BQ_A(t-k\Delta t)$$

$$B_p = B + R\left|Q_A(t-k\Delta t)\right|$$

$$C_M = H_B(t-k\Delta t) - BQ_B(t-k\Delta t)$$

$$B_M = B + R\left|Q_B(t-k\Delta t)\right|$$

式中：$H_A(t)$，$H_B(t)$ 和 $Q_A(t)$，$Q_B(t)$ 分别为单特性管道首末 A，B 两节点在 t 时刻的瞬态水头和瞬态流量；t 为时间变量；Δt 为计算时间步长；B 为特征常数，$B=a/gA$；R 为摩阻水头损失系数，$R=\dfrac{fL}{2gDA^2}$；a 为水击波速，L、A、D 分别为管道的长度、面积和内径；g 为重力加速度；f 为达西摩阻系数；k 为特征线网格管段数，$k=L/\Delta L$；ΔL 为特征线网格管段长度，$\Delta L=a\Delta t$（库朗稳定条件）。

利用式（1－38）和式（1－39）进行过渡过程计算的优点是：

1）它可以应用于跨特征线网格管段计算，即不需计算管道的内部网格节点，而只求解管道边界节点的瞬态参数，从而节省计算工作量。

2）采用满足库朗条件的计算时间步长 Δt，可保证计算的稳定性，由于 Δt 一般很小，还可较真实地模拟边界条件，得出详细的过渡过程计算结果。

3）对摩阻项采用了二阶近似处理，减小了计算误差，提高成果精度，满足实际工程需要。

（2）水击、调压室波动联合分析。在具有调压室的水电站中，机组引用流量变化或其他扰动都会在有压引水系统中产生非恒定流。通常把其中传播迅速、变化剧烈的压力波动称为水击，而把伴随着水体运动而产生的调压室水位变化现象称为调压室波动。这两种波动各有特点，而又有机地联系在一起。水电站有压引水系统非恒定流分析往往归结为水击和调压室波动的分析研究。惯常的手算法或图解法都是对水击和调压室波动分别进行计算，然后按他们的特点适当加以组合来综合分析。这些方法割裂了两种波动现象的有机联系，引入了较多的简化假设，而且计算繁琐，精度较低，因此不能正确反映非恒定流现象的真实本质，也不能满足日益发展的实际需要。当引水系统中设置有反应灵敏的调压室（如水位升降迅速的差动式调压室、底部压力变化较快的阻抗式调压室）时，水击、调压室波动联合分析就显得十分必要。目前广泛采用的有压非恒定流计算机算法除了便于应用较严密的计算理论，减少简化假设，计算速度快，成果精度高等优点外，更重要地还在于它不仅可以实现水击、调压室波动的联合分析，而且还可以较为精确地模拟水力机组和其他水力元件的特性，把非恒定流问题与机组的过渡过程乃至电力系统的影响联合起来分析研究，从而较为全面和深刻地揭示了水电站引水系统非恒定流的内在规律和外部联系。

3. 钢筋混凝土地下埋管和岔管

以往，地下埋管和岔管常以钢板内衬。当埋置深、水头高、直径大时，必须采用很厚的高强度钢板，其加工制作、运输安装困难，造价高，抗外压稳定问题还难以解决。近年来，只要地质条件允许，常代之以钢筋混凝土地下埋管和岔管。这种应用主要来自设计观念和方法的转变：以往的设计中，衬砌被当作主要的受力结构，承受内水压力时围岩才分担部分荷载，有时候还须计及来自围岩的山岩压力；现代设计理论则将围岩也当作（甚至于当作主要的）受力结构，一旦衬砌裂穿，内水压力则由围岩承受，只要内水压力引起的应力不超过围岩的地应力（即叠加后无拉应力），结构就是安全的。当埋置较深时，承受外水压力常是钢筋混凝土地下埋管或岔管的控制工况，采用加设锚筋、固结灌浆等方法，可以使一定厚度的岩石圈与衬砌一起承受外压。研究表明，在内水压力作用下，衬砌混凝土将裂穿，但钢筋应力不高（不超过数十兆帕）；衬砌主要起平整洞壁的作用，而钢筋的主要作用是限制混凝土衬砌出现宽度较大的集中性裂缝。广州抽水蓄能电站和浙江省天荒坪抽水蓄能电站都采用了钢筋混凝土岔管。在浙江省天荒坪和辽宁省蒲石河抽水蓄能电站的设计中曾比较过常规的（以锥管分岔）钢筋混凝土岔管及隔壁式新型钢筋混凝土岔管的方案。

地下钢筋混凝土岔管的结构分析常采用三维非线性有限元法。

4. *水电站厂房*

我国水电站建设中，厂房型式日趋多样化，除一般的坝后式和引水式地面厂房以外，有大型的低水头河床式厂房、高水头的冲击式厂房、大跨度地下厂房、墩内式厂房、坝内式厂房和大型溢流式（挑越式）厂房等。主厂房的结构规模越来越大，其高度达 80m 以上，跨度达 30m 以上。地下厂房的开挖跨度已超过 25m，并成功地采用了喷锚支护的结构型式。厂房下部结构中，成功地采用了静水头在 30m 以上的圆断面钢筋混凝土蜗壳和水头在 65m 以上的梯形断面钢筋混凝土蜗壳。

随着地下工程设计理论和施工技术的发展、抽水蓄能电站的建设，地下厂房的应用越来越多。在陡峻的峡谷地形条件下和岩石坚固完整的地质条件下修建水电站厂房，地下厂房常作为首选方案。由于布置、设备和调控技术的改进，地下厂房的工程造价在不断降低，施工工期也在不断缩短。地下厂房的应用还为输水系统的选线、布置提供了更多的灵活性。据第二次世界大战后不完全统计，世界上已建成和正在建造的地下水电站厂房就有 300 余座，其中最大的电站装机容量已超过 500 万 kW（加拿大的 La Grande 水电站为 533 万 kW）。我国建成的容量大于 1 万 kW 的地下水电站已有 30 余座，其中装机容量达 928 万 kW 的龙羊峡地下水电站也已建成投入运行。在抽水蓄能电站中，高水头蓄能机组因水泵工况的需要，机组的安装高程常比下水库最低水位低得多（可达 20～25m），如采用地面厂房，厂房很高，承受的外水压力和土（山岩）压力很大，强度、稳定要求难以满足，工程量过大，所以高水头蓄能电站往往采用地下厂房。

5. GIS (Gas Insulating Switch) *户内开关站*

近年来，国内外开发了一种封闭式六氟化硫（SF_6）组合电器，可以大大缩小开关站的面积和高度，很适用于地形受限制的水电站，使开关站的布置形式有了根本性的变化。我国生产的 220kV 的 SF_6 全封闭组合电器的相间距离仅为 1.05m，不同隔位的相间距为 1.30m，每个隔位总宽为 3.40m。与通常设计采用的 220kV 开关站实例相比，采用 SF_6 封闭组合电器，开关站面积仅为户外双母线低型布置的 5%，高型布置的 12%，而且电压越高，节省的占地面积越多。但是，SF_6 封闭组合电器的清洁度要求较高，不能布置在户外；就是布置在户内，门窗也不宜多开，要求防尘。对于深山峡谷大型水电站，特别是厂房布置在地下的水电站，建造 GIS 户内开关站不失为一个较理想的选择方案。

第二章　水工毕业设计方法

第一节　毕业设计的目的、作用和要求

一、毕业设计的目的和作用

毕业设计是工科大学生在校期间最后一个全面性、总结性、重要的实践性教学环节。它既是学生运用所学知识和技能，解决某一工程具体问题的一项尝试，又是学生走向工作岗位前的一次“实战演习”，其主要目的和作用可以概括如下：

（1）巩固、联系、充实、加深、扩大所学基本理论和专业知识，并使之系统化。

（2）培养学生综合运用所学知识解决实际问题的能力和创新精神，提倡独创精神与科学态度相结合，鼓励大胆提出新的设计方案和技术措施。

（3）培养学生初步掌握工程设计工作的流程和方法，在设计、计算、绘图、编写设计说明等方面得到较全面的锻炼和提高，特别是在使用计算机提高设计效率和质量方面的训练。

（4）培养学生形成正确的设计思想，树立严肃认真，实事求是和刻苦钻研的工作作风。

二、毕业设计的总体原则和要求

本科生毕业设计除了不要编制设计任务书之外（编制设计任务书一般由指导教师承担），其他均需按正规的设计工作的固定程序进行。要进行设计构思、方案的论证、计算分析、绘制工程图、编制毕业设计说明书和计算书，这是一项艰苦的、创造性的理论联系实际的劳动过程。在这个过程中，各个阶段与各个环节都有着自己的特点和要求，但毕业设计作为一项系统的工程来说，有其总体的原则和要求。

（一）科学性原则

毕业设计无论是“真题真做”还是“假题真做”，都必须像正规的工程设计那样，是一种有明确目标的教学活动和社会活动。其目的是为了满足当前社会发展和人类生活的需要，这是进行毕业设计必须坚持的工作方向。每个设计人员（学生），当他接受学校（含社会）下达的设计任务书的时候，首先必须弄明该设计课题在社会发展和人类生活需求中所起到的作用以及应达到的水平和标准，这是进行毕业设计工作的前提和基础。毕业设计的科学性原则体现在两个方面：一方面毕业设计要受自然科学基础理论的制约。自然科学的基础理论是自然界客观事物发展基本规律的总结，反映了一定阶段的科学发展的水平，它不仅为毕业设计乃至一切科学研究提供了理论依据和指导，而且对于违背自然界客观规律的技术设想予以限制和约束。自然科学基础理论是

进行毕业设计的理论基础。另一方面要求毕业设计自始至终坚持实事求是，一切从事实出发，设计方案要以充足的事实为依据。

（二）可行性原则

毕业设计同其他工程设计一样，设计者一开始就必须想到如何使自己的劳动变成可行的设计方案，而绝不能让它变成一堆废纸，白费力气。同时从客观实际出发，任何设计方案都要受到社会生产力水平的制约，需要社会为其提供合适的材料、必要的施工设备和技术能力。如果超出了社会生产力的水平，单纯追求技术指标，即使再好的设计方案，也无法变成现实，而只能束之高阁。要将设计方案变成现实，还要求其设计方案符合政治、社会环境和有关法律的要求，以取得设计合法存在的权利。因此，毕业设计要遵循可行性原则，在设计过程中考虑社会生产力水平、政治环境和有关法律规定等客观因素，努力使设计方案成为可行。

（三）实用性原则

实用性原则贯彻在毕业设计中，主要体现在设计方案的最优化和给社会创造经济收益。这就要求设计者要千方百计地寻找最佳设计方案。同一个工程往往存在多种实施方法，可以提出多种设计方案，这是设计工作一个突出的特点。这个特点要求每个设计人员必须全面考虑，要尽可能多地提出各种方案，在对多种设计方案进行比较后提出最佳方案，要尽力寻找最优化方案。方案要遵循经济规律，因为人类社会的需求是适应一定的经济规律的，为人类社会的需要而进行的设计方案，只有为人类社会产生一定的效益，才能得到社会的承认，才是可行的方案。如果某个设计方案带来的收益远远小于它自身的耗费，那么这个设计方案必然遭到淘汰。只有属于最优化的，能给人类社会带来效益的设计方案，才是社会所需要的，也才是可行的方案。

要做好毕业设计，除了要遵循上述原则外，还要求做到以下几点：

（1）内容庄重、严谨、科学。毕业设计同其他工程设计、产品设计一样，方案、图纸及其解释与说明的书面资料，都是一种技术性文件。技术性文件要求内容庄重、严谨、科学，必须确切地表达出事物的本质特征，以及这一事物与其他事物的区别性。不可存在任何差错，因为设计上的任何差错都会造成不应有的经济损失，严重的还可能造成人身事故，设计是负有法律责任的。这就要求绘图准确、清晰，叙述客观、有分寸，避免绝对化。在分析别人的方案时不能武断地否定，在介绍自己的构思时要留有余地。

（2）语言精确、简洁、清晰、平实。毕业设计中自然语言符号系统和人工语言符号系统（技术性术语图表、公式等假定性符号）结合使用，以便更精确地表达所反映的事物及其规律。既要阐明事物定性的确切性，还要表达出事物数量上的差异性。这是由设计本身必备的科学性这一本质特征及其阅读对象是有关专家和技术人员等因素所决定的。切忌形容、夸张和含糊其辞。

（3）处理好详略关系。设计说明书在处理详写与略写的关系上与其他文体截然不同。对设计所依据的原理可以略写，在理论方面也不必发挥，而对于设计所涉及的技术方面的问题，如方案的选择与论证，却要详细地写清楚。对于各分部构件的计算要极为重视，就连一个小孔的尺寸和位置等一些细枝末节也不可忽视。

第二节 毕业设计的选题、准备和实施

一、毕业设计的基本内容

四年制工科大学毕业设计的时间大概为12～14周左右，毕业设计因学科类别、指导教师不同，要求学生在毕业设计中所完成的内容也是不相同的。对水利水电工程专业的大学生而言，要想在短短的12周左右的时间内完成水利水电枢纽工程各阶段的组成建筑物的规划、设计工作是不可能的，只能通过对某一设计阶段的某些建筑物作重点设计，并通过其他手段和措施使学生注意和掌握工程设计的全过程。以河海大学为例，毕业设计通常分为以水利水电规划、坝工和水电站建筑物为重点进行枢纽布置和设计，其深度和广度要求相当于（预）可行性研究阶段的工作要求。但为适应教学需要，又不能完全按这个工作阶段深度要求学生。一般而言，毕业设计的内容主要包括：

（1）根据设计任务和要求，收集、查阅有关规范、规程和文献资料，了解有关技术政策。在此基础上运用各种知识和技能进行综合、分析、比较、构思设计方案。

（2）拟定设计方案，并通过计算、分析等各种分析手段进行论证。

（3）绘制有关图纸和编制设计说明书。

二、毕业设计的选题和进行方式

正规的工程设计工作首先要选择课题，编制任务书，这是设计的起步。这步工作的好坏直接影响着整个设计工作的进度及其质量的高低。毕业设计选题应遵循的基本原则是：

（1）符合专业的培养目标，有利于学生的综合训练和各种能力的培养，紧跟时代科技发展，关键是创新能力的培养。

（2）选题多样化，尽可能与生产、科研任务相结合。

（3）从学生的实际情况出发，但要满足教学基本要求，且应有一定的难度和深度。

（4）对不同情况的学生安排不同题目或同类题目中有不同内容，允许学生根据自己的兴趣、特长和能力选报毕业设计题目。回顾几十年来的教学工作，选题类型主要有“真题假做”、“真题真做”、“假题真做”。

1. 真题假做

通过毕业实习和毕业设计这两个实践性的环节来对学生进行工程师基本技能的训练。用大约一个学期的时间，让学生独立地进行一个水利枢纽的工程设计。由于实际工程比较复杂，任务比较繁重，要学生一个人在这样短的时间内来完成是不可能的。因此只能按教学目的，抽出各阶段设计工作中典型的部分内容，有重点地进行一种模拟式的工程设计。通过这样的设计，对学生进行独立工作能力的培养，为他们提供了理论联系实际的机会，使学生实现由学习走向工作的过渡。这种方式较好地达到了预期的教学目的，培养了大批高质量的毕业生。其缺点是易于脱离实际，设计不踏实，责任心相对差。

2. 真题真做

为了改变联系实际方面的某些不足，教师和学生走出校门，结合生产搞毕业设计，参加一些实际工程项目的设计工作。这对水利建设有直接贡献，同时在生产第一线上经受了实战的锻炼，对学生树立正确的设计观点和培养严格的工作方法和工作作风有所帮助，理论进一步联系了实际，推动了技术的进步。从这个意义上说，结合生产进行毕业设计是有积极意义的。但是从另一方面看，搞生产设计亦存在不少矛盾和困难。例如，由于生产问题比较复杂、耗时多、周期长、重复工作量大，而学生毕业设计时间又是有限的，因而往往会形成由于生产问题的拖延而造成教学上难以安排和进度失控的被动局面；由于教师既要完成毕业设计的教学任务，又要完成设计的生产任务，承担双重责任，工作十分艰辛；有时教师因忙于完成生产任务而对学生在教学上的培养照顾不到，放松了教学要求，而学生有时亦为完成自己所承担的某项生产任务而顾不到自己的学习。如在某水闸设计中，为了平衡水闸的沉陷与稳定，几个学生耗费了几个月时间，进行了多次返工，重复劳动，造成学生知识面太窄，学习与收获都受到影响。有时还会因具体工作安排困难，出现教师和部分学生忙得不可开交，而大多数同学却闲得无事可做，出现窝工现象。再有，当学生毕业离校后，还会留下大量设计收尾工作，有待教师去继续完成，仍需耗费巨大的劳动，牵制了不少力量。

将学生的毕业设计与设计院的生产任务相结合，学生直接去设计院结合真实课题进行毕业设计也是一种非常好的方式。这种方式的毕业设计须得到设计院的业务指导和生活支持，由学校教师与设计院工程师联合指导，共同制定设计计划，既能为生产服务，又能满足教学要求。这类选题把毕业设计与生产实际相结合，学生能直接为水利水电建设贡献力量，有利于培养学生的设计思想和政策观点，有利于培养学生运用所学理论和技能解决实际问题的能力和创新能力。由于能直接接触到实际工程中的新课题和新技术，更有利于培养学生的独立工作能力和自学能力。这类选题“真刀真枪”，还有利于培养学生的工作责任感和严谨的工作作风。但毕业设计与生产任务相结合存在着某些学生只限于局部训练、设计进度较难控制以及教师收尾工作量较大的问题。因此，结合生产任务进行毕业设计，要注意选题的分量适当，要考虑教学与生产任务的关系，特别要注重在完成生产任务过程中学生能力的培养。

3. 假题真做

采用过去的实际工程资料，把生产设计通过总结和简化后，更有针对性地把实际工程中的典型问题交给学生去做，由于教师已有一番亲身实践，做到了心中有数，能以自己的亲身感受去指导学生。要求学生用历史的观点去看待和评价过去的设计，同时要用现代和发展的眼光，用现代设计理论和建设水平去做设计方案。这样做毕业设计，生产性强，谈问题深透，教学意图明确，可以收到较好的教学效果。

综合以上这些问题，考虑到毕业设计的目的和要求，一般情况下，毕业设计在校内进行为宜。当然，尽可能结合生产做一些毕业设计，如为生产做一些设计比较方案和部件设计，供生产单位应用，亦可以为生产建设作出一些贡献。以某枢纽工程设计为例，教师在毕业设计之前做一定的基础工作，此后安排了学生参加设计。在时间上，分两阶段来进行，先用5周时间，让每个学生进行原始资料分析、枢纽布置方案比较，闸（坝）型选择、拟定主要尺寸，进行水力计算、稳定和强度的计算。这样可以把教师一年多来摸索和深入钻研过的问题交给学生去思考补充。另外再用3周时间安排每个学生完成某项分部设计。实践表明：这种做法学生颇有收获，在进行过程中学生提出了新的看法和方案，在分头完成具体的生产任务中，学生是独立工作、深入钻研，较好地提出了设计的初步成果，促进了生产任务的完成，同时又更好地锻炼了学生的独立工作能力。

水利水电工程专业毕业设计典型的选题组合包括：

(1) 水利水电规划（水能、水资源规划）。

(2) 坝工（重力坝＋坝内压力钢管）。

(3) 坝工（拱坝＋坝内、坝外溢洪道）。

(4) 坝工（土石坝＋坝外溢洪道）。

(5) 坝工（新材料坝）。

(6) 水电站（引水系统为主）。

(7) 水电站（厂房为主）。

(8) 抽水蓄能电站（输水系统布置设计）。

(9) 水利（灌区规划＋渠系建筑物）。

(10) 水利（泵站为主）。

三、毕业设计的准备

1. 下达任务书

课题选定以后，则以《设计任务书》的形式落实到人。设计者接受了《设计任务书》后就标志该课题的“业主及承包商”都已同意。《设计任务书》是设计工作的依据，在一定情况下还可产生法律效力。学生毕业设计也要下达《设计任务书》，毕业设计任务书是向学生下达任务的文件，一般由指导设计的专业教研室制订，经教研室（系）主任审批后发给学生人手一份，其内容一般包括：①系、专业名称、学生姓名；②毕业设计的题目；③毕业设计的目的要求；④毕业设计的主要内容，包括研究专题及技术要求；⑤设计的原始数据与资料；⑥说明书应该论述的内容，应该完成图纸的名称，规格及数量；⑦指导教师姓名；⑧主要参考资料。

2. 拟定进度计划

在毕业设计开始前，由指导教师指导学生拟定详细的毕业设计进度计划，毕业设计进度计划表内容包括：起讫日期、周次；各设计阶段的详细项目、工作内容要求及占工作量的百分比等。

3. 了解设计意图

接到《设计任务书》之后要认真阅读教师编写的设计任务书和设计指导书，迅速了解整个设计的目的、意图，设计的依据，设计的标准，设计的内容和基本要求，同时要认真学习党和国家的建设方针及有关技术政策。因为一个好的设计，除技术先进外，还要经济合理，符合国家规定的建设方针和技术政策，即要综合考虑技术和经济两个方面的因素，要在这个思想指导下进行设计的资料准备、构思等各阶段的工作。毕业设计课题的资料准备主要通过查阅文献资料和参加生产实习两条渠道进行。一方面在进入专业课学习时，就要根据自己兴趣、爱好、特长以及客观条件，考虑自己毕业设计的选题方向，有目的、有计划地查阅与选题方向有关的文献资料，进行一般目标上的资料收集；另一方面在参加生产实习的过程中搜集资料，这也是为毕业设计课题搜集资料的最重要的途径。

工科人才培养方案中，均安排了生产实习等实践性教学环节。生产实习的地点，一般都是选择那些建筑物布局比较典型，技术设备比较先进，管理水平比较高，能够满足教学要求的在建工程。教师均根据实习大纲的要求制定了比较详细的实习计划和阶段的具体要求及实习指导书，有的还拟定了调查、搜集资料的提纲，编写了思考题。这是大学生深入社会、了解社会、学习生产实际知识和技能，了解生产中的新技术、新工艺、新知识和改革的新成果、存在的问题和改革的趋向，获取第一手资料的极好机会。学生应根据指导教师的安排，认真地参加实习，坚持写好实习日记，有意识地搜集涉及自己选题方向的资料，最后写出一份高水平的实习报告。工科院校学生应充分利用这种机会，认真进行调查研究，收集与课题有关的资料，直接为毕业设计做准备。每个人都可以充分利用这一收集资料的好机会，尽快了解国内外该类课题建设水平及存在的问题，阅读一些必要的技术资料。

四、毕业设计的实施

毕业设计过程是学生由学习阶段走向工作阶段的过渡，它既不同于平时的课堂教学，也不同于以巩固局部专业理论知识为主的课程设计。一方面它具有初步工程设计的性质，题目和内容所涉及的知识面较广；另一方面又是一个教学环节，必须在教师的指导下，通过设计工作的实践，达到预定的各项教学目的。除了恰当规定任务书的要求和选题，安排适当的内容，制定严密的计划外，提高毕业设计质量的关键在于充分调动和发挥学生的主观能动性，在老师的指导下，根据各阶段的特点和规律，制定相应的措施。

下面将以水利水电枢纽布置和设计为例说明毕业设计的具体内容和要求。根据时间和进度的要求不同，内容可适当取舍。

（一）毕业设计各阶段的要求

1. 了解任务书与熟悉、分析原始资料

本阶段要求学生全面了解《设计任务书》，掌握设计意图。初步熟悉工程所在河流的一般自然地理条件、枢纽水文气象特征、枢纽任务；坝址及库区的地形、地质条件、当地建筑材料；对外交通以及经济概况等资料。通过对这些资料的分析，对本工程设计和基本特征初步形成全面的概念。初步掌握自然条件、经济指标等对设计和施工有较大影响的主要因素和关键性问题，为以后各阶段设计工作打下基础。

2. 枢纽等别和建筑物的级别

本阶段要求学生根据拟设计枢纽的工程规模以及在国民经济有关部门的重要性进行分等分级，建立安全与经济有机的统一的概念。

3. 洪水调节计算

本阶段设计要求在给定正常高水位（或汛前限制水位）的条件下，按拟定的调洪方式，用图解法或试算法确定防洪库容、设计（校核）洪水位与相应的下泄流量，为决定大坝高度和下游消能防冲措施提供设计依据。调洪演算必然要涉及泄洪建筑物和过水能力问题，因此必须注意与后续阶段中有关设计工作的配合，有时甚至需要交叉进行设计。一般可先拟定几组泄洪建筑物的孔口尺寸，进行调洪计算得出几组相应的上游洪水位和下泄流量，在满足防洪要求的前提下，经分析比较选定合理的设计方案。

4. 主要建筑物形式选择与水利枢纽布置

本阶段是河川水利枢纽设计中一项极为重要而又复杂的工作，对选定的坝址、坝型和枢纽布置方案作技术可行性和经济合理性的论证，一经决定，即基本上确定了水利枢纽的技术经济特性。毕业设计中，这一阶段工作，着重在培养学生树立正确的设计思想和锻炼综合运用所学知识解决实际问题的能力，以及初步掌握水工设计中一项重要的工作方法——技术经济比较法。

本阶段设计的主要工作是：

（1）确定坝址、坝轴线，决定枢纽组成建筑物的形式。

（2）通过对几种可能方案的定性分析，选定两个比选方案。

（3）进行比较方案的水工布置和粗略的施工设计，以确定各方案的主要技术经济指标。

（4）对各方案进行技术综合比较，选定最后方案。

技术经济指标项目，除了技术条件以外，一般应包括：主要工程项目的工程量、土建投资、主要建筑物材料用量以及施工导流问题的合理解决等。在这一阶段中，水工设计的要求是正确地拟定两个比选方案中主要建筑物的基本形式，结构布置与轮廓尺寸，不必对建筑物进行具体设计，一般可参考已有工程或有关经验数据，择其条件相近者斟酌决定。必要时略加复核即可；对工程量，材料及投资等项目的计算，允许用粗略的方法估算。对施工设计一般只需考虑导流方案，概略地说明施工程序，从施工角度论证方案的现实性和合理性。

建筑物形式选择与水利枢纽布置要涉及很多因素，必须十分重视原始资料，一切决定都须以地形、地质、水文等条件为依据。注意克服主观片面，努力做到从实际出发，有的放矢。方案比较时，基础要一致。

5. 挡水建筑物——拦河坝设计

本阶段工作为毕业设计重点深入的部分，设计工作量与时间都占很大比重，但具体要求随坝型不同而异，一般应首先决定大坝结构布置与结构，然后进行校核计算。

各坝型具体设计要求如下。

（1）重力坝、宽缝重力坝、大头坝。

1）大坝剖面尺寸拟定。定性分析选定大坝结构形式（如坝顶结构、坝段分缝、支墩型式、宽缝比等），再以不同方案的技术经济比较，选定坝的主要尺寸（如上下游坝坡、起坡点、支墩厚度及宽缝尺寸等）。对于每个方案均应确定下列技术经济指标：坝体工程量（混凝土与土石方开挖），抗滑稳定性（各方案要求应一致），坝体应力条件（最大主压应力与主拉应力数值及其分布特点），施工的难易程度，其他重要指标随枢纽自然条件、规划设计要求而定。

为了确定大坝上述指标，必须首先确定坝的有关构造，如防渗帷幕与排水设备的布置，坝与地基的连接措施，宽缝重力坝或大头坝头部止水布置等。一些具体的细部构造可以在基本断面确定后再详细拟定。

此外，在这一类坝中，一般总是考虑通过坝顶溢流，因此坝体的结构型式轮廓尺寸必须同时包括非溢流坝与溢流坝。

2）溢流坝设计。确定溢流坝孔口尺寸（可结合调洪演算进行设计）；选择闸门启闭设备的型式，进行坝顶布置；拟定溢流面形态，绘制溢流坝面曲线；通过定性分析选定消能方式，进行水力计算，确定消能结构型式与主要尺寸，并对消能效果作出估计。

3）稳定分析与强度校核。校核溢流坝与非溢流坝在设计情况与校核情况下的稳定性，对于大头坝，必要时还应验算支墩的纵向稳定性与在动荷（如横向地震力）作用下的侧向稳定性；采用简化重力法计算非溢流坝（或溢流坝）的若干水平截面上的边缘应力、内部应力（按比例绘出主应力的大小和方向）；对于宽缝重力坝或大头坝的悬臂头部局部应力采用材料力学法计算。

4）坝体细部构造及地基处理。对坝体防渗、排水设施、止水设备、坝内廊道、坝顶布置、坝段分缝、材料分区及地基处理等进行设计。

（2）拱坝的设计要求。

1）通过定性分析，选定拱坝结构布置形式，必要时也可进行粗略的方案比较。

2）通过定性分析（必要时，由指导教师根据具体情况决定是否作粗略的定量分析）选定拱冠梁与各计算高程水平拱的型式与主要尺寸（如坝的厚度、中心角、半径等）；在拟定拱冠形态和拱圈厚度时，可采用简单计算方法（如纯拱法或圆筒法）和参考有关设计经验数据、公式和图表等。

3）结合地形、地质条件与地基处理方式，对拱坝进行平面与立面的布置。必须注意，拱坝的结构形式、剖面尺寸与平面布置是相互联系的。因此在综合考虑各种因素、经过多次布置，反复修改，才能获得比较合理的设计。

4）拱坝的泄水布置和设计。通过拱坝坝身泄洪一般是安全和合理的，所以在峡谷中的拱坝，常考虑采用坝身泄洪。通过定性分析，选定拱坝坝身泄水方式；确定坝顶溢流孔口（或坝身泄水孔）尺寸，选定闸门与启闭设备的型式，进行结构布置；拟定溢流面形态（或泄水孔断面形态），绘制溢流面曲线；通过定性分析，选定消能方案，进行水力计算，确定消能建筑物结构型式及主要尺寸。

5）坝体应力校核。通过分析选定应力分析的控制情况，用拱冠梁法（对薄拱坝也可采用纯拱法）求出悬臂梁与水平拱圈在控制断面处的边缘应力。再与材料允许应力相比较，如不能满足规定要求，应重新修改结构尺寸，再进行计算直至满足设计要求为止。

6）坝头稳定分析。在进行稳定计算时，首先应根据拱座基岩的节理、裂隙以及各种软弱面产状判断可能滑动面的位置。然后先取单位高度的拱圈分层校核拱座岩石的稳定性，即进行局部稳定计算。如局部稳定不满足要求时，选择工程措施，复算稳定，仍不满足，就必须进一步分析整体的稳定性。

7）坝身结构设计。坝基处理与连接，坝段与接缝处理，廊道及排水（重力拱坝）、坝顶等形式和布置。

（3）土坝与堆石坝设计要求。

1）坝的结构型式。防渗体与排水布置、土料分区；坝基防渗处理的型式以及坝的主要尺寸（坝顶高程、坝顶宽度、上下游坝坡、防渗体尺寸）。

2）土料设计。包括对坝身不同高程的透水料与不透水料的分区规划布置以及压实标准的确定。

3）渗流分析。计算正常、校核情况下的浸润线位置；确定总渗流量与逸出坡降。必要时对渗流变形作校核，有时要绘出坝和防渗体的渗透流网图。

4）静力稳定计算。通过定性分析，选定上下游坝坡稳定的计算情况。用折线法或圆弧滑动法求出上下游坝坡，在某一危险水位情况下最小稳定安全系数 K_c 值，以论证选用坝坡的合理性。

5）坝身构造设计。包括防渗、排水反滤层设备；坝顶、护坡、马道以及坝体坝基，岸坡及其他建筑物的连接等。

6. 坝外泄水道或坝内管道设计

一般包括下列设计内容：

（1）确定结构型式与主要尺寸，进行建筑物总体布置。

（2）进行必要的水力计算（如泄流能力、水面曲线、下游消能等）和静力计算以验证建筑物的轮廓尺寸和各部分的结构尺寸是否合理。

（3）拟定细部构造，包括排水、锚筋加固、灌浆等。

7. 引水建筑物

根据开发方案和已知资料：

（1）经过定性分析选择一个比较合理的引水路线和组成建筑物。

（2）经过定性分析选择进水口的型式，定出进水口的高程和轮廓尺寸，绘出进水口的剖面图和平面图。

（3）用简单的方法决定引水道的基本尺寸，拟定两个调压室方案，进行必要的水力计算，经过定性分析选择一个较优方案；经过定性分析选择压力水管的路线和型式，用简单的方法决定压力水管的直径。绘出引水道、调压室、压力水管的平面图和剖面图。

（4）进行调节保证计算或对下列建筑物之一进行结构的计算：隧洞，调压室，压力水管，分岔管。结构计算的深度大致相当于技术设计。

8. 厂房布置设计

（1）根据已知的开发方式、装机容量、机组数量和主结线图，用简单的方法选择水轮机、发电机、主变压器等主要设备。

（2）进行厂区和厂房内部布置，决定厂房轮廓尺寸，绘出厂房的典型横剖面、发电机层平面布置图和水轮机层平面布置图。布置设计的重点是主厂房。

（3）在厂房布置设计的基础上，对厂房的整体稳定和整体强度（河床式厂房）进行复核，或对下列建筑物之一进行结构计算：机座，蜗壳，尾水管，吊车梁，厂房构架，楼板。结构计算的深度大致相当于技术设计。

9. 施工组织设计

（1）通过定性分析比较，确定导流方案及工程分期；确定导流建筑物型式，主要尺寸，并进行布置；安排封孔蓄水计划与后期导流措施；编制控制性进度。

（2）确定主体工程的施工进度，拟定施工方法，进行主体工程的施工方法设计，如大坝混凝土浇筑、土坝填筑等的施工设计，并论证其进度，修正施工总进度。

（二）毕业设计注意事项

1. 开始阶段——着重解决下手难的问题

毕业设计一开始，学生情绪一般都比较高，有搞好这一实践性教学环节的要求，这是十分可贵的积极性。但多年来学生习惯听课，习惯于在给定简单具体条件下解题，现在面对着大量的资料和繁重的任务书，感到陌生，无从下手，甚至产生急躁情绪，这是普遍而自然的现象。毕业设计工作是一个逐渐熟悉的过程，在一定意义上说，是培养学生由学习阶段到工作阶段的过渡。这正是每个学生在毕业设计中要解决的一个问题。指导教师要对学生进行具体的帮助，除了全面反复地了解设计的内容要求，特别是本阶段的要求之外，还可通过解答具体问题的过程让学生了解熟悉资料和分析思考问题的方法。应意识到，虽然这阶段不直接出成果，但却是必要的训练，其收获将在以后的工作表现出来。此外也要反复强调注意事项，设计工作特点、工作方法等，尽快明确教师指导的职责，不产生依赖思想。

2. 主要建筑物选型与枢纽布置阶段——养成综合分析和抓住重点的思想方法

影响枢纽布置和坝型选择因素错综复杂，尽管大部分所给资料比真实设计情况作了较大的简化，但仍需要求学生综合运用所学知识解决实际工程设计问题，而学生无论理论知识、生产经验，或是独立工作能力与工作方法等方面都显得不足，因此设计任务与学生的能力之间存在一定的差距。学生往往只能按照教科书中的条件，生搬硬套，罗列一通，对实际资料缺乏研究分析，不善于运用综合分析和比较的方法去选择合理的坝型和确定枢纽布置，有时还带有主观愿望来选定建筑物型式和枢纽布置，这既达不到本阶段的教学要求，又有损于正确思想方法的培养。

这一阶段中，应强调从客观资料出发，培养对具体条件作具体分析的辩证唯物主义思想方法。既要求学生通盘熟悉自己题目的资料，又要求梳理分析出若干起决定作用的资料特点，作为建筑物选型和枢纽布置的依据。一般而言，这里要特别提醒学生注意水文、地质条件、施工导流方案及工期等因素的重要性。提醒学生不宜简单地根据粗估的工程量等因素来确定坝型选择等复杂问题。在这一阶段里，也十分需要对学生进行具体帮助，使学生在教师对具体问题的解答中得到启发，悟到方法。并注重介绍一些实例和一般生产经验，以开拓思路。

3. 建筑物设计阶段——纠正只重计算，忽视工程特点的偏向

一般学生经过前两个阶段的训练，能力有所提高，且对设计的静力计算、水力计算等都比较熟悉，设计工作容易展开，这是好的一面。但是也还出现另一面的问题：设计建筑物时不会用工程观点全面分析问题，不理解或不甚理解建筑物的选型和布置取决于很多复杂的因素，而选型、布置又是建筑物能达到安全可靠、经济合理的至关重要的关键一步。学生往往偏重计算，以为校核计算便是全部工作内容，而对建筑物的总体设计、结构选型和细部构造等容易忽视，对建筑物工作情况的分析，基本数据的选择和设计假定的依据则注意不够，致使某些建筑物设计不够合理，徒然耗费许多计算精力。最后由于时间不够，无法改正而草率了事。这一阶段学生应在老师的帮助下把从只重计算，忽视工程特点的片面认识中引导出来，逐渐形成具有全面正确的工程设计观点，不去追求结构型式和计算的复杂化。设计质量的高低主要取决于能否从客观资料的实际出发，得出技术上可行、经济上合理的方案来。

重复计算是必要的，但为了节省重复计算的工作量，以便有更多时间去分析问题，应鼓励学生大力利用计算机编写简单程序进行设计、计算、绘图，以提高效率和质量。

4. 施工组织设计阶段——克服轻视施工的思想

由于毕业设计时间较短，对一部分同学来说，时间比较紧张。因此，在最后的施工组织设计阶段有的学生常挪用部分时间来完成前阶段设计中积欠的工作。同时，由于所给设计资料有限，深入也比较困难，所以有的学生对施工导流、施工方法及一些重要的施工技术问题重视不够，往往对设计的合理性论证草率。在调整教学计划之后，水工专业施工课的教学时间和课程设计内容也有所减少，学生片面认为自己的专业就是建筑物设计，而对施工设计的重要性认识不够，这是造成上述现象的主要原因。但是施工对水工设计是极为重要的，不应有轻视草率的思想。实际上从枢纽布置及坝型选择阶段开始，就应灌输重视施工的观点。

（三）毕业设计的成果要求

毕业设计成果包括工程图、说明书两部分，并附有计算书，成果整理时间累计约为3周，具体要求如下。

1. 设计图

每个学生要求至少有1号图设计图4～6张。总平面图和结构图要求达到工程初步设计深度，配筋图要求达到施工图设计的深度。图纸是工程师的语言，绘图是一项重要的基本训练，学生必须通过毕业设计，使自己的制图能力有所提高。

工程设计图是表达设计成果的主要方式。应力求做到表达正确、完整；图面布置匀称；比例选择适当；线条、字体、图中符号符合工程图规定。以CAD或铅笔手工绘制，一般采用1号图幅。

2. 设计说明书与计算书

说明书是毕业设计的一项主要成果，编写说明书也是学生一项重要的基本训练。学生应按设计任务书所给的原始资料、基本数据，阐述自己的设计方案、考虑因素、计算原则和方法、设计成果等。说明书要求章节分明、条理清楚、文句通顺、字体端正，并恰当地使用插图及表格。

计算书是说明书的附件，它应真实、详细地反映计算过程和成果。

（四）毕业设计对指导教师及学生的要求

1. 指导教师的职责和作用

（1）毕业设计指导教师应选派作风正派、有较高的学术水平和实践经验的教师担任，一般应是讲师以上（含讲师及有经验的工程师）。争取聘请有经验的生产、科研单位的技术人员参加指导。

（2）指导教师在编制毕业设计任务书、拟定培养计划时应针对学生的不同特点和程度因人施教。同一课题的学生，每人必须有独立完成的任务和要求，同时培养学生的团结协作精神。结合业务指导，做好教书育人工作。

（3）指导教师要保证有足够的时间与学生直接见面，抓好关键环节的指导，既不包办代替，也不放任自流。注意调动学生的积极性、充分发挥其主动性和创造性。

（4）指导学生做好开题报告，全面进行过程管理。根据学生的表现、完成任务的质量，填写毕业设计评语及成绩。

(5) 协助做好毕业设计文件的归档工作。

2. 学生的职责和角色

(1) 根据指导老师下达的毕业设计任务书，以严谨、勤奋、求实、创新的科学态度独立完成设计工作。

(2) 综合应用所学知识解决实际问题，结合设计工作，获取新知识，提高独立工作能力，在完成任务的同时，创造出丰硕的成果。

(3) 每位学生必须参加毕业设计各个环节训练，不得弄虚作假或抄袭他人成果。

(4) 毕业设计期间应严格遵守“学籍管理规定”中的有关条款，尤其是事假，应由教务主管部门批准，指导教师不应放松管理，任意批准学生的事假。学生无故离岗按旷课处理。

第三节　计算机在毕业设计中的应用

随着计算机和数值计算方法的发展和普及，目前绝大多数水利工程结构分析、水力计算和动能经济计算方面的问题，都可以通过建立数学模型，用计算机求解。与传统的物理模型试验或手工计算方法相比，用计算机求解数学模型来获得所需设计参数具有下列优点：

(1) 费用少。解决同样问题所需的计算机运行费用，比物理模型试验的费用少几个数量级。随着工资及材料等费用的不断上涨和计算机价格的日益下降，此优点日益突出。

(2) 速度快。设计人员可在很短的时间内研究多个可供选择的方案，然后从中选定一个最优方案，供设计使用。同样的工作若采用模型试验或手工计算，则可能花费好几倍甚至上百倍时间。

(3) 信息完整。数学模型的计算结果，可提供各有关变量在整个计算区域内的分布以及随时间变化的过程，如结构分析中的应力、应变、位移、温度和水力计算中的流速、压力、水深等。在计算求解过程中，不存在物理模型试验中一些常见问题，诸如：有的空间位置不能到达，量测设备对介质的干扰等。

(4) 模拟能力强。在数学模型中，可以很容易地模拟荷载、材料的性质及其变化，高温、高压、低压、失重等各种极端情况，不必使用任何专门设备而只要改变计算中相应的有关参数。

当然，数学模型不可能脱离物理模型独立存在。首先，任何数学模型都是建立在对某种客观现象大量的实际观测和试验研究基础上的，试验是研究新问题和新现象所不可缺少的方法；其次，求解数学模型时的一些输入初始条件或边界条件，特别是材料性能指标等物理参数，都是来自物理模型，而且，这些参数的精度决定了数值计算结果的精度。

计算机在我国水利水电系统的使用，从20世纪80年代中后期开始比较普及，发展速度非常快。到80年代末，用于拱坝、重力坝、水能规划、地面厂房和闸门设计的CAD系统已分别由该行业的一些大设计院开发出来，并得到广泛应用，大大提高了设计质量和效率。目前的水利水电设计工作，80%～90%的设计计算都是通过计算机完成的，绘图和各种设计文件的编写工作均已告别绘图板、铅笔，被计算机绘图和文字处理软件取代。省级及以上级别大设计院都建成了局域网络，实现了资源共享，大大提高了设计效率。

以有限单元法、边界元法、离散元法、流形元法等理论为基础的大型通用计算程序，如 Super Sap、ANSYS、ABAQUS、同济曙光 GeoFBA、2D（3D）－σ、FLAC 等在水利水电工程的大坝、厂房、输水系统、地下工程的结构计算分析中得到了广泛应用。水利水电工程中的水力计算如渗流、水电站/泵站水力过渡过程、水工建筑的泄流、动能规划和水电站运行优化调度等许多问题，已基本上都可以通过计算机数值模拟方法来解决。各种图形处理软件如雨后春笋般出现，大大方便了计算机数值模拟的后处理工作，提高了效率。

根据设计任务的特点，水利水电工程毕业设计的计算机应用可大致分为数值计算、CAD 应用、文字处理与数据库等。

一、计算机解题的一般步骤和注意事项

从接受问题、分析问题开始，到通过数值计算得到最终成果一般需要经历下列几个步骤：

（1）明确要解决的问题。接受任务后要确切地理解问题的性质、任务和要求，如给定了哪些条件，需要解决什么问题，应给出哪些数据，用什么格式输出计算结果等。这一步工作看似简单，却很重要。如果提出问题和接受任务不是同一个人，则往往需要反复交流多次才能最后确定。

（2）分析问题，构造模型。分析水利水电工程中的设计对象，抓住主要问题和主要现象，经过适当简化，将所研究的问题用方程或方程组进行描述，这一过程叫建立数学模型。

（3）选择适当的解决问题的方法。有了数学模型，还要找出用计算机解决该问题的数值求解方法。计算机通过数值计算得到问题的解，因此它往往只能是近似解。各种计算方法的近似程度不同，花费的机时以及对机器硬件的要求均不相同，应根据待解决问题的要求选择合适的方法。典型数值问题的计算方法及其 BASIC 语言，FORTRAN 语言，C 语言或 VB、VC 可视化语言，MATLAB 等编写的源程序有许多工具书和教材可以参考，要注意借鉴吸收。

（4）确定数据结构。选择了好的计算方法之后，要考虑数据的组织形式，此项工作应与计算机运算的全部步骤统筹考虑。有的人往往拿到问题，不进行上述考虑，就不假思索地动手编程序，到最后才发现数据未能满足要求而一次又一次地返工，影响了工作效率，这是程序设计所忌讳的。

（5）根据已确定的算法画程序结构流程图。一般说来，只要算法和流程图是正确的，编写的程序就不会出现大的逻辑错误。

（6）根据流程图编写程序。这一步又称为编程，它将结构流程图中的各种基本结构用具体的高级语言如 FORTRAN、C 语言或 MATLAB 等按其语法规则进行表述。能用于编辑源程序的软件很多，以 FORTRAN 语言为例，直接用于 Windows 环境，集编辑、编译与运行于一体的高级语言程序系统，就有数字设备公司（Digital Equipment Corporation）的 Digital Visual Fortran 6.0，及其后续产品 Compaq Visual Fortran（CVF）6.6

和 Intel Visual Fortran（IVF）9.0。它们在动态链接库及多线程应用程序的开发，以及对话框和控件、自动化服务器和 ActiveX 控件的使用方面，因其快捷便利、可动态调试，应用非常普及，一扫过去在 DOS 环境下运行 Q，List，Edit，PE，PE2 等编辑器编辑源程序，然后再转换系统进行编译、连接和运行等繁琐操作，极大地方便了用户。

（7）程序调试。一个程序，尤其是一个复杂的程序往往不是一次就能编写成功的，需要经过多次修改、试算检验，才逐步达到完善。试算使用的"试验数据"应按照简单、容易验证结果的正确性等原则来设计。如果程序有错，应检查出错的原因所在，修改程序并重新编译运行，直到得出正确结果。

（8）进行计算。将正式数据送入通过调试验证的程序进行运算，得到所需结果。

（9）整理资料，编写报告。计算结果后处理的工作量往往是非常大的，要注意收集各种图形及表格处理程序，以提高工作效率。

一个有使用价值的程序往往不只使用一次，它可以多次使用或提供给其他人使用，也可以在它的基础上进一步完善，使之更加便捷，功能更强大，要实现这一点，需要遵循下列原则：

（1）编写程序说明书。它包括题目、任务要求、设备配置、原始数据、计算方法、算法流程图、程序清单、运行结果文件、操作说明及算例。说明书将给编程者自己日后进一步扩充程序的功能以及帮助他人正确理解使用该程序带来许多方便。当然，对一些小程序可以不必这样求全。

（2）注意程序的可读性，并尽量使程序便于维护、更新。在程序开始处对它进行简短说明，用英语做此工作有困难者，使用数字设备公司（Digital Equipment Corporation）的 Digital Visual Fortran 6.0 或其后续产品 Compaq Visual Fortran（CVF）6.6 和 Intel Visual Fortran（IVF）9.0 则比较方便，该软件与 FORTRAN 77 和 FORTRAN 90 均兼容，可以在 Windows95 或其以上版本环境运行，能很方便地调用汉字。

在程序中适当的位置用空格、空行或注释行分开，循环块结构、条件块结构最好按缩进结构书写，少用 GO TO 语句，使程序条理分明，便于阅读。由于计算机的内存、硬盘容量及运算速度现在已达到很高水平，硬件的价格迅速下降，而且，这种趋势还将继续快速发展，一般情况下，多考虑一些程序的可读性而适当牺牲一些内存容量及运算速度，是非常可取的。为了节约一点储存空间或提高运算速度而采用使程序晦涩难懂的小技巧，使程序流程转来转去，牺牲了可读性，已不是可取的做法。

FORTRAN 77 中已提出了"块"的概念，FORTRAN 90 及其更新的版本则更强调块结构，进而把块看成一个单元。每个块只有一个入口和一个出口，其入口与上一个结构块的出口衔接，出口与下一个结构块的入口衔接，使整个程序形成链状结构。从结构化程序设计的角度讲，任何复杂的程序都可以分解为顺序结构（按先后顺序执行）、判断选择结构（根据给定的条件是否满足而决定程序下一步要执行的内容）、循环结构（按一定条件重复执行一定的操作）3 种基本结构，以及由它们派生的其他形式结构。按结构化程序设计思想编写的源程序，具有结构合理，容易保证和验证程序的正确性，易于理解，调试修改方便等优点。

一个计算程序需要在机器上反复调试和执行后才能取得满意的结果，调试和执行中应注意以下问题：

（1）养成随时保存程序和分析计算结果正确性的良好习惯。在编辑程序时定期将修改后的程序存入硬盘，以防止断电或误操作造成死机而丢失修改内容。调试过程中，最好在计算机硬盘上建立一个自己的子区，而不要在移动硬盘或U盘上调试修改。同样的存、取操作在移动硬盘或U盘上所花费的时间比硬盘长，程序越大这一点越明显，而且每次存、取信息，移动硬盘或U盘都有操作，缩短了使用寿命。正确的做法是：在每次上机调试结束时，才将最新结果存入移动存储设备备份。重要的大程序，最好用质量有保障的移动存储设备，如移动硬盘、光盘多作几个备份，以防程序“丢失”，造成不必要损失。

计算机只是忠实执行一系列命令的机器，一个实用的程序，其原始数据的组织、程序中语句及结构的顺序均需准确无误。对所得结果进行分析，判断正确性也是程序设计的重要一环。

（2）多使用“文件”功能，尽量减少键盘输入及屏幕或打印机输出。将原始数据及中间结果通过“文件”放在计算机外部介质如硬盘上，使原始数据与程序用不同文件名分开存贮，既避免了每次改动原始数据后都要重新将源程序再编译一次，重新运行，或在键盘上重新用手工录入一次原始数据，又便于在以后的设计文件编制过程中，方便地引用计算成果。“文件”是非常有用的工具，它既能提高编程效率，又可减少出错的机会。

将计算结果用文件存储在硬磁盘上，还能在后处理时方便的调用它，减少打印时间，节约打印纸张，也避免了因屏幕输出而降低程序运行效率，或屏幕输出速度太快而看不清楚、来不及记录等问题。

（3）在程序执行到需要手工输入数据或字符的地方，应加入屏幕提示语句。如果程序运行的时间很长，程序中应让计算机屏幕定期给出一些提示，以便了解计算执行到哪一阶段，做到心中有数。但是，此类屏幕提示语句的数量应严格控制，否则屏幕很快就被它们“写”满，然后开始滚动显示，反而看不清提示内容，并且降低了程序执行速度。

二、数值计算

描述水利水电工程中的结构与水力问题的数学模型，只有极少数在边界条件和控制方程都很简单时才能用解析方法求解，通常都借助计算机求近似解。目前工程中常用的数值方法有：有限单元法、有限差分法或边界单元法，在设计过程中可查阅文献［25］、［26］及更新的相关资料。近年来，这些数值方法有了突飞猛进的发展，特别是有限单元法，由于其适用性强，在工程结构分析中得到了广泛的普及和应用，已出现了诸如Super Sap、Ansys、Abaqus等大型多功能通用软件。在Fluent、STAR－CD、CFX－TASCflow、Phoenics等大型多功能通用计算流体力学软件中，差分法使用得更多。求解方法有线性有限单元法和非线性有限单元法等。有关上述数值方法的文献浩如烟海，有关新方法、新技术的专著层出不穷。

一般说来，有限单元法处理边界条件比较方便，可任意布置单元及局部加密网格以适应不规则几何边界，这是它的最大优点。此法在结构分析中广为应用，有成熟的商业化专业软件。

有限差分法一般使用矩形或多面体网格，在处理形状较复杂边界时会遇到较多困难，边界条件的处理有时因为必须提出附加边界条件而变得比较费事。此法在水力分析中应用较多。涉及波的传递问题，如水力学中的非恒定流问题，常用特征线法求解。

边界单元法在处理不规则复杂边界时与有限单元法有同样优点。

（一）动能经济计算

根据天然来水、各部门用水和水库库容等资料，进行水利水能计算，确定合理的利用流量、水库存蓄水量、弃水量以及水库特征水位、水电站保证出力、水库优化调度运行方式，是水利资源开发利用中的重要研究内容。在利用时历法或数理统计方法进行动能经济计算的过程中，存在大量规律性、重复性都很强的计算步骤，当比选方案较多、水文资料的时间序列较长时，计算工作量巨大，借助计算机来完成这项工作，可大大提高工作效率，对于有复杂综合利用任务的水库，这一优点更为突出。年调节水电站水能电算程序和水库优化调度程序，可参阅文献［23］，自己动手编写。

（1）用时历法等流量调节水能。程序的任务是进行年调节水电站等流量调节水能计算。要求计算时段（如用月或者旬）、水文系列长度（年数，如 1 年或 n 年）可以变动，并可改变输入的水库、电站等基本资料，使程序具有一定的通用性。

（2）水库的优化调度。用确定性动态规划模型进行水库防洪或兴利优化调度，对不同阶段变量、不同状态变量以及任意径流系列都能进行优化等，也可用等微增率法或动态规划法求解水电站运行机组的最优组合与负荷分配。

（二）结构计算

水利水电工程中的结构分析计算包含若干专门问题，它们分别用不同的数学模型描述，如平面应力问题计算，空间应力问题计算，温度场计算和温控分析等数学模型。对大量的工程结构问题一般都可采用小变形（因而材料的应变和应力符合线性关系）假设，同时还采用材料均匀性假设。对于不能采用线性假设的若干问题，如钢材应力—应变超过比例极限后的应力—应变关系，岩石、土壤、混凝土等材料的应力—应变关系以及梁、板、薄壳等结构失稳后产生大位移时的应力—应变关系，热传导问题中材料的导热系数及内部热源随温度的变化等，虽然类型繁多，但其处理方法却大同小异，基本上是将非线性问题转化成一系列局部线性问题来求解。

（三）水力计算

水利水电工程的水力问题很多，大致可分为：明渠非恒定流计算、有压管道非恒定流计算、泄水建筑物水力学计算及渗流计算。上述问题中几乎每一类都可形成专门的研究领域，这里只作简要介绍。

1. 明渠非恒定流计算

天然河道或人工明渠中由于自然条件变化或受水工建筑物运行的影响，其水位、流速等水力要素随时间而变化，呈现非恒定性，因此，研究流速、水深、流量等随时间变化的过程，对于水利水电工程设计及运行管理都是非常重要的。河渠非恒定流的控制方程由运动方程以及连续性方程构成。控制方程结合边界条件和初始条件可用特征线有限差分或隐式差分等数值方法求解，可参阅文献［26］。

2. 有压输水系统非恒定流

水电站、抽水蓄能电站或泵站的有压输水系统，在机组正常启动、停机，正常的负荷变动以及事故引起负荷变动时，都会发生非恒定流。通过数值计算合理选择机组流量调节规律和调节时间，使输水系统中水锤压强、机组转速及平水建筑物的水位在合理的范围内变化，并根据压强变化结果决定是否设置平水建筑物及其有关参数，对工程设计及运行均有重要意义。

考虑水体弹性和管道摩阻等因素后，有压输水道的水锤可用连续性方程和动力方程来描述。该偏微分方程组在已知过渡过程初始条件及边界条件时，用特征线有限差分方法求解是十分方便的，以此为基础的水电站过渡过程数值模拟文献[27]、[35]、[36]、[38]中有详细叙述，其中附有算例和FORTRAN源程序，在处理边界条件时，有关水轮发电机组特性参数可查阅文献[30]。

泵站过渡过程的计算机模拟与水电站的过渡过程有许多相似之处，可参阅文献[37]、[38]。

抽水蓄能电站过渡过程数值模拟，可看作是泵站、水电站过渡过程的综合，具体方法可参阅文献[39]、[40]。

具有调压室的有压输水系统非恒定流的计算机模拟可分以下几种情况处理：

(1) 对细而高的调压室（如差动调压室的升管等），可将它视为一个支管，把水锤计算和调压室涌波计算用水锤方程统一起来，调压室流速即为调压室的水位变化速度。

(2) 输水系统中，设置室内水位或底部压力反应灵敏度的调压室（如差动式调压室及阻抗值较大的阻抗式调压室）时，可将调压室处理为一个集中的水力元件，将其微分方程处理为一种特殊的边界条件，应用水锤计算的特征线法进行调压室涌浪与水锤压力联合分析。

(3) 若调压室比较粗短，为了避免因计算时间步长过小而大大增加计算工作量，可忽略调压室和隧洞中水体的弹性，引水系统连续性方程和动力方程为两个常微分方程。以机组、阀门的出流方程作边界条件，从初始状态开始，可采用四阶龙格—库塔数值积分方法求解方程进行调压室涌波计算。

(4) 对极粗短的与压力管道连接处断面又较大的调压室（如无连接管的简单调压室），水锤与调压室涌波分开处理：进行压力管道水锤计算时可将调压室视为水库；而调压室涌波计算同上面的情况(3)。

3. 泄水建筑物水力计算

水利水电工程中的各种溢流坝、坝身泄水孔、溢洪道、泄洪隧洞等建筑物的水力计算因水体雷诺数高，边界不规则和有非恒定自由表面而使其控制方程及其计算机模拟过程比较复杂，可根据流动特点分别处理。对各类堰流、坝溢流可忽略水体黏性将其简化成理想流体，用势流理论导出其控制方程，通过有限单元法求其数值解。更多的情况是必须充分考虑实际存在的水体紊流特征，选用合理的紊流数学模型进行数值模拟，常用的相对来说也比较成熟的数值求解方法有差分法、有限分析法和有限单元法，可参阅文献[26]。

4. 渗流计算

闸、坝等建筑物基础的渗流场的数值计算法以有限单元法最为常用，可参阅有关文献。

三、AutoCAD在水利水电工程绘图中的应用

图纸是工程师的语言。计算机制图所特具的图形编辑、修改和存储功能及其易操作性，大大提高了工作效率和绘图质量，并使设计人员丢开图板、铅笔，从繁琐的重复性劳动中解放出来。

当前使用较为广泛的绘图软件有AutoDesk公司推出的AutoCAD和Intergraph公司推出的MicroStation等。Auto Desk公司的推出了多个版本的CAD，目前AutoCAD 2004和AutoCAD 2006的应用已非常普及，更新的版本也不断发行。在国产CAD行业，我国的浩辰公司即将推出的全新平台软件——浩辰ICAD2008i，无论在功能还是性能上都比此前已推出的版本有了很大的提高，将更好解决国内企业CAD软件的正版化问题。

AutoCAD 2004与以前版本相比有很大的改进，它在Windows环境运行，提供非常友好的图形用户界面，用户可通过键盘输入、屏幕菜单、数字化仪、鼠标器等方式，方便地与图形软件进行人机对话。如果使用多键鼠标器来替代键盘操作，其速度要快好多倍而且操作极为简便。该软件有齐全的绘图与控制命令，可方便地与其他高级语言程序以及Windows环境下的其他软件如Office 97等实现资源共享，还提供了扩展名为“.DXF”的图形交互文件，通过DXFIN和DXFOUT命令实现与FORTRAN，BASIC和C语言的接口。

AutoCAD 2004可直接调用Windows平台提供的各种汉字和常用的工程字符，绝大多数常用命令均有等价图标，通过鼠标点击这些图标即可执行相应的绘图命令。该版本的图形放大/缩小、搬移（Zoom Realtime、Pan）功能、捕捉功能（Osnap）等均可通过鼠标器方便地随时调用，大大方便了图形的编辑修改，提高了绘图的准确性。

AutoCAD的图层功能，将一幅图分解为几组相关的实体分别放在几个图层上，每一个图层具有一种颜色、线型和状态。绘图过程中关闭暂时用不着的图层，可使图形看起来比较清晰。也可以将某些图层冻结，使被冻结图层上的实体既不可见又不参与运算，重新画图时运用这些操作能节省绘图时间。被冻结和关闭的图层在需要时可以解冻和重新打开，使用图层技术可以方便操作、节省时间、减少存储空间，提高绘图效率。

在绘图中经常会遇到一些重复出现的图形，如先绘好其中一幅，并将其定义为一个图块，那么再一次绘制该图形时，只要在需要的位置将该图块插入即可。这种功能可减小计算机对存储空间的需求，也减少了绘图过程中的重复劳动。

图块被系统当作单一的对象来处理，可以有不同的比例因子和转角，能进行移动、插入、删除、询问等编辑操作。图形中常常因为某个部件的变动而进行修改，如果这个部件是作为块在多幅相关的图中被引用，只要将块中的对应部分进行修改，则其余图形中所有引用该块的地方均会自动修改。

必须强调的是，计算机绘图主要是“工具”上的变化，用键盘和鼠标器替代了传统绘图工具铅笔和绘图板，设计图中应表达的内容，如投影关系、表达方式、线型之粗细、虚实、图线的封闭等，仍然必须由设计者自己来决定，这一点务必注意。目前使用的CAD

版本很多，对于工作量比较大的设计图，如果需分几次在不同的计算机上完成，要注意各台计算机上安装的不同版本的CAD软件之间的兼容性，以避免不必要的麻烦。详细内容可参阅文献[28]。

四、文字处理

使用计算机文字和图形处理软件，处理设计计算书和说明书的文字及其中的插图，将使文件处理的质量和编写效率比传统方法有质的飞跃。

在此仅简单介绍如何在Word文档中插入由专业图形处理软件生成的插图。对于简单图形可利用在Word中能插入Excel图表的特点，或直接用Word软件包中自带的Microsoft Graph图形处理软件处理，后者在Word的“插入”主菜单下的“对象”命令中调用。

Microsoft Office 2003及其以上版本软件包中的Word软件，对Windows环境开发的图形处理软件如AutoCAD 2004及其以上版本、Golden Software Surfer 8、Origin、Matlab等专业软件生成的图形，均可以方便地通过“复制”和“粘贴”（Copy和Paste）命令调用，利用这两项功能可使上述专业图形软件强大的图形处理功能和数据回归分析功能与Word便捷的文字处理功能，各自充分发挥自己的特长。

（一）在Word中插入AutoCAD绘的图

1. 方法一

（1）运行AutoCAD，打开即将插入到Word文档中的图形文件并选中该图。

（2）用鼠标左键单击AutoCAD主菜单栏中的“Edit”命令，弹出下拉菜单，然后单击“复制”（Copy）或“复制链接”（Copy Link）命令。

（3）单击AutoCAD运行窗口右上角的最小化按钮使之最小化。

（4）运行Word软件，打开需要插图的文字文档，并将光标移到插图所在位置。

（5）用鼠标单击Word工具栏中的“粘贴”按钮，则AutoCAD图链接到Word文档中并显示出来。如欲修改此图，只需用鼠标双击之，便可自动地从Word中直接进入AutoCAD，进行图形的编辑修改。

2. 方法二

（1）运行AutoCAD，打开即将插入到Word文档中的图形文件并选中该图。

（2）用鼠标左键单击AutoCAD主菜单栏中的“编辑”（Edit）命令，弹出下拉菜单，然后单击“复制”（Copy）或“复制链接”（Copy Link）命令。

（3）单击AutoCAD运行窗口右上角的最小化按钮使之最小化。

（4）运行Word软件，打开需要插图的文字文档，并将光标移到插图所在位置。

（5）用鼠标单击Word“编辑”命令中的“选择性粘贴”按钮，选择“图片（Windows图元文件）”或“位图”，然后点击对话框中的“确定”，则AutoCAD图复制到Word文档中并显示出来。注意：此图不能用鼠标双击激活重新进入到AutoCAD进行编辑修改。

上述两种操作方法的区别在于：方法一是把AutoCAD的图链接到Word文档中，可以用鼠标双击激活，自动进入到CAD软件中进行修改编辑；方法二则把图形的复制品嵌入到Word文档中，使之变为文档的一部分。当插入的图形在CAD软件中占据的存储空间很大时，用方法二插入图形的 Word 文档占用的存贮字节少。

可以用鼠标右键点击由上述两种方法复制到 Word 中的图形，激活“图片工具栏”，利用其中的“裁剪”按钮，调整被插入图形周围带句柄的边框，使之贴紧图形周边，以便于下一步通过牵引图形周围带句柄的边框四角来调整图形的大小。

（二）在 Word 文档中插入 Surfer 或 Origin 软件生成的图

在水利水电工程设计中，如果进行了数值模拟计算或物理试验，通常都用关系曲线图、等值线来直观明了地描述计算或试验成果，有时还需要通过几个变量之间关系的回归分析得出的拟合公式。一般的关系曲线和拟合公式可以优先考虑使用 Microsoft Office 软件包中的 Excel，也可以使用 Graph Tools、MATLAB 等其他软件处理生成，然后按照与前文介绍的插入 CAD 图类似的方法插入到 Word 文档的相应位置。当拟合公式很复杂时，需要进行很复杂的非线性拟合时，可以优先考虑使用 Origin 图形处理软件，目前此软件的 7.5 版本已经投入市场。如果需要作等值线图，使用 Golden Software Surfer 8.0、Matlab 6.0 非常方便。上述软件生成的图均能在 Word 文件中方便地引用。在 Word 文档中插入 Surfer 或 Origin 所生成图形的操作方法如下，插入其他软件生成的等值线，可参照执行：

（1）运行 Surfer 或 Origin，打开图形文档，进行图形的创建或编辑修改。

（2）用鼠标选择待插入的图形。

（3）单击图形处理软件工具栏中的复制（Copy）按钮。

（4）将绘图程序窗口最小化。

（5）运行 Word，打开需要插图的文档，将光标移到插图位置。

（6）用鼠标单击 Word 工具栏上的“粘贴”（Paste）按钮。

五、数据库应用

通过统计、测量、调查、试验取得的水资源、工程观测、材料统计、运行管理等数据，通常十分庞大。利用计算机能存储大量数据、信息和具有快速运算处理能力的特点，把这些原始数据和信息资料自动地、快速高效地进行处理，转换成便于分析、传输或进一步处理的形式，提供所需要的报表、信息资料等，为科学决策和高效管理服务，是当代水利水电工程发展必不可少的技术。数据库在这方面正发挥着日益重要的作用。

在水利水电工程勘测阶段，数据库可用于收集工程的地形、地质、水文气象资料，提供后续设计所需要的信息。在设计研究阶段，利用此数据库进行方案分析比较，可大大提高工作效率。对于已建成水利水电工程，数据库在安全监测、生产管理、财务管理、人事管理等方面应用极其广泛，并且潜力巨大。

自 20 世纪 70 年代以来，数据库技术得到了迅猛的发展和广泛的应用，普及速度很快。目前我国广泛使用的数据库软件系统有 dBASE、FoxBASE、Excel、FoxPro、Visual FoxPro，过去几年中，数据库软件又有了长足的发展，众多的公司纷纷推出自己的新版产品。

1. FoxPro 数据库

该软件最初由美国 Fox 公司 1988 年推出，1992 年 Fox 公司被 Microsoft 公司收购后，相继推出了 FoxPro2.5、2.6 和 Visual FoxPro 等版本，其功能和性能有了较大的提高。FoxPro2.5、2.6 分为 DOS 和 Windows 两种版本，分别运行于 DOS 和 Windows 环境下，还可以运行在 Macintosh、Unix 操作系统环境下，并且保持了对每一级用户拥有相同的图形界面、工具和语言，是一个与 dBASE、FoxBASE 完全兼容的编译型集成环境式数据库管理系统。它功能强大，运行速度快，FoxPro 1.0 要比 dBASE Ⅳ 快 8 倍，比 dBASE Ⅲ快 16 倍，比 FoxBASE＋2.10 快 2 倍。与以前的产品相比，它成功地使用了 Rushmore 查询技术，速度更快，优化与网络技术更先进。它能以非常快的速度运行 dBASE、FoxBASE代码，存取全部现有数据。开发者一旦研制出一个系统，只需要简单地重新进行编译，便能够移植到另外一个操作平台。1995 年微软公司将面向对象技术和可视化编程技术引入到数据库系统中，又推出了 FoxPro 系列的新产品 Visual FoxPro。

2. Access 数据库

美国 Microsoft 的微机数据库管理系统 Access 数据库能在一个工作组级别的网络环境中，开发具有传统的 XBASE（如：dBASE、FoxBASE 等）数据库系统所无法实现的客户服务器（Cient/Server）结构和相应的数据安全机制，方便地生成各种数据对象、窗体和报表。作为 Office 套件的一部分，可以与 Office 集成，实现无缝连接，还能够利用 Web 检索和发布数据，实现与 Internet 的连接。主要适用于中小型应用系统，或作为客户机/服务器系统中的客户端数据库。

3. Orcale 数据库

Orcale 数据库是一种关系型数据库管理系统，属于大型数据库，支持多用户，主要适用于大、中小型应用系统，或作为客户机/服务器系统中服务器端的数据库系统。它支持多种不同的硬件和操作系统平台，从台式机到大型和超级计算机，为各种硬件结构提供高度的可伸缩性，支持对称多处理器、群集多处理器、大规模处理器等，并提供广泛的国际语言支持。此数据库能自动从批处理或在线环境的系统故障中恢复运行，利用该软件的开发工具 Developer2000，包括交互式应用程序生成器、报表打印软件、字处理软件以及集中式数据字典，用户可以生成自己的应用程序。其中的 SQL（结构式查询语言），可完成数据查询、操作、定义和控制等基本数据库管理功能。Orcale 还具有与 C 语言的链接电子表格、图形处理等软件。

4. SQLServer 数据库

SQLServer 是一个可扩展的、高性能的、为分布式客户机/服务器计算所设计的数据库管理系统，实现了与 Windows NT 的有机结合，提供了基于事务的企业级信息管理系统方案。支持 Windows 图形化管理工具，以及本地和远程的系统管理和配置，可与 Internet紧密集成，可作为用户、开发人员和系统集成商的数据库平台。

5. Sybase 数据库

Sybase 数据库是美国 Sybase 公司研制的一种关系型数据库系统，是一种典型的 UNIX 或 Windows NT 平台上客户机/服务器环境下的大型数据库系统。它提供了一套应用程序编程接口和库，可以与非 Sybase 数据源及服务器集成，允许在多个数据库之间复制数据，适于创建多层应用，支持优化查询，具有较好的数据安全性。采用该公司研制的 PowerBuilder 为开发工具，在我国大中型系统中具有广泛的应用。

第四节 毕业设计文件

毕业设计文件即毕业设计说明书、设计计算书，与工程设计图一起构成毕业设计成果。

一、设计说明书

设计说明书是对毕业设计进行解释与说明的书面材料，是毕业设计过程中的最后一个重要环节之一。设计说明书要全面介绍设计的内容、意图和成果以及施工技术要求等。其撰写力求简明扼要、条理清楚，并附有必要的图表，便于工程施工。目前尚未规定毕业设计说明书的规范形式。设计说明书的写法因各院校各指导教师的要求不同存在很大差异。水利水电工程专业毕业设计说明书的写法可参照“水利水电工程可行性研究报告编制规程”的内容及格式要求，并考虑到教学需要作适当简化后进行编写。按照习惯，一般可分为题目、目录、摘要、前言（或绪论）、正文、结论、附录和参考文献等几部分。

1. 题目

题目对设计工作起画龙点睛作用，应力求简洁、贴切、新颖，准确地表达设计工作的中心内容。题目的文字必须简练、醒目，尽可能控制在10～20字之间，如“×××河流规划设计”、“×××水利枢纽工程设计”、“×××水电站工程设计”、“×××河道整治工程设计”、“×××挡潮闸设计”、“×××灌溉工程渡槽设计”等。

2. 目录

设计说明书与书籍一样应有目录，以反映设计工作的纲要。从目录中可以看出设计内容梗概，内容的安排，整体的布置，各章节的联系，给人以清楚的轮廓。从某种意义上说目录反映出设计工作的纲要，是各项设计工作的缩影。因此，目录应列出通篇设计内容各组成部分的大小标题，分别层次，逐项标注页码，并包括注明参考文献、附录等。

3. 摘要

摘要是把毕业设计的主要内容和成果，以高度概括的语言，用500字左右的篇幅阐述出来，使读者一看就能了解设计工作的概貌。摘要应分别以中、英文编写。

4. 前言

前言又称引言、导言、绪言、概述等，按人们习惯的写法，一般应包括设计的目的和意义、设计背景、设计过程和设计方法以及预期的效果等。此外还要对相关文献，特别是水工建筑物设计理论的发展和趋势，以及我国现阶段的设计水平进行针对性的简要综述。

5. 正文

它是设计说明书的主体部分，是作者对自己所做设计、计算工作的详细表述。主要说明设计条件、数据资料来源、方案拟定与比较、分析计算采用的方法、依据的规范规程、分析计算中的简化和假定、各种方案或计算结果比较等，着重是对设计方案的论证。当设计方案确定以后，设计者有责任和义务说明为什么选择这个方案，其优缺点何在。对水力发电工程可参照可行性研究报告编制要求，按下面的内容编写（根据时间和内容要求不同删减）。

（1）工程综合说明。工程的综合说明包括工程的开发任务；所处的地理位置；河流水文特性；水库及下游水位特性；动能特性；枢纽及主要建筑物特性；主要设备特性；施工特性；可用简短的文字辅以图表说明。

（2）设计条件和依据。

1）简述设计任务、设计依据和标准：在对工程项目进行综述（已做过的调查、研究工作及主要结论）的基础上提出设计的任务，明确欲达到的目标；结合设计任务列出主要的设计依据，如设计任务书（设计工作范围、标准和要求等）、与工程设计有关的规范和标准以及主要的设计参考书等。

2）分析项目的工程环境与条件：①自然条件分析，包括水文、气象、地形、地质、地震等对工程设计和建设的影响情况，应给出风浪图、设计中采用的各种计算水位、地形图和地质剖面图等分析与整理的结果；②施工条件分析，主要是分析施工现场的“三通一平”条件和施工队伍的施工能力，如供水供电和运输条件、混凝土构件的预制能力、有关建筑物的施工能力以及水上施工能力等；③分析工程项目建设对自然环境的影响程度，阐述保护环境的措施。

3）工程的使用要求分析：针对工程的使用要求，分析、确定作用在建筑物上的荷载，给出主要荷载的标准值。

（3）经济、水利与动能。地区经济情况，工农业特点；天然资源、电力负荷、综合利用部门要求；洪水调节计算、径流调节、兴利水位；装机容量与机组机型；发电机、变压器。

（4）枢纽总体布置。坝址、坝型选择；枢纽组成建筑物；枢纽总体布置。

（5）挡水建筑物。坝型选择；挡水建筑物剖面设计；挡水建筑物静力计算；挡水建筑物水力设计；挡水建筑物地基处理；挡水建筑物细部构造。

（6）泄水建筑物。泄水方式；泄水建筑物布置；泄水建筑物体型设计；泄水建筑物水力设计；泄水建筑物结构计算；泄水建筑物细部构造。

（7）输水建筑物。输水路线及组成建筑物；进水口；引水道；调压室；压力管道。

（8）水电站。水电站厂房型式；水电站主厂房轮廓尺寸及各层布置；副厂房布置；水电站厂房结构计算。

（9）施工组织设计。施工条件分析；施工导流；施工方法；施工总平面布置；施工总进度计划。

6．结论

结论是全篇的总结。结论要准确、完整、鲜明。结论要下得客观并要留有余地，并能对设计中存在的问题作如实说明。

7．参考文献

引出设计工作中的参考文献，反映出设计者严肃的科学态度，真实的科学依据，体现对前人成果的尊重和继承。为了提高学生的外语应用能力和日益增加的国际工程的需要，要求学生具有一定的外语应用能力，在学生进行毕业设计过程中一定要有阅读与设计内容有关的国外文献，对那些引用过的中外文献，应按顺序罗列出来。

最后一般还应写谢辞，对毕业设计的指导教师，对毕业设计中提过有益建议或给予帮助的同学、同志和集体，都应在设计说明书的结尾或开始部分书面致谢，言辞应恳切，实事求是。

二、设计计算书

设计计算书如实记录设计中有关计算的方法和过程，是供校核审查的重要文件，其基本要求是：计算方法正确，参数取值合理，严格执行国家和行业现行的技术规范和标准；数据真实、可靠，公式选用合适，计算结果正确、可信，书写规范、工整。此外还要贯彻执行提高经济效益、促进技术进步的方针，充分合理地利用资源，计算中既要保证工程安全可靠，又要做到先进适用、经济合理。以坝工设计为例，其计算书一般包括以下基本内容。

1. 总体设计计算

总体设计计算内容主要包括工程规模确定、水利水能计算和主要建筑物轮廓尺寸的拟定。

2. 主要作用荷载计算

严格按 DL 5077—1997《水工建筑物荷载设计规范》或其他有关规范的规定，计算所有作用在结构上的荷载作用标准值，一般包括自重、土压力、水荷载、地震荷载和温度荷载等。

3. 结构稳定计算

结构稳定是设计方案成立的必要条件，在方案设计阶段一般都要进行稳定性计算，计算内容包括整体稳定性和局部稳定性。计算中要严格遵守现行规范的有关规定，对不同的作用效应组合情况分别进行验算。

4. 结构强度复核

结构强度复核的内容包括：①确定结构计算简图和计算方法，说明选取的依据或理由；②计算结构内力，给出各种作用效应组合情况下内力的计算结果，并以表格形式进行结构内力汇总；③强度复核。

5. 水力计算（水力设计）

水力计算和水力设计的内容包括：①溢流边界线设计与计算；②地下轮廓线设计与计算；③泄流能力计算；④水面线计算；⑤渗流计算；⑥消能防冲设计。

三、设计图纸

图纸是工程师的语言，是工程设计的主要成果。绘图是一项重要的基本训练，学生必须通过毕业设计，使自己的制图能力有所提高。

总平面布置图应表示出各种建筑物的相对位置、轮廓尺寸和高程，以及厂区道路及绿化布置、各种生产设施和生产辅助设施的位置和主要尺度等。在图纸说明中要说明工程规模及作用等需要加以说明的其他问题，必要时可列图例表和工程量表。

结构图至少绘出所推荐方案的标准断面图、平面图和立面图，注明主要高程、水位和尺寸，结合断面图绘出地质分层情况，注明各层土壤的主要物理力学指标。对于图中难以表示清楚的问题，在说明中加以说明，另外还要列出推荐方案的主要技术经济指标。

指定构件的配筋图表示构件所配置钢筋的型号规格、数量、形状和位置，一般包括侧视图（或平面图）、必要数量的断面图、钢筋明细表和说明等，对于重要而较复杂的细部构造要绘制细部图，对预制构件要绘制吊点位置图。

总平面布置图和结构图要求达到工程初步设计的深度，指定构件配筋图要达到施工图设计的深度。所有图纸要按工程制图标准绘制，要求投影正确、线条和尺寸标注齐全规范，图面要求排列整齐、布置合理、稀密匀称、清洁美观。

第五节　毕业设计的评阅和答辩

一、毕业设计评阅

毕业设计的评阅也是毕业设计中的一个不可缺少的重要环节。学生在规定时间内完成毕业设计的任务后，将毕业设计的任务书、说明书、计算书及图纸交指导教师认可，然后由答辩委员会指定专门的教师进行评阅。

评阅教师主要根据以下几点进行评阅：

(1) 对照毕业设计任务书的内容，检查学生是否按任务书的要求按时完成毕业设计任务书所规定的全部内容和工作量。

(2) 学生的毕业设计图纸是否满足设计要求，是否达到相应初步设计阶段图纸深度的要求，设计图纸应布置合理、尺寸齐全、注文工整、线条清晰，并能正确表达设计意图，符合国家制图标准及有关部门设计规范。

(3) 毕业设计的计算书和说明书要求计算依据合理、数据可靠、文理通顺、书写工整、装订整齐。

评阅教师在评阅后，应针对毕业设计说明书、计算书及图纸中所出现的错误和存在问题以及相关的内容，向学生提出2～3个书面问题，让学生思考，由学生在毕业设计答辩会上进行回答。此外评阅教师在对毕业设计进行评阅后，应将评阅过程中发现的问题和错误，在答辩会上（或答辩会前）向学生指出，以帮助学生充分认识到毕业设计中的不足之处，加深对毕业设计的理解。

二、答辩的目的和作用

答辩是大学本科毕业设计的最后一个环节，也是十分重要、必不可少的环节。它是学校对毕业设计成绩进行考核、验收的一种形式。毕业设计的答辩旨在考核学生对所选课题的研究情况，设计方案以及毕业设计的深、广度和真实程度；了解毕业设计的主要过程及查阅资料、搜集与整理资料、分析与对设计方案研究的情况等，从而进一步考核学生对所学有关课程的基本理论、基本知识、基本技能的掌握情况。通过评阅及答辩，考查学生所提出的方案、见解的论述是否充分、准确，掌握设计的技能与方法的情况，指出毕业设计中不清楚、不详细、不确切、不完善的地方，帮助学生总结、提高，引导学生对其设计课题进一步深入研究；通过答辩，考察并锻炼提高学生的口头表达能力和辩解能力。最后评定毕业设计的成绩与给出评语，这实际上是学校对学生的一次综合性考察。对学生来说，是全面回顾、检验自己在大学期间所学有关课程的基本理论、知识、技能的掌握和运用情况，进一步推敲、深化毕业设计的过程。具体来说，毕业答辩有以下作用：

(1) 通过毕业设计答辩，答辩人可以集思广益，更全面地、科学地衡量和修改毕业设计。在毕业设计过程中，虽然有指导教师的指导，但指导教师往往因其专长、学术派别、经历等多方面因素的影响，在指导中可能会给学生一些主观色彩的因素。通过答辩前的个人准备和答辩小组教师的从各种不同角度的深入询问，答辩人可以集思广益，获得新的有益的启迪，用一个更客观的尺度，来审查修改毕业设计，使其进一步完善、成熟。

（2）通过毕业答辩，可以回顾、检查大学期间所学知识、技能的掌握程度和灵活运用的能力。毕业设计虽然是对某一学科专业的一个方面的深入研究，但它必然要运用所学的基本理论与技能，接触到大学期间所学的各方面的知识。通过答辩前的个人准备和答辩小组老师的提问，既可加深对所学知识的理解掌握，又可从中检查自己对大学期间所学的基本理论、知识和技能掌握的深度、广度、缺陷与不足之处，以利于日后努力弥补。

（3）通过答辩可锻炼和提高学生的分析、概括问题的能力和口头表达能力。在答辩会上，学生首先向答辩小组口头报告毕业设计的情况。这个报告既要简明扼要，又必须起到充分介绍毕业设计的作用。这个报告从哪方面着手，如何表达，怎样才能将毕业设计的整个过程中一些重要问题简练地介绍出来，这种构思和口头表述的本身既可锻炼和提高分析、概括问题的能力，也可训练和提高口头表达能力，是一种综合训练各种能力的实践活动。

三、答辩的准备和程序

1. 答辩前的准备

（1）系（专业教研室）成立答辩委员会和答辩小组。答辩委员会由教研室的专业教师担任负责制定统一评分标准。答辩小组的任务是主持有关课题的答辩工作，并确定学生毕业设计的成绩。每个答辩小组的成员不得少于 3 人，由一名有经验的教师担任组长。

（2）学生须按照教学基本要求在规定的时间提交毕业设计的全部成果（包括毕业设计任务书、设计图纸、计算书、说明书等），经指导教师认可并通过评阅教师评阅后方可答辩。实际参加毕业设计时间少于规定要求者，不得参加答辩。

（3）评阅教师对每一位学生的毕业设计图纸、说明书计算书进行评阅，提出书面评阅意见和问题，供学生提前准备。

（4）答辩前学生应做充分的准备，写出书面的答辩提纲。随着计算机多媒体技术的发展和应用，在有条件的情况下，学生可将答辩的主要内容制作成多媒体文件（如采用 PowerPoint，Authorware 等软件），使答辩内容更清晰、生动。

2. 答辩的程序

（1）每位学生答辩时用规定的 10～15min 向答辩小组及答辩会的其他与会者报告自己毕业设计的主要内容。

（2）答辩小组的答辩委员就毕业设计的内容及有关的问题进行提问，时间允许时，其他与会者也可提出问题，学生当场回答答辩委员、评阅教师和其他与会者提出的问题。

（3）根据学生的答辩情况，答辩小组进行评议并给出学生的答辩成绩。

四、毕业设计的评分及标准

毕业设计的成绩由答辩委员会综合评定。答辩委员会的评分依据为：

（1）指导教师成绩：根据设计过程的表现以及设计成果的数量和质量，指导教师给出的成绩。

（2）评阅教师成绩：根据设计成果的数量和质量，评阅教师给出的成绩。

（3）答辩成绩：根据设计成果的数量和质量以及答辩时的表现，答辩小组给出的成绩。

一般情况下，上述3项成绩占学生毕业设计成绩的比重分别为40%、30%及30%。毕业设计的最终成绩按五级分制评定。评分标准如下（供参考）：

优秀：按时完成或超额完成毕业设计任务书所规定的所有内容；设计努力认真，独立工作能力强；设计方案合理，有自己的见解，计算正确；设计图纸整洁，表达正确；说明书条理分明，书写工整；答辩时表达能力好，回答问题正确，说理清楚，基本概念正确。

良好：按时完成毕业设计任务书所规定的所有内容；设计努力认真，独立工作能力较强；设计方案基本合理，计算正确；设计图纸表达正确；说明书条理分明，书写工整；答辩时表达能力较好，回答问题正确能说明清楚，基本概念基本正确。

中等：按时完成毕业设计任务书所规定的内容；设计较努力，有一定的独立工作能力；设计方案尚合理，计算基本正确；设计图纸表达基本正确；说明书尚能说明设计内容；答辩时尚能表达自己的设计，能够回答清楚主要问题，能够说明基本概念。

及格：在指导教师的指导下，能按规定的要求进行并完成设计，设计图纸虽不完全合理，但无原则性错误，计算中有少量错误；设计图纸表达虽不完全正确，但尚能说明问题；说明书条理不很清楚，但尚能说明自己的设计；答辩时在教师的提醒下尚能回答清楚主要的问题，没有大的基本概念的错误。

不及格：有下列情况之一者，毕业设计成绩评为不及格：①没有按规定的要求完成毕业设计；②毕业设计不是独立完成的；③设计中有大的原则性错误；④基本概念完全不清楚。

为了防止各答辩小组在评分中松紧不一，学生的毕业设计成绩的最后评定由专业教研室负责人召集答辩小组长讨论确定。为了使成绩分布合理（接近正态分布），控制获优秀的学生人数不超过20%，中等以下也不少于20%。最后报系主任审批，向学生公布。

第三章 典型毕业设计

第一节 水利水电规划

以水利水电规划为主的毕业设计，其主要任务是确定工程的开发方式、开发规模以及所获得的效益，拟定合适的工程运用方式等。设计内容主要包括水文分析、水利动能计算、工程参数选择、投资估算、经济评价及环境影响评价等。

一、水文资料分析

本小节摘编自毕业设计（甲）中“水文资料分析”部分，用以说明水利水电工程设计中水文资料分析的一般设计步骤和方法。

设计工程N水电站是S江上游干流梯级开发的第一级水电站，工程以发电为主，兼顾防洪等综合利用要求。

S江流域位于我国东部沿海地区，属温带季风气候，多年平均气温14.9℃，多年平均年降雨量1722mm，雨量年内分配极不均匀，主要集中在3～9月，尤以5月、6月为多。流域多年平均水面年蒸发量为1215mm。N水电站水库坝址断面控制流域面积为564km^2。现有水电站坝址断面的水文资料包括1956年1月～2001年12月期间的逐月实测流量资料，经分析，该资料的可靠性、一致性及代表性均较好，符合水电站规划设计的要求。以下主要介绍N水电站设计年径流分析计算的内容，包括水库年径流量频率分析、设计年径流量的确定及设计年径流的年内分配过程的推求。本设计的设计任务中，不含有关设计洪水的分析计算。

（一）年径流频率分析

S江N水电站水库1956年1月～2001年12月期间历年逐月平均流量资料由表3-1给出。

表3-1　S江N水电站水库历年逐月平均流量　单位：m^3/s

年份＼月份	1	2	3	4	5	6	7	8	9	10	11	12	平均
1956	8.7	8.2	32.2	28.4	46.9	45.8	42.1	23.1	18.8	18.2	8.6	6.4	24.1
1957	9.2	13.5	21.9	39.4	18.2	89.0	20.6	34.9	17.2	19.4	12.4	11.6	25.5
⋮						⋮							
2000	8.5	15.0	28.1	20.5	57.3	31.9	9.1	7.7	81.8	5.6	4.6	8.7	23.1
2001	6.9	19.7	24.3	28.3	48.0	32.1	4.3	16.9	16.7	26.9	1.8	17.7	20.3

水利水电工程规划设计中，一般按水文年度进行设计年径流分析。根据N水电站实测径流资料，从大多数年份的径流变化特性考虑，可确定水文年自每年3月起，至次年2月止，于是得到45个水文年的逐月径流系列。

1. 经验频率计算

先计算各水文年的平均流量，并将其按从大到小的顺序重新排列，得到频率分析所需的年径流系列。在此基础上，按以下公式计算系列中每一项的经验频率

$$P=\frac{m}{n+1} \tag{3-1}$$

式中：m 为系列中每一项按从大到小排列的序号，$m=1，2，\cdots，n$；n 为样本系列的容量，本设计中 $n=45$；P 为第 m 项对应的经验频率。

将系列中的年平均流量值与其所对应的经验频率值点绘到几率格纸上，绘出年平均流量经验频率曲线。

2. 统计参数及理论频率曲线推求

通常认为，我国大部分地区的河流年平均流量服从P-Ⅲ型分布，其统计参数及频率分布曲线一般用适点配线法确定。

为此，先按矩法公式初估年平均流量系列的统计参数（均值 $\overline{x}$、变差系数 C_v），估算公式如下

$$\overline{x}=\frac{1}{n}\sum_{i=1}^{n}x_i \tag{3-2}$$

$$C_v=\frac{1}{\overline{x}}\sqrt{\frac{\sum_{i=1}^{n}(x_i-\overline{x})^2}{n-1}} \tag{3-3}$$

式中：x_i 表示第 i 年的平均流量，m^3/s。

将现有年平均流量系列的具体数据代入以上公式，即可得到一组统计参数的初估值。本设计求得N水电站年径流样本系列统计参数的初步估计值为 $\overline{x}=23.1m^3/s$，$C_v=0.31$。

对于年径流系列的偏态系数 C_s，因其可能的抽样误差较大，作为初始值，可不按矩法公式计算，而可根据经验，直接取 C_s 等于 C_v 的某一倍数（如2～3倍）。本设计暂先取 $C_s=2$，$C_v=0.62$。

根据初估的统计参数值，利用P-Ⅲ型曲线的离均系数 Φ 值表，可查得 $P\sim\Phi_P$ 关系数据，再由 $x_P=\overline{x}(1+\Phi_P C_v)$ 转换为 $P\sim x_P$ 关系，进而绘制年平均流量理论频率曲线。用目估法判定该曲线与经验频率点据配合情况是否良好。若配合情况不理想，则调整统计参数，重新计算配线，直至满意为止。按此法，本设计选配得到较满意的N水电站坝址断面年平均流量频率曲线，其相应的分布参数为：$\overline{x}=23.1m^3/s$，$C_v=0.31$，$C_s=2.5$，$C_v=0.78$。

（二）设计年径流及其年内分配

经初步分析，本设计给定水电站N的设计保证率 $P=90\%$。据此，由N水电站坝址断面年平均流量频率曲线，查得设计枯水年平均流量为 $Q_{90\%}=14.8m^3/s$；相应地，还可查得设计平水年（$P=50\%$）平均流量为 $Q_{50\%}=22.2m^3/s$；设计丰水年（$P=10\%$）平均

流量为 $Q_{10\%}=32.6m^3/s$。

按照年径流量接近及年内分配对工程不利的选择典型年的原则，本设计从水文年平均流量系列中，选出N水电站坝址断面设计丰、平、枯水年的典型年分别为1964年3月～1965年2月、1978年3月～1979年2月及1989年3月～1990年2月，其年平均流量分别为 $32.7m^3/s$、$21.6m^3/s$、$15.1m^3/s$。将各典型年逐月流量分别乘以相应的修正系数 $K_d=14.8/15.1=0.980$、$K_m=22.2/21.6=1.028$ 及 $K_w=32.6/32.7=0.997$，即得设计枯、平、丰水年的代表年径流分配过程，见表3-2。

表3-2　N水电站设计代表年逐月流量表　　单位：m^3/s

水文年＼月份	3	4	5	6	7	8	9	10	11	12	1	2
设计枯水年（$P=90\%$）	19.0	32.1	21.1	18.0	15.0	8.3	14.8	10.0	20.2	8.1	4.6	6.8
设计平水年（$P=50\%$）	27.3	30.7	25.5	57.7	33.9	12.6	13.5	18.7	10.3	9.6	8.9	18.0
设计丰水年（$P=10\%$）	23.8	32.5	95.1	74.2	37.3	33.7	39.7	15.8	11.4	6.3	14.9	6.8

二、水利、动能计算

本小节摘编自毕业设计（乙）中有关内容，用以就设计中水利、动能计算的具体方法进行说明。该毕业设计的设计工程H水电站是W江两级开发中的上一级水电站，工程以发电为主，兼有防洪、灌溉、航运、供水等综合利用效益。

（一）兴利调节及水能计算

1. 兴利调节计算

兴利调节计算主要是解决三类课题：①根据兴利库容，确定设计保证率条件下的供水水平（调节流量）；②根据用水要求，确定兴利库容；③根据兴利库容和水库操作方案，求水库运用过程。三类课题的实质是确定设计保证率、水库兴利库容和调节流量之间的关系。这里，主要介绍在兴利库容一定的前提下，如何确定水电站逐时段调节流量。

本设计给定H水电站水库水位库容关系曲线（表3-3），并给定水库正常蓄水位为230.0m，相应库容为 $1584.24\times10^6m^3$，死水位为190.0m，死库容为 $454.62\times10^6m^3$，相应地，水库的兴利库容为 $1129.62\times10^6m^3$。H水电站坝址断面1950年1月～1979年12月期间历年逐月平均流量资料见表3-4。

表3-3　H水电站水库水位库容关系曲线表

水位（m）	150	160	170	180	185	190	195	200	205
容积（10^6m^3）	55.72	113.77	193.92	305.22	374.79	454.62	544.87	654.69	760.27
水位（m）	210	215	220	225	230	235	240	245	250
容积（10^6m^3）	891.77	1039.62	1203.24	1384.24	1584.24	1803.82	2043.54	2305.69	2592.54

表 3-4　　W 江 H 水电站水库历年逐月平均流量　　单位：m^3/s

年份＼月份	1	2	3	4	5	6	7	8	9	10	11	12	平均
1950	18.3	103	93.5	90.8	202	291	89.1	77.9	125	23	13.2	16.7	95.5
1951	35.9	74.8	213	239	68.2	182	36.2	15.9	46.1	24	23.3	31.1	82.5
⋮							⋮						
1978	27.7	60	116	122	63	226	31.2	6.37	13.9	4.42	3.46	2.47	55.9
1979	5.34	21.3	75.3	73.8	95.4	86.6	32.3	20.6	56.3	2.89	2.81	1.75	40.0

由 H 水电站径流资料，求得其多年平均年径流量为 $2630.10\times10^6m^3$，再根据水库兴利库容可计算库容系数为 $\beta=0.43$，故可初步判断该水库具有多年调节性能。H 水电站的设计保证率拟取为 95%。此外，要求经水库调节，枯水期最小放水流量不得小于 $50m^3/s$，以满足下游灌溉、航运、供水等综合利用部门的用水需要。

现根据以上资料，采用时历法，按等流量调节方式，对全部径流系列进行调节计算，求得逐时段调节流量。当不考虑水库水量损失时，调节流量的计算公式如下：

供水期调节流量

$$Q_d=\frac{\sum\limits_{t\in T_d}W_t+V_v}{T_d} \tag{3-4}$$

蓄水期调节流量

$$Q_w=\frac{\sum\limits_{t\in T_w}W_t-V_v}{T_w} \tag{3-5}$$

不蓄不供期调节流量

$$Q_m=\frac{\sum\limits_{t\in T_m}W_t}{T_m} \tag{3-6}$$

式中：W_t 为第 t 月入库水量，$m^3/(s\cdot月)$；V_v 为水库兴利库容，$m^3/(s\cdot月)$；T_d、T_w、T_m 分别为供水期、蓄水期及不蓄不供期的时间长度，月；Q_d、Q_w、Q_m 分别为供水期、蓄水期及不蓄不供期的调节流量，m^3/s。

各调节时期调节流量需通过试算方法来求定。以供水期为例，可按以下步骤进行计算：

(1) 根据入库径流资料，假定供水期，计算 T_d。

(2) 将 T_d 代入式 (3-4)，计算相应的供水期调节流量 Q_d。

(3) 根据 Q_d，自供水期第一时段初水库蓄水量等于正常蓄水位相应的蓄水量开始，逐时段进行水量平衡计算，求出各时段末水库蓄水量。

(4) 若整个供水期中除最后一个时段末蓄水量等于死库容外，其余时段末蓄水量既未超过正常蓄水位相应的蓄水量，也未低于死水位相应的蓄水量，则该 Q_d 即为所求；否则，另行假定供水期及 T_d，返回步骤 (2)，重新计算，直至满足要求。

蓄水期及不蓄不供期的调节流量计算步骤与供水期类似。但对蓄水期，第一时段初水库蓄水量为死水位相应蓄水量，最后一个时段末蓄水量为正常蓄水位相应的蓄水量；对不蓄不供期，则其初、末蓄水量可能有两种情形，或者是库空到库空，或者是库满到库满。

经对全部水文系列逐时段进行调节计算，确定全系列共包含完整调节周期 11 个。供水期调节流量计算结果见表 3-5。

表 3-5　H 水电站水库径流调节计算成果表

供水期（年．月）	调节流量（m^3/s）	供水期（年．月）	调节流量（m^3/s）
1952.8～1954.3	108.43	1970.8～1973.2	65.15
1954.8～1955.2	83.24	1973.8～1975.1	70.37
1955.7～1956.2	67.58	1975.7～1976.2	104.78
1959.10～1962.2	70.54	1976.8～1977.3	85.24
1964.7～1965.3	70.38	1978.8～1979.2	70.27
1967.7～1968.3	62.58		

据此，通过频率计算，确定符合设计保证率 $P=95\%$ 的水库供水期调节流量为 $62m^3/s$。该调节流量可满足下游综合利用部门的最低用水要求。

2. 水能计算

在调节计算的基础上，逐月进行水能计算，即求出水电站出力及发电量过程，计算公式如下：

$$N=AQH \tag{3-7}$$

$$E=NT \tag{3-8}$$

式中：N、E 分别为水电站的月平均出力及月发电量，kW，kW·h；Q 为水电站引用流量，m^3/s；$H=Z_u-Z_d$，为水电站月平均水头，m（这里，暂未考虑水电站水头损失），其中，Z_u 为水库月平均水位，m，取各月初、末水位的平均值，而各月初、末水位由调节计算确定的水库蓄水量查表给出的水库库容曲线得到；Z_d 为水电站月平均下游水位，m，由水电站引用流量查水电站下游水位流量关系曲线（表 3-6）得到；T 为一个月的小时数，可取其平均值 $T=730h$；A 为水电站出力系数，经初步分析，设计水电站属大型电站，取 $A=8.5$。

表 3-6　H 水电站下游水位流量关系曲线

水位（m）	115	115.17	115.39	115.57	115.72	115.87	116
流量（m^3/s）	10	20	40	60	80	100	120
水位（m）	116.13	116.25	116.37	116.47	117.05	117.9	118.5
流量（m^3/s）	140	160	180	200	400	700	1000
水位（m）	119.45	120.3	121.97	123.2	125.65	127.8	129.8
流量（m^3/s）	1500	2000	3000	4000	6000	8000	10000

根据水电站逐月出力值，可进一步求出各调节周期中供水期的平均出力（表 3-7），并由水电站的设计保证率 $P=95\%$，可确定其保证出力为 $N_f=50.5MW$，其年保证电能为 $E_{fa}=4.4238$ 亿 kW·h。

同时，根据水电站逐月平均发电量，可对其多年平均年发电量进行初步估算，结果为 $E_{aa}=5.91$ 亿 kW·h。由于水电站装机容量尚未确定，故以上水能计算中采用前面计算的调节流量作为水电站发电流量，未考虑水电站装机容量和机组过流能力限制。这里求出的水电站多年平均年发电量只是初估值，需待水电站装机容量选定后，根据水库调度图，通过长系列操作计算确定。

表 3-7　　H 水电站供水期平均出力及其频率计算表

供水期（年.月）	平均出力（MW）	序号	由大到小排列供水期平均出力（MW）	频率（%）
1952.8～1954.3	86.6	1	89.0	8.33
1954.8～1955.2	68.4	2	86.6	16.6
1955.7～1956.2	56.5	3	68.8	25.0
1959.10～1962.2	58.8	4	68.4	33.3
1964.7～1965.3	57.6	5	58.8	41.7
1967.7～1968.3	51.0	6	57.7	50.0
1970.8～1973.2	51.2	7	57.6	58.3
1973.8～1975.1	55.0	8	56.5	66.7
1975.7～1976.2	89.0	9	55.0	75.0
1976.8～1977.3	68.8	10	51.2	83.3
1978.8～1979.2	57.7	11	51.0	91.7

此外，考虑确定水电站装机容量和选择机组机型的需要，在通过水能计算推求水电站保证出力及多年平均年发电量的同时，可按下式计算水电站的加权平均水头：

$$H_{av} = \frac{\sum_{i=1}^{n} H_i N_i t_i}{\sum_{i=1}^{n} N_i t_i} \tag{3-9}$$

式中：H_{av} 为水电站加权平均水头，m；H_i、N_i 分别为水电站在第 i 时段的水头和出力，m，kW；t_i 为第 i 时段的小时数，h；n 表示计算时段数。

H 水电站加权平均水头的计算结果是 96.22m。

（二）水库调度

水库调度的任务是针对工程运行期间水文条件的不确定性，综合考虑各水利部门的要求，确定合理的水库调节方式，指导水电站的运行，较好地满足工程运行的可靠性要求和取得较大的经济效益。通常，水库调度是通过水库调度图来实现的。编制 H 水电站水库基本调度图的方法如下。

（1）选择计算典型年。一般认为，计算典型年应具备的条件是：该年的来水量正好等于或接近于该年按保证出力图工作所需要的水量。其中，水电站保证出力图是反映水电站在枯水年条件下的逐月平均出力的过程，通常在进行水电站装机容量选择时，在枯水年电力系统电力电量平衡分析的基础上编制。本设计 H 水电站保证出力图的编制过程见本节第三部分“工程参数选择”中有关内容，这里给出 H 水电站按保证出力图工作的各月平均出力过程（表3-8）。

表 3-8　　H 水电站按保证出力图工作时各月平均出力　　单位：MW

月　份	1	2	3	4	5	6	7	8	9	10	11	12
平均出力	56.1	51.2	56.1	28.8	54.4	46.5	68.1	46.5	58.5	53.0	40.5	45.1

(2) 因本电站水库为多年调节水库，应对枯水系列第一年及枯水系列最后一年分别选择计算典型年。其中，枯水系列第一年的计算典型年应具备的条件是：在年初多年库容蓄满的情况下，该年的来水量正好等于或接近于该年按保证出力图工作所需要的水量，从而该年年末多年库容仍为蓄满状态；枯水系列最后一年典型年的条件是：在年初多年库容放空的情况下，该年的来水量正好满足该年按保证出力图工作的需要，从而该年年末多年库容仍为放空状态。据此，选出 1956 年 2 月～1957 年 1 月、1965 年 2 月～1966 年 1 月、1968 年 2 月～1969 年 1 月、1972 年 2 月～1973 年 1 月等 4 个水文年作为枯水系列第一年的计算典型年，1956 年 2 月～1957 年 1 月、1965 年 2 月～1966 年 1 月、1971 年 2 月～1972 年 1 月、1974 年 5 月～1975 年 1 月等 4 个水文年作为枯水系列最后一年的计算典型年（表 3-9）。

表 3-9　H 水电站水库调度图计算典型年径流资料　　单位：m^3/s

水文年（年．月） \ 月份	1	2	3	4	5	6	7	8	9	10	11	12
1956.2～1957.1	11.4	21.3	106	97.7	291	105	11.6	66.7	199	25.3	7.07	5.36
1965.2～1966.1	56.9	32.7	52.6	187	94.2	170	55.0	49.4	15.9	39.2	70.2	85.2
1968.2～1969.1	51.4	15.2	56.4	93.4	135	227	227	10.9	13.7	9.25	3.41	15.4
1972.2～1973.1	59.0	112	39.2	63.6	96.1	163	41.1	99.9	19.4	22.7	43.8	33.0
1971.2～1972.1	6.04	13.9	25.1	70.9	133	184	10.3	8.91	37.8	10.6	5.44	11.3
1974.2～1975.1	37.0	42.4	34.6	32.8	98.6	156	75.9	104	9.82	16.4	32.9	75.2

(3) 根据以上选出的枯水年系列第一年的各计算典型年，自蓄水期末水库正常蓄水位开始，按保证出力图给定出力，逆时序逐月进行定出力调节计算，直至算出蓄水期初的年消落水位。然后自供水期末从年消落水位逆时序倒算至供水期初相应的正常蓄水位。这就得到了各典型年按保证出力图工作的水库蓄水指示线。再取这些指示线的上包线即得到上基本调度线。

同样，对枯水年系列最后一年的各计算典型年，自供水期末水库死水位起，按保证出力图逆时序计算至蓄水期初又回到死水位止，求得各典型年按保证出力工作的水库蓄水指示线。再取其下包线作为下基本调度线。

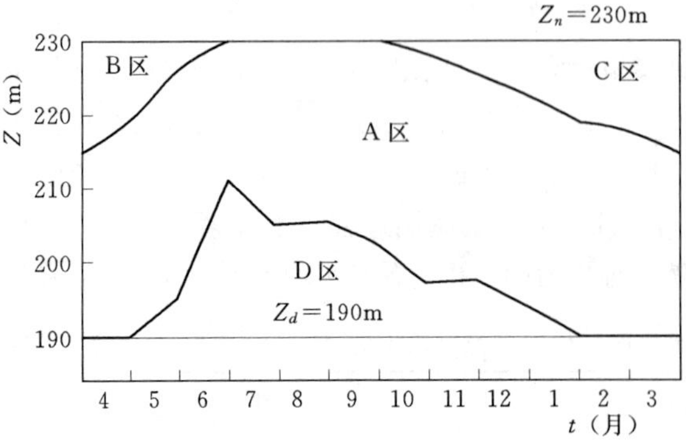

图 3-1　H 水电站基本调度图

最后，将上、下基本调度线绘在同一张图上，即构成设计水电站水库的基本调度图，如图 3-1 所示。其中，A 区为水电站保证出力区，B、C 区加大出力区，D 区为降低出力区。

(三) 水库调洪计算

1. 设计标准

H 水电站是 W 江两级开发中的上一级水电站，工程以发电为主，兼顾防洪等综合利用要求。经分析，下游防护对象要求在发生百年一遇（$P=1\%$）防洪标准的洪水时，水库应控制下泄流量不超过 $3000m^3/s$。此外，H水电站属大型水电站，且其水库总库容已超过10亿m^3，根据SL 252—2000《水利水电工程等级划分标准》，确定该工程属于大（1）型，永久性水工建筑物等级为1级，临时性水工建筑物等级为4级，据此，永久性水工建筑物的设计洪水标准取为千年一遇（$P=0.1\%$），校核洪水标准取为万年一遇（$P=0.01\%$）。本设计已给定水电站水库坝址断面频率分别为1%、0.1%和0.01%的历时为4日的洪水过程线（表3-10），其洪峰流量分别为$8250m^3/s$、$11300m^3/s$及$16600m^3/s$。

表3-10　H水电站水库坝址断面设计洪水过程线　流量单位：m^3/s，时段长度：2h

时　间	0	1	2	3	4	5	6	7	8	9
$P=1\%$洪水	480	700	1200	1950	3200	5200	4900	3850	3000	2400
$P=0.1\%$洪水	700	1050	1750	2590	4900	7850	7400	5750	4500	3700
$P=0.01\%$洪水	900	1350	2200	3700	6300	9900	9400	7200	5700	4650
时　间	10	11	12	13	14	15	16	17	18	19
$P=1\%$洪水	2000	1700	1450	1200	1100	1000	1050	1300	2850	3200
$P=0.1\%$洪水	3050	2600	2200	1850	1650	1500	1550	1950	4300	5600
$P=0.01\%$洪水	3800	3200	2750	2400	2100	1900	1950	2450	5300	7100
时　间	20	21	22	23	24	25	26	27	28	29
$P=1\%$洪水	4150	5100	6800	8250	7300	5850	4850	3950	3150	2450
$P=0.1\%$洪水	6200	7700	10200	12800	11000	8500	7250	5900	4900	3900
$P=0.01\%$洪水	7800	9700	12900	16600	14000	11000	9000	7400	6150	4800
时　间	30	31	32	33	34	35	36	37	38	39
$P=1\%$洪水	2050	1700	1450	1250	1100	950	880	1200	1500	1600
$P=0.1\%$洪水	3150	2550	2100	1800	1550	1400	1300	1800	2550	3100
$P=0.01\%$洪水	3800	3100	2550	2150	1900	1700	1600	2200	3050	3500
时　间	40	41	42	43	44	45	46	47	48	
$P=1\%$洪水	1400	1200	1050	900	700	650	550	520	500	
$P=0.1\%$洪水	2900	2500	2200	1850	1550	1300	1050	980	900	
$P=0.01\%$洪水	3300	2900	2450	2100	1800	1600	1250	1150	1050	

2. 计算条件

本流域降雨量的年内分配极不均匀。虽然在属于梅雨季节的4月、5月、6月，阴雨连绵，暴雨迭现，3个月的降雨量之和占全年的50%左右，但其后的7月、8月、9月3个月，受台风过境的影响，也时有台风暴雨出现。考虑本流域的暴雨特性及相应的洪水特性等因素，拟取水库的防洪限制水位与正常蓄水位重合，即 $Z_{fl}=230m$，并作为调洪计算的起调水位。

调洪计算前，还必须选择泄洪建筑物的型式，拟定其尺寸，并选用泄流公式和绘制泄流曲线，供调洪计算用。本设计从坝址处的地质地形条件等因素综合考虑，拟采用开敞式溢洪道，剖面形式取为实用堰。据此，选用如下溢洪道下泄流量计算公式：

$$q=M_1BH^{3/2} \tag{3-10}$$

式中：B 为溢洪道净宽，m，根据工程布置条件及单宽流量要求等因素，拟取 $B=60$m；H 为堰上水头，m；暂不计行近流速，取 $H=Z-Z_{wr}$，这里，Z 为水库水位，m；Z_{wr} 为堰顶高程，m；本设计取 $Z_{wr}=223.8$m；M_1 为综合流量系数，初步计算时取 2.0。

3. 调洪计算

根据以上计算条件，采用瞬态法分别对下游防护对象及 H 水电站枢纽水工建筑物的设计洪水过程和校核洪水过程进行调洪计算，即可确定相应的水库设计洪水位和校核洪水位。基本计算公式是：

$$\frac{Q_1+Q_2}{2}-\frac{q_1+q_2}{2}=\frac{\Delta V}{\Delta t}=\frac{V_2-V_1}{\Delta t} \tag{3-11}$$

$$q=f\ (V) \tag{3-12}$$

式中：Q、q 分别为水库入库流量和下泄流量，m^3/s；下标 1、2 分别为时段初和时段末的值；V 为水库蓄水量，$\times 10^6 m^3$；下标 1、2 分别为时段初和时段末的值；Δt 为时段长，s；ΔV 为时段内水库蓄水量的变化量，$\times 10^6 m^3$。

联立求解上述两式，即可求出 V_2、q_2 两个未知数。具体计算步骤如下：

（1）根据水库水位容积关系曲线和泄洪建筑物方案，求出水库下泄流量与库容之间的关系曲线。同时，考虑水电站洪水期间按满负荷发电方式运行，求水库水位与水电站发电流量之间的关系。进而求得水库水位与水库总泄流量之间的关系 $Z\sim q$。

（2）选取合适的计算时段，通常以秒为计算单位。

（3）对第一个计算时段进行试算。该时段初水库水位 $Z_1=Z_{fl}=230$m，相应的蓄水量 $V_1=V_{fl}=1584.24\times 10^6 m^3$，据此，可由 $Z\sim q$ 查得相应的水库总泄流量 q_1。在此基础上，即可按以下步骤进行试算：先假设一个 Z_2 值，由 $Z\sim q$ 查得相应的水库总泄流量 q_2，代入式（3-11）中求出时段末蓄水量 V_2 值。然后按此 V_2 值在库容曲线上查出一个新的 Z_2' 值，再从 $Z\sim q$ 上查得新的 q_2'，将 Z_2' 与所设 Z_2 值比较。若两者相等或近似相等，则该 Z_2 即为所要求的时段末水位，其所对应的总泄流量 q_2 值即为时段末泄流量；否则，重新假设 Z_2 值，并重复这一试算过程，直至两者相等或近似相等为止。

（4）将第一时段的 Z_2、V_2、q_2 值作为第二时段的 Z_1、V_1、q_1 值，并按与第一时段相同的方法进行试算，求得第二时段末的 Z_2、V_2 及 q_2 值……以此类推，直到求出整个水库调洪过程。并据此可确定坝前最高水位及其相应的最大泄流量。

本设计通过编程和上机计算，得本工程防洪高水位为 233.13m，设计洪水位为 236.35m，校核洪水位为 238.52m。

三、工程参数选择

水利水电工程的主要参数包括水库特征水位及水电站装机容量等。选择合适的工程参数，是水利水电工程规划设计的重要任务。

（一）水库特征水位选择

水库特征水位包括水库的正常蓄水位、死水位、防洪限制水位、防洪高水位、设计洪水位、校核洪水位等。本小节主要结合毕业设计（甲）“N 水电站水库特征水位选择”中有关内容，说明水电站水库正常蓄水位选择的设计方法。

N水电站是S江上游干流梯级开发的第一级水电站，工程以发电为主，兼顾下游城镇防洪需要。N水电站水库坝址断面控制流域面积为564km²，多年平均年径流量$W_{年}$＝7.29亿m³，经分析计算，该工程设计洪水（P＝1%）洪峰流量为3380m³/s，设计24h洪量为1.17亿m³。

该水电站工程枢纽包括挡水坝、泄流坝、发电厂房、开关站等组成建筑物。工程所在河段为V字形河谷，两岸山体雄厚，地形对称，河谷宽高比为2.30。同时，该河段两岸岩石坚硬，岩体风化程度较浅。综合考虑地形地质条件及其他相关因素，最后选定该工程拦河坝坝型为抛物线双曲变厚拱坝，坝底高程135m，坝顶高程243m，最大坝高108m。现按给定的基本资料条件选择水库正常蓄水位。

1. 方案拟定

根据设计要求，综合分析水库库区的淹没、浸没损失，以及坝址和库区的地形、地质条件等因素，将N水电站水库正常蓄水位上限值定为249m。根据电力系统及各水利部门的最低兴利要求等因素，确定正常蓄水位不宜低于237m。在正常蓄水位上下限范围内拟定237m、240m、243m、246m、249m 5个比较方案。

2. 方案比较

（1）对所拟定的每个比较方案，拟定水库的消落深度。然后，对设计代表年进行径流调节和水能计算，求出各方案的水电站保证出力、多年平均年发电量、水电站的最大工作容量、必需容量以及其他水利动能指标。

（2）根据施工进度计划及工程概算定出水电站的施工期限m＝4年和各年投资分配。计算水电站造价原值K_1'及折现至施工期末的折算造价K_1。

（3）计算水电站折算造价的本利年摊还值$R_{P1}=K_1(A/P, r_0, n_1)$。按《建设项目经济评价方法与参数》（第三版）及SL 72—94《水利建设项目经济评价规范》的规定，取水电站投资收益率r_0＝8%，经济寿命n_1＝50年。

（4）按式$U_0=0.0175K_1'$计算水电站正常运行期的年运行费U_0（年运行费率一般为造价原值的1.5%～2%，不包括折旧费率）。

（5）计算各方案的水电站年费用$AC_h=K_1(A/P, r_0, n_1)+U_0$。

（6）为使各方案同等程度地满足电力系统对电力、电量的要求，正常蓄水位较低的方案，应以替代电站（凝汽式火电站）的电力、电量补充，为简化计算，以第5方案为基准，计算各个方案的差额，最后可求得替代电站补充年费用AC_t。其中，替代电站的经济寿命取为n_2＝25年。

（7）计算各方案电力系统的年费用$AC_s=AC_t+AC_h$。

以上各项计算成果见表3-11。

表3-11　N水电站水库正常蓄水位方案比较表

序号	项　目	单位	方案1	方案2	方案3	方案4	方案5
1	正常蓄水位Z_n	m	237	240	243	246	249
2	迁移人口	人	1271	1583	1733	1882	1909
3	淹没耕地	亩	680	754	829	903	978

续表

序号	项目	单位	方案1	方案2	方案3	方案4	方案5
4	水电站必需容量 N_1	MW	95	100	105	110	115
5	ΔN_1	MW	20	15	10	5	0
6	水电站多年平均年电能 E_{aa}	万 MW·h	32.28	32.75	33.23	33.69	34.08
7	ΔE_1	万 MW·h	1.80	1.33	0.85	0.39	0
8	水电站造价原值 K_1'	万元	52241.12	56484.00	60968.62	65445.61	69747.55
9	水电站折算造价 K_1	万元	60032.53	64908.21	70061.68	75206.38	80149.92
10	水电站本利年摊还值 R_{P1}	万元	4907.23	5305.78	5727.04	6147.58	6551.68
11	水电站正常年运行费 U_0	万元	914.22	988.47	1066.95	1145.30	1220.58
12	水电站年费用 AC_h	万元	5821.45	6294.25	6793.99	7292.88	7772.27
13	替代电站补充必需容量 ΔN_2	MW	21.0	15.75	10.50	5.25	0
14	替代电站补充年电量 ΔE_2	万 MW·h	1.890	1.397	0.892	0.410	0
15	替代电站补充造价原值 $\Delta K_2'$	万元	9450.00	7087.50	4725.00	2362.50	0
16	替代电站补充折算造价 ΔK_2	万元	10224.14	7668.11	5112.07	2556.04	0
17	替代电站补充造价本利年摊还值 ΔR_{P2}	万元	957.79	718.34	478.89	239.45	0
18	替代电站补充年运行费 ΔU_2	万元	425.25	318.94	212.63	106.31	0
19	替代电站补充年燃料费	万元	264.60	195.58	124.88	57.40	0
20	替代电站补充年费用 AC_t	万元	1647.64	1232.86	816.40	403.16	0
21	系统年费用 AC_s	万元	7469.09	7527.11	7610.39	7696.04	7772.27

3. 计算成果分析

（1）对以上计算成果进行分析，各正常蓄水位方案在技术上都是可行的。从系统年费用看，以237m方案较为有利。

（2）根据径流调节计算成果分析，各方案的防洪功能相同，各方案的电站发电量及装机容量随正常蓄水位升高而增加，各方案的水量利用系数均已较高。但正常蓄水位237m方案相应的调节库容作为年调节水库较为勉强，而正常蓄水位大于240m方案后，基本上均可进行年调节。从本地区国民经济发展规划看，本电站建成后，将主要作为系统的调峰电源，适当增大电站规模是很需要的。

（3）从水库淹没损失来看，当正常蓄水位从237m提高至249m，淹没耕地和迁移人口数相差不大，考虑到移民环境容量有限及尽量降低水库淹没处理投资等因素，正常蓄水位以不高于240m为宜。

（4）从工程规模分析，当正常蓄水位由240m再进一步提高时，工程等别由Ⅲ等升为Ⅱ等，其大坝投资增加也相对较大，故从工程技术条件考虑，以正常蓄水位240m方案较简单。

4. 结论

从技术、经济、社会、环境等方面进行综合考虑，最后选择N水电站水库正常蓄水位240m方案。

（二）水电站装机容量选择

水电站装机容量的选择，直接关系到水电站的规模、资金的利用与水能资源的合理开发等问题。本小节主要以毕业设计（乙）为例，说明有关水电站装机容量选择的设计步骤与方法。

1. 电力系统负荷资料

电力系统的负荷资料是水电站装机容量选择的重要依据。本设计给定 H 水电站所属电力系统设计水平年的年最大负荷曲线及典型日负荷曲线分别见表 3－12 和表 3－13。

表 3－12　　电力系统年最大负荷曲线　　单位：MW

月　份	1	2	3	4	5	6	7	8	9	10	11	12
最大负荷	1040	1030	1040	1080	1120	1170	1210	1170	1160	1150	1140	1150

表 3－13　　电力系统典型日负荷曲线

典型日负荷百分数（%）＼小时	1	2	3	4	5	6	7	8	9	10	11	12
夏季（7 月）	65	64	64	64	70	73	80	91	94	96	87	83
冬季（12 月）	63	62	62	62	73	72	75	84	93	96	84	79
典型日负荷百分数（%）＼小时	13	14	15	16	17	18	19	20	21	22	23	24
夏季（7 月）	88	91	93	95	88	85	97	100	98	86	75	65
冬季（12 月）	91	93	89	86	84	94	100	98	94	85	72	63

2. 水电站最大工作容量的确定

本设计采用电力电能平衡法确定水电站的最大工作容量。由于 H 水电站为多年调节水电站，故应通过年电力电能平衡来确定。

首先，按水电站全年担任系统峰荷的方式，并根据系统最大负荷年内变化的实际情况，设定 3 个水电站最大工作容量方案，即 $N''_{hw1}=150\text{MW}$、$N''_{hw2}=200\text{MW}$、$N''_{hw3}=220\text{MW}$，并对每一方案定出相应各月的水电站峰荷出力（图 3－2）。然后，由水电站各月的峰荷出力，从当月典型日负荷图及其日电能累积曲线上查得相应的日电能 E_i，再将 E_i 除以 24h 得到各月水电站平均出力 N_i，即 $N_i=E_i/24$，并可进一步求得各方案所需的水电站年电能 $E_a=730\sum N_i$，据此，可绘制 $N''_{hw}\sim E_a$ 关系曲线（图 3－3）。最后，根据水电站的保证出力 $N_f=50.5\text{MW}$，年保证电能 $E_{fa}=4.4238\times10^8\text{kW}\cdot\text{h}$，从 $N''_{hw}\sim E_a$ 关系曲线上确定水电站最大工作容量为 $N''_{hw}=212\text{MW}$。在此基础上，可计算确定与水电站最大工作容量对应的水电站各月的平均出力，此即水电站保证出力图，可供编制水电站水库调度图之用。

3. 水电站备用容量的确定

水电站备用容量包括负荷备用容量和事故备用容量两部分，即 $N_{hs}=N_{hl}+N_{he}$。

根据 DL/T 5015—1996《水利水电工程动能设计规范》的有关规定及电力系统的特点，本系统的负荷备用容量取系统最大负荷的 5%，事故备用容量取系统最大负荷的 10%，因此，H 水电站所属电力系统的负荷备用容量取为 $N_{sl}=5\%\times1210\text{MW}=60.5\text{MW}$，事故备用

容量取为 $N_{se}=10\%\times1210\text{MW}=121\text{MW}$。由于本系统为火主系统，而 H 水电站调节性能较好，可作为系统的主要调频电站，其所承担的负荷备用容量拟按 $N_{hl}=\frac{2}{3}N_{sl}$ 考虑，因此，取 $N_{hl}=40\text{MW}$。H 水电站所分担的系统事故备用容量拟按 $N_{he}=N''_{hw}/N''_{sw}\times N_{se}$ 计算，故取 $N_{he}=20\text{MW}$。于是，H 水电站所承担的备用容量为 $N_{hs}=N_{hl}+N_{he}=60\text{MW}$。

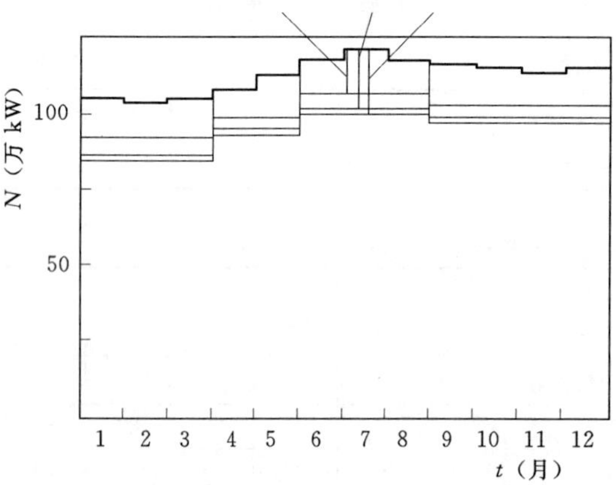

图 3-2　电力系统出力平衡图

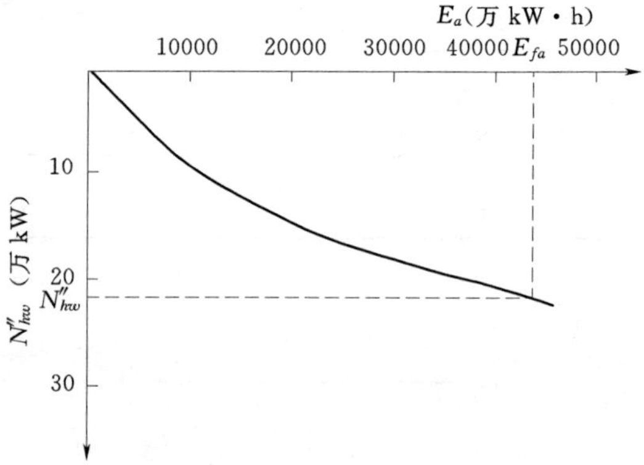

图 3-3　H 水电站 $N''_{hw}\sim E_a$ 关系曲线

4. 水电站重复容量确定

因 H 水电站调节性能较好，其必需容量已达 $N_{hn}=N''_{hw}+N_{hs}=212\text{MW}+60\text{MW}=272\text{MW}$，根据实测径流资料进行水能计算的结果可以看出，水电站最大月平均出力仍小于 N_{hn}，故该水电站不需设重复容量。

5. 水电站装机容量确定

根据以上分析计算结果，可初步确定 H 水电站装机容量为 272MW，拟取 4 台机组，单机容量 68MW。

在此基础上，进行电力系统设计枯水年的容量平衡。结果表明，H 水电站的装机容量定为 272MW 是合适的。

四、枢纽布置与投资估算

本小节结合毕业设计（乙），简要说明工程规划设计中枢纽布置与投资估算的有关问题。

（一）枢纽布置

根据开发河段的具体条件，设计工程 H 水电站枢纽总体上拟采用混合式开发方式，枢纽组成建筑物主要有水库大坝、发电引水隧洞、水电站厂房等。根据枢纽布置的基本原则及当地的地形地质条件等因素，可确定 H 水电站的枢纽布置方案。有关枢纽布置设计的具体内容和方法，参见本书第一章第二节。

（二）投资估算

根据有关水利水电建设项目投资估算的规定，将 H 水电站的建设总投资划分为工程部分及移民与环境部分，其中工程部分包括建筑工程、机电设备及安装工程、金属结构设备及安装工程、施工临时工程、独立费用 5 项；移民与环境部分包括水库移民征地补偿、水土保持工程、环境保护工程 3 项。对以上各项费用逐项估算，再经汇总即可得到总投资估算结果。本设计从现有资料条件等具体情况出发，投资估算以工程量计算为基础，并对某些方面作了一定的简化。经初步估算，求得 H 水电站建设总投资为 $K_1'=156835.41$ 万元。

五、经济评价

水电站经济评价包括国民经济评价和财务评价两部分内容。本小节主要结合毕业设计（乙）说明水电站设计中国民经济评价的有关内容。

（一）现金流程分析

首先，根据国民经济评价要求，对 H 水电站建设总投资估算额进行调整，求得工程的影子投资为 141151.87 万元。据此，考虑水电站建设施工期为 4 年及具体的建设进度安排，确定各年的投资分配见表 3－14。

表 3－14　H 水电站建设期投资分配表　　单位：万元

年　份	第 1 年	第 2 年	第 3 年	第 4 年	合　计
投资额	28230.37	42345.56	42345.56	28230.37	141151.87

H 水电站正常运行期的年运行费（不包括折旧费）为 $U_0=0.0175K_1'$，经计算得$U_0=2470.16$ 万元。水电站初始运行期按 2 年计，即第 3～4 年为初始运行期，初始运行期的年运行费与其发电量成正比，分别为 $U_3'=617.54$ 万元及 $U_4'=1852.62$ 万元。

H 水电站的发电效益可采用影子电价法确定。由水能计算结果，H 水电站多年平均年发电量为 $E_{aa}=5.91\times10^8\text{kW}\cdot\text{h}$，再考虑扣除厂用电（厂用电率 0.4％）及输电损失（输电损失率 3.5％），水电站有效电量为 $E_{ef}=5.68\times10^8\text{kW}\cdot\text{h}$。H 水电站所属电网平均影子电价按 0.387 元/（kW・h）计，据此可求得该电站正常运行年发电效益为 21981.60 万元。根据初始运行期安排的投产情况，可计算初始运行期的年发电效益分别为 5495.40 万元及 16486.20 万元。

根据水利部 1994 年 3 月发布的 SL 72—94《水利建设项目经济评价规范》的规定，H 水电站经济计算期包括建设期和正常运行期，其正常运行期取 $n_1=50$ 年。据此，可绘出如下的 H 水电站经济评价的资金流程图（图 3－4）。

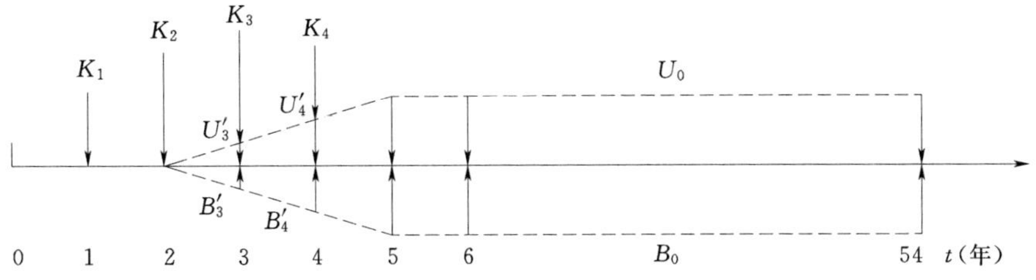

图 3－4　H 水电站经济评价现金流程图

（二）经济评价

按有关规定，H 水电站国民经济评价的社会折现率取为 $r_0=8\%$。根据图 3-4，可求得水电站投资的本利摊还值 $R_{p1}=K_1$（A/P，r_0，n_1）$=12989.90$ 万元，水电站初始运行期年运行费的本利摊还值为 $U_1=205.95$ 万元。于是，可求得 H 水电站的年费用为 $AC=K_1$（A/P，r_0，n_1）$+U_0+U_1=15666.01$ 万元。同时，可计算确定 H 水电站的效益年值为 $AB=21981.60$ 万元$+1832.71$ 万元$=23814.31$ 万元。

在此基础上，可进一步计算 H 水电站经济净现值及经济内部收益率等经济评价指标。经济净现值的计算公式是：

$$ENPV=\sum_{i=1}^{n}(B-C)_t(1+t_s)^{-t} \tag{3-13}$$

式中：$ENPV$ 为经济净现值，万元；B 为年效益，万元；C 为年费用，万元；n 为计算期，年；t 为计算期各年的序号，基准点的序号为 0；$(B-C)_t$ 为第 t 年的净效益，万元；i_s 为社会折现率，按规定，对本电站取 $i_s=8\%$。

经济内部收益率按以下公式计算：

$$\sum_{t=1}^{n}(B-C)_t(1+EIRR)^{-t}=0 \tag{3-14}$$

式中：$EIRR$ 为经济内部收益率；其余符号意义同上。

本电站的具体计算结果是：经济净现值为 $NPV=73271.88$ 万元>0，经济内部收益率 $EIRR=12.9\%>i_s=8\%$。根据水利水电建设项目经济评价的有关规定，H 水电站的国民经济评价是可行的。

六、环境影响评价

水利水电工程的环境影响包括对自然环境的影响和对社会环境的影响两个方面。本小节介绍毕业设计（乙）中有关 H 水电站环境评价的内容。

（一）自然环境影响

H 水电站所在流域属副热带季风气候，多年平均气温 16.4℃，多年平均年降雨量 1770mm，河流坝址断面多年平均流量 $83.0m^3/s$，年内径流变化较大。工程建成后，由于水库调节作用，将使泄往下游的径流年内分配较为均匀。此外，由于水库水面较大，将使流域蒸发量较建库前略有增加，相应地，流域多年平均年径流量将略有减少。预计工程对所在地区其他气象水文要素的影响不大。

工程建成后，水库的水质污染主要来自上游地区居民的生活污水及库区农田流失的化肥、农药等。但由于电站上游多崇山峻岭，人口较少，耕地不多，又无其他污染源，因此，本电站的建设对水质不会产生明显的不利影响。此外，本电站建成后，将替代电力系统内火电调峰容量，节省系统的燃料消耗，从而，减少火电燃煤产生的大量 SO_2、CO 和粉煤灰等污染物，有利于大气质量的改善。

H 水电站库区高山峡谷，地层多为白垩纪流纹斑岩及凝灰岩分布，柱状节理及顺坡向节理裂隙普遍，断裂构造不甚发育，受水库回水影响，可能有局部土坡滑落、崩坍等情况，但范围不会很大，库区的岸坡稳定问题是不严重的。引水建筑物沿线为流纹岩分布，岩石新鲜完整，地质条件良好。厂房所在位置地形陡峻，覆盖薄，基岩大片出露，岩石完整，风化浅，构造较单一。预计工程对地质环境的影响较小。

（二）社会环境影响

H 水电站上游多崇山峻岭，人口较少，耕地不多，交通不便，工业很少，农业生产水平较低，经济相对欠发达，库区也未发现有经济价值的矿床。因此，工程建设造成的水库淹没损失较少，其中，单位装机容量淹没耕地面积仅为 0.04 亩/kW，迁移人口为 0.08 人/kW。只要从当地条件出发，采取适当的方式进行移民安置，既可以减轻由于水库淹没造成的对社会环境的不利影响，还可提高移民的物质生活水平，改善他们的社会生活环境。

本工程以发电为主，兼有防洪、灌溉、航运、供水等效益。电站建成后将主要带尖峰负荷运行，缓解电力系统调峰容量紧张的状况。由于水库的径流调节作用，工程建成后，可提高下游已建水电站的保证出力，且有利于下游农田的灌溉。洪水期间，通过本水库的调蓄，可有效发挥对下游国有重要大型企业、铁路干线以及 5 万亩农田的防洪作用。此外，电站的建设将带动当地工农业的发展，为当地居民创造就业机会，改善当地的社会经济条件。

总之，H 水电站的建设对自然环境和社会环境所造成的不利影响范围小、程度轻，而有利影响则是十分明显的。

七、点评

在进行以水利水电规划为主的毕业设计时，应综合运用所学的专业理论知识，解决水文分析、水利动能计算、工程参数选择等具体设计问题，不仅要求有关的规划设计方法正确、计算无误，更重要的是在解决有关设计问题时，要重视进行全面分析和综合评价，力戒片面性。下面结合学生毕业设计中曾出现过的一些问题，就设计中如何进行全面分析和综合评价作简要评析。

（一）设计代表年的确定

例：某毕业设计根据 A 水库坝址断面处的年径流量保证率曲线，求出符合设计保证率 $P=80\%$ 的年径流量为 42 亿 m^3。根据按年径流量确定设计代表年的原则，在坝址断面的实测径流系列中，1935～1936 年水文年的年径流量为 41.8 亿 m^3，与设计枯水年径流量接近，选出 1935～1936 年作为设计枯水年的典型年。

评析：在按年水量来确定设计代表年时，典型年的选择既要考虑年径流量比较接近的原则，从偏于安全的角度，还应考虑径流的年内分配对工程不利的原则。但本设计对后一原则未予考虑。实际上，在坝址断面的实测径流系列中，与设计枯水年径流量（42 亿 m^3）接近的年份并不只是 1935～1936 年水文年，1953～1954 年的年径流量为 42.5 亿 m^3，与 42 亿 m^3 亦较接近。而相对来说，1953～1954 年的径流年内分配比 1935～1936 年更为不利，因为前者枯水期的径流量为 10.0 亿 m^3，后者则为 11.2 亿 m^3，在用水要求相同的条件下，前者所缺水量更大。因此，从偏于安全考虑，宜选择 1953～1954 年水文年作为设计枯水年的典型年。在此基础上，再计算 $K=W_P/W_D$，并以此 K 值遍乘典型年各月径流量，这样得到的设计枯水年径流过程，更符合设计要求。

还应指出，当一年内丰、枯水季水量的分配历年变动很大时，设计代表年常按枯水期水量来确定，以使据此进行调节计算所得的调节流量值更接近于设计保证率。

（二）水电站装机容量选择

例：某毕业设计中，B水电站水库兴利库容为29亿m^3，具备年调节性能。经水能计算得到水电站保证出力为140MW。为选择B水电站的装机容量，首先通过设计枯水年供水期电力电能平衡的方法，求得其最大工作容量为324MW。再根据该水电站的特性及电力系统的实际情况分析，取定B水电站所承担的系统负荷备用容量为50MW，事故备用容量为96MW，故水电站的必需容量为470MW。又经分析，该水电站不需设置重复容量。因此，确定B水电站装机容量为470MW。

评析：该设计选择水电站装机容量的步骤和方法都是正确的。但应该指出，B水电站虽然调节性能较好，且与系统负荷中心相距不远，可以作为系统的主要调频电站，但是在分配系统事故备用容量时，考虑到事故备用容量的使用时间较长，须为承担系统事故备用任务的水电站准备一定数量的事故备用库容，其值约为事故备用容量担任基荷连续工作3～10d的用水量。当该用水量大于水电站水库调节库容的5%时，则应专门留出事故备用库容。而该设计所取B水电站事故备用容量（96MW）担任基荷连续工作3～10d的用水量为1.74亿～5.79亿m^3，已超过水电站水库调节库容的5%（1.45亿m^3），可见，在不考虑专门留出事故备用库容的前提下，该设计所取B水电站事故备用容量是偏大的。

为解决此问题，应通过进一步分析论证，或适当减小B水电站所分担的事故备用容量，如可将该水电站事故备用容量取为51MW，此时，其装机容量为425MW；或为B水电站所分担的96MW事故备用容量专门留出相应的事故备用库容。

（三）水电站水库特征水位选择

例：某毕业设计的任务之一是选择C水电站水库的正常蓄水位。为此，该设计根据工程的实际情况，拟定了180m、183m、186m、189m 4个正常蓄水位方案，并对各方案逐一进行了水利动能经济计算，结果见表3-15。根据表3-15中所列结果，该设计选择系统年费用最小的方案1作为最后采用方案，即取C水电站水库正常蓄水位为180m。

评析：该毕业设计应用方案比较法选择水电站水库正常蓄水位的步骤方法是正确的，计算结果基本上是合理的。但针对该设计，尚需指出以下两点问题：

（1）在对各正常蓄水位方案进行动能经济计算时，应注意水电站施工期限m的合理取值问题，因为在进行动态经济分析时，工程的施工期限m取值不同，对各方案的水电站折算造价、年费用以及整个系统年费用的计算结果影响是不一样的，从而可能影响最终的方案比较结果。本设计中，对各方案采用的施工期分别为7年、8年、9年、10年，这样的施工期限m取值似乎偏大了。因为就本工程而言，水电站规模属中型，从工程量、施工难度以及施工技术、设备及其他施工条件等方面考虑，参照类似工程的经验，取施工期限$m=4\sim6$年可能是合适的。而本设计的施工期限m取值偏大，可能使水库正常蓄水位越低的方案经济评价指标越有利，据此选出的“最优”方案实际上不一定是真正最优的。

表 3-15　　C 水电站水库正常蓄水位方案比较

序号	项　　目	单位	方案 1	方案 2	方案 3	方案 4	备　　注
1	正常蓄水位 Z_n	m	180	183	186	189	拟定
2	水电站必需容量 N_1	MW	135	142	149	156	简化法求得
3	水电站多年平均年电能 E_{aa}	亿 kW·h	4.73	4.97	5.20	5.45	简化法求得
4	水电站造价原值 K_1'	万元	77795	80645	83535	86465	未考虑时间因素
5	水电站施工期 m	年	7	8	9	10	包括初始运行期
6	水电站折算造价	万元	133341	149274	166986	186678	折算至施工期末 T
7	水电站本利年摊还值 R_{P1}	万元	10899	12202	13649	15259	K_1 (A/P, r_0, n_1)
8	水电站初始运行期 $T-t_b$	年	3	3	3	3	已知
9	水电站初始运行期运行费年摊还值 U_1'	万元	27.5	28.4	29.3	30.2	
10	水电站正常年运行费 U_1	万元	275.7	284.6	293.4	302.9	$K_1'\times1.75\%$
11	水电站年费用 AC_h	万元	11202	12515	13972	15592	(7) + (9) + (10)
12	替代电站补充必需容量 ΔN_2	MW	23.1	15.4	7.7	0	$1.1\Delta N_2$
13	年电量 ΔE_2	万 kW·h	7379	4982	2535	0	$1.05\Delta E_2$
14	造价原值 $\Delta K_2'$	万元	10395	6930	3465	0	$4500\Delta N_2$
15	折算造价 ΔK_2	万元	11247	7498	3749	0	施工期 3 年
16	补充造价本利年摊还值 ΔR_{P2}	万元	1054	702	351	0	ΔK_2 (A/P, r_0, n_2)
17	年运行费 ΔU_2	万元	520	347	174	0	$\Delta K_2'\times5\%$
18	补充年燃料费 $\Delta U_2'$	万元	369	249	127	0	$0.05\Delta E_2$
19	年费用 AC_t	万元	1943	1298	652	0	(16) + (17) + (18)
20	系统年费用 AC_s	万元	13145	13813	14624	15592	(11) + (19)

(2) 在进行水电站正常蓄水位选择时，经济指标只是方案比较的重要方面，但不是方案选择的唯一依据，应对各方案进行全面的技术经济比较和综合评价。就本设计而言，各方案在技术上都是可行的，而从经济指标看，方案 1 的系统年费用最小，表明该方案的经济性最好。但是，考虑到 C 水电站所在电力系统是一个火主系统，适宜开发建设的水电工程不多。随着地区经济社会发展，电力系统的复合快速增长，系统调峰、调频继事故备用容量日趋紧张。而 C 水电站属于年调节电站，调节性能较好，且距离系统的负荷中心较近，适当增加 C 水电站的规模，对于缓解日趋严重的系统调峰、调频及事故备用容量紧张的局面，将是十分有利的。此外，C 水电站下游尚有一径流式水电站，适当增加 C 水电站水库的规模，对提高整个梯级的水能资源开发利用效益也是有利的。再考虑到 C 水电站水库还承担一定的综合利用任务，亦宜将水库正常蓄水位适当提高一些。综上所述，虽然方案 1 的系统年费用最小，但从综合评价的角度来看，方案 2 可能更有利一些。诚然，最后的水库正常蓄水位方案选择结果，尚需通过进一步分析论证才能确定。

第二节　混凝土拱坝设计

一、设计基本资料

A 江是我国东南地区的一条河流，根据流域规划拟建一水电站。本设计任务是对 A 江水利枢纽进行设计。其基本资料和设计要求如下。

（一）枢纽任务

本工程同时兼有防洪、发电、灌溉、渔业等综合利用功能。水电站装机容量为 200MW，多年平均年发电量 5.08 亿 kW·h，正常蓄水位为 183m，汛前限制水位 182m，死水位 164m，4 台机组满载的流量 $338m^3/s$，尾水位 103.1m，厂房型式为坝后式。本工程建成后，可增加保灌面积 50 万亩，减轻洪水对 A 市和 A 平原的威胁，在遇到 $P=0.02\%$ 和 $P=0.1\%$ 的洪水时，经水库调洪后，洪峰流量由原来的 $14900m^3/s$、$11700m^3/s$ 分别削减为 $7850m^3/s$、$6850m^3/s$，要求设计洪水时最大下泄流量限制为 $6850m^3/s$，正常蓄水位时，水库面积为 $34.2km^2$，可为发展养殖创造有利条件。此外，根据林业部门的要求，每年木材过坝量为 33.3 万 m^3，其木材最大长度为 10m，大头直径为 120cm。

（二）自然地理与水文气候特性

1. 流域概况

A 江是我国东南的一条河流，流向自西向东，流经 A 省南部地区，汇入东海，干流全长 153km，流域面积 $4860km^2$。

坝址以上流域面积 $2761km^2$，流域境内为山区，平均高度为 662m，最高山峰达 1921m，流域境内气候湿润，雨量充沛，属热带气候。径流主要来自降雨，小部分由地下水补给，每年 4～9 月为汛期，其中 5、6 两月为梅雨季节，河道坡降上游陡，下游缓，平均坡降 6.32%～0.97%，因河道陡、调蓄水能力低、汇流快，由暴雨产生的洪水迅速涨落，一次洪水过程线尖瘦，属典型的山区性河流。

流域境内，以农林为主，森林茂盛，植被良好，水土流失不严重，枢纽下游为 A 省的重要农副生产基地——A 平原。

坝址下游约 50km 有县级城市 2 座，在河流入海处，有省辖市 1 座。

2. 气候特性

（1）气温。坝址处的多年平均气温为 17.3℃，月平均最低气温 5℃（1 月），最高 29℃（7 月）。实测极端最低气温－8.2℃（1 月），最高为 40.6℃（7 月）。

（2）湿度。年平均相对湿度为 79%左右，其中以 6 月 87%为最大，1 月 72%为最小，日变化较大。

（3）降雨量。坝址以上流域的年平均降雨量为 1680mm，实测最大年降雨量为 2389mm，最少为 1380mm，雨量在年内分配不匀，其中 4～9 月占全年降雨量的 75%，而 5、6 两月占全年雨量的 1/3。

（4）蒸发量。坝址处多年平均年蒸发量为 1349mm，其中以 7 月为最大，月蒸发量为

217mm；2 月为最小，月蒸发量为 45.4mm。

（5）风向风力。实测最大风速为 17m/s，风向西北偏西，吹程 4.5km。多年平均最大风速为：汛期为 12m/s，非汛期为 13m/s，风向基本垂直坝轴线，吹程 4km。

（6）水库水温。据资料分析，各层水温的多年平均水温（T_H）及年变幅（ΔT_C）按下列公式计算：

$$T_H=8.5e^{-\left(\frac{H}{27.12}\right)^{2.45}}+10.8 \qquad (3-15)$$

$$\Delta T_C=5.1e^{-\left(\frac{H}{25.21}\right)^{2.40}}+2.40 \qquad (3-16)$$

式中：H 为水深。

3. 水文特性

（1）正常径流。根据资料分析，坝址处的多年平均流量为 100m³/s，多年平均年径流总量为 31.5 亿 m³，各频率的月平均量见表 3-16。

表 3-16　各频率的月平均流量　单位：m³/s

频率（%）＼月份	1	2	3	4	5	6	7	8	9	10	11	12	多年平均
1	116	267	324	490	689	679	346	263	331	102	121	113	186
5	78	179	235	364	510	537	352	177	210	73	77	73	150
50	21	49	89	141	216	277	78	44	44	26	16	16	97
80	8	19	47	73	127	184	22	15	12	13	4	5	74
95	2	5	22	36	69	121	5	4	2	6	1	1	55

（2）洪峰流量及总量。据水文资料推算，坝址处的洪峰流量及总量如下：洪峰流量 Q=3310m³/s，C_v=0.45，C_s=4C_v，P-Ⅲ型线，各频率流量为：P=0.02%，Q=14900m³/s；P=0.1%，Q=11700m³/s。

洪峰总量：3 日洪水总量的均值 ΔW=3.5 亿 m³，C_v=0.38，C_s=3C_v，P-Ⅳ型线，各频率洪量：P=0.02%，3 日洪水总量 ΔW_p=7.94 亿 m³；P=0.1%，3 日洪水总量 ΔW_p=6.58 亿 m³。

可能最大 3 日洪量为 15.4 亿 m³。

（3）施工期各设计洪水频率流量，见表 3-17。

表 3-17　施工期设计洪水频率流量　单位：m³/s

频率（%）＼施工时段	10～4 月	9～6 月	10～3 月	11～6 月	11～2 月	12～2 月	备　注
5	2087	1772	1367	1367	884	824	
10	1673	1410	1072	1072	654	596	
20	1275	1045	784	784	434	332	

（4）固体径流量及水库淤积。据水文站实测资料分析，年固体径流总量为 331 万 t，百年后水库淤积高程 115m。淤沙浮容重为 8.5kN/m³，内摩擦角为 10°。

4. 其他

本坝址地震烈度为 7 度。

（三）工程地质

1. 库区工程地质

（略）。

2. 坝址工程地质

（1）地貌。坝址处的河床宽度约100m。河底高程约100m，水深1～3m。河谷近似V形，两岸坡度约40°～60°。

河床覆盖层由大块石、卵石组成。厚度约5～6m，两岸山坡为第四系覆盖层，厚度为5～10m左右。

（2）岩性和工程地质。坝基为花岗斑岩，风化较浅，岩性均一，新鲜坚硬完整，抗压强度达120～200MPa。

坝址的地质构造简单，无大的地质构造，缓倾角节理延伸短，整体滑动可能性很小。但陡倾角节理较发育，以构造节理为主，左右岸各有走向互相垂直的二组节理。其中一组近于平行山坡等高线，方向见地形图，节理倾角约35°～90°，节理面无夹泥存在。坝址处的水文地质较简单，未发现裂隙承压水。

（3）岩石的物理力学性质，见表3-18。

表3-18　岩石的物理力学性质

岩性或地质构造	容重（kN/m^3）		孔隙率（%）	抗压强度（MPa）		弹性模量（MPa）	摩擦系数				黏聚力（MPa）	泊松比 μ
							抗剪系数		抗剪断系数			
	干	湿		干	饱和		混凝土/基岩	基岩内部	混凝土/基岩	基岩内部		
花岗斑岩	27.3	28.1	2.3	210	190	2.2×10^4	0.70	0.75	0.75	1.20	0.5 基岩与混凝土	0.20
节理面								0.65		0.75	1.0 基岩内	

相对隔水层离基岩表面深15m。

（四）筑坝材料

1. 石料

坝区大部分地区为花岗斑岩，基岩埋深浅，极易开采，且河床覆盖层中的块石、卵石亦可利用，因此筑坝石料极易解决。

2. 砂料

在坝下游勘探6个砂料场，最远料场离坝约9km，以石英破碎带的料场为主，初估砂料储量约430万m^3。

经质量检验，砂石料符合相关规范要求。

3. 土料

坝址处缺乏筑坝的土料。

（五）库区经济

库区除有小片盆地外，其余多为高山峡谷地带。耕地主要分布在小片盆地上，高山上的森林茂密。在正常蓄水位时，需迁移人口21444人，拆迁房屋19240间，淹没、浸没耕地16804亩，淹没森林面积18450亩，淹没县社建造的2座小型水电站（装机容量2.21MW）等，共需赔偿费4120万元。

（六）其他

1. 对外交通

本坝址上游左岸30km处有铁路干线车站。另有公路与坝址下游50km的两座县城相通，2县城有公路和水路与河流入海处的省辖市相连，对外交通较为方便。

2. 附属工厂和生活区

坝址下游两岸有较大的冲积台地，地形平缓面积较大，适宜布置附属工厂和生活区。

3. 负荷位置

本电站主要供应坝下游A平原的农村生产用电及省辖市的工业用电，并担负A电网的部分调峰任务。

坝顶有双线公路布置的要求。

水库水位～容积关系曲线、坝址处水位～流量关系曲线、设计洪水（3日）过程线和坝址地形图等略。

（七）设计要求

在明确设计任务及对原始资料进行综合分析的基础上，要求：

（1）根据防洪要求，对水库进行洪水调节计算，确定坝顶高程及溢洪道孔口尺寸。

（2）通过分析，对可能的方案进行比较，确定枢纽组成建筑物的型式、轮廓尺寸及水利枢纽布置方案。

（3）详细作出大坝设计，通过比较确定坝的基本剖面与轮廓尺寸，拟定地基处理方案与坝身构造，进行水力、静力计算。

（4）对泄水建筑物（待坝型选定后指定）进行设计，选择泄水建筑物的型式与轮廓尺寸，确定布置方案，拟定细部构造，进行水力、静力计算。

（5）决定枢纽的施工导流方案，安排施工的控制性进度。

二、洪水调节计算

1. 泄水建筑物型式选择

本工程已选定拱坝方案（见后文），故泄水建筑物型式选择需考虑拱坝结构的特点，其泄洪方式有：表孔溢流、坝身开孔泄流（浅孔或中孔）、坝外溢洪道泄洪和利用导流隧洞泄洪等。

（1）表孔溢流方案。其优点是泄洪能力大，可减小孔口尺寸，闸门上的水压力小，操作检修方便。缺点是坝身单薄，需设置泄槽或滑雪道结构；实体的泄槽结构工程量较大，不经济；轻型的滑雪道结构易引起振动，稳定性不好。此外，表孔结构使堰顶以上坝体失去空间结构作用，拱的空间结构作用从堰顶高程以下才得以发挥。

（2）坝身开孔方案。试验研究表明，坝身开孔方案包括浅孔方案和中孔方案。为合理布置厂房，浅孔或中孔设在两岸坝段，对称布置，可利用水流对撞消耗能量。其优点与表孔溢流方案相同，合适的孔口尺寸对坝体应力并无大的影响；利用坝身开孔泄洪可节省另建溢洪道的投资。缺点是当水流过坝后需设置滑雪道泄槽，需合理选型和布置。泄槽若做成排架式，进厂公路可从排架间穿过。此外，应注意开孔数量和设置高程，若同一高程开孔数量多，该层拱圈削弱较多，应尽量避免。

（3）坝外溢洪道泄洪方案。该方案适用于有天然垭口，便于布置正槽式溢洪道的地形条件，A 江提供的地形图坝址附近，未见有天然垭口地形，故不考虑该方案。

（4）利用导流隧洞泄洪方案。拱坝的施工导流须采用一次断流方案，故施工时需在某一岸开挖导流隧洞，以便坝体施工，竣工后导流隧洞完成自己的使命，不再使用。为充分利用现成的隧洞，水利建设中常将隧洞进口段改建成“龙抬头”，将导流洞改建成泄洪洞，以节省工程投资。结合该工程的实际情况，考虑到导流洞长度较短，改建成泄洪洞后，除“龙抬头”部分外可利用的长度不长，加上改建部分的开挖和老洞的封堵也需要一定的投资，故需认真比较决定。

（5）方案选择。综合比较上述 4 个方案，结合 A 江枢纽具体情况，坝外溢洪道和利用导流隧洞方案不尽合理，选择表孔、浅孔、中孔方案，虽有水流向心收聚，能量集中的特点，但只要合理布置，采用挑流对撞消能工可以解决消能问题。泄槽的工程投资远小于另建泄水建筑物的投资，为使坝体空间结构作用少受影响，选择两浅孔和两中孔方案，浅孔位于两岸，中孔位于水电站进水口两侧，对称布置。

2. 确定工程等别和级别

根据 SL 252—2000《水利水电工程等级划分及洪水标准》，结合 A 江枢纽给定的特征水位和基本资料，通盘考虑水库总库容、防洪效益、装机容量等因素，A 江水利枢纽为大（1）型工程，主要建筑物为 1 级，次要建筑物为 3 级，临时建筑物为 4 级。

永久性建筑物设计洪水标准为：

正常运用（设计）洪水重现期：1000 年。

非常运用（特殊）洪水重现期：5000 年。

3. 水库运用方式

根据上述分析，本工程采用 2 浅孔和 2 中孔泄洪方案，在不影响工程效益前提下，尽量降低坝高可大大节省投资，故水库在洪水期的运用方式为：洪水到来之前开闸放水，腾空水库，将库水位降落至汛前限制水位 182m 处，即起调水位，起调流量为正常水位下开启浅中孔时对应的下泄流量之和。

4. 调洪演算

调洪演算根据水量平衡原理用列表或编程计算，计算时先按不同的出口高程和孔口尺寸拟定多组方案，计算结果见表 3-19。

由表 3-19 可知，方案 7 满足防洪要求，一方面充分利用下游防洪设施的防洪能力，另一方面可使工程投资最省。

设计洪水时，允许泄量 6850m^3/s，设置两浅孔，孔口尺寸 9m×9m，进口底高程为 163m，出口底高程 153.0m；两中孔，孔口尺寸 7m×8m，进口底高程为 134.00m，出口底高程 129.0m，下泄流量 6802.8m^3/s，略小于允许下泄流量，其设计洪水位为 186.18m，校核洪水位为 189.06m。由此计算得到的坝顶高程为 190.3m，最大坝高为 95.3m。

表 3-19　　洪水调节计算方案成果

方案		2浅孔			2中孔			最大泄量 (m^3/s)	最高水位 (m)
		高 (m)	宽 (m)	出口高程 (m)	高 (m)	宽 (m)	出口高程 (m)		
1	设计	8.5	8.0	154	6.0	7.5	130	5669.2	187.70
	校核	8.5	8.0	154	6.0	7.5	130	5902.3	190.56
2	设计	8.5	8.5	154	7.0	7.5	130	6221.8	186.94
	校核	8.5	8.5	154	7.0	7.5	130	6489.0	189.89
3	设计	9.0	8.5	154	7.0	7.5	130	6381.5	186.72
	校核	9.0	8.5	154	7.0	7.5	130	6658.4	186.65
4	设计	9.0	8.5	153	7.0	7.5	130	6438.1	186.64
	校核	9.0	8.5	153	7.0	7.5	130	6711.6	189.60
5	设计	9.0	8.5	153	7.0	7.5	129	6466.0	186.60
	校核	9.0	8.5	153	7.0	7.5	129	6738.6	189.57
6	设计	9.0	8.5	153	7.0	8.0	129	6645.9	186.36
	校核	9.0	8.5	153	7.0	8.0	129	6924.4	189.28
7	设计	9.0	9.0	153	7.0	8.0	129	6802.3	186.18
	校核	9.0	9.0	153	7.0	8.0	129	7090.8	189.06
8	设计	9.0	8.5	157	7.0	8.0	130	6616.0	186.40
	校核	9.0	8.5	157	7.0	8.0	130	6895.4	189.30
9	设计	9.0	9.0	153	7.0	8.0	130	6772.8	186.22
	校核	9.0	9.0	153	7.0	8.0	130	7062.7	189.11

三、坝型选择及枢纽布置

1. 坝址坝型选择

坝址选择与地形地质条件、坝型、枢纽布置和施工导流等因素有关，在满足枢纽布置和施工导流要求的前提下，坝轴线应尽可能短，以节省工程量。从地质条件看，坝址应选在地质构造简单，无大的地质构造的地方。A江枢纽提供的地形图有明显喇叭口状，河谷形状呈V形，无明显的地质构造，左右岸仅各有两条互相垂直的二组节理，坝址附近无土料，故坝址易于选择。坝型也基本上排除了土石坝，但不能排除混凝土面板堆石坝，山区符合做堆石坝的材料容易得到。故拟参加比选的坝型有混凝土重力式坝（含宽缝、大头坝）、拱坝和混凝土面板堆石坝。

混凝土重力式坝的优点比较明显：如坝身可以开孔过流，不需另建泄洪建筑物，导流方便等。但缺点也比较明显：如坝体体积大，材料强度不能充分利用。宽缝坝、大头坝能在一定程度上克服强度不能充分利用的缺点，但施工复杂，模板用量大；大头坝还有侧向稳定和弹性稳定问题以及抗震性能差的缺点。

拱坝利用拱的作用将荷载传至两岸，充分利用了材料的抗压性能，故拱坝可做得较薄，大大节省混凝土方量，从而节省造价，突出表现了拱坝的优点。拱坝还可以在坝身开孔解决泄流问题，不需另外修建溢洪道，与重力式坝具有相同的优点；拱坝的另一个优点是坝体重量轻，抗震性能也好。拱坝的明显缺点是施工导流不如重力式坝来得方便，需一次断流，要另开导流隧洞。

混凝土面板堆石坝是近几十年来重新崛起的一种新坝型，得益于振动碾的应用，因其使用机械化施工，造价低而取胜。但坝身不能泄洪，需另建泄水建筑物。本工程两岸附近无垭口等适合建泄洪建筑物的地形，水电站厂房也不能放在坝后，需另找位置。因此，将坝体节省下来的费用又用到泄水建筑物和水电站建筑物上，工程总投资也不一定经济，开挖隧洞虽不十分困难，也无技术上的难题，但总比地面工程复杂。

综上分析，对A江水利枢纽而言，有合适的喇叭口地形和V形河谷，地质条件也不复杂，拦河大坝优先选择混凝土拱坝方案。

2. 组成建筑物及枢纽布置

根据A江枢纽任务，本工程的组成建筑物有：拦河大坝——双曲拱坝、泄水建筑物——2浅孔+2中孔、坝后式厂房、开关站、导流隧洞、过木筏道6个主要建筑物。其布置为：坝后式厂房位于河谷中间；进厂公路布置在左岸，从左岸泄水建筑物的泄槽下面穿过，泄槽支承结构采用框架式结构（也可用浆砌石结构，在砌体中预留交通洞）；泄水建筑物布置在两岸坝段径向穿过坝体，对撞消能；浅孔靠岸边侧，中孔靠河床侧，以便进流平顺；开关站布置在进厂公路一侧；过木筏道和导流隧洞均布置在右岸，以防过木时影响进厂交通；如图3-5所示；导流隧洞为临时建筑物，用后封堵。

四、混凝土拱坝设计

（一）拱坝形态和剖面尺寸的拟定

拱坝形态包括拱圈形式和拱冠梁的剖面形状，均与地形地质条件有关。

1. 拱圈形式选择

由于拱圈曲率的变化对坝肩稳定和拱端应力产生较大的影响，实际工程中，一般通过选择不同形式的拱圈，达到既满足稳定又满足应力的要求。

常见的拱圈形式有圆弧拱、三心拱、椭圆拱和抛物线拱，它们各适用于不同的地形条件。几种拱圈中，以圆弧拱最简单方便，工程中采用最多。无特殊要求时，一般均采用这种形式。A江枢纽选用圆弧拱（几种拱圈形式的特点参见文献[11]、[14]，这里不再赘述）。

2. 拱冠梁剖面尺寸的拟定

拱冠梁剖面的主要尺寸包括坝顶厚度、底部厚度和拱冠梁上游曲线参数等。

(1) 坝顶厚度（T_c）。根据构造、人防、运用要求并考虑改善坝体应力，首次设计，用下列经验公式估算：

$$T_c=0.01\ (H+2L_1) \tag{3-17}$$

式中：H为坝高；L_1为顶拱弦长。

A江双曲拱坝坝高为95.3m，$L_1=290$m，则$T_c=7.0$m，考虑到交通要求以及顶拱厚度加大对梁应力有利，取$T_c=8.0$m。

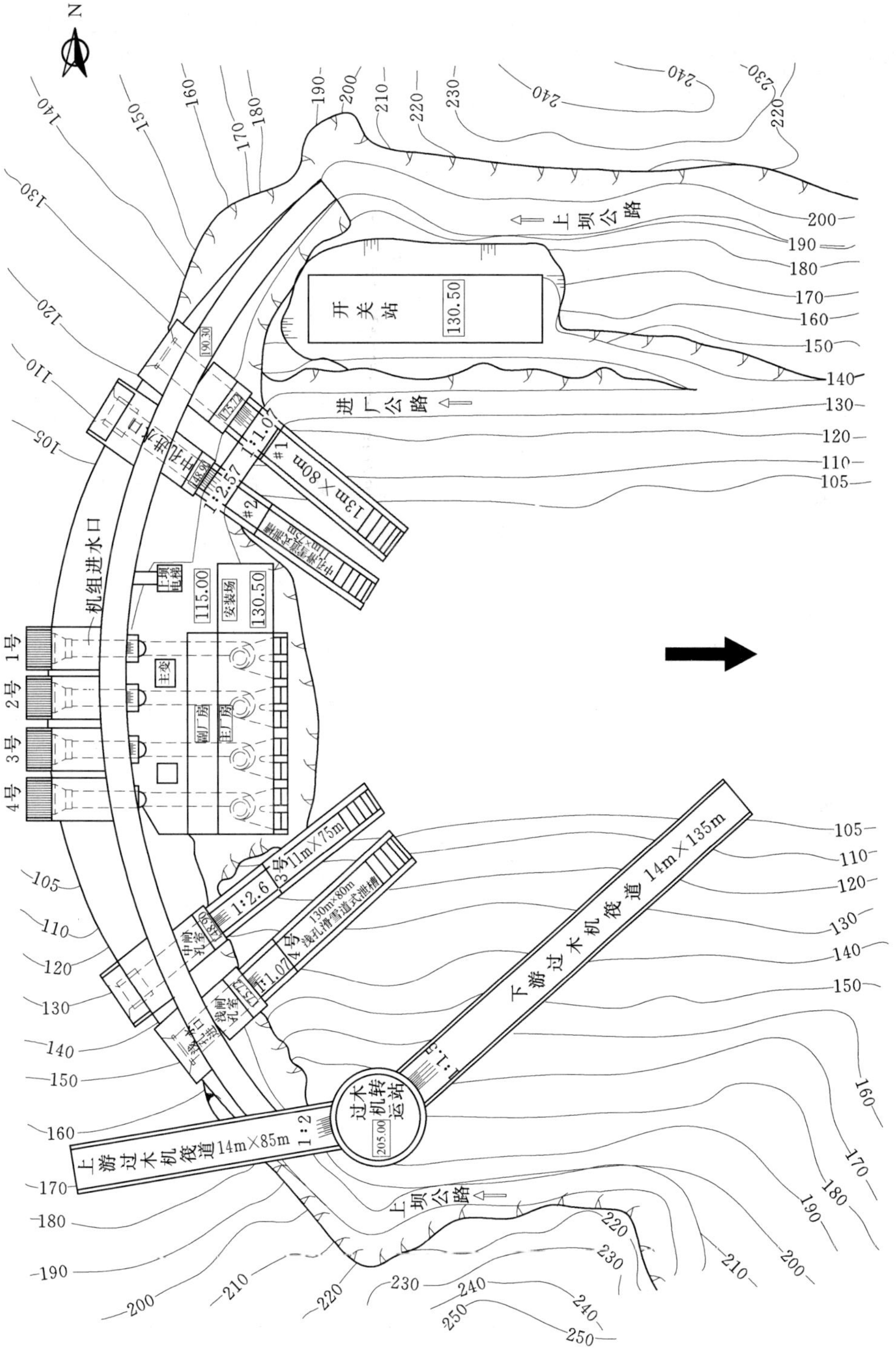

图 3-5　A江枢纽平面布置图

需要指出：顶部拱圈的厚度，对顶部拱圈及坝下游面上部的应力影响十分显著，而且顶拱刚度的大小对调整整个坝体应力，特别是河床部位的梁底（坝踵）应力也有相当的影响，加大顶拱厚度将有利于减小梁底上游面的垂直拉应力值；相反，如顶拱两端的岩石较为软弱或坝下游面上部的垂直向拉应力较为显著时，顶拱的厚度取得薄些有利。

（2）底部厚度（T_B）。拱坝的底部厚度是控制拱坝断面尺寸的一个重要特征数据，其影响因素较多，其中最主要的是坝高和河谷形状，通常可参考已建成的坝高和河谷形状大致相近的拱坝来初步拟定其尺寸，再通过反复的修改布置和试算，定出其合适的尺寸。

我国朱伯芳院士等人建议，作为拱坝优选的初始方案，坝底厚度按下式计算

$$T_B=\frac{K(L_1+L_{n-1})H}{[\sigma_a]} \tag{3-18}$$

式中：K 为经验系数，一般可取 $K=0.0035$；L_1、L_{n-1} 分别为第一层及倒数第二层拱圈两拱端新鲜基岩面之间的直线距离，m；$[\sigma_a]$ 为拱的允许压应力，MPa；H 为坝高。

将 A 江拱坝数据代入得 $T_B=25.2$m，取 $T_B=25$m。

（3）双曲拱坝上游面曲线。用黎展眉高级工程师推荐的方程式定出：

$$Z=-x_1\frac{y}{H}+x_2\left(\frac{y}{H}\right)^2 \tag{3-19}$$

坐标系统如图 3-6 所示，当 $y=\beta_1 H$ 时，$\frac{dZ}{dy}=0$；当 $y=H$ 时，$Z=-\beta_2 T_B$，由此可以导出

$$x_1=2\beta_1 x_2 \tag{3-20}$$

$$x_2=\frac{2\beta_2 T_B}{2\beta_1-1} \tag{3-21}$$

式中：β_1、β_2 为经验系数。

取 $\beta_1=0.61$，$\beta_2=0.4$，$x_1=55.45$，$x_2=45.45$，则

$$Z=-55.45\frac{y}{95.3}+45.45\left(\frac{y}{95.3}\right)^2 \tag{3-22}$$

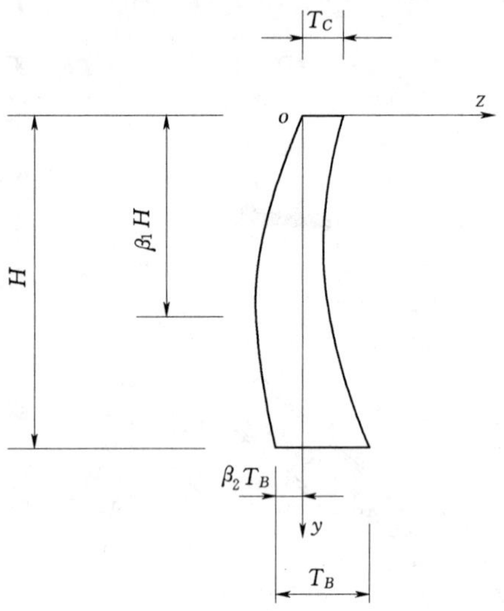

图 3-6　双曲拱坝上游面曲线

上下游面曲线坐标见表 3-20。

表 3-20　上下游面曲线坐标　　单位：m

高　　程	上游面坐标	下游面坐标	坝体厚度
坝顶 190.0	0.00	8.00	8.00
160.0	−12.95	0.40	13.35
130.0	−16.90	1.80	18.70
100.0	−11.83	12.23	24.06
坝底 94.7	−10.00	15.00	25.00

（二）拱坝的布置

拱坝的布置没有成熟的套路可资遵循，需要有一个由浅入深、逐步深入的过程，在前述枢纽布置形式已确定的条件下，拱坝布置按下列程序进行：

（1）根据地形地质等基本资料，找出坝址可利用岩石等高线，选定拱坝的形状（这里选定为双曲拱坝）。

（2）在已定坝址处，选定拱坝在平面上的坝轴线，在坝址可利用岩面的等高线上，定出顶拱的中心角和顶拱厚位置。

（3）结合地形特点，初定拱冠悬臂梁的剖面形态及尺寸，以各层拱圈的拱冠断面与悬臂梁剖面尺寸相重合为准，从上往下，每 10m 为一层，试画出各高程的水平拱圈线。为设计计算方便，各计算高程的中心角取整数，左右半中心角相差不超过 5°。

（4）按试画的拱圈线，切出几个垂直剖面，检查垂直方向是否扭曲，倒悬度是否满足要求，如发现有局部不符合要求时，适当修改拱圈形状，并将各层拱的半径、中心角与高程的关系点绘成曲线，对不连续的部位，适当变更半径、中心角及圆心位置，直至成为光滑曲线为止。

（5）根据上述初步选定的拱坝形式和尺寸，按拱、梁荷载分配法或拱冠梁法及其他方法求出分配荷载后，计算拱梁上下游坝面应力及两岸坝肩的稳定。根据计算成果，不断修改其形状，直至满足要求为止。

A 江枢纽双曲拱坝按上述步骤布置结果，各层拱圈特性参见表 3-21。

表 3-21　　各层拱圈特性参数

高程 (m)	拱圈厚 (m)	半径 (m)	中心角 (°)	其中		$\frac{1}{2}$弦长 (m)	岸坡平均坡度 (°)
				左半中心角 (°)	右半中心角 (°)		
190	8.0	196.0	103	52	52	154	35
170	11.6	175.0	98	50	48	142	40
140	16.9	141.0	98	50	48	106	42
120	20.5	118.0	93	49	44	88	31
95	25.0	96.5	61	30	33	50	29

（三）拱坝的荷载及其组合

作用在拱坝上的荷载主要有自重、静水压力、泥沙压力、风浪压力、温度和地震荷载。其中静水压力、泥沙压力、风浪压力计算相对容易，只需将已知参数代入计算公式即可求得。自重、温度和地震荷载计算相对复杂，考虑因素较多，应认真计算并进行分析。

1. 自重

自重对拱坝应力的影响视封拱程序而定，对双曲拱坝一般是边浇筑边封拱，这样一方面可提前蓄水发电，另一方面可以防止由两岸倒悬引起的坝体下游侧的拉应力。封拱后浇筑上升的混凝土自重将影响其下层拱的应力。因此，自重对坝体应力的影响应通过拱、梁荷载分配求得，这样的计算比较复杂，需用有限元法进行仿真计算。限于时间，这里假定自重全由梁承担，即将自重作为竖向荷载，计算由此产生的梁的变位 δ_i^w，代入拱梁变位协调方程。

2. 温度荷载

温度荷载的大小与封拱温度有关，且随时间和位置而变化，精确计算是极为复杂的，通常仅考虑对坝体安全最不利的情况，即对坝体应力而言，需计入温降的影响，对稳定而言，需计入温升的影响。

温度沿上下游方向在坝体内呈非线性分布，分为平均温度变化、温度梯度变化和上下游表面附近温度的非线性变化，其中，平均温度变化影响最明显，温度梯度变化视坝厚情况而定，厚度越大，变化也越大。本工程坝体相对较薄，故主要考虑平均温度变化，用下式计算：

$$\Delta t = \pm \frac{47}{T+3.39} \ (℃) \tag{3-23}$$

式中：T 为计算层坝体厚度，将各层厚度代入上式即可得到各层拱圈的平均温度荷载。

3. 地震荷载

SL 203—97《水工建筑物抗震设计规范》规定，拱坝的地震作用效应计算应按本规范 4.5.3 的规定采用动力法或拟静力法。A 江拱坝，坝高 95.3m，为 1 级建筑物，坝址地震烈度为 7 度，应采用动力法计算地震作用效应，考虑到毕业设计采用动力分析计算的工作量较大，但又要培养学生的计算分析能力，因此，这里仍采用拟静力法作为抗震设计的计算方法。

地震荷载包括地震惯性力、地震动水压力和上游淤沙的地震动土压力，最后一项数值很小，一般可以不计，前两项的计算参见文献 [61]。

4. 荷载组合

混凝土拱坝设计的荷载组合分为基本组合和特殊组合两类。

基本荷载组合包括：①水库正常蓄水位及相应的尾水位和设计正常温降、自重、扬压力、泥沙压力、浪压力、冰压力；②水库死水位（或运行最低水位）及相应的尾水位和此时出现的设计正常温升、自重、扬压力（或不计）、泥沙压力、浪压力；③其他常遇的不利荷载组合。

特殊荷载组合包括：①校核洪水位及相应的尾水位和此时出现的设计正常温升、自重、扬压力、泥沙压力、动水压力、浪压力；②基本荷载组合加地震荷载；③施工期的荷载组合，包括接缝未灌浆和分期灌浆两种情况；④其他稀遇的不利荷载组合。

（四）拱坝应力分析

拱坝应力分析的方法较多，都是在不断改进、不断完善的基础上发展起来的。最早是用圆筒公式。以后按纯拱理论应用纯拱法，再后来又考虑垂直悬臂梁作用即试荷载法，随着计算机的发展，薄壳理论、有限单元法、网络松弛法、变分法等计算方法都已用来计算拱坝的应力。作为毕业设计，为培养学生清晰的力学概念，这里主要说明采用拱冠梁法的设计思路。

1. 变形协调方程

图 3-7 示出了拱梁分载示意图，在拱与拱冠梁交点 i 处的径向变位一致条件的方程式为：

$$\sum_{i=1}^{n} a_{ij} x_j + \Delta B_i = (P_i - x_i)\delta_i + \Delta A_i \tag{3-24}$$

式中：$i=1$，2，…，n，n 为拱圈序号，图 3-7 中梁分为四段，则 $n=5$；P_i、x_i、(P_i-x_i) 分别为 i 层截面处水平总荷载、梁分担的荷载、拱分担的荷载；a_{ij} 为单位三角形荷载作用在梁上 j 点使 i 点产生的径向变位，称为梁的变位系数；δ_i 为单位径向荷载作用下第 i 层拱圈拱冠处的径向变位，称为拱的变位系数；ΔA_i 为第 i 层拱圈由于该层均匀温度变化 Δt℃时在拱冠处的径向变位；ΔB_i 为作用于梁上竖直方向荷载引起的拱冠梁 i 处的径向变位。

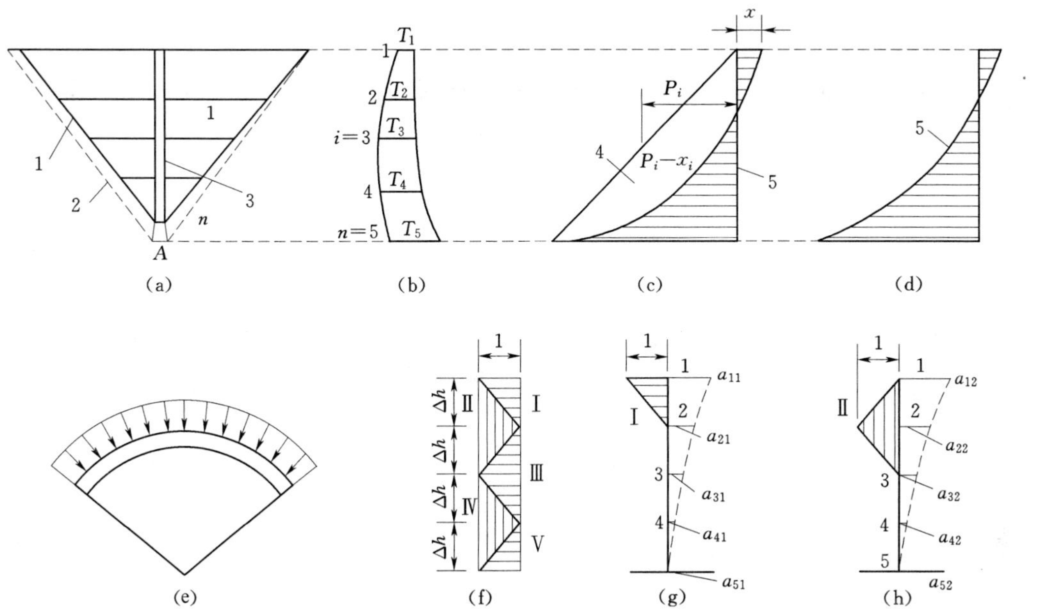

图 3-7 拱梁分载示意图

1—地基表面；2—可利用基岩面；3—拱冠梁；4—拱荷载；5—梁荷载

式（3-24）是一次线性方程组，可用消元法求解，求得梁荷载 x_i，拱荷载（P_i-x_i）后，梁的应力用结构力学公式计算，拱圈的应力用纯拱法计算。

为了改进和简化拱坝的应力计算，合理反映弹性模量、坝基展开面的当量矩形及两岸岩坡的影响，在拱圈的计算方面，列出 E_c/E_r 分别等于 1、2、3、4、5，两岸岩坡为 45°，坝基展开平面当量矩形边比 $m=40$ 的一套表格，见附录二，由此表可计算拱冠梁的径向变位 a_{ij} 和拱圈变位 δ_i、ΔA_i。

2. 梁变位系数 a_{ij} 的计算

梁变位系数 a_{ij} 是指单位荷载作用在 j 点引起 i 点的径向变位，用分块积分法计算较为方便直观，参见附录二。

3. 拱圈变位系数 δ_i、均匀温降变位 ΔA_i 计算

在单位均匀径向水平荷载作用下拱圈拱冠处变位 δ_i 可用下式计算

$$\delta_i=\overline{\Delta\gamma_0}\frac{R}{E_c} \tag{3-25}$$

在均匀温降 Δt 时，拱圈拱冠处的变位 ΔA_i 可用下式计算

$$\Delta A_i=\overline{C_i}R\alpha_m\Delta t \tag{3-26}$$

式中：$\overline{\Delta\gamma_0}$，$\overline{C_i}$ 为系数，按 $n=E_c/E_r$、$m=b/a$、ψ、μ_r、T/R 查得，E_c、E_r、分别为坝体、坝基的弹性模量，a、b 为坝基展开后当量矩形的边长，ψ 为两岸岩坡与垂直线的夹角，μ_r 为基岩的泊松比，T、R、φ 分别为拱圈厚、平均半径、半中心角；α_m 为坝身材料线胀系数，Δt 为某层拱圈均匀温度下降值，用式（3-23）计算。

4. 垂直荷载作用下梁的径向变位 ΔB_i 计算

垂直荷载包括自重、水重、扬压力等，当坝体较薄时，扬压力可忽略。垂直荷载作用

下拱冠梁上 i 点处的径向变位为

$$\Delta B_i = \Delta B_{i\mathrm{I}} + \Delta B_{i\mathrm{II}} \tag{3-27}$$

式中：$\Delta B_{i\mathrm{I}}$ 是垂直荷载作用下梁▽自身弯曲引起的径向变位；$\Delta B_{i\mathrm{II}}$ 是梁基力系作用下基岩变位引起的径向变位。

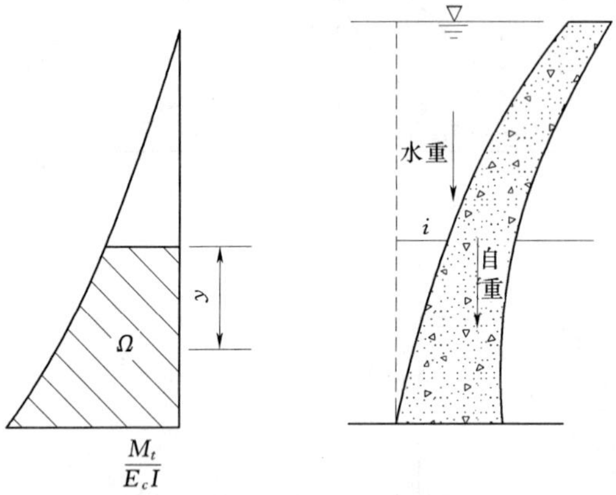

图 3-8　$\Delta B_{i\mathrm{I}}$ 计算示意图

（1）$\Delta B_{i\mathrm{I}}$ 的计算。由于垂直荷载的作用，悬臂梁内力弯矩引起 i 截面处的变位，根据结构力学中弯矩面积法原理，其值为

$$\Delta = \Omega y = \Delta B_{i\mathrm{I}} \tag{3-28}$$

式中：Ω 为垂直荷载作用下 i 截面以下 M/EI 图面积；y 为 Ω 面积形心至 i 截面的距离，如图 3-8 所示。

（2）$\Delta B_{i\mathrm{II}}$ 的计算。拱冠梁在梁基力系作用下，地基产生的角变位 θ_x 及径向变位 Δr_f，由于地基变形而使拱冠梁随着地基产生的变位，按几何关系可知，距梁基高为 h_i 处梁上 i 截面的径向变位为

$$\Delta B_{i\mathrm{II}} = \theta_x h_i + \Delta r_f \tag{3-29}$$

根据地基在外力作用下的变位公式得 $\theta_x = M_x\alpha + V_c\alpha_2$，$\Delta r_f = V_c r + M_x\alpha_2$，由于垂直荷载作用下 $V_c = 0$，仅有径向弯矩 M_x，所以 $\theta_x = M_x\alpha$，$\Delta r_f = M_x\alpha_2$，且 $\alpha = \alpha' \sin^3\psi\cos^2\psi$，$\alpha_2 = \alpha''\sin^2\psi$；$\alpha' = k_1/(E_fT^2)$；$\delta = k_4/(E_fT^2)$；$\alpha'' = k_5/(E_fT)$。

5. 计算结果

针对毕业设计的具体情况，将基本训练分为两部分：一部分是利用河海大学自编的拱坝应力分析程序进行计算；另一部分用手工（计算器）计算，将手工计算结果与程序计算结果对比，以验证其正确性。现将两种方法计算结果列入表 3-22 中。

表 3-22　　正常水位+温降情况下两种方法成果比较

层号	总荷载（10kN/m）	拱荷载（10kN/m）		梁荷载（10kN/m）		拱端上游面应力（0.1MPa）		拱端下游应力（0.1MPa）		拱冠梁（0.1MPa） 上游面		拱冠梁（0.1MPa） 下游面	
		程序	笔算	程序	笔算	程序	笔算	程序	笔算	程序	笔算	程序	笔算
1	0.00	6.90	7.58	−6.9	−7.58	−8.20	−15.64	11.98	8.0	0.00	0.00	0.00	0.00
2	16.42	12.17	12.26	4.25	4.16	−6.38	−15.29	10.9	6.85	1.04	−1.14	8.33	10.44
3	39.69	19.25	19.50	20.44	20.19	−2.75	−8.62	2.62	4.25	−0.22	−4.79	21.32	21.45
4	62.97	18.16	22.42	44.81	40.55	−5.13	−15.73	−2.39	−5.86	−1.58	−6.26	27.89	29.59
5	90.36	12.47	4.47	77.89	85.89	−5.80	−6.62	−6.94	−5.05	−9.80	−5.48	39.17	35.12

6. 成果分析

由上述计算结果可以看出：计算正确，规律性好，两种方法计算结果的规律性完全相同，仅量值有所差别（程序计算中考虑了扭转的结构作用），应力未超过材料的允许承载能力，满足设计要求。

（五）拱坝坝肩稳定分析

拱坝坝肩稳定分析相对较为复杂，它与地形和地质构造等因素有关。一般可分为两种情况，即：①存在明显滑裂面的滑动问题；②不具备滑动条件但下游存在较大软弱带或断层时的变形问题。对第①种情况，其滑动体的边界常由若干个滑裂面和临空面组成，滑裂面一般为岩体内的各种结构面，尤其是软弱结构面，临空面则为天然地表面，滑裂面必须在工程地质查勘基础上，经初步研究得出最可能的滑动形式后确定，然后据以进行滑动稳定分析。对于第②种情况，即拱座下游存在较大断层或软弱带时的变形问题，必要时应采取加固措施以控制其变形，加固的必要性和加固方案可以通过有限元法分析，比较论证后确定。这里主要说明第①种情况下的计算方法和步骤。

在拱坝坝肩稳定分析前，应先进行以下几项工作：①深入了解两岸岩体的工程地质和水文地质勘探资料；②了解岩体、结构面及其中充填物的岩石力学特性等试验条件和试验参数；③研究和确定作用在拱座上的空间力系；④研究选择合理的分析方法。前两项工作由毕业设计资料直接给定，第三项由学生自己分析确定，分析方法可采用刚体极限平衡分析法，也可采用分项系数极限状态法。这里以前者为例说明其方法和步骤。

（1）刚体极限平衡分析法的基本假定。用刚体极限平衡分析法分析坝头的整体稳定时作如下假定：①将滑移的各块岩体视为刚体，不考虑其中各部分间的相对位移；②只考虑滑移体上力的平衡，不考虑力矩的平衡，在坝端作用的力系中也不考虑弯矩的影响；③忽略拱坝的内力重分布影响，认为拱端作用在岩体上的力系为定值；④达到极限平衡状态时，破裂面上的剪力方向与将产生滑移的方向平行，指向相反，数值达到极限值。

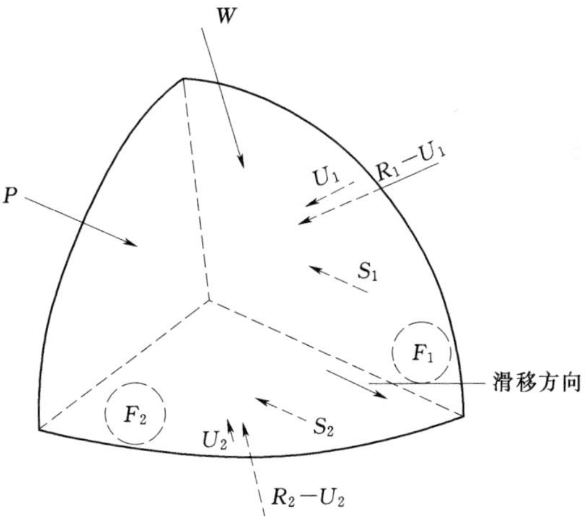

图 3-9　滑移体受力图

（2）验算整体稳定的计算公式。图 3-9中岩块表示被两个破裂面 F_1 和 F_2 切割出的楔体，承受自重 W，坝体作用力 P（由坝体应力分析成果得到），破裂面上的渗透压力 U_1、U_2 以及其他已知外力（如地震惯性力等）。为了平衡这些荷载，在破裂面上一定存在反力，包括法向反力 R_1-U_1、R_2-U_2 和切向力（破裂面上的剪力）S_1、S_2，当楔体达到极限平衡时，S_1 和 S_2 的方向平行，指向反抗滑移的方向故可取其代数和 $S=S_1+S_2$。如果已求出除渗透压力以外的所有荷载作用下的法向反力 R_1、R_2，则根据安全系数 K_C 的定义

$$K_C=\frac{f_1(R_1-U_1)+f_2(R_2-U_2)+C_1A_1+C_2A_2}{S} \tag{3-30}$$

式中符号意义同前。

这就是拱坝坝肩整体稳定分析的基本公式。

（3）主要作用力的计算。

1）坝体对坝头岩体的作用力。图 3-10 示出了多拱梁法求得的某计算高程上拱坝作

用于坝头岩体的力，即单位高拱圈拱端轴力 H_a，剪力 V_a，单位宽度梁的梁底径向剪力 V_b，切向剪力 Q_b 及铅直力 G（注意当岸坡与竖直线夹角为 ψ 时，与单位高拱圈相应的梁宽为 $\tan\psi$）。所以沿拱轴向作用的合力为：

$$H=H_a+Q_b\tan\psi \tag{3-31}$$

沿拱轴径向作用的合力为：

$$V=V_a+V_b\tan\psi \tag{3-32}$$

铅直力为：

$$W=G\tan\psi \tag{3-33}$$

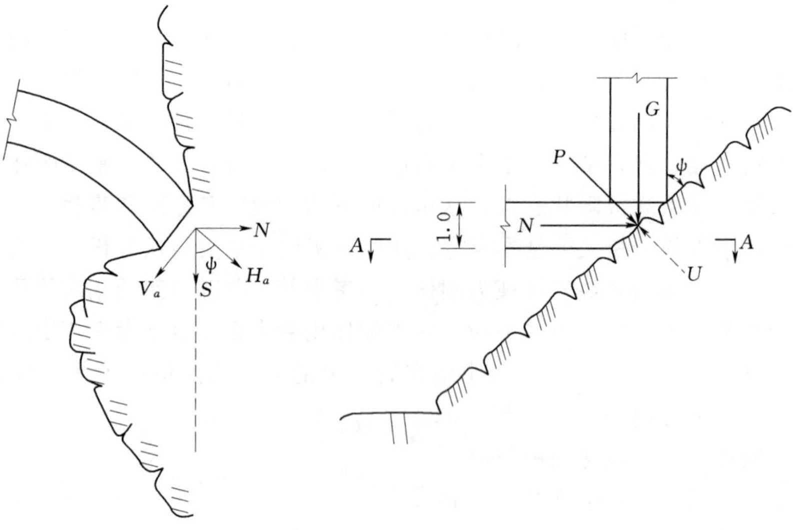

图 3-10　拱坝坝肩稳定分析

(a) A—A 平面；(b) 立体展开

2）岩体自重。岩体体积可采用“竖向切条法”计算。

3）渗透压力。渗透压力是坝头稳定分析的重要荷载之一，它与地质条件及地基处理措施有关，计算时从上游面起假定呈线性分布作用于滑裂面上，遇到帷幕排水时进行折减。

（4）坝肩抗滑稳定计算。在明确滑动面和荷载后，用刚体极限平衡法进行坝肩稳定计算，共分 5 层，两岸共 10 块，其高程分别为 95.0m、120.0m、140.0m、170.0m、190.3m，其计算结果见表 3-23。

表 3-23　　坝肩稳定安全系数表

块号	正常蓄水位＋温降＋地震	校核洪水位＋温升	块号	正常蓄水位＋温降＋地震	校核洪水位＋温升
1	7.18	6.29	6	10.33	8.53
2	5.57	5.56	7	10.00	9.68
3	6.09	5.85	8	8.22	8.09
4	8.88	8.56	9	5.42	5.36
5	8.54	7.19	10	6.69	5.86

(5) 成果分析。本设计拱坝坝肩稳定以校核洪水位+温升为控制情况，$K_{min}=5.36$，均大于3.5，满足稳定安全要求，故不需作整体稳定分析。

(六) 拱坝构造

1. 坝顶

拱坝的坝顶高程为各设计静水位加 Δh

$$\Delta h=2h_L+h_0+h_c \tag{3-34}$$

式中：Δh 为坝顶距水库静水位高度；$2h_L$ 为浪高；h_0 为波浪中心线至水库静水位的高度；h_c 为安全超高。

将有关数据代入求得A江拱坝顶高程为193.0m。

坝顶宽度根据剖面设计要求确定，同时应满足交通要求，取为8m，其中交通道路宽6m，两侧各留1m宽的人行道，路面向两侧稍倾斜，以利排除积水。

2. 坝体

为防止混凝土产生裂缝，故在坝体设置横缝，横缝间距考虑温度控制、结构布置（如坝身泄洪孔口尺寸、坝内孔洞等）以及混凝土浇筑能力等要求，取为15m，采用径向或近乎径向布置，横缝缝面底部与基础夹角不小于60°，尽可能正交。横缝内设键槽并灌浆。

因坝厚不大，故不设纵缝。

3. 廊道及坝后桥

为满足基础灌浆、排水、观测、检查，和坝内交通等要求，沿坝基设灌浆廊道，其在平面上沿拱圈呈弧形布置，两岸廊道坡度变陡，则设置台阶和安全扶手，廊道宽度为3.0m，高度为4.0m。

随高程增加坝体厚度减薄，不宜设坝内廊道，在坝的下游面，设几层坝后桥来维持交通并作为检查与观测之用。坝后桥的宽度为1.5m，每层间隔15m，坝后桥的伸缩缝位置与坝的横缝一致，以适应坝的变形。

(七) 坝基处理

坝址地质条件相对较好，除开挖风化层进行帷幕灌浆外，不进行特别处理。坝基一般处理的原则和要求见文献[11]、[14]、[61]。

五、坝内泄水孔设计

混凝土坝利用坝身开孔泄洪，可节省另设溢洪道的投资，经济性明显。但高坝的坝身泄水孔设计要做好以下几个方面的工作：①体型设计；②泄水能力计算；③消能防冲设计；④孔口应力计算。

(一) 体型设计

为使水流平顺，减少水头损失，避免孔壁空蚀，泄水孔的进口形状尽可能符合水流的流动轨迹，如采用椭圆曲线或圆弧曲线，顶部曲线后接一定长度的压坡。泄水孔的进口段设有门槽。高速水流通过平面闸门的门槽时，由于水流在门槽处边界突变，极易产生扰动、漩涡，使门槽及其附近的边壁或底板上发生空蚀。为此设置如图3-11所示的体型，以使水流较平顺地沿着边壁斜坡流动，减免门槽空蚀。

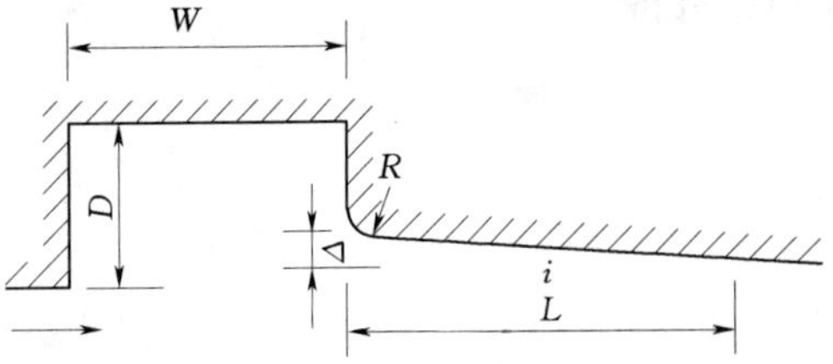

图 3-11 闸门槽体形

孔身段，因坝体较薄，尽管圆形断面优于矩形断面，但无法设置渐变段，故采用矩形孔口，以便闸门布置和施工。

因拱坝厚度小，孔口出口位置较高，需设置泄槽与之连接。泄槽可做成实体的，也可做成排架的型式。因A江水利枢纽采用坝后式厂房，故泄槽底部应留有进厂通道。泄槽的底坡往往受进厂通道的控制。泄槽底坡愈陡，泄槽工程量愈省，但泄流流速加快，孔口在坝身的影响范围加大；反之，工程量增加，流速减慢，孔口在坝身的影响范围减少等。经综合考虑后，A江浅中孔布置如图 3-12 所示，这样既满足进厂交通要求，工程量也较省。

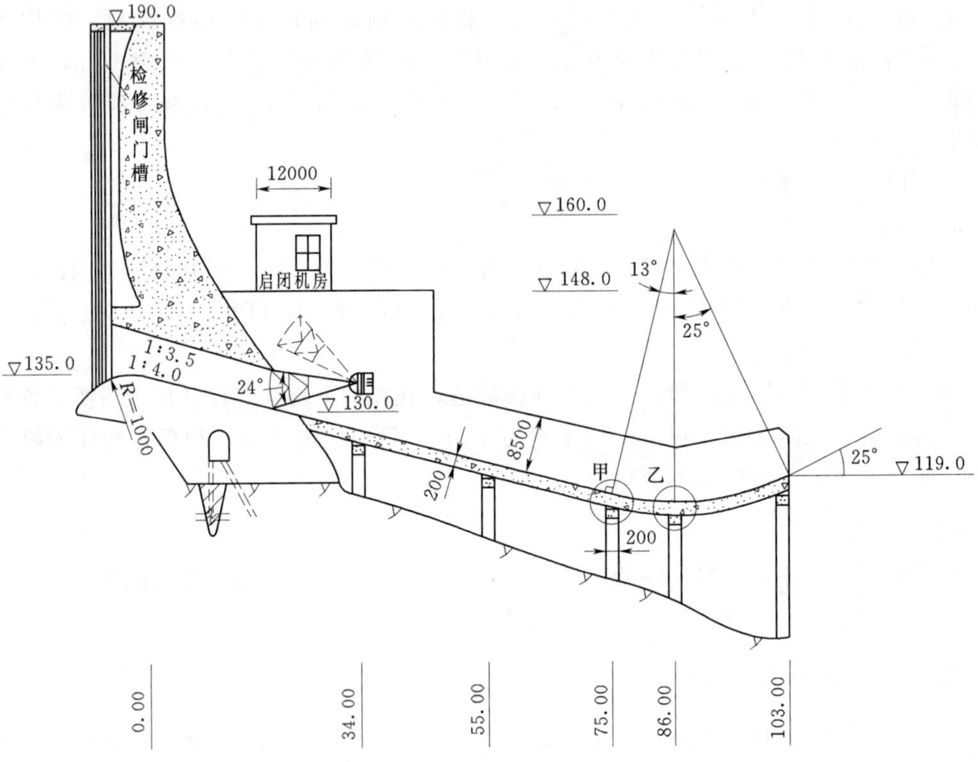

图 3-12 中孔剖视图

（二）泄流能力计算

坝体有压泄水孔的泄洪流量可用下式计算

$$Q=\mu\omega\sqrt{2gh} \tag{3-35}$$

式中：h 为孔口中心以上的水头；ω 为孔口的截面积；μ 为与孔口的进口型式、闸门型式和闸门位置有关的系数，粗略计算时可采用 0.6～0.7。

坝体泄水孔的尺寸由调洪演算定出，以满足排泄洪水期多余水量的要求。本工程浅中孔尺寸确定见本节的调洪演算部分。

(三) 消能防冲

本拱坝地处峡谷，泄洪前缘有限，且坝身单薄又有向心收聚的特点，消能防冲问题较为突出，布置时应特别注意。根据A江水利枢纽的具体情况，泄水建筑物采用二中孔二浅孔，泄洪时对称开启，两股水流同时从孔口泄出，经挑流鼻坎挑至空中，在空中对撞消耗能量，达到消能目的。

(四) 坝内孔口应力计算

1. 坝内孔口的形状和作用力

作为泄洪用的中孔或底孔其孔道的形状多为带圆角的矩形。作为发电、给水等引水用的坝内孔道如垂直于轴线切开的截面一般为圆形，如沿主应力方向切开的截面则成为椭圆形。

作用于孔口的荷载有：

(1) 孔口附近的坝体应力，如孔口较小，可取无孔口时孔口形心处的坝体应力数值。

(2) 孔内水压力，取下游闸门关闭时孔内的最大水压力作为设计荷载。

(3) 孔口内外温差，孔内温度取最低水温，孔外取坝体稳定温度。

上述3种荷载的作用方向不一定相同，应采用矢量相加。

坝体内力中的轴向力 N、剪力 S、弯矩 M、扭矩 M_t 可换算成均布法向力和剪力，如图3-13所示。

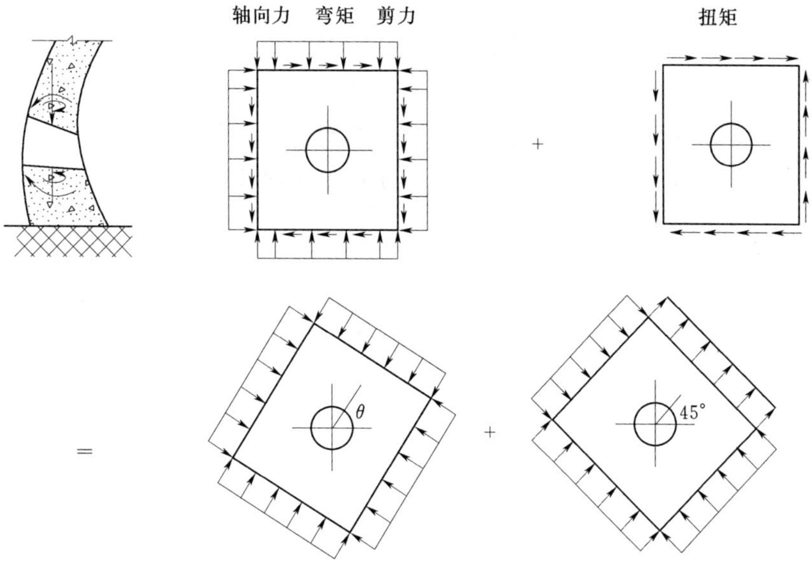

图3-13　坝体内力换算成均布法向力

轴向力在孔口形心处分布不均匀时，可以分为均布和三角形分布两部分，前者为均布应力，后者为应力梯度，如图3-14所示。

横（径）向剪力 Q 因与孔口截面正交，计算时略去。

孔内均布水压力，按图3-15化为两向均布外拉力来计算。

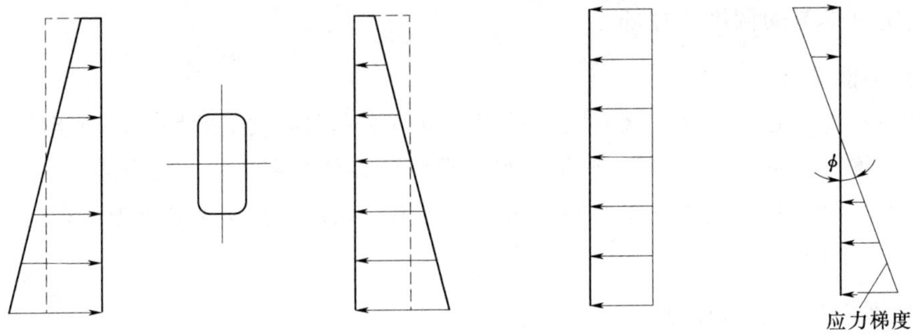

图 3-14　不均匀轴向力换算成为均匀和三角形两部分

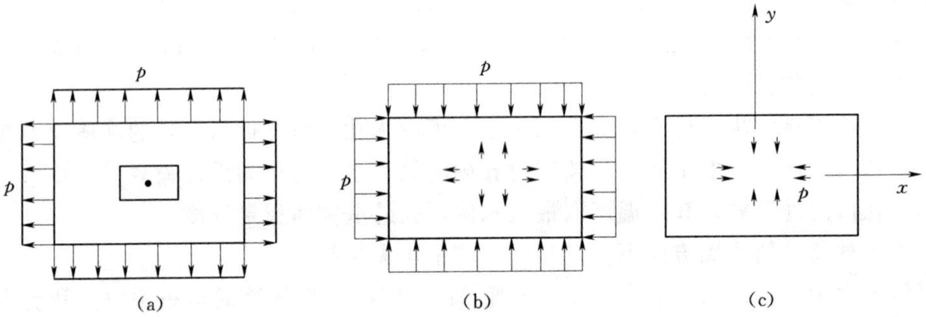

图 3-15　孔内均匀水压力化为两向均布外拉力

(a) 两向均匀拉应力；(b) $\sigma_x=\sigma_y=-p$；(c) 均匀内水压力

由上可知，坝内孔口应力计算归纳为：

(1) 承受均匀拉（压）力和应力梯度的椭圆孔口应力计算。

(2) 承受均匀拉（压）力、应力梯度和内外温差的矩形孔口应力计算。

(3) 承受均匀拉（压）力、应力梯度、内水压力和内外温差的圆孔应力计算。

2. 矩形孔口的应力计算

在A江水利枢纽设计中，中孔、浅孔均为矩形孔口，故这里仅列出矩形孔口的应力计算和配筋计算，当遇到其他的孔口形式时，可参阅有关资料。

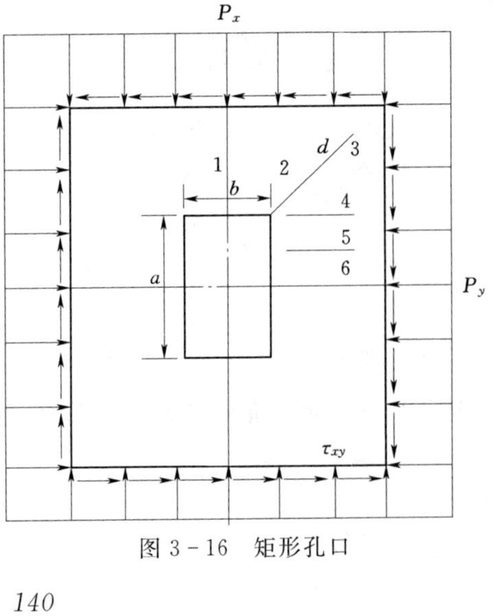

图 3-16　矩形孔口

在实际工程中，矩形孔口的高宽比常用 $a/b=1.5$，现将该宽高比孔口的试验成果列于附录二附表1-6～附表1-8中，以便查用。

将矩形孔口置于 $\sigma_x=P_x$、$\sigma_y=P_y$ 和 τ_{xy} 的均匀应力场中，测定6条射线1～6上的正应力。如图3-16所示。

应用上述表格时，先求出矩形孔口中心处的3个应力 σ_x、σ_y、τ_{xy}，然后将表中系数分别乘上这3个应力，并将水压、坝体应力、温度等作用结果叠加，即得各射线上的正应力。

附表1-6～附表1-8中正号表示压应力，

负号表示拉应力，a 表示孔口高度，b 表示孔口宽度，d 表示沿线各点距边孔的距离，P_x 和 P_y 为沿着 x 和 y 方向的均匀应力场，以压应力为正。附表 1－6～附表 1－8 中的 σ/P_x 和 σ/P_y 值沿两中心轴对称，σ/τ_{xy} 值是指Ⅰ、Ⅲ象限中的值，在Ⅱ、Ⅳ象限中符号应相反。σ 表示沿线上各点的应力。查出系数 σ/P_x、σ/P_y 或 σ/τ_{xy} 后就可算出 σ 值。

设计中，一般起决定作用的是在 σ_y 和 σ_x（设均为压应力）作用下，沿 y 轴的总拉力，该拉力由拉应力区面积求得。这个面积可以用 $P=\alpha B\sigma_y$ 表示之，式中 $B=b$ 为孔口宽度，以 m 计；σ_y 是铅直向压力场强度，以 0.1MPa 计；P 为每米长的孔道上的总拉力，以 0.1MPa 计；α 为应力计算系数，由附表 1－7 查得。

求出总拉（压）力后，所需钢筋为

$$F_s=\frac{P}{\sigma_a}=2B\frac{\sigma_y}{\sigma_a} \tag{3-36}$$

式中：σ_a 为钢筋允许应力；F_s 为每米长孔道所需的钢筋。

当矩形孔口内承受均匀水压力 P 时，可将其分解为 3 种情况，然后叠加求其产生的应力，第一种情况是各点都承受“静水状态”的压应力（即 $\sigma_y=\sigma_x=\sigma_1=\sigma_2=-P$，以压应力为负），如图 3－13 所示。第二、第三种情况分别为沿 x 轴和沿 y 轴承受均匀拉力，分别利用附表 1－6 和附表 1－8 求出控制截面上的应力，3 种情况叠加后即为最后成果。

3. 计算成果

以中孔为例，分别计算孔道进出口断面在坝体应力、孔内水压力作用下，孔口 1 线、6 线上的应力。中孔的孔口尺寸为 7m×8m，进口高程为 135m，出口高程为 130m。

（1）进口处孔口应力计算。进口处孔口拱向应力在拱冠与拱端两截面之间线性插值得 $P_x=34.8$MPa。

进口处孔口梁向应力由分配给梁的水荷载和自重按偏心受压公式计算得 $P_y=16.687$MPa。

内水压力　　　　　　　　$P=186.18-135=51.18$MPa

利用附录二附表 1－6～附表 1－8，计算结果见表 3－24。

表 3－24　　　　中孔进口断面 1 线、6 线应力计算结果（1）　　　　单位：0.1MPa

a/b			0.0	0.1	0.2	0.3	0.4	0.5	0.6	0.7
d			0.0	0.7	1.4	2.1	2.8	3.5	4.2	4.9
坝体应力 P_y 作用	σ/P_y	1 线	−0.92	−0.59	−0.32	−0.13	−0.02	−0.04	0.07	0.09
		6 线	1.36	1.34	1.33	1.31	1.29	1.26	1.23	1.21
	σ_{P_y}	1 线	−15.35	−9.85	−5.34	−2.17	−0.33	−0.67	1.17	1.51
		6 线	22.70	22.36	22.20	21.86	21.53	21.03	20.53	20.19
内水压力 P 作用	σ_P	1 线	47.08	30.20	16.38	6.65	1.02	2.05	−3.58	−4.61
		6 线	−69.60	−68.58	−68.07	−67.05	−66.02	−64.48	−62.95	−61.93
$\sigma_{P_y}+\sigma_P$		1 线	31.73	20.35	11.04	4.48	0.69	1.38	−2.41	−3.10
		6 线	−46.9	−46.22	−45.87	−45.19	−44.49	−43.45	−42.42	−41.74
坝体应力 P_x 作用	σ/P_x	1 线	1.78	1.72	1.65	1.55	1.45	1.36	1.28	1.23
		6 线	−0.92	−0.70	−0.49	−0.32	−0.18	−0.09	−0.02	0.03

续表

a/b			0.0	0.1	0.2	0.3	0.4	0.5	0.6	0.7
d			0.0	0.7	1.4	2.1	2.8	3.5	4.2	4.9
坝体应力 P_x 作用	σ_{P_x}	1线	61.94	59.86	57.42	53.94	50.46	47.33	44.54	42.80
		6线	−32.02	−24.36	−17.05	−11.14	−6.26	−3.13	−0.70	1.04
均水压力 P 作用	σ_P	1线	−91.1	−88.03	−84.45	−79.33	−74.21	−69.60	−65.51	−62.95
		6线	47.09	35.83	25.08	16.38	9.21	4.61	1.02	−1.54
$\sigma_{P_x}+\sigma_P$		1线	−29.16	−28.17	−27.03	−25.39	−23.75	−22.27	−20.97	−20.15
		6线	15.07	11.47	8.03	5.24	2.95	1.48	0.32	−0.50
1线总应力			2.57	−7.82	−16.00	−20.91	−23.06	−20.89	−23.38	−23.15
6线总应力			−31.83	−34.75	−37.84	−40.66	−41.54	−41.97	−42.10	−42.24

（2）出口处孔口应力计算。出口处孔口拱向应力

$$P_x=33.6\text{MPa},\ P_y=115.46\text{MPa},\ P=186.18-130=56.18\text{MPa}$$

利用附录二附表1-6～附表1-8，计算结果见表3-25。

表3-25　　中孔出口断面1线、6线应力计算结果（2）　　单位：0.1MPa

a/b		0.0	0.1	0.2	0.3	0.4	0.5	0.6	0.7
d		0.0	0.7	1.4	2.1	2.8	3.5	4.2	4.9
坝体应力 P_y 作用	1线	−106.22	−68.12	−36.95	−15.01	−2.31	−4.62	8.08	10.39
	6线	157.03	154.72	153.56	151.25	148.94	145.48	142.02	139.71
内水压力 P 作用	1线	51.69	33.15	17.98	7.30	1.12	2.25	−3.93	−5.06
	6线	−76.40	−75.28	−74.72	−73.60	−72.47	−70.79	−69.10	−67.98
坝体应力 P_x 作用	1线	59.81	57.79	55.44	52.08	48.72	45.70	43.01	41.33
	6线	−30.91	−23.52	−16.46	−10.75	−6.05	−3.02	−0.67	1.01
内水压力 P 作用	1线	−100.00	−96.63	−92.70	−87.08	−81.46	−76.40	−71.93	−69.10
	6线	51.69	39.33	27.53	17.98	10.11	5.06	1.12	−1.69
1线总应力		−94.72	−73.81	−56.23	−42.71	−33.93	−33.07	−24.77	−22.44
6线总应力		101.41	95.25	89.91	84.88	80.53	76.73	73.37	71.05

4. 成果分析

由表3-25数据可知：进口断面1线、6线均出现拉应力，需在孔口按式（3-36）配置钢筋。出口断面在1线上出现拉应力，而6线上均为压应力，故只需在1线所在边上配筋。

（注上述计算结果未计入温度的影响）。

六、点评

从上面介绍的典型毕业设计成果来看，设计者能严格按照国家规范要求进行总体枢纽布置，对挡水建筑物、泄水建筑物以及第二主要建筑物进行型式选择、剖面设计、应力稳定计算、构造设计和地基处理等。内容系统全面，设计思想正确，思路清晰，概念清楚，

计算方法正确，成果分析合理，是一项很好的设计。虽然设计的基本资料都取材于我国20世纪60～70年代南部地区已建工程，但设计中仍能反映现代坝工科技发展水平，并不因为资料时间长而影响学生综合分析能力和解决实际问题的能力。限于时间和缺乏实际工作经验，设计中也存在一些不足之处。

1. 毕业设计内容及各部分的深度

目前水工专业毕业设计的主要内容包括泄水建筑物型式选择及设计、调洪演算、坝型选择、枢纽布置、大坝剖面设计（包括稳定应力计算）、主要构造设计、地基处理、孔口应力计算、消能设计、施工组织设计等。基本涵括了水利水电工程的主要设计内容，也达到了培养本科生的要求。但各部分的深度不太一致，有的已达到工程设计要求（如坝体稳定应力计算部分），有的则深度明显不够，如坝型方案比较时，除了需进行大量的定性分析外，最终仍需做一些定量分析，以从经济上确定最优方案；施工组织设计部分也有不少需作定量分析的。因此，本设计在定性定量分析方面存在定性分析不够全面，定量分析深度不一致的缺点。

2. 泄水建筑物的型式选择

泄水建筑物型式选择与坝型选择和枢纽布置息息相关。上述设计能根据拱坝的特点和给定的基本资料，选择坝身泄洪方案，其结论是合理正确的。但对坝址附近的地形条件未作交代（也可能是给定地形图范围太小的缘故）。实际上泄水建筑物设计既可选择坝身泄水方案，也可选择坝外溢洪道泄水方案。主要视两岸地形条件有无合适的垭口。一般情况下，没有垭口时设计坝体溢洪道较为经济。若有现成的垭口不利用，不仅要设计合适的坝身泄水建筑物，还需设计一座副坝挡水，从而会增加工程投资，显然是不合适的。

此外，混凝土拱坝施工时需一次断流，开挖隧洞导流，工程建成后，导流洞失去作用，能否将其改建成泄洪洞，以减少另建泄水建筑物的投资。拱坝设计方案在这一方面论证不够。

坝型选择是整个枢纽设计的一项重要工作，本设计能从影响坝型选择最主要因素——建筑材料入手，综合考虑地形地质条件、施工条件等。其思想方法是正确的，结论是对的。对该水利枢纽，因坝址附近都缺乏足够的土料，故首先就排除了土石坝方案。对A江水利枢纽因地形在平面上呈喇叭口，地质条件也较好，故选择拱坝方案是正确的。但在方案比较过程中未能将碾压混凝土坝列入参加比选，是其不足之处。尽管这两个方案对照具体条件不一定经济合理，但作为坝型方案比选的内容不应将其遗漏。

3. 调洪演算

本设计在选择泄水建筑物型式后，用简化三角形法（高切林法）进行调洪演算，其原理和方法都是正确的，虽然精度略差一些，但能满足工程设计要求。作为本科学生的毕业设计是可行的。需要注意的是：调洪演算时应将水电站引用流量包含在允许下泄流量内。即电站引用流量与泄水建筑物的下泄量之和应小于等于允许下泄量。

4. 剖面设计

剖面设计是大坝结构设计的最重要内容。也是学生在设计过程中特别重视的部分。其计算工作量最大。本设计能抓住剖面设计的原则和设计方法，以坝工设计规范为依据，用编程计算和手工计算结合起来的方法，选择相对较优剖面。其设计思想先进，达到了培养计算机应用能力和基本技能训练的要求。但设计中存在安全裕度大，材料强度未能充分利用的缺点。如何修改剖面，真正达到既安全可靠又经济合理，叙述不够详细。

5. 孔口应力计算

坝体孔口应力分布复杂，精确计算相对困难。目前常用的方法有弹性理论法、模型试验法和有限单元法等。A江水利枢纽根据给定的孔口应力试验参数计算坝身泄水孔口周边应力，其方法相对简单，精度受试验参数精度的影响，但不失为解决问题的一种方法。通过该法的应用，可使学生对模型试验法用于解决工程实际问题有更深的理解。但在使用该法之前，未对各种方法进行比较，没有指出直接采用其他工程的试验参数对本工程有何影响。

6. 枢纽布置

本设计枢纽布置能根据A江坝址附近的具体情况，合理布置各建筑物的位置，其布置方案合理，考虑问题全面细致，使各组成建筑物既能独立工作又相互协调。不足之处是未考虑水库放空问题，未设置专门的放空建筑物，也未说明利用某一现成的泄水建筑物放空。应引起注意。

7. 施工组织设计

施工组织设计总体方案合理，但考虑不够全面细致，定量分析内容较少，希今后加强这一部分设计工作。

第三节　混凝土宽缝重力坝设计

一、设计基本资料

D江是我国南方的一条河流，根据流域规划拟建一水电站。其设计基本资料和设计要求如下。

（一）枢纽任务

本工程同时兼有防洪、发电、灌溉、渔业等综合利用的功能，水电站装机容量为217.5MW，装3台机组。正常蓄水位为111.5m，死水位为86.5m。3台机组满载时的流量为405m^3/s。采用坝后式厂房。工程建成后，可增加保灌面积90万亩，减轻洪水对D市及D平原的威胁。在遇$P=0.02\%$和$P=0.1\%$的洪水时，经水库调节后，洪峰流量由原来的18200m^3/s、14100m^3/s分别削减为6120m^3/s和5500m^3/s。水库蓄水后形成大面积水域，为发展养殖业创造有利条件。

（二）设计要求

在明确设计任务及对原始资料进行综合分析的基础上，要求：

（1）根据防洪要求，对水库进行洪水调节计算，确定坝顶高程及溢洪道孔口尺寸。

（2）通过分析，对可能的方案进行比较，确定枢纽组成建筑物的型式，轮廓尺寸及水利枢纽布置方案。

（3）详细作出大坝设计，通过比较，确定坝身结构的基本剖面与轮廓尺寸，拟定地基处理方案，进行水力、静力计算。

（4）对水电站引水建筑物（待坝型选定后指定）进行设计；选择引水建筑物的型式与轮廓尺寸，确定布置方案；拟定细部构造，进行水力、静力计算。

（5）确定枢纽的施工导流方案，安排施工的控制性进度。

（三）自然地理

1. 流域概况

D 江是我国南方的一条河流，流向自西北向东南，流经 D 省部分地区，最后流入大江 D 江，干流全长 120km，流域面积 3650km^2。

境内农林业较发达，植被良好，固体径流较少。

河道纵向坡降 0.47%～1.12%，平均坡降 0.81%，河道较宽，水流较缓，在坝址处河面缩窄，水流较急。

坝址以下约 80km 处有一重要城市 D 市（位于 D 江右岸），公路和水运均可直接到达 D 市。

2. 气候特征

（1）气温。坝址处的多年平均气温为 21.5℃，月平均最低气温 8.9℃（1 月），最高 34.1℃（7 月），实测极端最低气温为－3.8℃（1 月），最高为 40.5℃（7 月）。

（2）湿度。年平均相对湿度为 80%左右，其中以 6 月 86%为最大，1 月 74%为最小，日变化较小。

（3）降雨量。坝址以上流域的年平均降雨量为 1860mm，实测最大降雨量为 2574mm，最小为 1242mm。雨量在年内分配不均，其中 4～9 月占全年雨量的 80%，5～6 月占全年雨量的 1/3，往往形成起伏多峰的洪水。

（4）蒸发量。坝址处多年平均年蒸发量为 823mm。

（5）风向风力。实测最大风速为 24.4m/s，多年平均最大风速为 20m/s，风向基本垂直坝轴线，吹程为 4km。

3. 水文特征

（1）正常径流。据水文资料推算，坝址处的多年流量为 107m^3/s，多年平均年径流总量为 33.7 亿 m^3，$C_v=0.23$，$C_s=2C_v$，P—Ⅳ型线。各频率的月平均流量见表3－26。

表 3－26　　各频率月平均流量　　单位：m^3/s

月频率(%) \ 月份	1	2	3	4	5	6	7	8	9	10	11	12
75	62.3	86.6	92.8	105.5	125.5	130.5	105.5	86.6	86.6	62.3	55.9	55.9
50	74.3	103.3	110.9	126.0	150.0	155.0	126.0	103.3	103.3	74.3	66.8	66.8
5	110.6	147.6	158.5	180.0	214.0	221.5	180.0	147.6	147.6	110.6	95.4	95.4
1	138.0	192.0	206.0	234.0	278.0	288.0	234.0	192.0	192.0	138.0	124.0	124.0

（2）洪峰流量及总量。洪峰流量 $Q=3350$m^3/s，$C_v=0.55$，$C_s=3.5C_v$，P—Ⅳ型线。

$P=0.02\%$，$Q_p=18200m^3/s$；$P=0.1\%$，$Q_p=14100m^3/s$；$P=2\%$，$Q_p=10400m^3/s$。

洪水总量：3 日洪水总量的均值 $W=2.94$ 亿 m^3，$C_v=0.52$，$C_s=3C_v$，P—Ⅳ型线。各频率洪水总量见表 3-27。

表 3-27 各频率洪水总量 单位：$\times 10^8 m^3$

频率（%）	0.02	0.1	2	1	5	10	20	50
洪水总量（W_p）	14.00	11.06	10.20	8.80	5.94	4.96	3.99	2.56

3 日洪水过程线见附图（略）。各月各频率的洪峰流量见表 3-28。

表 3-28 洪峰流量 单位：m^3/s

月份 / 月频率（%）	1	2	3	4	5	6	7	8	9	10	11	12
1	487	1000	1640	3620	5180	6250	2960	2890	1400	590	398	435
5	292	600	1070	2400	3700	4800	2130	2010	980	400	276	267
10	211	432	820	1860	3040	3950	1750	1620	800	320	222	195

（3）固体径流量及水库淤积。根据水文站实测资料分析，该流域平均含沙量为 $0.87kg/m^3$，年固体径流总量为 32t，100 年后水库淤积高程为 39m，淤沙浮容重为 $8.5kN/m^3$，内摩擦角为 10°。

4. 其他

本坝址地震烈度为 7 度。

（四）工程地质

1. 库区工程地质

（略）。

2. 坝址工程地质

（1）地貌。坝址处的河床宽约 120m，河底高程 28m，水深约 1.5～4m。河谷近似梯形，两岸基本对称，岸坡约 30°～45°。坝址处河床覆盖层由砂卵石组成，厚度约 6m，两岸山坡为第四系覆盖层，厚度约 10m。

（2）岩性和地质构造。坝基岩性为花岗岩，风化较深，两岸达 10m 左右。新鲜花岗岩的饱和抗压强度为 100～200MPa，风化花岗岩为 50～80MPa。坝址处无大的地质构造。但两岸节理发育，有近乎平行河谷及垂直河谷的两组陡倾角节理。节理面夹泥。此外，这两组节理是裂隙水的主要通道，在工程设计中应予以重视。

（3）岩石的物理力学性质。岩石的物理力学性质见表 3-29。

表 3-29 物理力学性质

岩性或地质构造		新鲜花岗岩	风化花岗岩	节理面
容重（kN/m^3）	干	27.8	27.1	
	湿	28.1	27.5	

续表

岩性或地质构造			新鲜花岗岩	风化花岗岩	节理面
孔隙率			2.78	3.82	
抗压强度（MPa）	干		210.0	110.0	
	饱和		180.0	94.0	
弹性模量（MPa）			2.2×10^4	1.2×10^4	
单位吸水率（L/min·m）				0.05	
摩擦系数	混凝土/基岩	f	0.68	0.64	0.40
		f'	1.0	0.7	
	基岩内	f	0.75	0.66	
		f'	1.2	0.75	
黏聚力（MPa）		c	0.5	0.1	0
		c'	1.0	0.2	
泊松比 μ			0.20	0.25	
备注			混凝土与混凝土的摩擦系数为0.75		

（五）筑坝材料

1. *卵砾石*

坝址上下游河床覆盖有丰富的卵砾石，估计在25km范围内，上游储量1200万m^3，下游为800万m^3。此外，花岗岩埋深浅，极易开采。

2. *砂料*

河床覆盖层还有丰富的砂石料，估计在30km范围内，上游约600万m^3，下游约800万m^3。

卵砾、碎石及砂料的质量符合规范要求。

3. *土料*

坝址处缺乏符合筑坝的土料。

（六）库区经济

库区农业发达，作物以水稻为主，茶树、小麦次之，耕地主要分布在沿河两岸的部分丘陵盆地及零星小平原上。在正常蓄水位时，需迁移人口32500人，拆迁房屋29500间，淹没、浸没土地35000亩，淹没公路120km，电信线路429杆程km，高压线（35kV）49km，变电站（35kV）1座，共需投资4230万元左右。

（七）其他

（1）对外交通。与D市有公路和水运相连，对外交通较为方便。

（2）附属工厂和生活区。坝址下游两岸都有面积较大的冲积台地，适宜布置附属工厂和生活设施，并有公路直达坝区。

（3）负荷位置。本电站主要供应位于D江右岸D市的用电，并担负电网的部分调峰任务。

（4）坝顶有双线公路布置的要求。

二、洪水调节计算

在已确定选择宽缝重力坝（见后）的情况下，从提高泄流能力，便于运用管理和闸门维修、节省工程投资的角度出发，泄洪方式以坝顶泄流最为经济。故按坝顶溢流的泄洪方式进行洪水调节计算，以确定坝顶高程和最大坝高。调洪演算采用列表法或简化三角形法（高切林法）。

1. *确定工程等别及建筑物级别*

其方法与第二节相同，这里从略。

2. *水库运用方式*

本工程拦河大坝确定采用混凝土宽缝重力坝，为充分利用混凝土坝坝身能泄水的特点，泄水建筑物选用坝顶溢流式。水库运用期，为尽量提高发电水头，洪水到来之前，不提前泄洪，即汛前限制水位与正常蓄水位同高，但堰顶高程低于正常蓄水位。正常运用期用闸门挡水，洪水到来时，当上游来水量大于闸门全开时的泄量时，开始调洪，此时泄量为起调流量，起调水位即为正常挡水位。

3. *调洪演算*

本枢纽的泄洪建筑物采用开敞式溢流堰。其溢流能力可用式（3－37）：

$$Q = Cm\varepsilon\sigma_s B\sqrt{2g}H_w^{\frac{3}{2}} \tag{3-37}$$

式中：Q为流量，m^3/s；B为溢流堰净宽，m；H_w为堰顶以上作用水头，m；m为流量系数；C为上游面坡度影响修正系数，当上游面为铅直面时，C取1.0；ε为侧收缩系数，根据闸墩厚度及墩头形状而定，可取$\varepsilon=0.90\sim0.95$；σ_s为淹没系数，视泄流的淹没程度而定，不淹没时$\sigma_s=1.0$。

近似计算中可以认为$cm\varepsilon\sigma_s B\sqrt{2g}\approx2.0$，则开敞式溢流堰泄流能力计算公式为$Q=2.0BH_w^{\frac{3}{2}}$。

本设计拟定3组方案进行，其结果见表3－30。

表3－30　　洪水调节计算成果

方案	堰顶高程（m）	B（m）	工况	Q（m^3/s）	$H_上$（m）
1	99.0	54	设计	5660	112.90
	99.0	54	校核	6330	114.10
2	99.5	54	设计	5370	113.05
	99.5	54	校核	6060	114.15
3	99.0	52	设计	5500	113.10
	99.0	52	校核	6120	114.20

4. *方案选择*

以上方案中，方案1在设计工况下，泄往下游的总流量超过了最大下泄流量$5500m^3/s$，故不合理；方案2在设计工况下，下泄流量较小，库水位“逼得”较高，未充分发挥下游的防洪能力，也不太合理；方案3在设计和校核工况下均满足下游允许下泄流量要求，故将方案3作为最终方案，即堰顶高程为99m，孔口净宽为52m，设计洪水位113.1m，相应的下泄流量为5500m^3/s，校核洪水位为114.2m，相应的下泄流量为6120m^3/s。

三、坝型选择及枢纽布置

1. 坝址及坝型选择

根据地形和地质剖面图，Ⅰ—Ⅰ坝轴线相对较短，坝址处为花岗岩，经初步布置，满足各建筑物布置的要求。该断面处地质构造简单，无明显的断层、夹层和软弱破碎带，但节理发育，节理面夹泥。两岸覆盖层厚8～10m。

从地形条件看，本坝址不适合建拱坝，但可修建混凝土重力坝（包括实体重力坝和宽缝重力坝）、大头坝和堆石坝。通过对各种坝型的定性比较，综合考虑地形地质条件、建筑材料、施工条件、综合分析后认为，实体重力坝的主要缺点是：重力坝材料强度不能得到充分利用，混凝土方量大；大头坝抗震和侧向稳定性差；堆石坝方案需另行考虑泄水建筑物和水电站建筑物的型式选择及其布置问题，工程量大，故最后选用混凝土宽缝重力坝方案。

2. 枢纽组成建筑物

（1）挡水建筑物。混凝土宽缝重力坝。

（2）泄水建筑物。坝身溢流道（溢流坝）。

（3）水电站建筑物。坝后式水电站厂房，坝体引水管道，开关站等。

（4）其他建筑物。过木筏道等。

3. 枢纽总体布置

本枢纽河谷底部宽120m左右，坝顶高程处坝轴线长360m，泄水建筑物进口净宽52m，3台机组进口宽度为50～60m，根据初步布置，溢流坝段和厂房坝段并列布置。溢流坝段布置在河床中间略偏左岸，厂房坝段布置在右岸。因右岸一方面相对平缓，可布置开关站、电厂办公管理用房和生活设施；另一方面，右岸对外交通方便，原有交通道路与D市相连。左岸布置过木筏道，与厂房隔开，以防筏道运行时木材滑落，影响进厂交通。枢纽布置见枢纽平面布置如图3-17所示。

四、宽缝重力坝非溢流坝段设计

（一）非溢流坝剖面设计

宽缝重力坝剖面设计参数多于实体重力坝，如图3-18所示。首先根据地质、坝高、机组间距、廊道位置、保温条件（气候）以及稳定和强度条件，拟定出坝段宽度L，宽缝比（$2s/L$），上游头部厚度t_u和下游尾部厚度t_d等，然后再验算其稳定和应力。满足要求且经济者即为所求。具体设计如下。

（1）坝顶高程。坝顶高程由静水位与相应情况下的风浪涌高和安全超高定出。

防浪墙顶的高程与正常蓄水位或校核洪水位的高差可由下式计算：

$$\Delta h = h_{1\%} + h_z + h_c \tag{3-38}$$

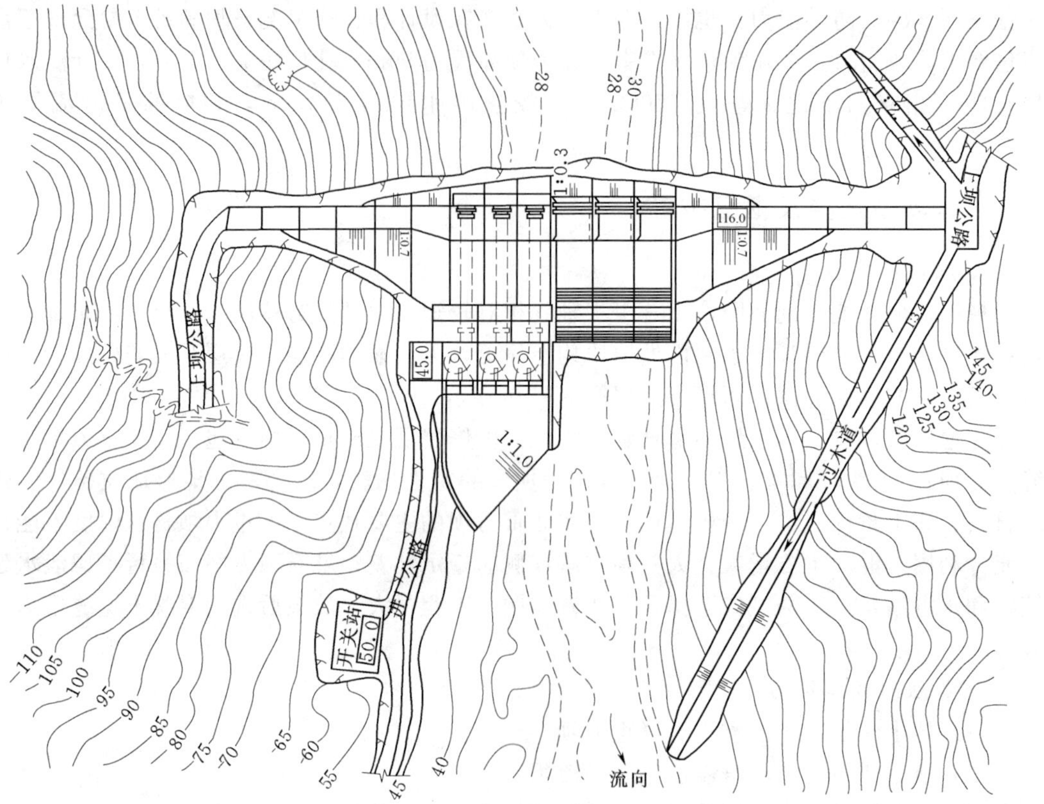

图 3-17 D江枢纽平面布置图

式中：Δh 为防浪墙顶至正常蓄水位或校核洪水位的高差，m；$h_{1\%}$ 为波高，m；h_z 为波浪中心线至静水位的高差，m；h_c 为安全超高，m。

经计算，校核洪水位与相应情况下的高差使防浪墙顶高程最大（116.16m），防浪墙高取 1.26m，则坝顶高程为 114.9m。

（2）坝顶宽度。根据坝顶双线公路交通要求，坝顶宽度 B 取为 10m。

（3）上游折坡点高程。为尽量利用水重，在满足应力要求前提下，上游坡尽可能缓。同时考虑电站进水口闸门拦污栅和操作便利，折坡点高程定在 72m 处。

（4）宽缝比 $2s/L$。为减小扬压力和充分利用材料强度，$2s/L$ 应尽可能大，但太大宽缝头部易产生拉应力。综合考虑 $2s$ 取 6m；L 为坝段宽度，与混凝土浇筑能力、溢流坝闸门宽度以及厂房机组间距等有关，取 $L=18$m。

（5）宽缝内边坡 n_1、m_1。为施工方便，取$n_1=n$，$m_1=m$，宽缝顶高程与折坡点齐平。

（6）上下游边坡 n、m。由稳定和应力条件确定。为尽量利用水重，在满足应力要求前提下，上游面坡度 n 应尽可能缓，一般取值为 0.15～0.35，现取为 0.2；下游面坡度 m 一般取值为 0.6～0.8，现取为 0.7。

（7）其他。宽缝的上下游及顶部与邻近的实体部分连接处，应有足够的渐变长度。

上游头部厚度 t_u 的取值要考虑水力坡降和大坝的侧向传力，同时厚度要大于 0.07～0.1 倍的上游水深且大于 3m。现考虑到基础帷幕灌浆廊道的布置，廊道上游壁到上游坝面的距离不小于0.05～0.1倍上游水头且不小于4～5m，廊道本身宽取3m，再加上廊道下游侧的壁厚，t_u 取为11m。

下游尾部厚度 t_d 的取值要考虑应力、保温以及大坝侧向传力，要求大于2m，一般取为3～5m，现取为4m。

设计时自编程序上计算机进行计算，经过优选，找出最优方案，其最优剖面如图3-19所示，也可根据经验，拟定3～5组尺寸，用计算器计算，直接找出相对经济的实用剖面方案，当然后者精度要差一些。

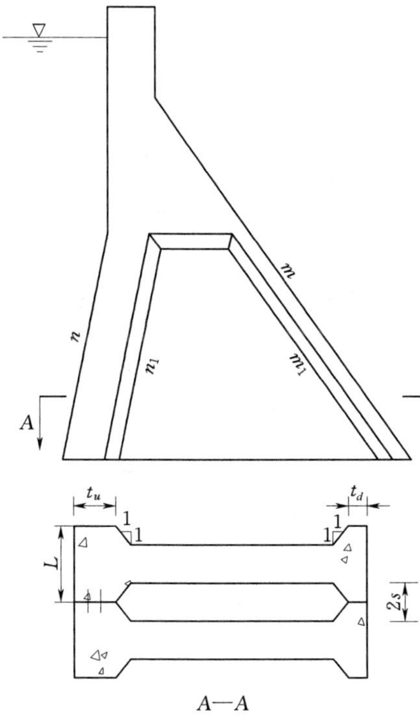

图3-18　宽缝重力坝剖面示意图

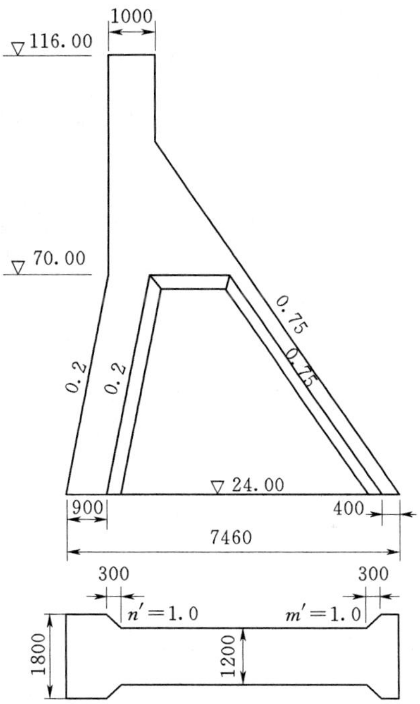

图3-19　D江枢纽宽缝重力坝最优剖面

（二）承载能力极限状态和正常使用极限状态验算

根据上述确定的实用剖面，分别按照承载能力极限状态和正常使用极限状态对各种荷载组合进行验算。计算时采用抗剪强度计算公式或抗剪断强度计算公式。

1. 承载能力极限状态计算

（1）对基本组合，采用下列极限状态设计表达式

$$\gamma_0 \psi S(\gamma_G G_K, \gamma_Q Q_K, a_K) \leqslant \frac{1}{\gamma_{d1}} R\left(\frac{f_K}{\gamma_m}, a_K\right) \tag{3-39}$$

式中：γ_0 为结构重要性系数，对应于结构安全级别为Ⅰ、Ⅱ、Ⅲ级的结构及构件，可分别取用1.1、1.0、0.9；ψ 为设计状况系数，对应于持久状况，短暂状况，偶然状况，可分别取用1.0、0.95、0.85；$S(*)$ 为作用效应函数；$R(*)$ 为结构及构件抗力函数；γ_G 为永久作用分项系数，见表3-31；γ_Q 为可变作用分项系数，见表3-31；G_K 为永久作用标准值；Q_K 为可变作用标准值；a_K 为几何参数的标准值（可作为定值处理）；f_K 为材料性能的标准值；γ_m 为材料性能分项系数，见表3-32；γ_{d1} 为基于组合结构

系数，见表 3－33。

（2）对偶然组合，应采用下列极限状态，其设计表达式为

$$\gamma_0 \psi S(\gamma_G G_K, \gamma_Q Q_K, A_K, a_K) \leqslant \frac{1}{\gamma_{d2}} R\left(\frac{f_K}{\gamma_m}, a_K\right) \tag{3-40}$$

式中：A_K 为偶然作用代表值；γ_{d2} 为偶然组合结构系数，见表 3－33。

表 3－31　　作用分项系数

序号	作用类别	分项系数
1	自重	1.0
2	水压力	
	1）静水压力	1.0
	2）动水压力：时均压力、离心力、冲击力、脉动压力	1.05、1.1、1.1、1.3
3	扬压力	
	1）渗透压力	1.2（实体）、1.1（宽缝，空腹）
	2）浮托力	1.0
	3）扬压力（有抽排）	1.1（主排水孔前）
	4）残余扬压力（有抽排）	1.2（主排水孔后）
4	淤沙压力	1.2
5	浪压力	1.2

表 3－32　　材料性能分项系数

序号	材料性能		分项系数	备注
1	抗剪断强度 1）混凝土/基岩	摩擦系数 f'_R	1.3	
		黏聚力 C'_R	3.0	
	2）混凝土/混凝土	摩擦系数 f'_c	1.3	包括常态混凝土和碾压混凝土层面
		黏聚力 C'_c	3.0	
	3）基岩/基岩	摩擦系数 f'_d	1.4	
		黏聚力 C'_d	3.0	
	4）软弱结构面	摩擦系数 f'_d	1.5	
		黏聚力 C'_d	3.0	
2	混凝土强度	桩压强度 f_c	1.5	

表 3－33　　结构系数

序号	项目	组合类型	结构系数	备注
1	抗滑稳定极限状态设计式	基本组合	1.2	包括建基面、层面、深层涌动面
		偶然组合	1.2	
2	混凝土抗压极限状态设计式	基本组合	1.8	
		偶然组合	1.8	

2. 正常使用极限状态计算

正常使用极限状态，作用效应的短期组合采用下列设计表达式

$$\gamma_0 S_s(G_K, Q_K, f_K, a_K) \leqslant C_1/\gamma_{d3} \tag{3-41}$$

正常使用极限状态，作用效应的长期组合采用下列设计表达式

$$\gamma_0 S_L(G_K, \rho Q_K, f_K, a_K) \leqslant C_2/\gamma_{d4} \tag{3-42}$$

式中：C_1、C_2 为结构的功能限值；$S_s(*)$、$S_L(*)$ 为作用效应的短期结合，长期组合时的效应函数；γ_{d3}、γ_{d4} 为正常使用极限状态短期组合，长期组合时的结构系数；ρ 为可变作用标准值的长期组合系数，这里取 $\rho=1$。

3. 承载能力极限状态设计

承载能力极限状态设计包括：①坝体及坝基强度计算；②坝体与坝基接触面抗滑稳定计算；③坝体层面抗滑稳定计算；④坝基深层软弱结构面抗滑稳定计算。

(1) 坝趾抗压强度承载能力极限状态。

1) 作用效应函数：

$$S(*) = \left(\frac{\sum W_R}{A_R} - \frac{\sum M_R T_R}{J_R}\right)(1+m_2^2) \tag{3-43}$$

2) 抗压强度极限状态。

抗力函数：

$$R(*) = f_c \text{ 或 } R(*) = f_R \tag{3-44}$$

式中：$\sum W_R$ 为坝基面上全部法向作用之和，kN，向下为正；$\sum M_R$ 为全部作用对坝基面形心的力矩之和，kN·m，逆时针方向为正；A_R 为坝基面面积，m^2；T_R 为坝基面对形心轴到下游面的距离，m；J_R 为坝基面对形心轴的惯性矩，m^4；m_2 为坝体下游坡度；f_c 为混凝土抗压强度，kPa；f_R 为基岩抗压强度，kPa。

核算坝趾抗压强度时，应按材料的标准值和作用的标准值或代表值分别计算基本组合和偶然组合。

(2) 坝体选定截面下游端点的抗压强度承载能力极限状态。

1) 作用效应函数：

$$S(*) = \left(\frac{\sum W_c}{A_c} - \frac{\sum M_c T_c}{I_c}\right)(1+m_2^2) \tag{3-45}$$

2) 抗压强度极限状态。抗力函数：

$$R(*) = f_c \tag{3-46}$$

式中：$\sum W_c$ 为计算截面上全部法向作用之和，kN，向下为正；$\sum M_c$ 为全部作用对计算截面形心的力矩之和，kN·m；A_c 为计算截面的面积，m^2；I_c 为计算截面对形心轴的惯性矩，m^4；T_c 为计算截面形心轴到下游面的距离，m；m_2 为坝体下游坡度。

核算坝体选定计算截面下游端点抗压强度时，应按材料的标准值和作用的标准值或代表值分别计算基本组合和偶然组合。

(3) 坝体混凝土与基岩接触面的抗滑稳定极限状态。

1) 作用效应函数：

$$S(*) = \sum P_a \tag{3-47}$$

2）抗滑稳定抗力函数：

$$R(*) = f'_R \sum W_R + c'_R A_R \quad (3-48)$$

式中：$\sum P_a$ 为坝基面上全部切向作用之和，kN；$\sum W_R$ 为坝基面上全部法向作用之和，kN；f'_R为坝基面抗剪断摩擦系数；c'_R为坝基面抗剪断黏聚力，kPa；A_R 为坝基面的面积，m^2。

核算坝基面抗滑稳定极限状态时，应按材料的标准值和作用的标准值或代表值分别计算基本组合和偶然组合。

（4）坝体混凝土层面的抗滑稳定极限状态。

1）作用效应函数：

$$S(*) = \sum P_c \quad (3-49)$$

2）抗滑稳定抗力函数：

$$R(*) = f'_c \sum W_c + c'_c A_c \quad (3-50)$$

式中：$\sum P_c$ 为计算层面上全部切向作用之和，kN；$\sum W_c$ 为计算层面上全部法向作用之和，kN；f'_c为混凝土层面抗剪断摩擦系数；c'_c为混凝土层面抗剪断黏聚力，kPa；A_c 为计算面截面面积，m^2。

核算坝体混凝土层的抗滑稳定极限状态时，应按材料的标准值和作用的标准或代表值分别计算基本组合和偶然组合。

（三）各项荷载计算方法

1. 自重

利用 AutoCAD2004 作坝体的立体图，可求坝段的自重，如图 3－20 所示。荷载分项系数为 1.0。

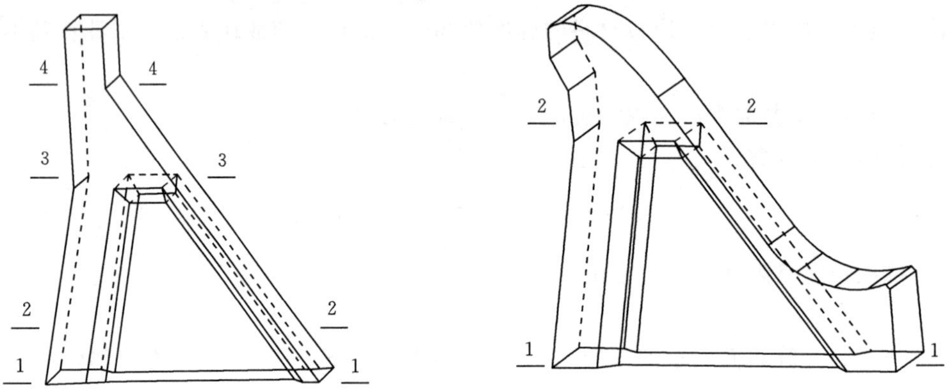

图 3－20　非溢流坝段和溢流坝段立体图

2. 上游静水压力

水平力：

$$P_{x1} = \frac{1}{2}\gamma H^2 \times 18 \quad (3-51)$$

式中：γ 为水的容重；H 为上游作用水头。

作用点：

$$y = \frac{1}{3}H$$

竖直力：$$P_{y1}=\gamma S_{压力体}\times18 \tag{3-52}$$

作用点位于压力体的形心处。

荷载分项系数为 1.0。

3. 下游静水压力

水平力：$$P_{x2}=\frac{1}{2}\gamma H^2\times18 \tag{3-53}$$

作用点：$$y=\frac{1}{3}H$$

竖直力：$$R_{y2}=\gamma S_{压力体}\times18 \tag{3-54}$$

作用点位于压力体的形心处。

荷载分项系数为 1.0。

4. 扬压力

河床坝段折减系数 $\alpha=0.2$。图 3-21 中矩形部分为浮托力，其余部分为渗透压力。

利用 AutoCAD2004 作扬压力的立体图，可分别求得浮托力、渗透压力、扬压力的大小及作用点位置。

荷载分项系数：宽缝重力坝的渗透压力为 1.1，浮托力为 1.0。

5. 浪压力

因为 $$H>H_{cr}\text{且}H>\frac{L_m}{2}$$

所以浪压力分布如图 3-22 所示。

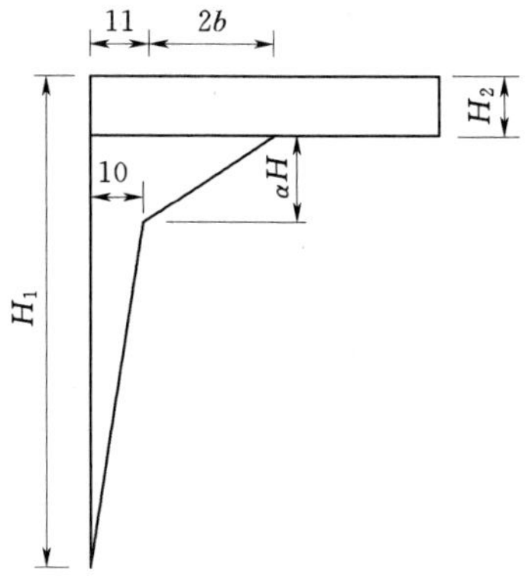

图 3-21　扬压力图

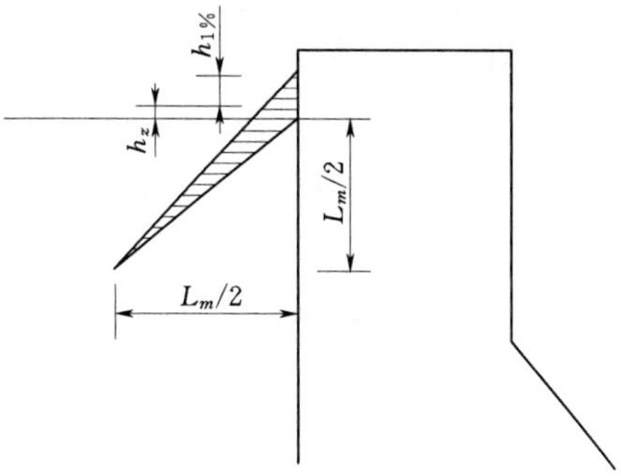

图 3-22　浪压力图

水平力：$$P_{wk}\frac{1}{4}\gamma_w L_m(h_{1\%}+h_z)\times18 \tag{3-55}$$

$$h_z=\frac{\pi h_{1\%}^2}{L_m}\text{cth}\frac{2\pi H}{L_m} \tag{3-56}$$

$$H_{cr}=\frac{L_m}{4\pi}\ln\frac{L_m+2\pi h_{1\%}}{L_m-2\pi h_{1\%}} \tag{3-57}$$

式中：P_{wk} 为单位长度迎水面上的浪压力标准值，kN/m；γ_w 为水的重度，kN/m^3；L_m 为平均波长，m；$h_{1\%}$ 为累积频率为 1% 的波高，m；H 为挡水建筑物迎水面前的水深，m；h_z 为波浪中心线至计算水位的高度，m；H_{cr} 为产生破碎波的临界水深，m。

作用点位于压力图形的形心处。荷载分项系数为 1.2。

6. 淤沙压力

淤沙高程按百年淤积 39m 计。

水平力：
$$P_{sk}=\frac{1}{2}\gamma_{sb}h_s^2\tan^2\left(45^\circ-\frac{\varphi_s}{2}\right)\times 18 \tag{3-58}$$

式中：P_{sk} 为淤沙压力标准值，kN/m；γ_{sb} 为淤沙的浮重度，kN/m³；h_s 为挡水建筑物前泥沙淤积厚度，m；φ_s 为淤沙的内摩擦角，(°)。

作用点：$y=2/3h_s$（从淤积高程向下计）。

竖直力：$P_{sy}=1/2\gamma_{sb}h_s^2\times n\times 18$。

作用点：$x=1/3\times h_s n$；荷载分项系数为 1.2。

7. 动水压力

溢流坝反弧段水流的动水压力即离心力的水平及垂直分力代表值可按下式计算

$$P_{xr}=q\frac{\gamma}{g}v(\cos\psi_2-\cos\psi_1) \tag{3-59}$$

$$P_{yr}=q\frac{\gamma}{g}v(\sin\psi_2-\sin\psi_1) \tag{3-60}$$

式中：P_{xr} 为单位宽度上离心力合力的水平分力代表值，N/m；P_{yr} 为单位宽度上离心力合力的垂直分力代表值，N/m；q 为相应设计状况下反弧段上的单宽流量，m³/（s·m）；v 为反弧段最低点处的断面平均速度，m/s；ψ_1、ψ_2 分别为反弧弯曲段上下游侧的夹角，其作用点在反弧段的最低点处。

荷载分项系数为 1.1。

8. 地震作用

（1）设计烈度。本设计中设计烈度采用 7 度。

（2）地震惯性力。采用拟静力法计算地震作用效应，沿建筑物高度作用于质点 i 的水平向地震惯性力代表值按下式计算

$$F_i=a_h\xi G_{Ei}\delta_i/g \tag{3-61}$$

式中：F_i 为作用在质点 i 的水平向地震惯性力代表值；a_h 为水平向设计地震加速度代表值；ξ 为地震作用的效应折减系数，除有关规定外，取 $\xi=0.25$；G_{Ei} 为集中在质点 i 的重力作用标准值；g 为重力加速度（注：$g=9.81\text{m/s}^2$）；竖向地震加速度的代表值 $a_v=\frac{2}{3}a_h$；δ_i 为质点 i 的动态分布系数，按下式确定

$$\delta_i=1.4\frac{1+4(h_i/H)^4}{1+4\sum_{j=1}^{n}\frac{G_{Ei}}{G_E}(h_j/H)^4} \tag{3-62}$$

式中：n 为坝体计算质点总数；H 为坝高，溢流坝的 H 计算至闸墩顶；h_i、h_j 分别为质点 i、j 的高度；G_E 为产生地震惯性力的建筑物总重力作用的标准值。

（3）地震动水压力。采用拟静力法计算重力坝地震作用效应时，水深 h 处的地震动水

压强代表值按下式计算

$$p_w(h) = a_h \xi \varphi(h) p_w H_0 \tag{3-63}$$

式中：$p_w(h)$ 为作用在直立迎水面水深 h 处的地震动水压强代表值；$\varphi(h)$ 为水深 h 处的地震动水压力分布系数；p_w 为水体质量密度标准值；H_0 为坝前水深。

单位宽度坝面的总地震动水压力作用在水面以下 $0.54H_0$ 处，其代表值按下式计算

$$F_0 = 0.65 a_h \xi p_w H_0^2 \tag{3-64}$$

当上游坝面倾斜时，按式（3-64）计算动力压力代表值应乘以折减系数

$$\eta_c = \theta/90° \tag{3-65}$$

式中：θ 为上游坝面与水平面夹角，小于 90°；迎水面有折坡时，若水面以下直立部分的高度等于或大于水深一半，可近似作直立坝面；否则应取水面点与坡脚点连线代替坡度。

采用拟静力法验算重力坝坝体强度和坝基面抗滑稳定时，抗压、抗拉强度的结构系数应分别取 2.80 和 2.10，抗滑稳定的结构系数应取 2.70。

（四）应力分析

根据 DL 5108—1999《混凝土重力坝设计规范》计算宽缝重力坝的应力。宽缝重力坝的应力分布基本上接近平面状态，只是局部应力分布较为复杂，故将宽缝重力坝的应力计算分成整体应力、局部应力两部分。

1. 整体应力分析

（1）用材料力学法计算。即不考虑地基变形对坝体应力的影响，假定 σ_y 呈直线分布，σ_y 可按材料力学中的偏心受压公式计算。视坝段为固接在基岩上的变截面悬臂梁，认为各坝段独立工作，无水平梁的作用。按平面问题进行计算。

（2）按 DL 5108—1999《混凝土重力坝设计规范》推荐的计算公式计算。

1）坝体边缘应力分析。上下游面垂直应力公式为：

$$\sigma_{yu} = \frac{\sum W}{A} + \frac{T_u \sum M}{I} \tag{3-66}$$

$$\sigma_{yd} = \frac{\sum W}{A} - \frac{T_d \sum M}{I} \tag{3-67}$$

式中：T_u、T_d 为坝段计算水平截面形心到上下游坝面的距离；A、I 为坝段计算水平截面面积和对其形心轴的惯性矩；$\sum W$ 为计算截面上全部垂直力之和（包括坝体自重，水重，淤沙重及计算的扬压力等），以向下为正；$\sum M$ 为计算截面上全部垂直力及水平力对于计算截面形心的力矩之和，以使上游面产生压应力者为正。

上下游面剪应力公式为

$$\tau_u = (p^u - p_u^u - \sigma_{yu}) m_1 \tag{3-68}$$

$$\tau_d = (\sigma_{yd} - p^d + p_u^d) m_2 \tag{3-69}$$

上下游面水平正应力

$$\sigma_{xu} = (p^u - p_u^u) - (p^u - p_u^u - \sigma_{yu}) m_1^2 \tag{3-70}$$

$$\sigma_{xd} = (p^d - p_u^d) + (\sigma_{yd} - p^d + p_u^d) m_2^2 \tag{3-71}$$

上下游面主应力

上游面主应力 $\sigma_{1u} = (1+m_1^2)\sigma_{yu} - m_1^2 (p^u - p_u^u)$ （3-72）

$$\sigma_{2u} = p^u - p_u^u \tag{3-73}$$

下游面主应力

$$\sigma_{1d} = (1+m_2^2)\sigma_{yd} - m_2^2(p^d - p_u^d) \tag{3-74}$$

$$\sigma_{2d} = p^d - p_u^d \tag{3-75}$$

式中：m_1 为上游坝坡；m_2 为下游坝坡；p^u、p^d 为计算截面的上下游坝面所承受的水压力强度（如有淤沙压力时，应计入在内）；p_u^u、p_u^d 为计算截面在上下游坝面处的扬压力强度。

2）坝体内部应力分析。

坝内截面水平截面上的正应力 σ_y：

根据 σ_y 在水平截面上是直线分布的假定，可将距下游面 x 处的 σ_y 设为

$$\sigma_y = a + bx \tag{3-76}$$

$$a = \frac{W}{T} - \frac{6M}{T^2}; b = \frac{12M}{T^3} \tag{3-77}$$

式中：T 为坝体计算断面的厚度；W 为作用在计算断面以上的坝体上所有荷载合力的垂直分力；M 为作用在计算断面以上的坝体所有荷载对于断面形心的力矩。

坝内剪应力 τ：

剪应力沿 x 轴呈二次抛物线分布，设为：

$$\tau = a_1 + b_1 x + c_1 x^2 \tag{3-78}$$

其中

$$a_1 = \tau_d$$

$$b_1 = -\frac{1}{T}\left(\frac{-6\sum p}{T} + 2\tau_u + 4\tau_d\right)$$

$$c_1 = \frac{1}{T^2}\left(\frac{-6\sum p}{T} + 3\tau_u + 3\tau_d\right)$$

坝内水平正应力 σ_x：

将 σ_x 近似作为直线分布，设为：

$$\sigma_x = a_2 + b_2 x \tag{3-79}$$

其中

$$a_2 = \sigma_{xd}，\ b_2 = (\sigma_{xu} - \sigma_{xd})/T$$

坝内主应力 σ_1、σ_2：

$$\left.\begin{matrix}\sigma_1\\ \sigma_2\end{matrix}\right\} = \frac{\sigma_x + \sigma_y}{2} \pm \sqrt{\left(\frac{\sigma_y - \sigma_x}{2}\right)^2 + \tau^2} \tag{3-80}$$

$$\psi_1 = \frac{1}{2}\arctan\left(-\frac{2\tau}{\sigma_y - \sigma_x}\right) \tag{3-81}$$

式中：σ_1、σ_2 为主应力，kPa；ψ_1 为第一主应力方向，以顺时针方向为正。

宽缝重力坝水平正应力、剪应力用无宽缝求得的正应力乘以 L/L_1 的系数“放大”。实际工程中，宽缝形状并非工字形，而是由 B 渐变至 B_1 的，此时按上述求得的应力乘以 L/L_1 后产生突变，故需进行修正，其方法如图 3-23 所示。

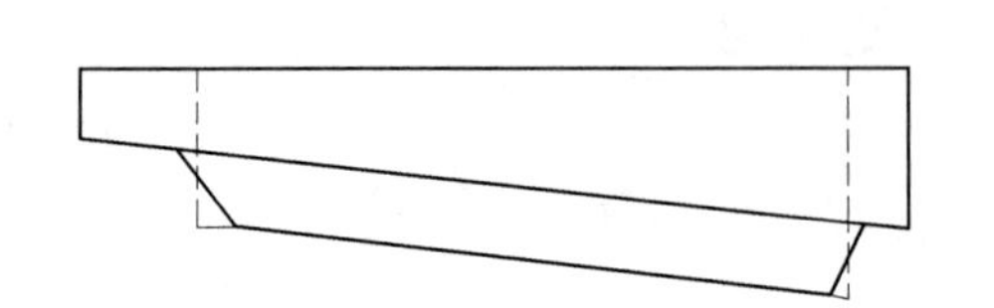

图 3-23　宽缝处应力修正示意图

用上述方法可求得的坝体各计算工况下不同截面的应力及其分布。

采用 AutoCAD 2004 和 excel 表计算大坝 1—1 断面正常蓄水位情况下的应力，具体计算结果见表 3-34～表 3-37。

表 3-34　　相关数据统计与计算表

上游坡度	下游坡度	坝底面积（m^2）	坝底总宽 T（m）	惯性矩 I（m^4）	坝体体积（m^3）
0.2	0.7	1019.34	75.57	548797	50792.4
上游水位（m）	下游水位（m）	T_u（m）	T_d（m）	坝底高程（m）	
111.5	31.2	36.49	39.08	20	

表 3-35　　荷 载 计 算 表　　单位：kN

项目	自重 G	上游静水压力	下游静水压力	扬压力	浪压力	淤沙压力
竖直荷载	1219018.00	120286.30	7752.57	−234811.47		5418.36
水平荷载		739185.95	−11075.10		1864.08	19075.33
作用点距形心距离 X	8.21	31.98	−36.46	15.35		35.19
作用点距形心距离 Y		30.50	3.73		89.49	6.30
弯矩 M	10008259.68	3846736.59	−282696.37	−3603393.39		190671.98
		−22545171.55	41347.03		−166819.80	−120174.58

表 3-36　　极 限 状 态 判 断 表

坝体混凝土与基岩接触面抗滑稳定极限状态			
S（*）	<	R（*）	
828561.96		1214524.72	抗滑满足
坝址抗压强度承载能力极限状态			
S（*）	<	R（*）	抗压满足
3275.26		66666.67	

表 3-37　　强 度 验 算 表　　单位：kPa

外　部　应　力					
上游垂直正应力	下游垂直正应力	上游剪应力	下游剪应力	上游水平正应力	下游水平正应力
256.34	1998.33	−24.49	1398.83	138.76	979.18
内　部　应　力					
实坝体	垂直正应力	a=1560.84	b=−19.54		
	剪应力	a_1=1398.83	b_1=−29.43	c_1=0.14	
	水平正应力	a_2=979.18	b_2=−11.12		
突变点	x（m）	4	64.57	7	60.07
	剪应力（kPa）	1283.36	83.12	1799.55	205.38
	正应力（kPa）	934.70	261.09	1351.99	466.71

由计算出的应力绘制成应力图，图 3 - 24～图 3 - 27 示出了各工况下 4 个截面（∇ 98.81、∇ 72.0、∇ 39.0 和坝基面）σ_y、σ_x、τ 的分布图。

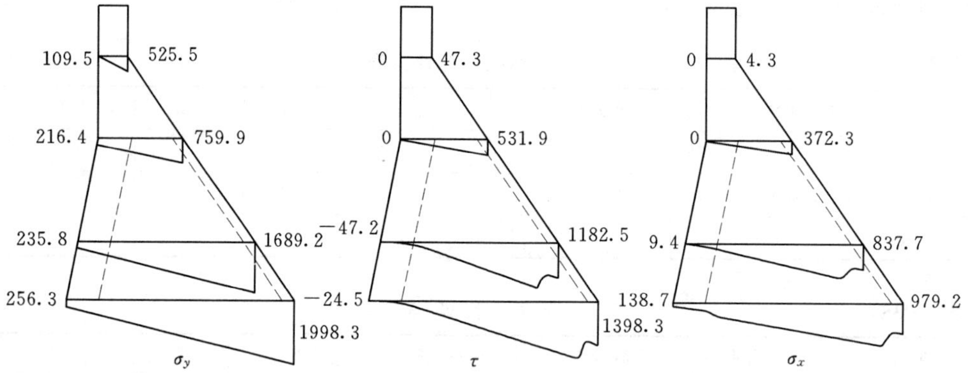

图 3 - 24 正常蓄水位时的坝体应力分布图（单位：kPa）

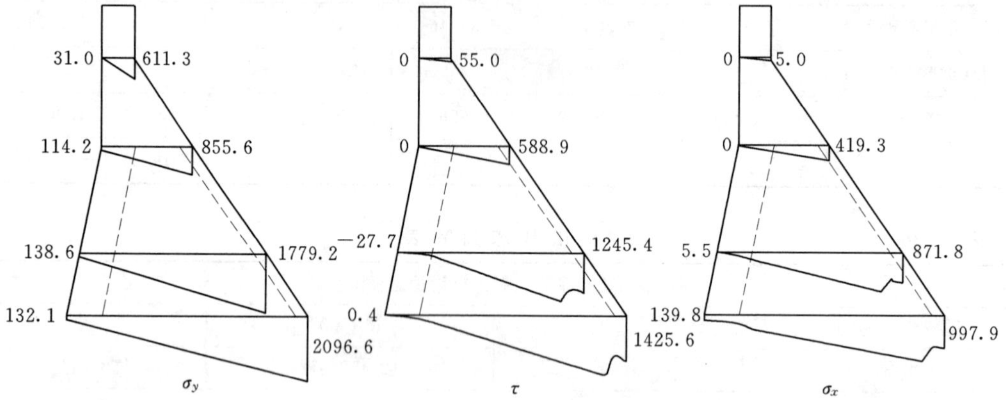

图 3 - 25 设计洪水位时的坝体应力分布图（单位：kPa）

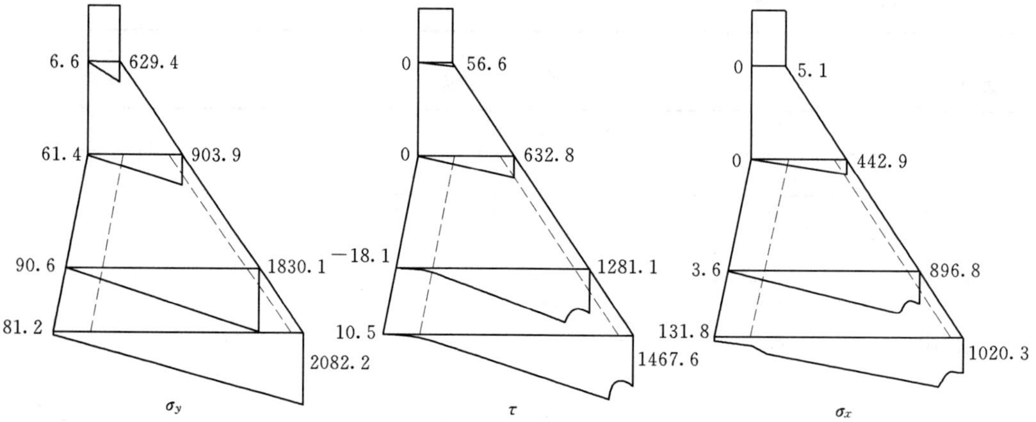

图 3 - 26 校核洪水位时的坝体应力分布图（单位：kPa）

由图示数值可以看出：①坝体上游面 σ_y 均大于 0；②各点处的 σ_x 均大于 0，未出现拉

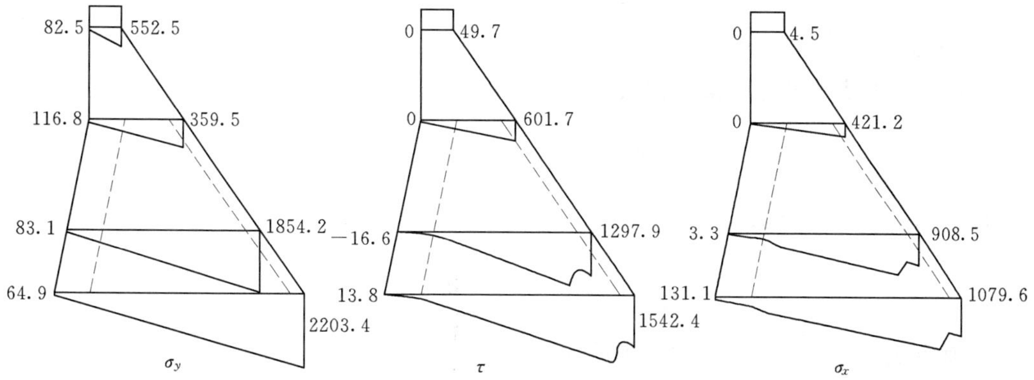

图 3-27　地震情况时的坝体应力分布图（单位：kPa）

应力；③在上游面边缘剪应力出现负值，其量值均不大；④求得的 σ_y、σ_x 量值都小于基岩和混凝土的允许抗压强度。说明设置宽缝后，坝体中间的混凝土强度得到了利用。

2. 头部局部应力分析

沿垂直坝面（或沿主应力方向）切取截面，作为平面问题处理，用弹性力学的有限单元法或差分法进行计算。研究头部是否产生不利的拉应力，考察宽缝的形状和尺寸是否合适，必要时作出相应的修正。为节省计算工作量，也可先用材料力学法计算宽缝重力坝头部应力，使初拟的尺寸更接近于实际需要，然后再用精确的方法计算。

毕业设计中，用材料力学法计算宽缝头部应力计算原理和公式参见中国水利水电出版社，沈长松，王世夏，林益才，刘晓青编著，2008 年 3 月出版的《水工建筑物》教材。

五、宽缝重力坝溢流坝段设计

（一）溢流坝剖面设计

溢流坝剖面，除应满足强度、稳定和经济条件外，其外形尚需考虑水流运动要求。通常它也是由基本三角形修改而成，内部与非溢流坝相同。溢流面由顶部溢流段、中部直线段及挑流鼻坎组成，上游面为直线或折线。所设溢流坝下游面直线段与非溢流坝下游面重合并将上游侧堰顶做成一短悬臂，上游面折坡点高程及上游面坡度都取与非溢流坝相同。

1. 堰面曲线

我国现行规范推荐采用幂曲线，即 WES 曲线，其曲线方程为

$$y=\frac{x^n}{kH_d^{n-1}} \tag{3-82}$$

式中：H_d 为定型设计水头，取堰顶最大水头的 75%～95%；k、n 为与上游堰面坡度有关的系数。

D 江枢纽溢流坝上游面上部为垂直面，故取 $k=2.0$，$n=1.85$，为使溢流堰在设计和校核洪水位下有较大的泄量，取 $H_d=85\%H_{\max}$，则 $H_d=0.85\times(114.2-99)=13(\text{m})$。

堰面曲线与直线段要平滑过渡，故其交点应在切点处为保证堰面曲线最上游处的点与大坝上游竖直面重合，现将原基本三角形剖面的斜边往下游面移动直到与堰面曲线相切

为止。

2. 椭圆曲线

堰面曲线原点上游采用椭圆曲线，其方程为

$$\frac{x^2}{(aH_d)^2}+\frac{(bH_d-y)^2}{(bH_d)^2}=1 \qquad (3-83)$$

因上游面垂直，故取 $a=0.3$，$b=\frac{a}{0.78+3a}=0.178$，椭圆方程为

$$\frac{x^2}{3.94^2}+\frac{(2.337-y)^2}{2.337^2}=1$$

堰面曲线具体参数如图 3-28 所示。

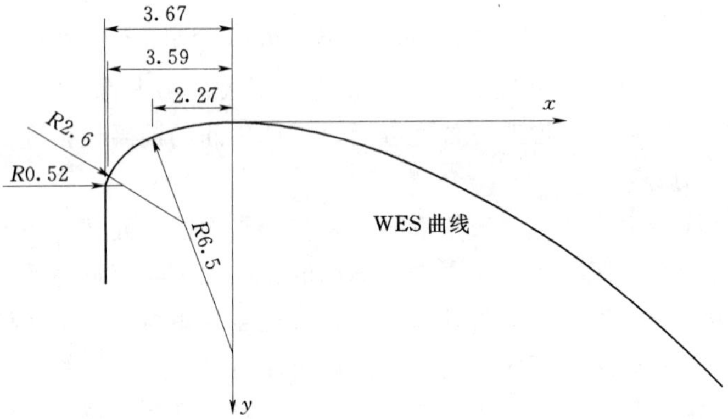

图 3-28　溢流堰堰面曲线图（单位：m）

3. 反弧曲线

采用连续式挑流消能，鼻坎高程高出下游最高水位 1～2m，按校核洪水期的允许下泄流量，查得下游最高水位为 38.5m，故取鼻坎高程为 40m。由于 R、θ 太大或太小都不利，经分析，取反弧半径 $R=24$m，$\theta=20°$，经挑距和冲坑深度计算，上述尺寸满足消能防冲要求。

为防止鼻坎尖端损坏，鼻坎端部不能设计成尖角，现取为向前方突出 1.5m，以 1∶1 的坡度衔接。

此时，鼻坎总长为 9.7m，小于 0.5 倍的鼻坎高，故不再进行分缝验算。

宽缝重力坝溢流坝段剖面如图 3-29 所示。

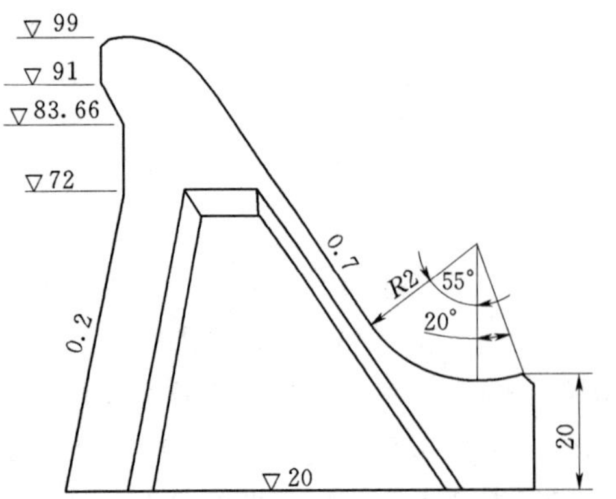

图 3-29　D江枢纽宽缝重力坝溢流坝段剖面图

（二）溢流坝段的稳定应力计算

（1）宽缝重力坝溢流坝段的稳定应力计算方法与非溢流坝段相同，这里不再赘述，只是堰面曲线段计算复杂。精确计算可用积分法，但较繁琐；常采用图解法，即将剖面形状精确画在方格纸上，数出计算部分所占

的格子数近似计算。根据以往的经验，这种方法能满足工程精度要求。

（2）采用 AutoCAD2004 和 Excel 表计算溢流坝底部断面校核洪水位情况下的稳定和强度验算，具体计算结果见表 3－38～表 3－41。

表 3－38　相关数据统计与计算表

上游坡度	下游坡度	坝底面积（m^2）	坝底总宽（m）	惯性矩 I（m^4）	坝体体积（m^3）
0.2	0	1174.68	84.20	803614.34	54007.719
上游水位（m）	下游水位（m）	T_u（m）	T_d（m）	坝底高程（m）	
114.20	38.50	42.23	41.97	20	

表 3－39　荷载计算表　单位：kN

项目	自重 G	上游静水压力	下游静水压力	扬压力	动水压力	淤沙压力
竖直荷载	1296185.04	125244.66	21152.08	－332928.07	24414.34	5418.36
水平荷载		783453.66	－30217.25		87967.21	19075.33
作用点距形心 X	8.61	31.95	－34.76	12.276	－32.27	40.93
作用点距形心 Y		31.4	6.17		18.55	6.30
弯矩 M	11157560.81	4001892.80	－735278.62	－4087025.02	－787836.37	221764.15
		－24600445.41	186339.72		1631791.83	－120174.56

表 3－40　极限状态判断表

坝体混凝土与基岩接触面抗滑稳定极限状态			
S（*）	＜	R（*）	抗滑满足
960179.8268		1241199.161	
坝址抗压强度承载能力极限状态			
S（*）	1653.378506	R（*）	120000
1818.716357	＜	66666.66667	抗压满足

表 3－41　强度验算表　单位：kPa

外部应力					
上游垂直正应力	下游垂直正应力	上游剪应力	下游剪应力	上游水平正应力	下游水平正应力
288.4851066	1653.378506	－30.92463255	0	140.0468704	0
内部应力					
实体坝	垂直正应力	a＝1366.640085	b＝－14.548117		
	剪应力	a_1＝0	b_1＝41.775223	c_1＝－0.500504738	
	水平正应力	a_2＝0	b_2＝1.663264494		
突变点	x（m）	16.98	77.55	19.98	73.05
	突变点剪力（kPa）	565.0375604	229.6317994	952.3008961	571.2530351
	突变点正应力（kPa）	28.2422311	128.9861615	49.84803688	182.2522069

（三）大坝内部应力图

由计算出的应力绘制成应力图，图 3－30～图 3－33 示出了各工况下▽72.0 和坝基面 σ_y、σ_x、τ 的分布图。

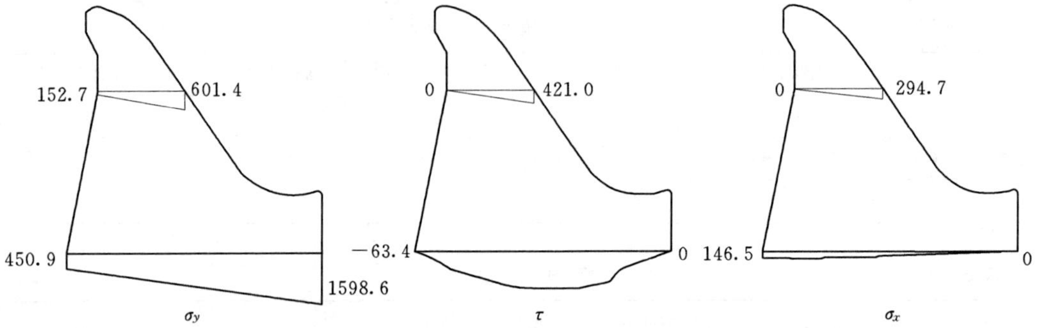

图 3－30　正常蓄水位时的坝体应力分布图（单位：kPa）

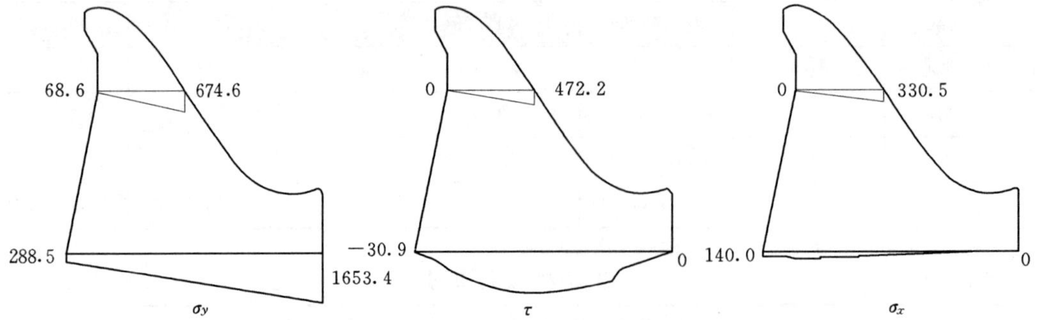

图 3－31　设计洪水位时的坝体应力分布图（单位：kPa）

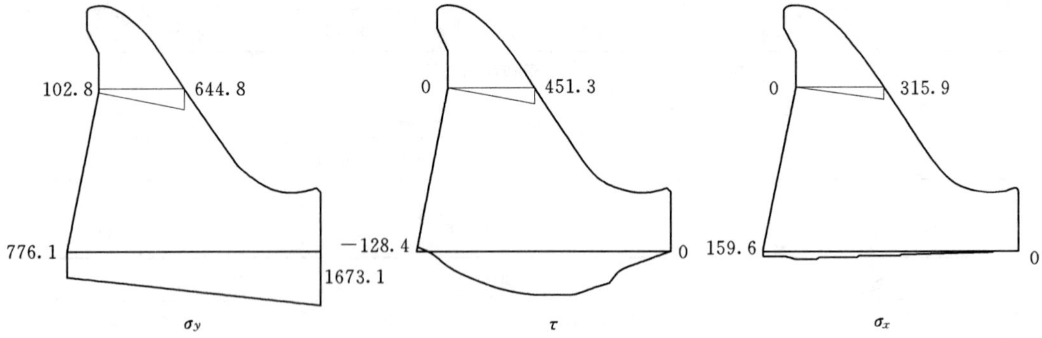

图 3－32　校核洪水位时的坝体应力分布图（单位：kPa）

六、大坝细部构造

宽缝重力坝的细部构造包括坝顶结构、坝体分缝、排水廊道布置等的内容，这些构造的合理选型和布置，可以改善大坝的工作性态，提高坝体的抗滑稳定性，改善坝体应力，满足运用和施工要求，保证大坝正常工作。

1. 坝顶构造

本工程有双线交通要求，故取路面宽 8m，两旁设人行道各 1m，人行道上设栏杆，路

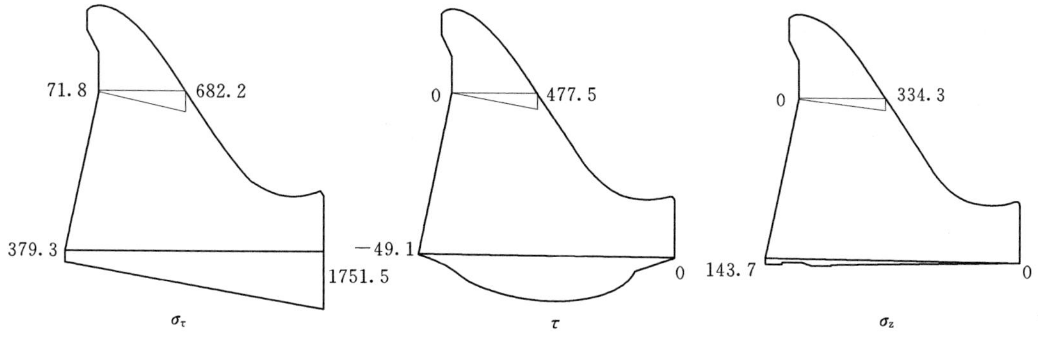

图 3-33　地震情况下的坝体应力分布图（单位：kPa）

面呈弧形，以将路面积水排向两侧，以排水管排向上游水库。

2. 坝体分缝及止水

为满足混凝土的浇筑能力和温度控制的需要，沿坝轴线方向每隔 18m 设一横缝（厂房坝段考虑机组间距取 18m，溢流坝段考虑孔口宽度要求取为 18m），缝内设两道紫铜片和一道沥青井共 3 道止水，上下游方向因坝段宽度较大，设两道垂直纵缝，遇钢管处，纵缝与钢管轴线垂直。

3. 坝体坝基排水

为减小坝体内的渗透压力，在距上游面 5m 设一排坝体排水管，与上游面平行布置，排水管与各层廊道内的排水沟相连，渗水经排水管流至排水沟，再由排水沟流至集水井排走。排水管间距 3m，多孔混凝土管内径为 15cm。由于宽缝的存在，不设置坝基排水廊道。

4. 坝内廊道

坝内廊道包括基础灌浆廊道和坝体排水检查廊道，其设计按规范要求确定。因坝体存在空腔，故宽缝重力坝的廊道与各坝段空腔相通，在空腔内设置 1.5m 宽的悬臂检查平台，形成环行通道。跨横缝的横向廊道可用三角形尖顶和平底断面。

七、地基处理

1. 坝基开挖

高坝需修建在新鲜岩面上，故将覆盖层全部挖除，左岸覆盖层厚度较薄，130m 高程以下几乎无覆盖层，130m 高程以上逐渐加厚。坝基开挖量主要集中在右岸，45m 高程以上覆盖层厚约 10m 左右，故全部挖除。为提高坝体的侧向稳定性，沿岸坡开挖成台阶状。

2. 固结灌浆

采用浅孔低压灌注法，灌入水泥浆，以提高基岩的弹性模量、抗渗性和强度等。在坝踵坝址附近灌注孔相对较密，呈梅花形布置，其他部位疏一些。孔距排距由灌浆试验确定，一般为 3～6m。

3. 帷幕灌浆

为减小渗透压力对坝体稳定的影响，减小扬压力，在灌浆廊道设一排帷幕灌浆孔，利用高压灌浆填塞基岩内的裂缝和孔隙等渗水通道，帷幕深度打入相对不透水层 1～2m。

八、施工组织设计

1. 导流标准

导流建筑物级别：根据 SL 252—2000《水利水电工程等级划分及洪水标准》和 SL 303—2004《水利水电施工组织设计规范》，导流建筑物为临时建筑物，级别为Ⅳ级。

相应的洪水标准为：土石围堰的洪水重现期为 10～20 年，洪水频率取 5%。混凝土围堰的洪水重现期为 5～10 年，洪水频率取 10%。

2. 导流方案的选择

(1) 全段围堰导流。本坝址河谷狭窄，不适合布置河岸导流明渠，由于导流流量大，也不适合用涵管导流，可用隧洞导流，对于本坝址地形地质条件，开挖隧洞的代价很大，是不经济的。

(2) 分段围堰导流。由于大坝是混凝土宽缝重力坝，抗冲刷能力较强，可利用这个优势采用底孔导流或坝体缺口导流，比较经济且不影响工期，故采用分期围堰法底孔导流方案。

3. 围堰的型式

上下游的横向围堰采用土石围堰，纵向围堰采用混凝土围堰，并将其作为坝体的一部分。围堰不过水。

土石围堰的防渗措施，规范规定根据不同厚度地基的覆盖层采用不同的防渗措施。本枢纽采用土斜墙为防渗措施。

4. 导流时段

分期围堰导流可以划分为 3 个时段，即：

Ⅰ：河水由束窄的河床通过，进行第一期基坑内的工程。

Ⅱ：河水由导流底孔下泄，进行第二期基坑内的工程施工。

Ⅲ：坝体全面升高，可先由导流底孔下泄，底孔封堵后，河水由永久泄水建筑物下泄也可部分或完全拦蓄在水库中，直到工程完建。

5. 截流

一期围堰于第一年枯水期初合龙，二期围堰于第二年枯水期合龙。截流方法，采用立堵法。

截流流量采用 10%频率的 10 月平均流量。

6. 一期围堰堰顶高程

一期围堰堰顶高程由以下计算确定：

$$v_c = \frac{Q}{\varepsilon(A_1 - A_2)} \tag{3-84}$$

式中：v_c 为束窄河床的平均流速，m/s；Q 为导流设计流量，m^3/s；ε 为侧收缩系数，单侧收缩时为 0.95；A_1 为原河床的过水面积，m^2；A_2 为围堰和基坑所占的过水面积，m^2。

$$z = \frac{v_c^2}{\varphi^2 2g} - \frac{v_0^2}{2g} \tag{3-85}$$

式中：z 为水位壅高；φ 为流速系数，围堰平面布置为矩形时，$\varphi=0.75\sim0.85$，梯形时，$\varphi=0.8\sim0.85$，有导流墙时，$\varphi=0.85\sim0.9$；v_0 为行进流速；g 为重力加速度。

上游横向围堰高程 H_u 的计算公式

$$H_u = h_d + z + h_a + \delta \tag{3-86}$$

下游横向围堰高程 H_d 的计算公式

$$H_d = h_d + h_a + \delta \tag{3-87}$$

式中：h_d 为下游水位；h_a 为波浪爬高；δ 为围堰安全超高，土石围堰 $\delta=0.5\text{m}$，混凝土围堰 $\delta=0.3\text{m}$。

纵向围堰的堰顶高程要与水面曲线相适应，顶面做成阶梯状和倾斜状，上游部分与上游围堰同高，下游部分与下游围堰同高。

7. 主体工程施工方法及施工机械

（1）围堰工程与截流工程。

1）上下游土石围堰。采用正向铲开挖土石方，自卸车运输，振动碾压实。

2）混凝土纵向围堰。先修一个小的临时围堰，在小围堰围护下进行纵向混凝土浇筑，待围堰达到一定高度后拆除临时小围堰，继续进行混凝土浇筑，主要施工机械为门塔机、大卡车。

3）截流工程。采用立堵法截流，从一端向另一端进占，直到拦断。截流材料由自卸车在进占戗堤端部直接卸入水中，主要施工机械为大型自卸汽车。

（2）基坑工程。

1）基坑排水、清淤。基坑开挖前应进行初期排水，排水设备用离心式水泵；施工期间，河水会渗入基坑，故应经常排水，排水沟布置在基坑中部，集水井在建筑物轮廓线外侧，井底低于排水沟沟底，主要排水设备也是离心式水泵；采用挖土机、正向铲开挖淤泥，用自卸车运输，最后用高压水龙头清洗。

2）基坑开挖。本坝是高坝，应开挖到新鲜基岩或微风化层，开挖遵循自上而下，从边坡到河槽的顺序，开挖主要方法是钻孔爆破，分层开挖。主要施工机械为正向铲，自卸汽车。

3）坝体施工。本枢纽是大体积混凝土建筑物，应分段分块进行浇筑，对于每个坝段按纵缝分成几块，每块再分成许多个浇筑仓，采用门塔机进行浇筑，其主要施工工具为门塔机，自卸汽车，振捣器。

（3）混凝土生产和运输。

1）骨料制备。将开挖基岩所得石料进行分选，选出符合质量要求的石料，进行破碎，筛选和冲洗，主要施工机械为锥式碎石机，偏心振动筛，洗沙机。河床覆盖有丰富的天然沙料且符合要求，故开采天然河沙，通过筛分，冲洗后得细骨料。主要施工机械为挖沙船，惯性振动筛和洗沙机。

2）混凝土生产。本枢纽混凝土用量多且集中，需要拌和楼，拌和楼尽量靠近浇筑地点，且尽量利用地形高差，减少提升物料消耗的能量。主要施工机械是锥形拌和楼。

3）混凝土运输。对于分散工程，基础部位或机车难到达的部位，水平运输用自卸车，比较机动灵活，但混凝土易漏浆和离析，质量难以保证，对于大量混凝土的水平运输以有轨运装载料罐为主，能保证运输效率和混凝土质量。垂直运输主要采用门塔机，门塔机上装有卧罐，操作方便，运行灵活，能作径向和环向移动。

（4）监测仪器及金属结构埋设。为了在施工和运行期对大坝进行安全监控，需要在混凝土浇筑过程中预埋观测仪器，根据设计在指定部位埋入，此外，有些需要永久埋在坝体内的金属结构如门槽中的钢轨等，也要在混凝土浇筑过程中加以埋设。

九、点评

从上面介绍的典型毕业设计成果来看，设计者能严格按照国家规范要求进行总体枢纽布置，对挡水建筑物、泄水建筑物进行型式选择、剖面设计、应力稳定计算、构造设计和地基处理等。内容系统全面，设计思想正确，思路清晰，概念清楚，计算方法正确，成果分析合理，是一项很好的设计。虽然设计的基本资料都取材于我国20世纪60～70年代南部地区已建工程，但设计中仍能反映现代坝工科技发展水平，并不因为资料时间长而影响学生综合分析能力和解决实际问题的能力。限于时间和缺乏实际工作经验，设计中也存在一些不足之处。

1. 毕业设计内容及各部分的深度

目前水工专业毕业设计的主要内容包括泄水建筑物型式选择及设计、调洪演算、坝型选择、枢纽布置、大坝剖面设计（包括稳定应力计算）、主要构造设计、地基处理、压力钢管结构设计、消能设计、施工组织设计等，基本涵括了水利水电工程的主要设计内容，也达到了培养本科生的要求。但各部分的深度不太一致，有的已达到工程设计要求（如坝体稳定应力计算部分），有的则深度明显不够，如坝型方案比较时，除了需进行大量的定性分析外，最终仍需做一些定量分析，以从经济上确定最优方案；施工组织设计部分也有不少需作定量分析的。因此，本设计在定性定量分析方面存在定性分析不够全面，定量分析深度不一致的缺点。

2. 坝型选择

坝型选择是整个枢纽设计的一项重要工作，本设计能从影响坝型选择最主要因素——建筑材料入手，综合考虑地形地质条件、施工条件等，其思想方法是正确的，结论是对的。对D江水利枢纽，因坝址附近都缺乏足够的土料，故首先就排除了土石坝方案。但在方案比较过程中未能将混凝土面板堆石坝和碾压混凝土坝列入比选方案，是其不足之处。尽管这两个方案对照具体条件不一定经济合理，但作为坝型方案比选的内容不应将其遗漏。

3. 泄水建筑物的型式选择

泄水建筑物型式选择与坝型选择及枢纽布置息息相关。上述设计能根据宽缝重力坝的特点和给定的基本资料，选择坝身泄洪方案，其结论是合理正确的。但对坝址附近的地形条件未作交代（也可能是给定地形图范围太小的缘故）。实际上泄水建筑物设计既可选择坝身泄水方案，也可选择坝外溢洪道泄水方案。主要视两岸地形条件有无合适的垭口。一般情况下，没有垭口时设计坝体溢洪道较为经济。若有现成的垭口不利用，不仅要设计合适的坝身泄水建筑物，还需设计一座副坝挡水，从而会增加工程投资，显然是不合适的。

4. 调洪演算

本设计在选择泄水建筑物型式后，用简化三角形法（高切林法）进行调洪演算，其原理和方法都是正确的，虽然精度略差一些，但能满足工程设计要求。作为本科学生的毕业设计是可行的。需要注意的是：调洪演算时应将水电站引用流量包含在允许下泄流量内，即电站引用流量与泄水建筑物的下泄量之和应不大于允许下泄量。

5. 剖面设计

剖面设计是大坝结构设计的最重要内容。也是学生在设计过程中特别重视的部分。其计算工作量最大。本设计能抓住剖面设计的原则和设计方法，以坝工设计规范为依据，用编程计算和手工计算结合起来的方法，选择相对较优剖面。其设计思想先进，达到了培养计算机应用能力和基本技能训练的要求。但设计中存在安全裕度大、材料强度未能充分利用的缺点。如何修改剖面，真正达到既安全可靠又经济合理，叙述不够详细。

6. 枢纽布置

本设计枢纽布置能根据D江坝址附近的具体情况，合理布置各建筑物的位置，其布置方案合理，考虑问题全面细致，使各组成建筑物既能独立工作又相互协调。不足之处是未考虑水库放空问题，未设置专门的放空建筑物，也未说明利用某一现成的泄水建物放空。应引起注意。

7. 施工组织设计

施工组织设计总体方案合理，但考虑不够全面，定量分析、施工方法、施工技术介绍较少，希望今后加强这一部分设计工作。

第四节　土石坝和坝外泄洪建筑物设计

一、设计基本资料

Y江是我国西南地区的一条河流，根据河流规划拟建一水电站，本设计的任务是对Y江水利枢纽进行设计，其基本资料如下。

（一）枢纽任务

本工程同时兼有防洪、发电、灌溉、渔业等功用。水电站装机容量为2.4MW，正常蓄水位2819.5m，死水位2796m，3台机组满载时的流量44.1m^3/s，尾水位2752.2m；增加保灌面积10万亩；减轻洪水对下游两岸的威胁，安全泄量控制在$Q<900m^3/s$以内；正常蓄水位时，水库面积为15.6km^2，为发展养鱼及水产养殖创造有利条件。

（二）自然地理与水文气候特性

1. 流域概况

Y江位于我国西南地区，流向自东南向西北，全长122km，流域面积2558km^2，坝址以上流域面积为780km^2。本流域大部分地处山区、山脉、盆地相互交错其间，地形变化剧烈，流域内支流很多，但多为小的山区河流，地表大部分为松软砂岩、页岩、玄武岩及石灰岩的风化层，汛期河流含沙量较大，冲积层较厚，两岸有崩塌现象。本流域内因山脉连绵，交通不便，故居民较少，全区农田面积仅占总面积的20%，林木面积约占全区的30%，其种类为白松、杉等，其余为荒山草皮覆盖。

2. 气候特性

（1）气温：年平均气温约为12.8℃，最高气温为30.5℃，发生在7月；最低气温为−5.3℃，发生于1月。

（2）湿度：本区域气候特征是冬干夏湿，每年11月至次年4月特别干燥，其相对湿度为51%～73%，夏季因降雨日数较多，相对湿度随之增大，一般变化范围为67%～86%。

（3）降水量：最大年降水量可达1213mm，最小617mm，多年平均年降水量为905mm。

（4）风力及向风：一般1～4月风力较大，实测最大风速为15.0m/s，风向为西北偏西，水库吹程为12km。

3. 水文特征

Y江径流的主要来源为降水，此山区流域无湖泊调节径流，根据实测短期水文气象资料研究，一般是每年5月底至6月初河水开始上涨，汛期开始，至10月以后洪水下降，枯水期开始，直至次年5月。Y江洪水形状陡涨猛落，峰高而瘦，具有山区河流的特征，实测最大流量为700m^3/s，而最小流量为0.5m^3/s，多年平均流量为17m^3/s。经频率分析，求得不同频率的洪峰流量见表3-42，各月不同频率洪峰流量见表3-43。

Y江为山区性河流，含沙量大小均依降水强度及降水量的大小而变化，平均含沙量达0.5kg/m^3，枯水期含沙量低，河水清澈见底，初步估算30年后坝前淤积高程为2765m。

表3-42　　**各种频率洪峰流量**

频率（%）	0.05	1	2	5	10
流量（m^3/s）	2320	1680	1420	1180	1040

表3-43　　**月不同频率洪峰流量**　　单位：m^3/s

月份 频率（%）	1	2	3	4	5	6	7	8	9	10	11	12
1	46	19	12	19	600	1240	1550	1210	670	390	28	37
2	36	17	11	15	530	1120	1360	1090	600	310	22	33
5	23	14	9	11	420	850	1100	830	480	250	16	28
10	19	11	7	9	370	760	980	720	410	210	15	23

（三）工程和水文地质

1. 工程地质

库区内出露的地层有石英岩、玄武岩、火山角砾岩与凝灰岩等。经地质勘探认为库区渗漏不大，但水库蓄水后，两岸的坡积与残积等物质的坍岸是不可避免的，经过勘测，估计可能坍方量约为300万m^3。

坝址位于Y江中游地段的峡谷地带。河床冲积层主要为卵砾石类土，砂质黏土与砂层均甚少，且多呈透镜体状，并有大漂石掺杂其中，卵砾石成分以玄武岩为主，石灰岩和砂岩占极少数，坝基附近最大冲积层厚度为32m，一般为20m左右，靠岸边最少为12m。颗粒组成以卵砾石为主，砂粒和细小颗粒为数很少，卵石最小直径一般为10～100mm，砾石直径一般为2～10mm；砂粒直径0.05～0.2mm；细小颗粒小于0.1mm。冲积层的渗透参数K值为$3\times10^{-2}\sim1\times10^{-2}$cm/s。

2. 水文地质条件

本区地形高差大，缺乏强透水层，故地下水不甚丰富，对工程比较有利。根据压水试验资料，玄武岩中透水性不同，裂隙少的坚硬玄武岩为不透水层，夹于玄武岩中的凝灰岩以及裂隙甚少的火山角砾岩都有良好的不透水性。节理很发育的破碎玄武岩，半风化与全风化玄武岩都是透水性良好的岩层，正因为这些隔水与透水的玄武岩的存在促使玄武岩区产生不连贯的地下水。一般砂岩也是细粒至微粒结构，除因构造节理裂隙较发育，上部裂隙水较多外，深处岩层因隔水层较多，难于形成泉水，石灰岩地区外围岩石多为不透水层。

3. 地震情况

本地区地震烈度为7度。

（四）建筑材料

砂砾料料场坝址上下游各有4个，总量达1850万m^3，黏性土料上游有3个料场，下游2个料场，总量为190万m^3。料场离坝址2km左右。石料（坚硬玄武岩）总储量450万m^3。石料场离坝址较近，开采条件较好。

（五）经济资料及其他

1. 库区经济

流域内部为农业人口，多种植稻米、苞谷等，库内尚未发现有开采价值的矿藏，淹没情况见表3-44，要求控制上游水位在正常蓄水位以上不超过3.5m。

表3-44　　　　淹　没　情　况

高程（m）	2807	2812	2817	2822	2827	2832
淹没人口（人）	3500	3640	3890	4060	5320	7140
淹没土地（亩）	3000	3220	3410	3600	4600	6100

2. 交通运输

坝址下游120km处有铁路干线通过，已建成公路离坝址仅20km，因此交通方便。

3. 其他

坝区地形图一张（略）；坝轴线附近地质剖面图（Ⅰ—Ⅰ、Ⅱ—Ⅱ两个）（略），隧洞纵剖地质图一张（略）；水库库容、面积与水位关系曲线，坝区流量与水位关系曲线，典型洪水过程线图各一张（略）。

二、工程等别及建筑物级别

根据DL 5180—2003《水电枢纽工程等级划分及设计安全标准》，综合考虑水库总库容，防洪效益，灌溉面积，电站装机容量，工程规模由库容控制，正常蓄水位对应的库容为 $3.54\times10^8m^3$，初估时，校核情况下库容不会超过 $10\times10^8m^3$，属大（2）型。

主要建筑物为 2 级，次要建筑物为 3 级，临时建筑物为 4 级。

永久性水工建筑物洪水标准：正常运用（设计）洪水重现期 100 年；非常运用（校核）洪水重现期 2000 年。

三、洪水调节计算

（一）设计洪水与校核洪水

本河流属典型山区河流，洪水暴涨暴落，设计洪峰流量 $Q_{设}=1680m^3/s$（$P=1\%$），校核洪峰流量 $Q_{校}=2320m^3/s$（$P=0.05\%$）。采用以峰控制的同倍比放大法对典型洪水进行放大，得设计洪水与校核洪水过程线分别如图 3-34、图 3-35 所示。

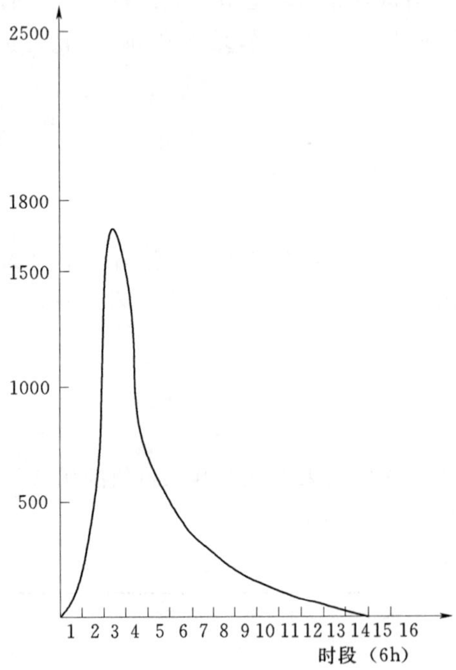

图 3-34 设计洪水过程线

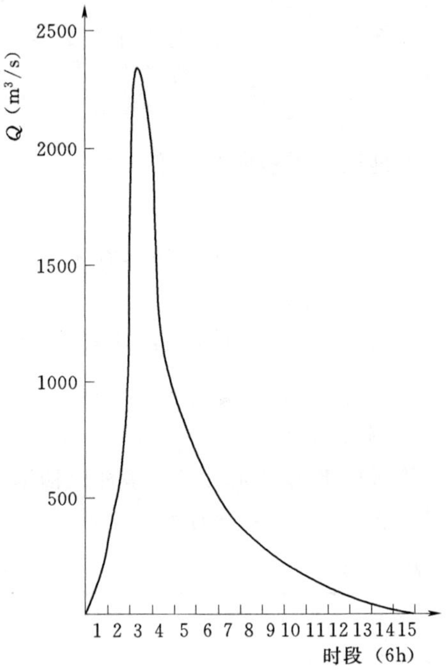

图 3-35 校核洪水过程线

（二）调洪演算与方案选择

1. 泄洪方式及水库运用方式

本枢纽拦河大坝初定为土石坝，需另设坝外泄水建筑物。由于坝址两岸山坡陡峻，如采取开敞溢洪道的方案，可能造成开挖量太大而不经济，因而采用隧洞泄洪，并考虑与施工导流洞结合。

水库运用方式：洪水来临时用闸门控制下泄流量等于来流量，水库保持汛前限制水位不变；当来流量继续加大，则闸门全开，下泄流量随水位的升高而加大，流态为自由泄流。

2. 防洪限制水位的选择

防洪限制水位取与正常蓄水位重合，这是防洪库容与兴利库容不结合的情况，因为山区河流特点是暴涨暴落，整个汛期内大洪水随时都可能出现，任何时刻都预留一定的防洪库容是必要的。

3. 调洪演算

本设计拟定 4 组方案进行比较，调洪演算成果见表 3-45。表中 Δ_l 为堰顶高程，B 为泄洪洞宽。

表 3-45　　调洪演算成果

方案	孔口尺寸	工况	Q (m^3/s)	V (10^6m^3)	上游水位 Z (m)	超高 Δ (m)
1	$\Delta_l=2809m$ $B=7m$	设计 校核	652.0 728.0	7 55	2821.25 2822.44	1.75 2.94
2	$\Delta_l=2810m$ $B=7m$	设计 校核	582.0 656.0	37 55	2821.45 2822.60	1.95 3.10
3	$\Delta_l=2811m$ $B=8m$	设计 校核	574.0 674.0	37 56	2821.45 2822.66	1.95 3.16
4	$\Delta_l=2810m$ $B=8m$	设计 校核	516.0 614.0	41 65	2821.77 2822.96	2.27 3.46

注 发电引水流量 $Q=44.1m^3/s$，与总泄流量相比较小，调洪演算时没有考虑这部分的影响，仅作为安全储备，ΔZ 为正常蓄水位以上超高。

4. 方案选择

以上方案均能满足泄流量 $Q<900m^3/s$，$\Delta Z<3.5m$ 的要求，从这个角度上看 4 种方案都是可行的。因而方案的选择就应该通过技术经济比较选定（这里只作定性分析），同时也应考虑与导流洞结合的问题。一般来说，ΔZ 大，坝增高，大坝工程量加大；B 加大则增加隧洞进口部位的开挖量，而 Q/B 越大消能越困难，衬砌要求也高。后两种方案 Q/B 及水头较小，可降低闸门及启闭设备的造价，但 ΔZ、B 较大，主体工程量较大故而不予采用。第二方案与第一方案相比 ΔZ 大 0.16m，但 Q 小 $72m^3/s$，水头 H 小 0.84m（校核），故而采用第二方案，即堰顶高程 $\Delta_l=2810m$，溢流孔口净宽 $B=7m$。该方案设计水位 2821.45m，设计泄洪量 $582m^3/s$；校核水位 2822.60m，校核泄洪量 $656.0m^3/s$。

四、坝型选择及枢纽布置

（一）坝址及坝型选择

1. 坝址选择

经过比较选择地形图所示河弯地段作为坝址，并选择Ⅰ—Ⅰ、Ⅱ—Ⅱ两条较有利的坝轴线，两轴线河宽基本相近，因此大坝工程量基本相近。从地质剖面图上可以看出：

Ⅰ—Ⅰ剖面，河床覆盖层厚平均为 20m，河床中部最大达 32m，坝肩除 10m 左右范围的风化岩外，还有数十条破碎带，其余为坚硬玄武岩，地质构造总体良好（对土石坝而言）。Ⅱ—Ⅱ剖面除与Ⅰ—Ⅰ剖面具有大致相同厚度的覆盖层及风化岩外，底部玄武岩破碎带纵横交错，若将坝建于此坝基，则绕坝渗流可能较大，进行地基处理工程量太大，综合考虑以上因素，坝轴线选在Ⅰ—Ⅰ处。

2. 坝型选择

所选坝轴线处河床冲积层较深，两岸风化岩透水性强，基岩强度低，且不完整。从地质条件看不宜修建拱坝。支墩坝本身应力较高，对地基的要求也很高，在这种地质条件下修建支墩坝也不可行。较高的混凝土重力坝也要求建在岩石地基上。通过对各种不同坝型进行定性分析，综合考虑地形、地质条件、建筑材料、施工条件、综合效益等因素，最终选择土石坝方案。

（二）枢纽组成建筑物

（1）挡水建筑物：土石坝。

（2）泄水建筑物：采用隧洞泄洪，并与导流隧洞结合布置。

（3）水电站建筑物：包括引水隧洞、调压井、压力管道、电站厂房、开关站等。

（三）枢纽总体布置

1. 挡水建筑物——土坝

挡水建筑物按直线布置，坝布置在河弯地段上。

2. 泄水建筑物——泄洪隧洞

泄洪采用隧洞方案，为缩短洞轴线长度、减小工程量，泄洪隧洞布置在凸岸，这样对流态也较为有利。考虑到引水发电洞也布置在凸岸，泄洪隧洞布置以远离坝脚和厂房为宜。为防止泄洪时影响发电，两洞进出口相距应在 80～100m 以上。

3. 水电站建筑物

引水隧洞、电站厂房布置在凸岸，在泄洪隧洞与大坝之间，由于风化岩层较深，厂房布置在开挖后的坚硬玄武岩上，开关站布置在厂房旁边。

综合考虑各方面因素，最后确定枢纽布置如图 3-36 所示。

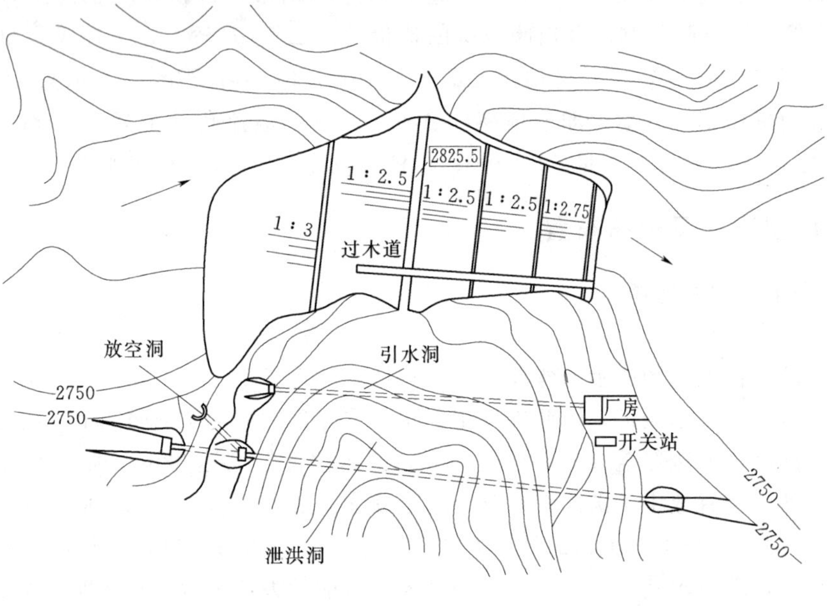

图 3-36　枢纽平面布置图

五、大坝设计

（一）土石坝坝型选择

影响土石坝坝型选择的因素很多，最主要的是坝址附近的筑坝材料，还有地形、地质条件，气候条件，施工条件，坝基处理，抗震要求等。应选择几种比较优越的坝型，拟定剖面轮廓尺寸，进而比较工程量、工期、造价，最后选定技术上可靠，经济上合理的坝型。根据前述初步分析，这里着重比较土石坝几种坝型。

均质坝材料单一，施工简单，但坝身黏性较大，雨、冬季施工较为不方便，且无足够适宜的土料来做均质坝（经探明坝址附近可筑坝的土料只有 190 万 m^3，远远不能满足要求），故而均质坝方案不可行。

堆石坝坝坡较陡，工程量较小。堆石坝不同分区施工干扰相对较小。坝址附近有坚硬玄武岩石料场一处，储量达 450 万 m^3，开采条件较好，可作为堆石坝石料，从材料角度可以考虑堆石坝方案。但由于河床地质条件较差，冲积层最大厚度达 32m，平均也有 20m，作堆石坝可能导致大量开挖，经济性不明显，此方案也不予考虑。

塑性斜墙坝（用砂砾料作为坝体，以黏土料作防渗体设在坝体的上游做斜墙）的斜墙与坝壳间施工干扰相对较小，工期较短，但对坝体、坝基的沉降比较敏感，抗震性能较差，易产生裂缝；塑性心墙坝（以砂砾料作为坝壳，以黏土料作防渗体设在坝剖面的中部做心墙）与斜墙坝相比工程量相对较小，适应不均匀变形，抗震性能较好，但要求心墙黏土料与坝体砂砾料同时上升，施工干扰大、工期长。从筑坝材料来看，由于坝址上下游 2km 内有可供筑坝的土料 190 万 m^3 作为防渗体之用，又有 1250 万 m^3 的砂砾料作坝壳，心墙坝和斜墙坝都是可行的。本地区为地震区，基本烈度为 7 度，从抗震性能及适应不均匀变形来看宜采用心墙坝；从施工及气候条件来看宜采用斜墙坝。由于本地区黏性土料天然含水量较高，不宜大量采用黏性土料，以薄心墙、薄斜墙较有利，又因坝基条件复杂、处理工程量大、工期长，以采用斜墙为宜。

斜心墙坝综合了心墙坝与斜墙坝的优缺点：斜心墙有足够的斜度，坝壳对斜心墙的拱效应作用减弱；斜心墙对下游支承棱体的沉陷不如斜墙那样敏感，斜心墙应力状态较好，因而最终选择斜心墙坝方案。

（二）大坝轮廓尺寸的拟定

大坝剖面轮廓尺寸包括坝顶高程、坝顶宽度、上下游坝坡、防渗体及排水设备等。

1. 坝顶宽度

根据交通要求及施工条件、防汛抢险的需要及以往工程的统计资料，本设计坝顶宽度采用 10m。

2. 坝坡与马道

上游考虑在一半坝高附近变坡一次，上部坡率取 2.5，下部坡率取 2.75，变坡处设马道。下游每隔 25m 变坡一次，变坡处设马道，坡率自下而上依次为 2.75、2.50、2.25。

设置马道有利坝坡稳定，便于观测和检修、设置排水设备，也可作为交通之用，考虑这些因素其宽取 2.0m。

3. 坝顶高程

坝顶高程分别按设计情况和校核情况计算，取两者之大者，并预留一定的沉降值，坝顶高程计算成果见表 3－46，坝顶高程由设计情况控制，设计竣工时坝顶高程为 2825.5m。

表 3－46　坝顶高程计算成果表

计算项目 \ 计算情况		设计情况	校核情况
上游静水位	m	2821.45	2822.60
河底高程	m	2750	
坝前水深 H	m	71.45	72.60
吹程 D	km	15	
风向与坝轴线夹角	(°)	25	
风浪引起坝前壅高 e	m	0.025	0.0246
风速 V	m/s	28.65	19.1
波高 $2h$	m	2.71	1.51
护坡粗糙系数		0.77	
上游坝面坡角		arctan1/2.5	
波浪沿坝坡爬高	m	2.75	1.53
安全超高 A	m	1.00	0.50
坝顶高程	m	2825.22	2824.66
坝顶高程加 0.4%沉陷	m	2825.5	2825.0

4. 坝体排水

本地区石料比较丰富，采用堆石棱体排水比较适宜。按规范棱体顶面高程高出下游最高水位 0.75m 为原则。下游校核洪水时下游水位 2755.06m，最后取为 2756.0m，参考以往工程，堆石棱体内坡取 1∶1.5，外坡取 1∶20，顶宽 2.0m，下游水位以上用贴坡排水。

5. 防渗体

(1) 坝身防渗体。防渗体的尺寸以满足构造、施工以及防止开裂等要求为原则，也要满足稳定要求。坝身防渗体为黏土斜心墙，其最小厚度（底部）由黏土的允许渗透坡降确定。本设计黏土允许坡降取 [J] ＝5，承受最大水头 72.6m，墙厚须大于 14.5m。参考以往工程，斜心墙顶宽取 5m（满足大于 3m 机械化施工要求），上游坡率 m_1＝0.6，下游坡率 m_2＝0.2，底宽 34.2m＞14.5m。斜心墙顶高程以设计水位加 0.6m 超高并高于校核洪水为原则，最后取 2823m，上部留有 2.5m 的保护层。

(2) 坝基防渗。河床中部采用混凝土防渗墙，厚度取 0.9m（由强度和防渗条件定）。两岸因施工不便及冲积层逐渐减薄的缘故改用黏土截水墙，防渗墙伸入心墙的长度由接触面允许渗透坡降而定，上下游最大水头差为 67.3m（正常水位时），取 [J] =5.0，则渗径长 l=67.3/5=13.46m。设计伸入 7m，这样接触面长度为 2×7+0.9=14.9m，防渗墙位置在心墙底面中心中部偏上。岸坡截水槽底厚按承受最大水头及黏土允许坡降为 [J] =5.0 取用，沿岸坡厚度逐渐变化，大坝剖面图如图 3-37 所示。

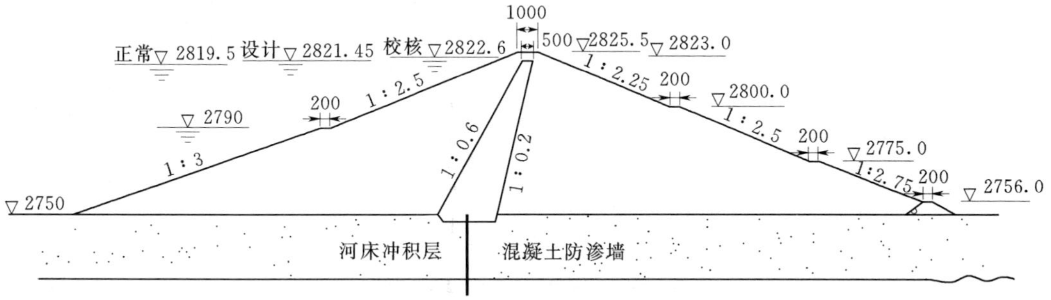

图 3-37 大坝剖面图（尺寸单位：cm，高程单位：m）

（三）土料设计

筑坝材料的设计与土坝结构设计、施工方法以及工程造价有关，一般力求坝体内材料分区简单，就地就近取材，因材设计。土料设计主要任务是确定黏壤土的填筑干容重、含水量，砾质土的砾石含量、干容重、含水量，砂砾料的相对密度和干容重等指标。

1. 黏性土料设计

（1）计算公式。黏壤土用南京水利科学研究院标准击实仪做击实试验求最大干容重、最优含水量（一般采用 25 击，其击实功能为 86.3t·m/m^3）。应该使土样最优含水量接近其塑限含水量，据此确定击数，得出多组平均最大干容重 $\bar{\gamma}_{max}$ 和平均最优含水量 ω_0，设计干容重为：

$$\gamma_d = m\bar{\gamma}_{max} \tag{3-88}$$

式中：γ_d 为设计干容重；m 为施工条件系数，或称压实度，对于一、二级坝或高坝 m 值采用 0.96～0.99，三、四级坝或低坝 m 值采用 0.93～0.96。该设计干容重作为坝体碾压后的土体容重指标。

设计最优含水量为

$$\omega_0 = \overline{\omega_0} \tag{3-89}$$

最大干容量用下列公式计算作为校核参考：

$$\gamma_{max} = \frac{\Delta s(1 - V_a)}{1 + \Delta s\omega} \tag{3-90}$$

式中：Δs 为土粒比重；ω 为填筑含水量，以小数计：$\omega = \omega_p + I_l I_P$，液性指数 I=0.07～0.10；V_a 为压实土的含气量，黏土：V_a = 0.05，砂质黏土 V_a = 0.04，砂质壤土 V_a=0.03。

还应当用下式作校核

$$\gamma_d \geqslant 1.02 \sim 1.12(\gamma_d)_0 \tag{3-91}$$

式中：$(\gamma_d)_0$ 为土场自然干容重。

对于一、二级坝，还应该进行现场碾压试验进行复核，据以选定施工碾压遍数。

（2）计算成果。黏土料设计成果见表 3-47。

表 3-47　　黏土料设计成果汇总表

料场	比重 Δs	最大干容重 γ_{max}（kN/m³）	最优含水量（%）	设计干容重（kN/m³）	塑限含水量 W_p（%）	塑性指数 I_p	填筑含水量 W（%）
Ⅰ$^{\#}_{下}$	2.676	16.0	22.07	15.68	23.14	19.46	21.78
Ⅱ$^{\#}_{下}$	2.670	16.5	21.02	16.17	22.20	21.70	20.68
Ⅰ$^{\#}_{上}$	2.650	15.6	22.30	15.30	25.00	24.57	23.29
Ⅱ$^{\#}_{上}$	2.740	15.4	23.80	15.09	26.30	23.50	24.66
料场	自然含水量 W（%）	孔隙比	湿容重 γ_w（kN/m³）	浮容重 γ_b（kN/m³）	内摩擦角 φ	黏聚力 C（g/cm³）	渗透系数 k（$\times10^{-6}$cm/s）
Ⅰ$^{\#}_{下}$	24.8	0.707	19.1	9.8	24°40′	0.24	4.319
Ⅱ$^{\#}_{下}$	24.2	0.651	19.5	10.1	25°30′	0.23	4.8
Ⅰ$^{\#}_{上}$	25.6	0.732	19.2	9.5	23°10′	0.25	1.9
Ⅱ$^{\#}_{上}$	26.3	0.816	19.2	9.6	21°30′	0.38	3.96

（3）土料的选用。已经探明上下游共有 4 个黏土料场，总储量为 190 万 m³。因地理位置不同，各料场的物理性质、力学性质和化学性质也存在一定的差异，土料的采用以“近而好”为原则，根据料场土料的级配曲线、渗透系数、黏粒含量等择优选定。Ⅱ$^{\#}_{下}$料场渗透系数偏大（4.8×10^{-6}cm/s）不予采用。其余 3 个料场物理、力学性质相差不是太大，基本上能满足筑坝要求。Ⅰ$^{\#}_{下}$料场塑性指数小于 20（其余均大于 20），从碾压的角度宜采用Ⅰ$^{\#}_{下}$料场的黏土料，故选择Ⅰ$^{\#}_{下}$料场为主料场，其余 2 个料场作为辅助及备用料场。

2. 坝壳砂砾料设计

（1）计算公式。坝壳砂砾填筑的设计指标以相对密实度表示：

$$D_r=\frac{e_{max}-e}{e_{max}-e_{min}} \tag{3-92}$$

或

$$D_r=\frac{(\gamma_d-\gamma_{min})\gamma_{max}}{(\gamma_{max}-\gamma_{min})\gamma_d} \tag{3-93}$$

式中：e_{max} 为最大孔隙比，$e_{max}=\Delta s/\gamma_{min}-1$；$e_{min}$ 为最小孔隙比，$e_{min}=\Delta s/\gamma_{max}-1$；$e$ 为填筑的砂、砂卵石或地基原状砂的孔隙比，$e=\Delta s/\gamma_d-1$；Δs 为砂粒比重；γ_{max}、γ_{min} 分别为最大、最小干容重，由试验求得；γ_d 为填筑的砂、砂卵石或地基原状砂的干容重。

设计相对密实度要求不低于 0.70～0.75，地震区为防震动液化，浸润线以下部分土体设计密实度大小不低于 0.75～0.85。

（2）计算成果。砂砾料设计成果见表 3-48。

表 3-48　　砂砾料设计成果汇总表

料　场	不均匀系数 η	大于 5mm 砾石含量（%）	比重 Δs	设计干容重（kN/m^3）	设计孔隙比 e	保持含水量 ω（%）
$Ⅳ_{上}^{\#}$	43	45	2.75	19.5	0.41	5
$Ⅰ_{上}^{\#}$	45	48	2.75	19.5	0.41	5
$Ⅰ_{下}^{\#}$	45	46	2.75	19.5	0.41	5
$Ⅱ_{下}^{\#}$	34	42	2.73	19.4	0.41	5

料　场	湿容重 γ_w（kN/m^3）	浮容重 γ_b（kN/m^3）	内摩擦角 φ	黏聚力 C（kN/m^3）	渗透系数 k（$\times10^{-2}cm/s$）
$Ⅳ_{上}^{\#}$	20.5	12.4	36°30′	0	2
$Ⅰ_{上}^{\#}$	20.5	12.4	35°10′	0	2
$Ⅰ_{下}^{\#}$	20.5	12.4	36°20′	0	2
$Ⅱ_{下}^{\#}$	20.4	12.3	36°40′	0	2

（3）砂砾料的选用。除$Ⅲ_{下}^{\#}$料场（表中未列）砂砾料的不均匀系数不满足要求外（$\eta=28<30$）其余几个料场，渗透系数、砾石含量、不均系数均能满足要求，故而都可作为筑坝的砂砾料。施工时可考虑上游料场填在坝的上游侧，下游砂砾料场填在下游侧，这样有利于施工，减小相对干扰。从颗粒级配曲线可以看出$Ⅳ_{上}^{\#}$、$Ⅰ_{下}^{\#}$料场砂砾料的颗粒级配明显较好，物理力学指标也较高，设计中优先采用。

砂砾料场上下游共 8 处，总量为 1850 万 m^3，大坝工程需 400 万 m^3 左右，用两个料场可能数量不足，可以$Ⅰ_{上}^{\#}$、$Ⅱ_{下}^{\#}$料场砂砾料作为辅助之用。

（四）渗流计算

1. 计算方法及计算假定

选择水力学方法求解土坝渗流问题。根据坝内各部分渗流特点，将坝体分为若干段，应用达西定理近似解土坝渗流问题，计算假定任一过水断面内各点渗透坡降均相等。计算简图如图 3-38 所示。

通过防渗体渗流量：

$$q_{Ⅰ}=\frac{K(H^2-H_1^2)}{2B\sin\alpha}+\frac{K_2(H-H_1)}{D}T \tag{3-94}$$

通过防渗体后侧坝体渗流量：

$$q_{Ⅱ}=\frac{K_1(H_1^2-T_1^2)}{2L_1}+\frac{K_T(H_1-T_1)}{L+0.44T}T \tag{3-95}$$

假设：（1）不考虑防渗体上游侧坝壳损耗水头的作用。

（2）由于砂砾料渗透系数较大，防渗体又损耗了大部分水头，逸出点位置高程与下游水位高差不是太大，认为不会形成逸出高度。

（3）对于岸坡断面，下游水位在坝脚以下，水流从上往下流动时由于横向落差，此时实际上不为平面渗流，但仍按平面渗流计算，近似认为下游水位为零。由于河床冲积层的作用，岸坡实际不会形成逸出点，计算时假定浸润线末端即为坝趾。

2. 计算断面及计算情况的选择

对河床中间断面及左右对称的Ⅰ—Ⅰ、Ⅱ—Ⅱ、Ⅲ—Ⅲ 3 个典型断面进行渗流计算，如图 3-38 所示，计算主要针对正常蓄水及设计洪水时进行。

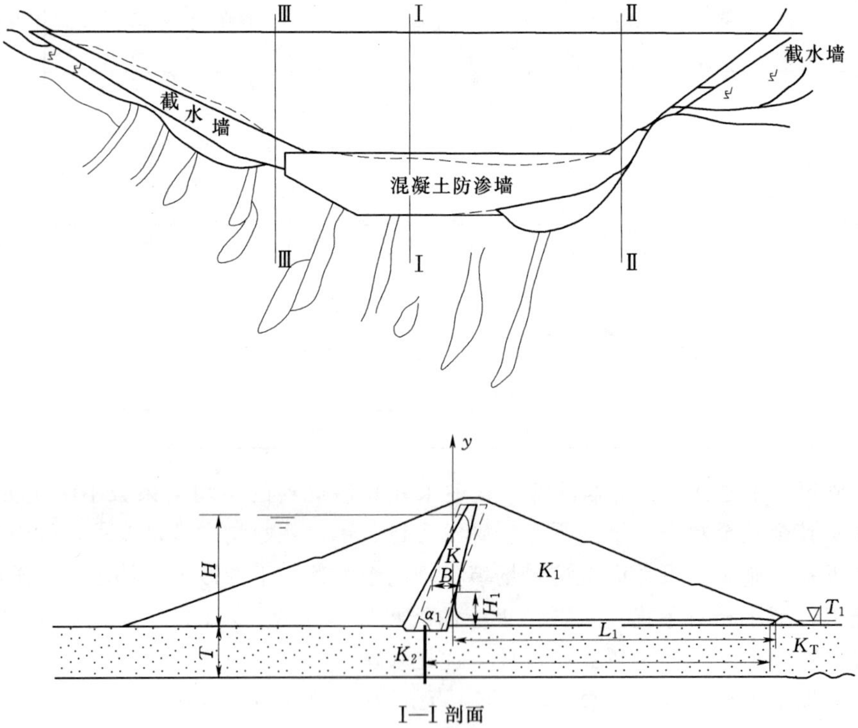

图 3-38 渗流计算简图

3. 计算结果

渗流计算结果见表 3-49。

表 3-49 **渗流计算结果汇总表**

计算项目 \ 计算情况		正常蓄水位（m）	设计洪水位（m）
上游水深 H（m）	Ⅰ—Ⅰ	69.50	71.45
	Ⅱ—Ⅱ	32.50	34.45
	Ⅲ—Ⅲ	29.50	31.45
下游水深 T_1（m）	Ⅰ—Ⅰ	2.2	4.9
	Ⅱ—Ⅱ	0	0
	Ⅲ—Ⅲ	0	0
逸出水深 H_1（m）	Ⅰ—Ⅰ	2.39	5.08
	Ⅱ—Ⅱ	0.12	0.13
	Ⅲ—Ⅲ	0.13	0.14
渗流量 q（m^2/s）	Ⅰ—Ⅰ	5.75×10^{-2}	6.05×10^{-2}
	Ⅱ—Ⅱ	3.43×10^{-2}	3.76×10^{-2}
	Ⅲ—Ⅲ	2.71×10^{-2}	3.02×10^{-2}
总渗流量 Q（m^3/d）		154.18	166.37

4. 渗透稳定验算

斜心墙之后的坝壳，由于水头大部分在防渗体损耗了，坝壳渗透坡降及渗透速度甚小，发生渗透破坏的可能性不大，而在防渗墙与黏土斜心墙的接触面按允许坡降设计估计问题也不大。

在斜心墙逸出点，渗透坡降较大，予以验算。渗流逸出点坡降见表 3-50。

表 3-50　各种工况渗流逸出点坡降

断　面	Ⅰ—Ⅰ		Ⅱ—Ⅱ		Ⅲ—Ⅲ	
计算情况	正常	设计	正常	设计	正常	设计
坡降 [J]	2.32	3.57	3.25	4.59	3.93	4.19

填筑土料的安全坡降，根据实践经验一般为 5～10，故而认为渗透坡降满足要求，加上黏土斜心墙有反滤层，故而认为不会发生渗透破坏。

5. 成果分析与结论

以斜心墙、混凝土防渗墙与两岸坝肩开挖风化岩填以黏土形成黏土截水墙的垂直防渗带作为防渗措施。总渗流量在正常蓄水位时为 154.18m^3/d，设计洪水位时为166.37m^3/d，与同类工程相比显然是很小的。在计算中考虑绕坝渗流及基岩透水，防渗墙渗透系数按理论取值可能偏大。由于这些因素的存在，估计渗流量的计算值取实际值会略有增大。坝的渗透坡降仍满足设计要求。

（五）稳定分析计算

1. 计算方法

按施工期、稳定渗流期、库水位降落期 3 个控制时期核算土石坝的稳定。心（斜心）墙坝的上下游坝坡、斜墙坝的下游坝坡以及斜墙坝上游保护层等，这些部分滑动时常形成折线滑动面。部分浸水的非黏土坝坡，由于水位上下的土料容重不同，有水时 φ、c 值也有所降低，此时坝坡失稳时最可能的滑动面近乎折线。

在滑动面上抗剪强度的发挥是一样的，故可表示为：

$$\tan\varphi_1=\frac{\tan(\varphi_1)}{K_c},\tan\varphi_2=\frac{\tan(\varphi_2)}{K_c},\tan\varphi_3=\frac{\tan(\varphi_3)}{K_c} \tag{3-96}$$

式中：(φ_1)、(φ_2)、(φ_3) 为试验得到的抗剪强度指标。

2. 上下游坝坡折线滑动法稳定计算

上下游坝坡稳定计算成果见表 3-51。

表 3-51　各种工况上下游坝坡稳定计算成果

部　位	组　合　情　况	最小安全系数 K_{min}
上　游　坡	1/3 坝高水深 23m	1.89
	死水位 2796m	1.89
	正常蓄水位 2819.5m	1.89
	正常蓄水位+地震	1.64
	死水位+地震	1.68

续表

部　　位	组 合 情 况	最小安全系数 K_{min}
下　游　坡	正常蓄水位时2752.2m	1.64
	设计洪水位时2754.9m	1.64
	正常＋地震	1.53

安全系数均满足要求，正常运用情况大于1.30，正常＋地震时大于1.05。

3. 稳定成果分析

由于上游坝坡较缓，稳定渗流期以及库水位降落期不考虑地震时，K_{min}＝1.89；考虑地震时K_{min}＝1.64。下游坡情况也类似，正常情况K_{min}＝1.64，非常情况K_{min}＝1.53。坝的稳定安全系数偏大，就此而言，可考虑削陡坝坡以节省工程量。鉴于各种因素考虑不全，实际安全系数可能要小些，故而不改变坝坡，维持原拟定剖面。

（六）基础处理

1. 河床部分

（1）渗流控制方案。条件允许时优先考虑垂直防渗方案。在透水层较浅（10～15m以下）时，可采用回填黏土截水槽方案，由于坝址处河床冲积层平均深20m，最大达32m，施工比较困难而不采用截水槽方案。又由于河床有孤石，采用钢板桩也比较困难，造价也高。帷幕灌浆在此地存在可灌性问题。混凝土防渗墙方案，施工快、材料省、防渗效果好，对于这种深度透水层是比较合适的，决定采用这种方案。按混凝土的允许坡降及水头定出厚度为0.90m。

防渗墙深入河床冲积层，底部嵌入基岩，上部则与斜心墙连接。由于防渗墙两侧冲积层易沉陷，引起防渗墙顶部黏土心墙与两侧黏土心墙的不均匀沉陷而导致裂缝，为此防渗墙顶部做成尖劈状，两侧以高塑性黏土填筑，伸入斜心墙的深度已经确定为7m，底部深入基岩0.5m，尖劈顶宽0.25m。详见下文的构造设计。

（2）防渗墙的型式、材料及布置。根据以往经验，对于透水层厚度为30～60m的情况，采用槽板式混凝土防渗墙比较合适，设计中采用这种型式。

混凝土防渗墙要求材料有足够的抗渗能力及耐久性，能防止环境水的侵蚀和溶蚀；有一定的强度，满足压应力、拉应力、剪应力等各项强度要求；有良好的流动性、和易性，以便在运输中不发生离折现象，而且能在水下施工。

防渗墙布置于斜心墙之下，从防渗角度来看偏上游为好，但从防裂角度看偏下游一点好，综合考虑布置于心墙底面中心偏上。

2. 坝肩处理

坝肩两岸为覆盖层及全风化岩石，深约20m，性质较差，为良好的透水料，底部为半风化岩石，性质较好，但由于节理的作用，透水性也较强。针对以上情况作以下处理：挖黏土截水槽至半风化基岩，基岩与黏土接触面设置混凝土齿墙，齿墙与河床部分防渗墙相连，在齿墙下设置灌浆孔。

（七）细部构造设计

1. 坝的防渗体、排水设备

坝体防渗体为斜心墙，斜心墙上下游设置反滤层；坝基防渗体为防渗墙和黏土截水墙；坝体排水为棱体排水，在排水体与坝体、坝基之间设置反滤层；下游马道设置排水沟，并在坝坡设置横向排水沟以汇集雨水，岸坡与坝坡交接处也设置排水沟，以汇集岸坡雨水，防止雨水淘刷坝坡。细部构造详如图 3-39 所示。

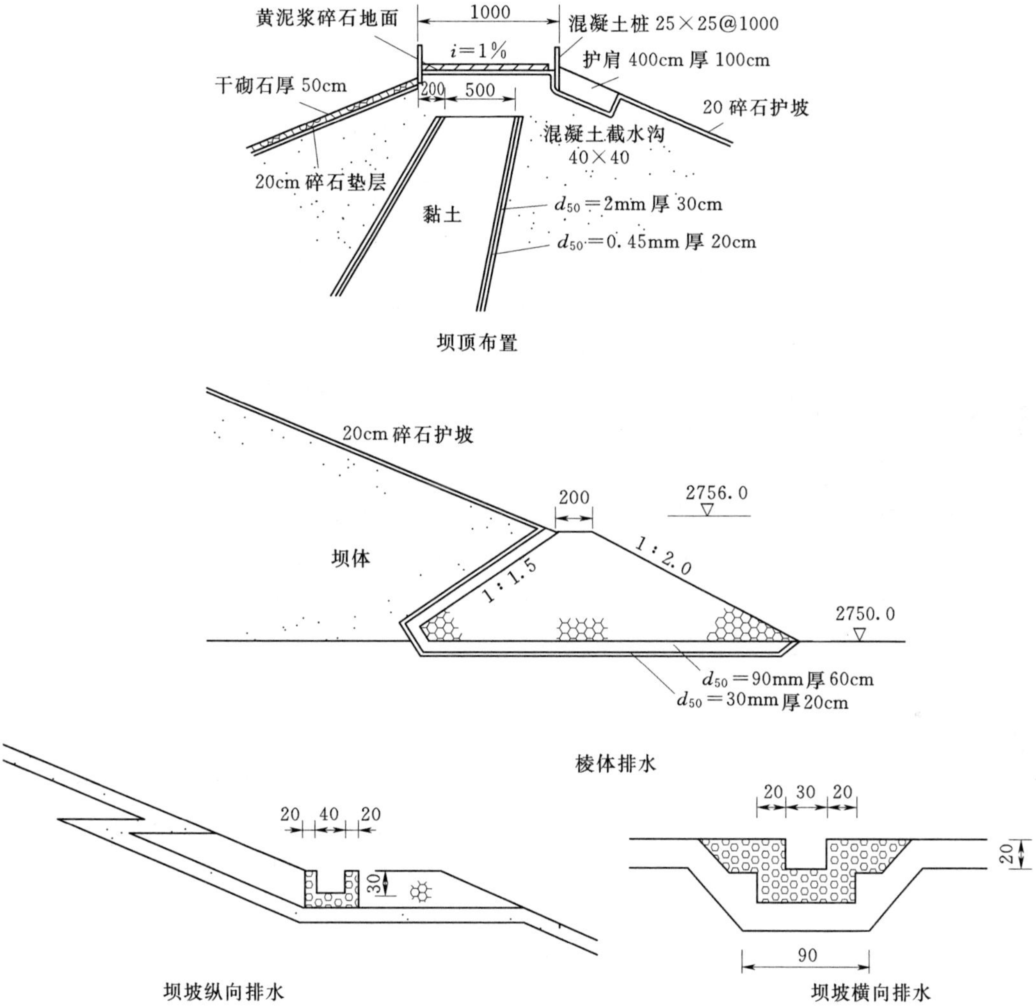

图 3-39　细部构造详图（一）（单位：cm）

2. *反滤层设计*

(1) 设计标准。对于被保护土的第一层反滤料，考虑安全系数为 1.5～2.0，按太沙基准则确定，即

$$\begin{cases} D_{15}/d_{85} \leqslant 4 \sim 5 \\ D_{15}/d_{15} \geqslant 5 \end{cases} \qquad (3-97)$$

式中：D_{15} 为反滤料粒径，小于该粒径土占总土重的 15%；d_{85} 为被保护土粒径，小于该粒径的土占总土重的 85%；d_{15} 为被保护土粒径，小于该粒径的土占总土重的 15%。

第二、第三层反滤料的选择也按上述办法进行。

按此标准，天然砂砾料不能满足要求，须对土料进行筛选。

(2) 设计结果。

黏土(防渗体周边)部位:第一层 $d_{50}=0.45$mm 厚 20cm。

第二层 $d_{50}=2.0$mm 厚 30cm。

排水部位:第一层 $d_{50}=30$mm 厚 20cm。

第二层 $d_{50}=90$mm 厚 60cm。

3. 护坡设计

上游护坡用干砌石,因其抵御风浪的能力较强;下游坝面直接铺上 20cm 的碎石作为护坡。上游护坡上做至坝顶,下做至死水位以下,为方便起见做至高程 2790.0m 处,如图 3-39 所示。

4. 坝顶布置

坝顶设置黄泥灌浆碎石路面,坝顶向下游设 2%横坡以便汇集雨水,并设置纵向排水沟,经坡面排水排至下游;坝顶设置栏杆以策安全,如图 3-40 所示。

六、泄水建筑物

(一) 泄水方案选择

坝址地带河谷较窄、山坡陡峻、山脊高,经过比较,枢纽布置于河弯地段。由于两岸山坡陡峻,无天然垭口,如采取明挖溢洪道的泄洪方案,开挖量大,造价较高,故采用隧洞泄洪方案。隧洞布置于凸岸(右岸),采取"龙抬头"无压泄洪的型式与施工导流洞结合。为满足水库放空水位放至 2770.0m 高程要求也与导流洞结合设置了放空洞。

(二) 隧洞选线与布置

枢纽布置于河弯地段,从地形条件来看隧洞应当布置于凸岸,这样不仅工程量省,而且水力条件也较好。从地质条件来看这个山梁除表面有一层较深的风化岩外,下部大部分为坚硬玄武岩,强度较高,岩体中夹杂着几条破碎带,但走向大都与隧洞轴线成较大的角度。因此将泄洪洞、放空洞连同引水发电隧洞均布置于右岸凸出的山梁里面,如图 3-41 所示。

(三) 隧洞的体型设计

1. 进口建筑物

由于进口岸坡地质条件较差,覆盖层较厚,因而采用塔式进口,塔顶设置操作平台。

(1) 进口喇叭口。平面上不扩散,而立面上洞顶以椭圆方程 $\frac{x^2}{16^2}+\frac{y^2}{4^2}=1$ 连接。

(2) 进口堰面曲线。采用 WES—Ⅰ型堰面曲线,方程 $x^{1.85}=2.0H_d^{0.85}y$。为了不影响泄流能力,堰高取 10m,定型设计水头 $H_d=11.45$m。堰顶上游段为椭圆曲线:$x^2/(aH_a)^2+y^2/(bH_a)^2=1$,其中 $a=0.3$,$a/b=0.87+3a$。

(3) 闸门型式及尺寸。工作及检修闸门均采用平板门,设在进口处,闸门宽 7m,高为 12.5m(正常水位减堰顶高程加浪高)。

2. 洞身断面型式和尺寸

根据以往工程经验,本无压隧洞采用城门洞形断面。

调洪演算时已经拟定溢流孔口尺寸为 7m×15m(为保证无压泄流,由校核洪水位减

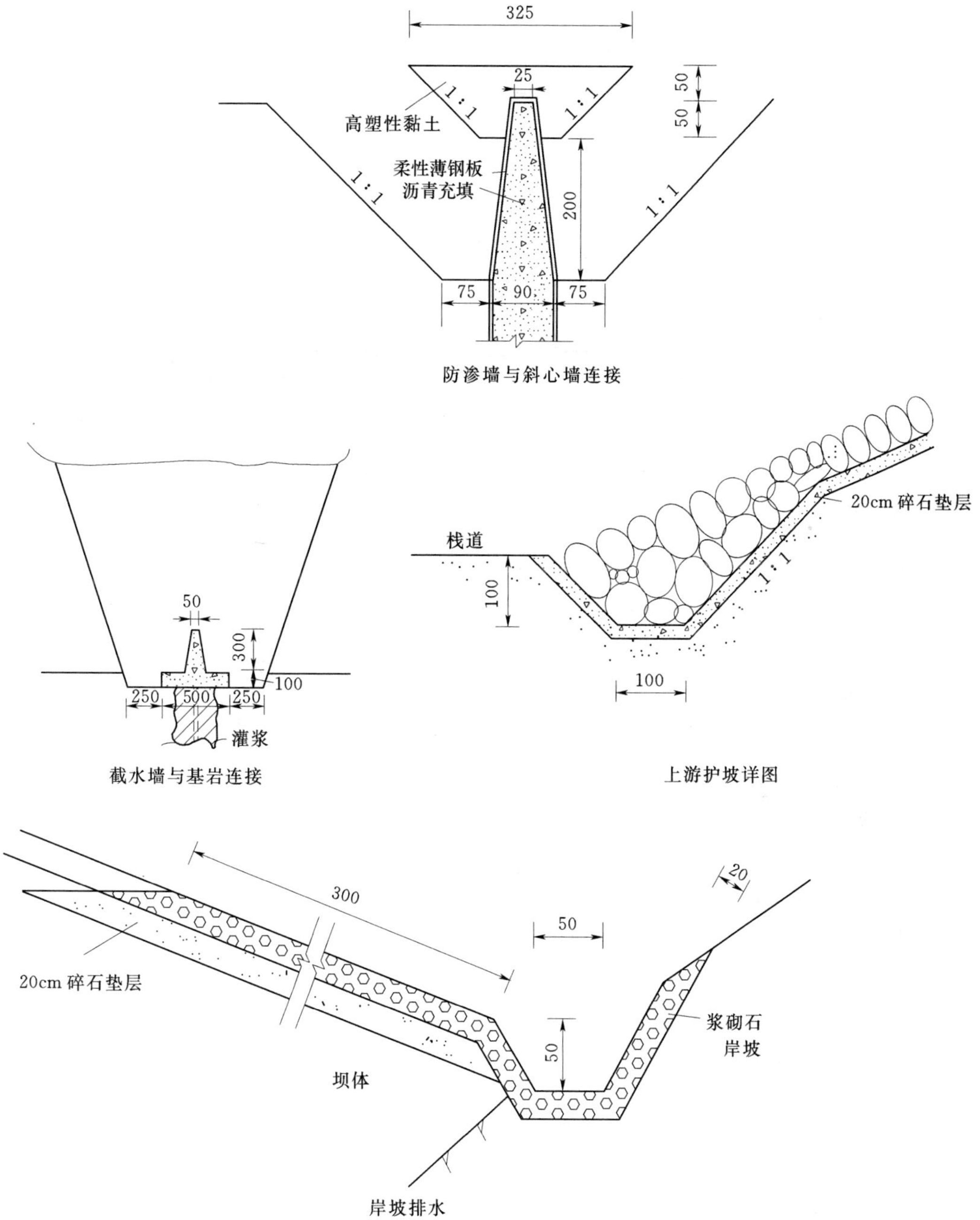

图 3-40　细部构造详图（二）（单位：cm）

堰顶高程加相应浪高而得，12.6＋2.06＝14.66m，取 15m），由于水流经堰顶后马上跌落，所拟洞宽不变，而高度则以斜段为 1∶1 坡连接，则洞身尺寸通过水面曲线计算后确定。

进口以后与斜洞连接，根据以往经验以 1∶1 坡度连接（太缓则堰面曲线短，影响泄流能力；太陡则水流条件不好），反弧段以 60.0m 半径圆弧相连接，见图 3-41。

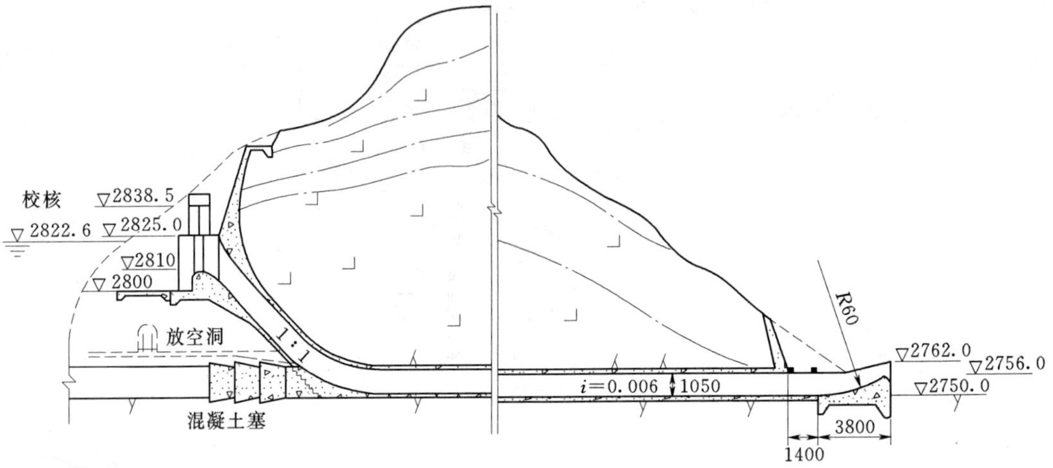

图 3-41 隧洞纵剖面布置（单位：cm）

3. 出口消能段

隧洞出口高程定为2750m，由于下游出口离电站和大坝较远，较大的冲坑不致影响坝及电站的安全，且地质条件容许，因而采用挑流消能。由于隧洞出口宽度小，单宽流量集中，因而在出口设置扩散段。

挑流参数鼻坎高程按高于下游最高水位1.0m，定为2756.0m；根据以往经验挑角取$\theta=25°$；因出口为平段，所以为了水流能平顺挑出采用了较大的反弧半径$R=60$m。

(四) 隧洞的水力计算

水力计算包括洞内水面线及出口消能计算两部分。

1. 设计条件

设计洪水位：2821.45m，下泄流量：582.00m³/s。

校核洪水位：2822.60m，下泄流量：656.00m³/s。

堰顶高程：2810.00m。

因在宣泄校核洪水时也要满足各项要求，因而对校核情况进行水力计算。

2. 平洞段底坡的确定

计算得到临界坡降$i_k=0.00565$，由于泄流时水流流速较大，为不影响隧洞的泄流能力，隧洞应做成陡坡。鉴于坡度太大施工不便，底坡取$i=0.006$。

3. 洞内水面曲线

由

$$H=h_c+\frac{q^2}{2g\phi h_c^2} \tag{3-98}$$

计算得收缩断面水深$h_c=2.718$m。

以收缩断面为起始位置，按公式

$$h_2=h_1+\frac{v_1^2}{2g}-\frac{v_2^2}{2g}-\left(\frac{\overline{v^2}}{\overline{C}\,\overline{R}}-i\right)l \tag{3-99}$$

依次向下游计算得平洞段水面曲线，见表3-52。

表 3-52　　平洞段水面曲线

l (m)	0	100	200	300	430
h (m)	2.72	3.04	3.36	3.69	4.13

由于泄洪隧洞流速较大（最大达 34.5m/s），因而必须考虑掺气的影响。掺气后水深按式（3-99）计算。

$$h_a = h + \Delta h$$

$$\Delta h = kh\frac{v^2}{gR} \tag{3-100}$$

式中：k 为系数。

计算得掺气后水面曲线见表 3-53。

表 3-53　　掺气后水面曲线

l (m)	0	100	200	300	430
h (m)	4.01	4.13	4.29	4.50	4.82

为保证洞内为明流，水面线以上应留有一定的净空，按规范要求，高流速泄洪隧洞掺气水面以上的净空为洞身面积的15%～25%。25%的净空是 14.66m^2，现有 24.88m^2，因此洞身断面满足要求。由于还有许多因素没有顾及，加上还要考虑与导流洞结合，留有一定的富裕是必要的。

4. 出口消能验算

为减少出口单宽流量，利于消能，隧洞出口设扩散段。因流速较大，为避免水流与边墙脱离，扩散角不宜太大。以 $\tan\varphi \leqslant \frac{1}{KF_r}$ 控制，扩散角取为 5°。

挑距按式 $L=\frac{1}{g}\left[v^2\sin\theta\cos\theta+v\cos\theta\sqrt{v^2\sin^2\theta+2g(h_1+h_2)}\right]$ 计算为 47.03m。

冲坑深度按式 $t_k=\alpha q^{0.5}H^{0.25}-t$ 计算，考虑到隧洞沿程水头损失较大，H 以挑出时的能头计算，单宽流量也以出口处计算。α 取 1.2，计算得 $t_k=13.21$m。$L/t_k=3.56>2.5$ 满足设计要求。

（五）隧洞的细部构造

1. 洞身衬砌

（1）衬砌型式。本工程无压泄洪隧洞流量大、流速高，采用城门洞形断面，整体式单层混凝土衬砌。

（2）衬砌厚度。根据工程经验，取 1/12 洞径，最后取为 0.9m。

2. 衬砌分缝、止水

为适应施工能力、防止混凝土干缩和温度应力而产生的裂缝，沿洞轴线方向设置永久性横向伸缩缝，分缝间距为 10.0m，缝间设止水，如图 3-44 所示。

隧洞通过断层破碎带部位，衬砌厚度加大一倍；为防止不均匀沉陷而开裂，衬砌突变处设横向沉降缝，如图 3-42 所示。

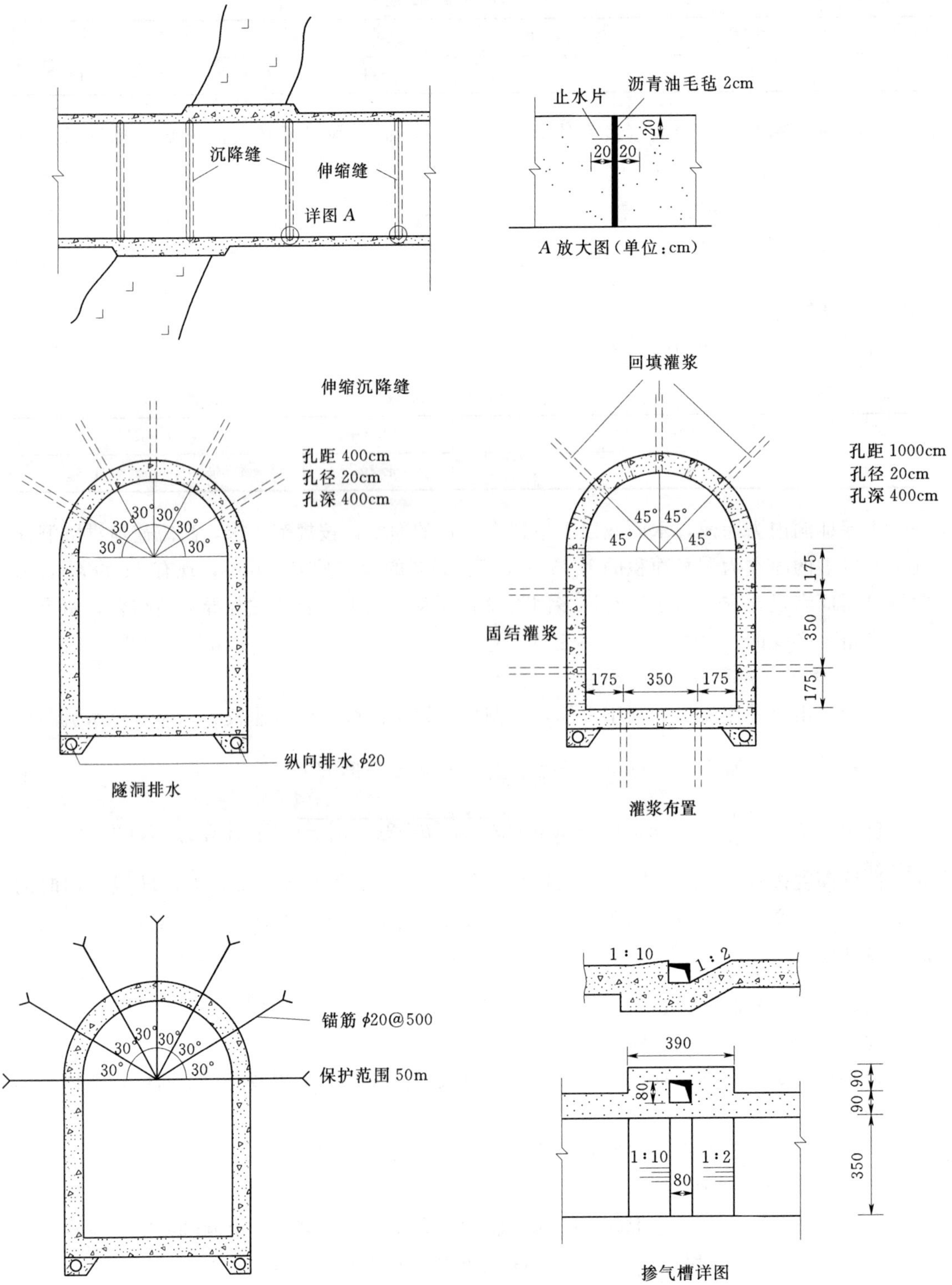

图 3-42　隧洞细部构造图

3. 灌浆

洞顶部进行回填灌浆，充填围岩与衬砌的空隙，使之紧密结合，共同工作，改善传力条件，减少渗漏。对围岩进行固结灌浆，提高其整体性，保证围岩的弹性抗力，减少渗漏。回填灌浆与固结灌浆孔间隔布置，如图 3-42 所示。

4. 排水

从地质剖面上看出地下水位较高，为降低外水压力设置径向排水孔，孔径 20cm，孔距 400cm，孔深 400cm，并在底部设置纵向排水管，管径为 20cm。

5. 掺气槽

在反弧段前沿及其后设置掺气槽，向水流边界通气，提高低压区的压力，缓冲气泡溃灭时的破坏作用。具体尺寸如图 3-42 所示。

6. 锚筋加固

泄洪隧洞进口、岩体破碎带、反弧段岩体（四面临空比较薄弱），以锚筋加固，详见图 3-42。

（六）放空洞设计

水库放空要求降至 2770.0m 高程，由于泄洪洞进口高程较高（2810.0m 高程），因而另设放空洞，放空洞后部与泄洪洞结合，平面布置如图 3-36 所示。

七、施工组织设计

（一）施工导流计划

1. 导流方案的选择

土坝建于深厚覆盖层上，不宜修建纵向围堰；且河床宽度不大，若分期修建土坝，容易形成接头薄弱面，加之坝体方量较大，保证其持续均衡填筑十分重要，因而采用全断面围堰拦洪方案。坝址附近山坡陡峻，不宜采用明渠导流。坝址右岸利于布置隧洞，山岩大部分为坚硬玄武岩，故而采用隧洞导流方案。

鉴于河床冲积层较深，基础处理工程艰巨、时间长，为降低临时工程的投资、加快施工进度，将上游围堰与坝体结合，施工导流隧洞与泄洪洞结合。

2. 施工分期

本工程拟定工期为 4 年。采用隧洞导流方案，土坝施工分四期进行，如图 3-43 所示。

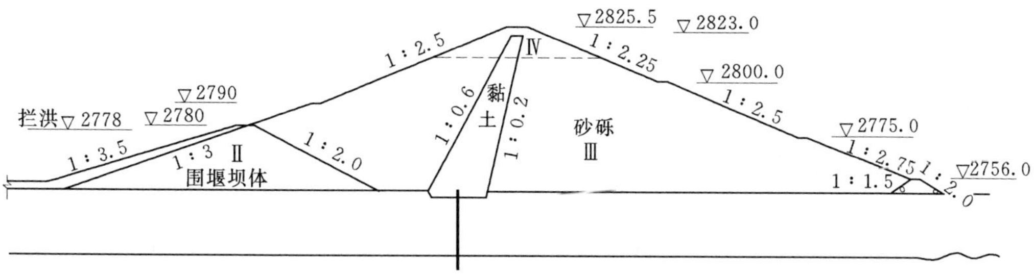

图 3-43 大坝施工分期图

第一期：截流前，完成导流隧洞工程，并做好截流准备工作。

第二期：从截流开始，在围堰的保护下进行大坝基础工程，包括排水、清基、防渗墙施工。汛期到来之前将围堰抢到拦洪水位以上，有余力则进行一部分坝体填筑。

第三期：拦洪后填筑大坝到开始封孔蓄水。

第四期：封孔以后大坝继续升高至设计高程。

3. 导流工程规划布置

隧洞及围堰型式和尺寸的选择，是个技术经济问题，本应拟定多种方案进行比较，选择导流隧洞及围堰造价最小的隧洞尺寸及围堰高程，限于时间，这里仅做一个方案。

由于设计时将施工导流隧洞与永久泄洪隧洞相结合，将两者的断面尺寸设计成相等是比较有益的。如果按这个尺寸进行调洪计算，得出上游水位（拦洪水位）太高以至超过上游围堰的填筑能力，则应加大隧洞的断面尺寸。

（1）隧洞断面型式、尺寸及布置。泄洪洞断面为城门洞形，宽 7m，高 15m。隧洞底坡 $i=0.006$，进口高程为 2753.84m，出口高程为 2750.00m。为使流态较好，进口布置成直线，设置平面收缩喇叭口，并与明渠相连。

（2）调洪演算。上游拦洪围堰为坝体的一部分，因此采用施工期拦洪度汛标准。拦洪时所形成库容在 0.1 亿～1.0 亿 m^3 之间，设计洪水重现期为 50～100 年。本设计将设计洪水频率定为 1%，$Q_{1\%}=1680m^3/s$。下游围堰按临时性建筑选用洪水标准，按规范采用 5%洪水，$Q_{5\%}=1180m^3/s$。

对 1%、5%洪水按洪峰流量控制进行放大，得出相应的洪水过程线，进行调洪计算，得到 1%洪水时拦洪水位 2778.2m，下泄流量 $1030m^3/s$（虽大于 $900m^3/s$ 的安全泄量，但施工期间，工程未发挥效益，可认为是容许的）。5%洪水时拦洪水位 2772.4m，下泄流量 $895.0m^3/s$。

（3）围堰主要型式、尺寸及布置。本工程采用围堰拦洪，为全年挡水围堰。鉴于当地砂砾料丰富，上游围堰作为坝体的一部分，因而上下游围堰均采用黏土斜墙围堰。经过调洪计算，对于 1%洪水，隧洞下泄一部分流量后上游水位壅高为 2778.2m，加一定的安全超高后，得上游围堰顶高程为 2780.00m（安全超高取 1.8m>0.7m），考虑到坝体的沉陷取较大的超高；下游围堰采用 5%洪水标准，经过调洪计算下泄流量为 $895m^3/s$，相应下游水位 2755.5m，加 0.7m 超高后取 2756.5m。

考虑施工要求，围堰的顶宽取为 8m。考虑边坡稳定要求，特别是上游围堰作为坝体的一部分，围堰的上下游边坡要求更高。防渗铺盖的尺寸经过渗流计算而定，具体如图 3-44所示。

上游围堰作为坝体的一部分把基坑全部围起来。下游围堰不作为坝体，布置在离坝不远而河床又比较狭窄的地方，还考虑离开导流洞出口一定的安全距离。

（二）施工控制性进度

1. 大坝施工控制性进度

本工程拟定 2005 年开工，从截流开始到大坝填筑完毕计 4 年，在现有施工能力及保证质量的前提下，尽可能缩短工期，提早发挥效益。

（1）截流和拦洪日期。针对该河流的水文特性，2006 年 11 月开始流量明显下降，此时水深只有 1.0m 左右，因此，设计截流日期定为 2006 年 11 月 1～15 日，实际施工中，

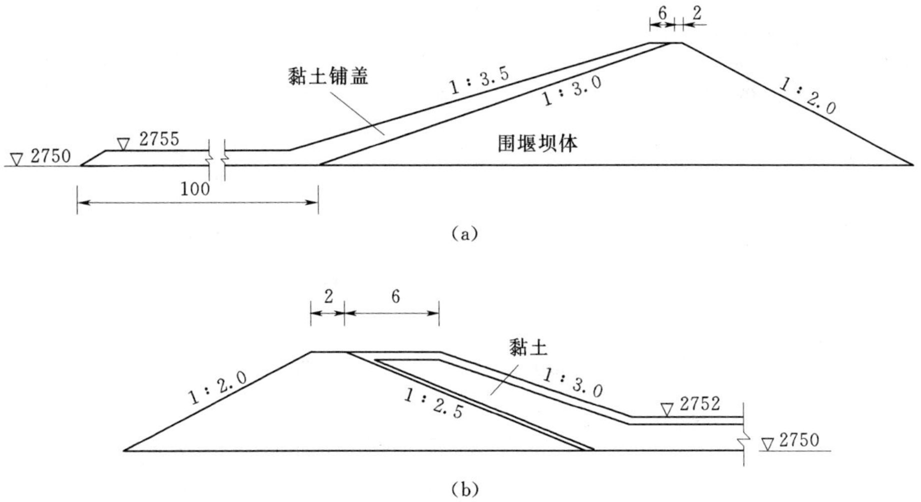

图 3-44　围堰断面型式尺寸（单位：m）

(a) 上游围堰剖面图（1∶2000）；(b) 下游围堰剖面图（1∶5000）

根据当时的水文、气象条件及实际水情进行调整。

2007 年 5 月洪水期开始，围堰开始拦洪，围堰上升速度应以抢修到拦洪水位以上为原则。

(2) 封孔及发电日期。鉴于流量资料不足，为安全起见在大坝上升至泄洪隧洞进口高程以后进行封孔。斜心墙坝填筑要求黏土与砂砾同时上升，施工进度由黏土上升速度控制。按 4m/月的速度上升，至泄洪洞高程（2810m）需 15 月，即到 2008 年 7 月。因此定在 2008 年 8 月 1 日进行封孔蓄水。

水库蓄水过程一般按 80%～90%的保证率的流量过程线来预测。初始发电水位为 70%工作水深，即 2808.5m。根据计算从 2008 年 8 月 1 日封孔蓄水，到 2008 年 9 月底即可蓄到初始发电水位，因此第一台机组发电日期定为 2008 年 10 月 1 日。实际发电日期根据当时水文、气象条件及水情进行调整。

(3) 大坝竣工日期。按 4m/月的速度上升，在 2008 年底完成大坝填筑工程。

大坝控制进度图即大坝上升图如图 3-45 所示。

2. 施工程序安排

(1) 明确截流、拦洪、封孔、发电等控制点。

(2) 截流前应完成的工程（导流隧洞工程）。其中隧洞进出口明挖一般为 2～4 个月；洞身开挖：日平均成洞进尺 2～3m，月平均 50～70m；隧洞混凝土衬砌，可与开挖平行进行，为避免干扰和安全要求，一般落后于开挖面 50～70m；回填灌浆在混凝土衬砌以后，不早于 15d，不迟于 30d 内开始进行，固结灌浆在回填灌浆后一星期进行；导流时，洞身衬砌应具有足够的强度。

(3) 截流以后拦洪以前（汛期）应完成的工程。围堰工程及排水；基础开挖及截水墙浇筑。

(4) 与封孔蓄水有关的工程。上游移民，工程设备拆迁，库内清理等工程；引水隧洞工程，含进口明渠段开挖、洞身开挖、洞身进口混凝土、衬砌及进口设备安装；基础处理工程应保证蓄水；完成溢洪道工程，保证蓄水或泄水；大坝施工进度必须保证坝身上升进

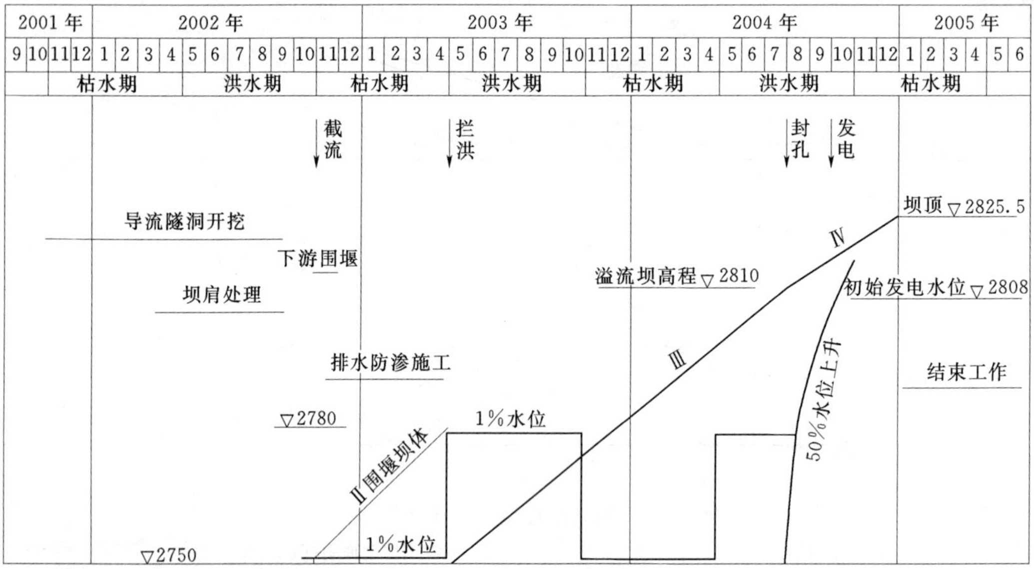

图 3－45　大坝控制进度图

度快于洪水上升速度。

（5）发电前应完成的工程。引水系统及厂房工程；开关站、机电设备安装。

八、点评

该设计严格按照国家规范对 Y 江水利枢纽工程进行了总平面设计、大坝结构方案比选和设计、泄水建筑物设计、施工组织设计。设计的基本资料取材于我国 20 世纪 60 年代西南地区某已建工程。设计基本体现了现代科技发展水平。该设计先进合理，计算正确，思路清晰、条理清楚，是一项较好的设计，但也存在一些不足之处。

（1）坝型选择是整个枢纽设计中的一项重要工作。坝型选择时考虑的最主要因素是坝址附近的筑坝材料，还要根据坝高、地形地质、施工条件、运行条件、总体布置等要求进行技术经济比较来确定。本设计基本体现了这些原则。根据坝区的自然条件，首先放弃混凝土坝而选择土石坝是合理的。现代土石坝多由碾压而成，碾压式土坝根据坝体横断面的防渗体材料、位置及其结构，可供选择的类型有均质坝、分区坝、人工防渗材料坝。本设计综合各方面的优点选择黏土斜心墙砂壳坝是合理的。美中不足的是定性的东西较多，定量的东西太少，让人感觉到说理不够充分。如能适当地进行一些定量分析，说服力可能要强些。其实根据现代坝工技术发展，在此处建堆石坝也是可行的，其安全度更高，可能更为经济、合理。

（2）土石坝枢纽布置通常是以大坝为主体，泄水建筑物为中心。本坝不允许水流漫顶，为保证大坝安全，在枢纽布置中应十分重视泄水建筑物的布置。从某种意义上说，选择土坝坝址、坝轴线时，主要是选择合适的溢洪道或泄水建筑物的位置，并兼顾其他，然后再进行优化。泄水建筑物的布置和形式，应视枢纽具体条件综合比较而定，宜以开敞式溢洪道为主要泄水建筑物，以提高土坝枢纽的超泄能力及运行可靠性。在布置开敞式溢洪道有困难时，也可采用进口为开敞式的泄洪隧洞。在高山峡谷地区布置土坝、溢洪道以及泄洪洞、发电引水洞的进出口建筑物时，都可能遇到高边坡问题。为降低施工难度，减小工程量，增加枢纽长期运行稳定性，枢纽布置时应采取各种工程措施（如转弯）等，尽量减少高边坡开挖。泄水建筑物应尽量布置在岸边基岩上。附近的坝坡与岸坡，应有可靠的护坡措施，出口也应有可靠的消能措施，并使消能后的水流离开坝脚足够距离，避免水流冲刷和回流淘刷。该设计将土坝布置于河弯处，泄洪洞、放空洞、引水发电隧洞及电站厂房均布置于右岸凸出的山梁里。这种布置坝轴线短，洞线短而直，基本体现了工程量小的原则，且可保证水流流态较好。这种布置的缺点是泄洪、发电相互干扰大。设计中通过在进出口采取一定的措施，这个问题已基本解决。

（3）土石坝枢纽应考虑导流建筑物改建为永久性泄洪建筑物的布置方式。本地区河谷较窄、山坡陡峻、山脊高，无天然垭口，如采取明挖溢洪道的泄洪方案，则开挖量大，造价较高，故采用隧洞泄洪方案。隧洞布置於凸岸（右岸），采取“龙抬头”无压泄洪的型式与施工导流洞结合。这种考虑是合理的，但在洞线布置以及断面设计中如何体现两者的有机协调、统一，则明显缺乏系统考虑。从泄洪的角度看洞身断面富裕量较大，如导流条件许可，可考虑减小洞身断面，以节省工程量、缩短工期。

（4）筑坝材料的设计与土坝结构设计、施工方法以及工程造价有关，一般力求坝体内材料分区简单，就地就近取材，因材设计。本设计选择级配良好、抗渗性能好的土料作为防渗料主料场，并有充足的满足要求的辅料场作备用；根据斜心墙坝的布置特点，有意识地分别选择上下游料场作为斜心墙上下游侧坝壳的主料场，这样可避免施工中的相互干扰，加快施工进度和质量。

（5）大坝结构设计严格按规范进行，但在渗流分析中将两岸断面按平面问题考虑误差较大。如何评价该区的渗流稳定交代不太清楚；稳定计算结果表明，坝的安全富裕度较大，如何评价剖面设计，是否考虑修改剖面，交代得不够仔细。

（6）砂砾石地基的渗流控制可归纳为“截、铺、排”。“截”指垂直防渗截断渗透水流；“铺”指上游用水平铺盖以延长渗径；“排”指下游用排水减压措施，包括透水垫层、排水沟、减压井等，使渗透水流在有保护的条件下排到下游，降低出口渗透压力，防止土粒流失。有条件时宜优先采用垂直防渗。当透水坝基厚度小于15m时，一般开挖截水槽达弱风化基岩，浇筑混凝土垫层，进行固结灌浆，然后填筑土截水墙，上部再填坝体防渗体；当砂砾石深度大于30m时宜采用混凝土防渗墙，为减少不均匀沉陷的危害，在墙顶应设一专门的区域，填筑含水量略高的高塑性黏土。本设计地基处理中基本体现了这些原则，在河床中部用混凝土防渗墙，两岸用黏土截水墙，但两者的连接处是薄弱环节，设计中未作出明确交代。

（7）洞身断面形状取决于地质、地应力、水流、施工等因素和运用要求。无压隧洞的过流能力取决于进口控制段。为保证洞内水流为明流，要求水面以上净空面积不小于隧洞断面积的15%，且净空高度不小于40cm。当水流速度较高时，还应按流速大小，留有必要的掺气水深。本设计进口控制段溢流前缘宽度与洞身断面宽度相同，明显不合理。在洞身保证自由泄流、不产生冲击波的前提下，宜将进口控制段扩大，以增加泄流能力。可能的话，还可缩小洞身断面尺寸。

（8）施工组织设计总体方案合理，但工期略显长了一些。按现有的施工设备和施工组织水平，应有缩短工期的可能。

第五节 混凝土面板堆石坝设计

混凝土面板堆石坝属土石坝范畴，设计采用的地形地质条件、水文气象等基本资料以及泄洪建筑物均与第四节相同，这里仅介绍混凝土面板堆石坝的设计方法。

一、坝型选择和枢纽布置

（一）坝址及坝型选择

1. 坝址选择

根据地形和地质剖面图，选择地形图（图 3-46）所示的河弯地段作为坝址，并初选Ⅰ—Ⅰ、Ⅱ—Ⅱ两条坝轴线进行比较。两条坝轴线位置的河宽相近。从地质剖面图来看：Ⅰ—Ⅰ剖面与Ⅱ—Ⅱ剖面的河床覆盖层及两岸风化岩的厚度大致相同；河床覆盖层厚度平均约 20m，中部最大达到 32m；两岸坝肩除 10m 左右的风化岩外，其余为坚硬玄武岩，地质构造总体良好。虽然Ⅱ—Ⅱ剖面底部玄武岩破碎带纵横交错，渗流控制可能较为困难，但两条坝轴线之间的距离只有 70m 左右，无论选择哪条坝轴线，都必须对大坝坝基进行防渗处理。另外，经比较测算，发现Ⅰ—Ⅰ剖面的坝体工程量要远大于Ⅱ—Ⅱ剖面。综合以上因素，坝轴线选择Ⅱ—Ⅱ剖面。

2. 坝型选择

所选坝轴线处河床冲积层较厚，两岸风化岩透水性强，岩基强度低，且不完整。从地质条件看不宜修建拱坝；支墩坝坝体应力较高，施工复杂，对地基要求也高，该地质条件也不适宜建造支墩坝；重力坝对地形地质条件的适应性较好，但重力坝坝体剖面尺寸较大、混凝土方量大、投资大，并且混凝土重力坝材料强度不能得到充分利用，该坝址可利用基岩的埋深较大，故也不宜采用；土石坝断面大，工程量也大。面板堆石坝坝体断面较小，工程量较小，且能适应该地形地质条件，同时，坝址附近有坚硬玄武岩料场，储量丰富，覆盖层薄，开采条件较好，可作为堆石坝石料。

通过对各种坝型进行定性分析，综合考虑地形和地质条件、建筑材料、施工条件、综合效益等因素，最终选择混凝土面板堆石坝方案。

（二）枢纽组成建筑物

1. 挡水建筑物

枢纽挡水建筑物选用混凝土面板堆石坝方案。

2. 泄水建筑物

泄水建筑物包括泄洪隧洞和放空洞。查看坝址处地形，明挖溢洪道方案的开挖量较大，造价较高。因此，采用隧洞泄洪方案，并考虑与施工导流洞相结合。

3. 水电站建筑物

水电站建筑物包括引水隧洞、调压井、压力管道、电站厂房、开关站等。

（三）枢纽总体布置

1. 枢纽布置原则

（1）泄洪建筑物布置时应尽量减少对下游岸坡的不利影响，避免泄洪水流直接冲刷下

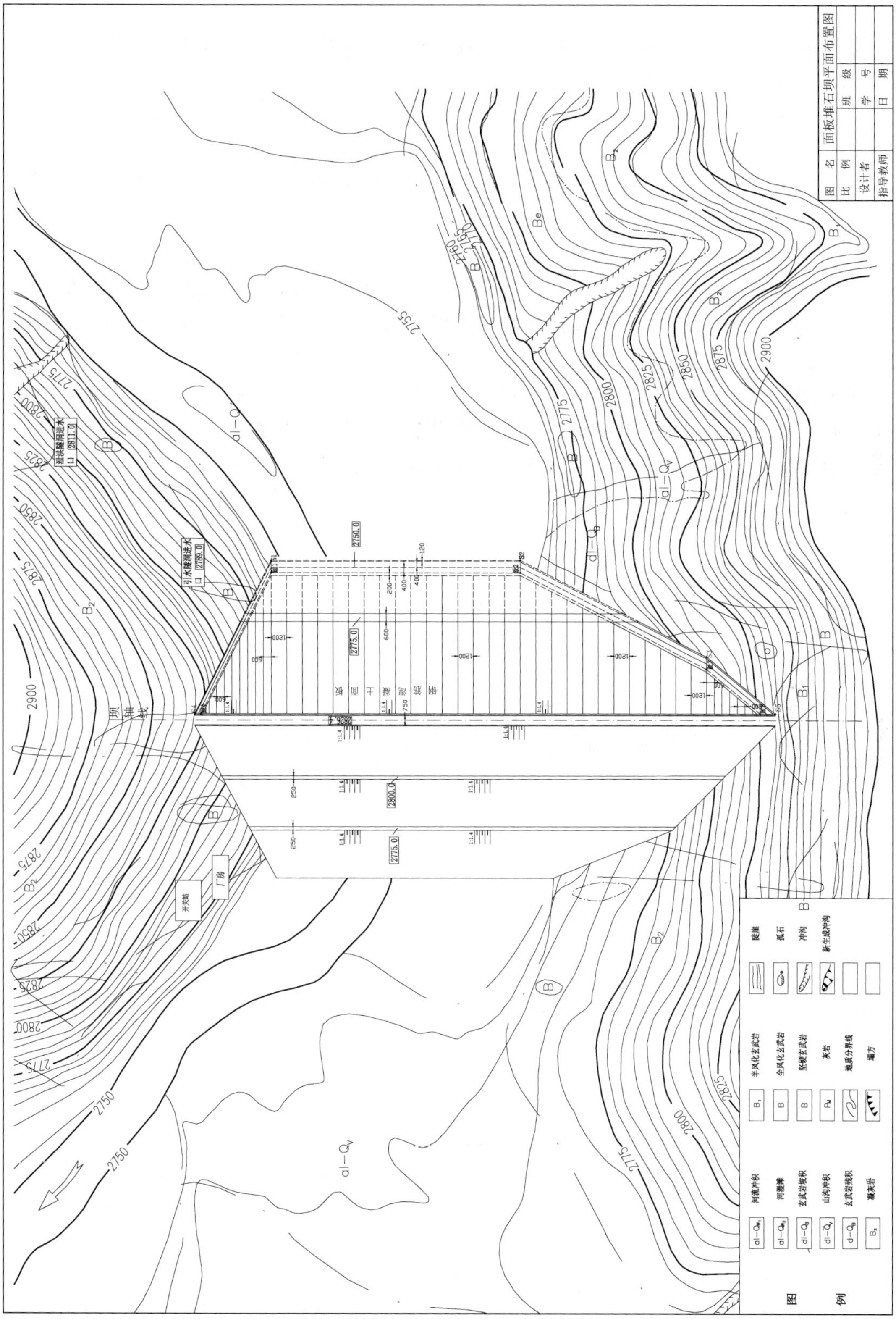

图 3-46　坝址区地形和地质平面图

游可能的滑坡体。

(2) 泄洪建筑物的布置应与大坝、厂房建筑物的布置相协调，避免施工期和运行期相互干扰。

(3) 大坝检修需要布置放空洞，应考虑放空洞与泄洪隧洞结合使用，以减少隧洞数量。

2. 枢纽布置方案

(1) 挡水建筑物——混凝土面板堆石坝。挡水建筑物按直线布置在河弯地段上，坝轴线与Ⅱ—Ⅱ剖面线重合。

(2) 泄水建筑物——泄洪隧洞。泄洪采用隧洞方案。为缩短隧洞长度，减小开挖工程量，泄洪隧洞布置在右岸，利于水流经隧洞流出直接进入主河道，对流态也有利。考虑到电站引水隧洞也布置在右岸，泄洪隧洞宜远离坝脚和厂房进行布置。为减小泄洪水流对电站尾水的影响，以及防止冲刷坝脚，两者进出口宜相距尽可能远。

(3) 水电站建筑物。引水隧洞、电站厂房布置在右岸，在泄洪隧洞与大坝之间；由于风化岩层较厚，厂房布置在开挖后的坚硬玄武岩上，开关站布置在厂房附近。

综合考虑以上各方面因素，最后确定的枢纽布置如图 3-47 所示。

二、坝体结构设计

(一) 大坝轮廓尺寸的拟定

大坝剖面轮廓尺寸包括坝顶宽度、坝坡与马道、坝顶高程、面板厚度及防浪墙的设计等。

1. 坝顶宽度

坝顶宽度影响坝体工程量，但与坝体稳定没有直接关系。在满足使用要求的前提下，坝顶宽度越小越经济。根据坝顶旅游交通、施工条件、防汛抢险、排水设施、灯柱等要求，同时参考已建工程经验，拟定坝顶宽度 $B=7.5$m。另外，为满足坝顶排水需要，坝顶路面应具有倾向下游的坡度。

2. 坝顶高程

坝顶高程分别按设计情况和校核情况计算，取两者之较大值，并考虑施工期间预留坝体沉降值（0.5%的坝高），坝体高程计算成果见表 3-54。防浪墙顶高程为 2827.60m，坝顶高程为 2826.40m。

表 3-54　坝体高程计算成果

计算工况 / 计算项目	设计情况	校核情况	计算工况 / 计算项目	设计情况	校核情况
上游静水位（m）	2824.05	2825.13	波浪中心高出静水位（m）	0.63	0.34
河底高程（m）	2750		安全超高（m）	1.0	0.5
坝前水深（m）	74.05	75.13	防浪墙高出静水位（m）	3.47	1.95
吹程（km）	15		防浪墙顶高程（m）	2827.52	2827.08
风速 V_f（m/s）	21	14	防浪墙底高程（m）	2823.40	—
波高 $2h_1$（m）	1.84	1.11	防浪墙高出坝顶高度（m）	1.20	—
波长 $2L_L$（m）	16.94	11.31	坝顶高程（m）	2826.40	—

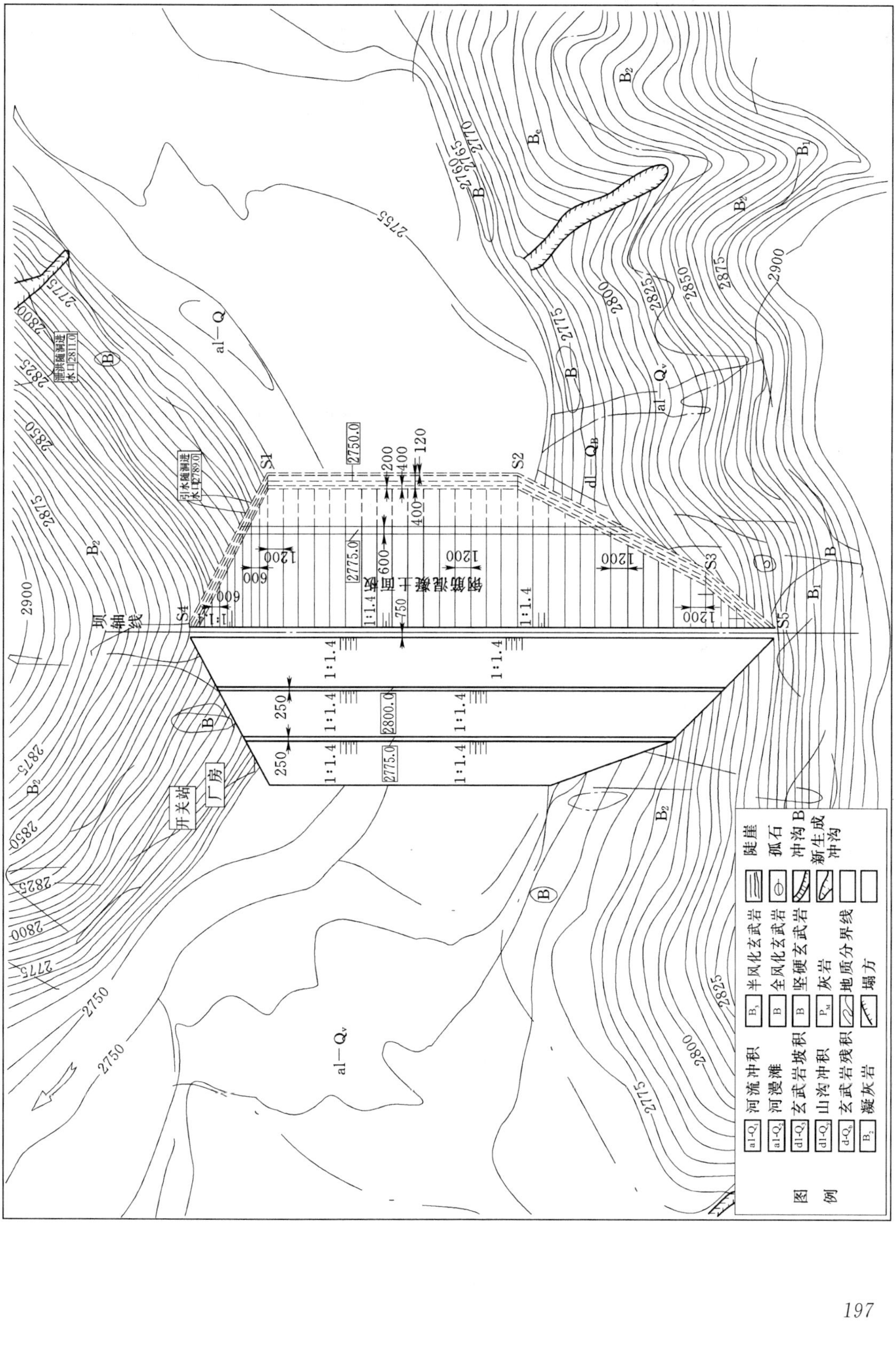

图 3-47　枢纽平面布置图

3. 上下游坝坡

混凝土面板堆石坝坝面作用有巨大的垂直水重，坝体为强透水体，渗透压力可以忽略，不存在整体滑动的可能。通常采用工程类比法来确定面板坝的坝坡。参照国内外工程实践和经验以及 DL 5016—1999《混凝土面板堆石坝设计规范》，拟定上下游坝坡均为 1∶1.4，同时分别在下游坝坡的 2775m 和 2800m 高程处设置马道，马道宽度均为 2.5m。

4. 防浪墙

根据工程经验和设计规范要求，最终计算得防浪墙顶高程为 2827.52m，取 2827.60m，防浪墙高出坝顶高程 1.2m，防浪墙底部高程取为 2823.40m，高于正常蓄水位（2822.50m），以满足设计及防渗要求。

防浪墙采用 L 型钢筋混凝土防浪墙，混凝土标号为 C25，墙底处临时坝顶宽度大于 9.0m，可满足钢筋混凝土面板滑模施工操作的场地要求。

5. 混凝土面板

混凝土面板是坝体防渗的主体结构，它应满足下列要求：①必须具有较小的渗透系数，以满足挡水防渗的要求；②有足够的柔性，以适应坝体的变形；③有足够的强度和抗裂能力，能承受一定的局部不均匀变形；④有足够的抗风化、抗冰冻能力，以满足耐久性要求，在高寒地区抗冻性应成为面板混凝土设计主要控制指标之一。

根据 DL 5016—1999《混凝土面板堆石坝设计规范》，该面板堆石坝高度为 76.4m，大于 70m，属于高坝。根据规范要求，拟定面板底部最大厚度为 0.52m，顶部最小厚度为 0.30m，其间随高程线性变化。面板混凝土采用 C30，配单层双向钢筋，每向配筋率取为 0.4%，每米选用 4ϕ20@250，接缝周边设置加强钢筋。根据坝顶高程确定坝轴线长度为 432m，在河床段和缓坡段每块面板宽度取为 12m，共有 28 块宽 12m 的面板；在陡坡段每块面板宽度取为 6m，左岸有 10 块，右岸有 6 块，共有 16 块宽 6m 的面板；沿坝轴线共分有 44 块面板。

（二）坝体设计和筑坝材料

坝体应根据料源和坝料强度、渗透性、压缩性、施工方便和经济合理性等要求进行分区，并确定相应的填筑标准。各区坝料的渗透性宜从上游向下游增大，并应满足水力过渡（下游堆石区在下游水位以上的坝料不受此限制）；堆石坝体（坝轴线上游部分）应具有低压缩性。坝体填筑体从上游向下游依次分为上游壤土压坡体（1A）、垫层区（2A）、过渡区（3A）、主堆石区（3B）、次堆石区（3C）以及下游护坡（3D）；在周边缝下游侧设置特殊垫层区（2B）。坝体典型剖面如图 3-48 所示。

1. 上游壤土压坡体（1A）

为封堵面板裂缝和周边缝张开，在上游 2775.00m 高程以下面板上游侧设置壤土压坡体，顶宽 3.0m，上游坡度 1∶1.4。在壤土压坡上游侧再设置上游坡度为 1∶2.5，顶宽为 3.0m 的碎石盖重体（1B）加以保护，主要用碎石回填。

2. 垫层区（2A）

垫层区是面板的直接支承体，向堆石体均匀传递水压力，并起辅助渗流控制作用，因此垫层区料的选择是最重要的。根据工程经验和设计规范要求，垫层区应具有尽可能大的变形模量，具有抗冲蚀、抗侵蚀且粒径级配连续，最大粒径为 80～100mm，粒径小于

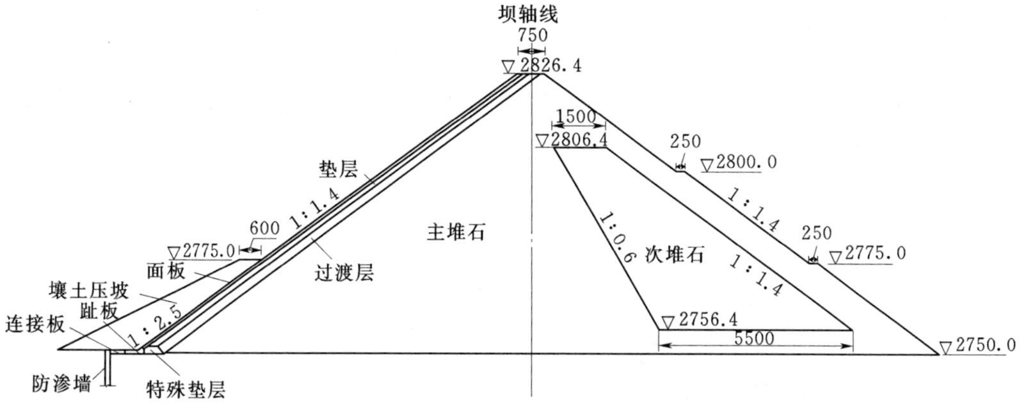

图 3-48　坝体典型剖面（单位：cm）

5mm 的颗粒含量为 30%～50%，小于 0.075mm 的颗粒含量少于 8%，压实后应具有内部渗透稳定性、低压缩性、高抗剪强度。垫层区土料设计干密度 2.23g/cm^3，孔隙率 16%，渗透系数 $k=1\times10^{-3}$cm/s，允许渗透坡降［J］>70，垫层区水平宽度取为 3m。

3. 特殊垫层区（2B）

在周边缝下游侧垫层区内设置特殊垫层区，对周边缝及其附近面板上铺设的堵缝材料及水库泥沙起反滤作用。特殊垫层区较小，应加强人工夯实或采用平板震动器进行碾压。特殊垫层区土料设计干密度 2.25g/cm^3，孔隙率 15%，最大粒径 40mm，小于 5mm 的颗粒含量 35%，小于 0.075mm 的颗粒含量小于 7%。

4. 过渡区（3A）

过渡区起保护垫层和过渡作用。根据工程经验和设计规范要求，过渡区宜采用细堆石料，要求级配连续，最大粒径不超过 300mm，压实后应具有低压缩性和高抗剪强度，并具有自由排水性能。过渡区材料经专门开采的细堆石筛选后获得。过渡区材料设计干密度 2.17g/cm^3，孔隙率 18%，最大粒径 300mm，小于 5mm 的颗粒含量为 3%～17%，小于 0.1mm 的颗粒含量小于 7%，渗透系数 $k=1.0\times10^{-1}$cm/s，允许渗透坡降 $J>30$。过渡区水平宽度取为 3m。

5. 主堆石区（3B）

主堆石区是承受水荷载的主要支撑体。主堆石宜采用硬岩堆石料，硬岩堆石料压实后应能自由排水，具有较高的压实密度和变形模量。坝料最大粒径应不超过压实层厚度，小于 5mm 的颗粒含量不宜超过 20%，小于 0.075 的颗粒含量不宜超过 5%。因此，主堆石区堆石料设计干密度 2.15g/cm^3，孔隙率 20%，最大粒径 300mm，小于 2.5mm 的颗粒含量小于 8%，小于 0.15mm 的颗粒含量小于 5%。

6. 次堆石区（3C）

次堆石区与主堆石区共同保持坝体稳定，其变形对面板影响轻微。次堆石区应能自由排水，抗风化能力较强，可采用比主堆石区质量差的石料，同时压实标准也可降低。次堆石区堆石料设计干密度 2.16g/cm^3，孔隙率 20%，最大粒径 300mm，小于 5mm 的颗粒含量小于 35%，小于 0.15mm 的颗粒含量小于 8%。次堆石区离坝轴线 6m，顶高程为 2806.40m，顶部宽度为 15m，底高程为 2756.40m（河床段），上游侧坡度 1：0.6，下游侧坡度 1∶1.4。

7. 下游护坡（3D）

下游护坡保护坝体下游坡面，增强坝体的抗滑稳定性。下游护坡采用新鲜平整的超径大石，填筑厚度为 1.2m。

综上，根据面板堆石坝填筑标准并参考类似已建工程，最终确定坝料填筑参数如表 3－55所示。

表 3－55　坝料填筑参数表

序号	坝料种类	干密度（g/cm^3）	孔隙率（%）	最大粒径（mm）	渗透系数（cm/s）
1	垫层区（2A）	2.23	<16	100	1.0×10^{-3}
2	特殊垫层区（2B）	2.25	<15	40	1.0×10^{-3}
3	过渡区（3A）	2.17	<18	300	1.0×10^{-1}
4	主堆石区（3B）	2.15	<20	300	1.0×10^{-3}
5	次堆石区（3C）	2.16	<20	300	1.0×10^{-3}
6	下游护坡（3D）			800	

8. 混凝土趾板

趾板是连接地基防渗体与混凝土面板的混凝土板。趾板的主要作用是保证面板与坝基间的不透水连接，同时可作为基础灌浆的盖板。根据工程经验和设计规范要求，趾板最小设计厚度应大于 0.5m，最小宽度应大于 3m。本工程拟定趾板厚度 0.8m，宽度 4m，设计尺寸如图 3－49 所示。趾板混凝土采用 C30，趾板在顶部布置单层双向钢筋，每向配筋率为 0.3%，顶板保护层 10cm，钢筋与趾板锚筋相连。连接板采用与趾板相同的厚度，与趾板连接，长度 4m。

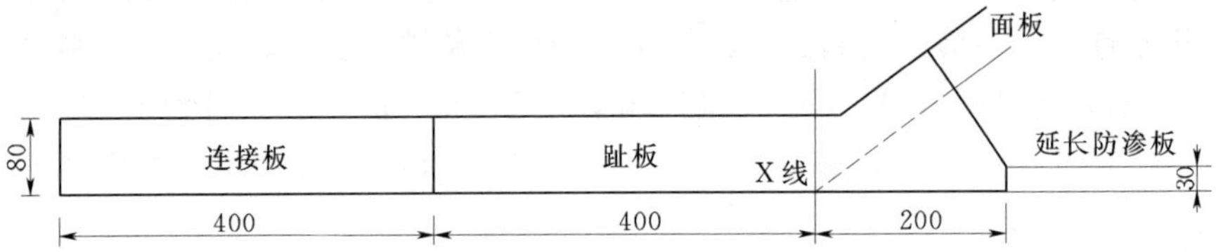

图 3－49　趾板及连接板尺寸

9. 防渗墙与连接板

坝基覆盖层防渗采用混凝土防渗墙。参照已建工程经验，并结合施工要求和设计规范，拟定厚度为 1.0m，并将其插入基岩 1m。同时，防渗墙与趾板之间设置宽 4m（顺水流方向）的混凝土连接板，保证防渗墙与趾板之间为柔性连接。

（三）接缝止水设计

面板坝防渗系统由面板、趾板、连接板、防渗墙、防渗帷幕和接缝止水系统组成。接缝止水设计的原则是能适应接缝处的位移和满足止水防渗要求，有利于施工及保证质量，各部位止水间应形成封闭的防渗系统。因此，接缝止水系统在设计过程中相当重要。

1. 周边缝止水

周边缝必须适应面板和趾板的相对位移，接缝止水必须精心设计和施工，以保证周边缝的良好性能。根据工程经验和混凝土面板堆石坝接缝止水技术规范，采用两道止水，在周边缝底部设置F形铜片止水，在接缝顶部采用柔性填料，做好柔性填料的密封并采取措施使柔性填料能够构成表面封闭的止水系统。周边缝的宽度根据计算分析确定。缝内部设置沥青浸渍木板，固定在趾板上。

2. 面板缝止水

面板缝止水结构可参照周边缝止水结构设计，底部的W形铜片止水与周边缝底部铜片止水连接形成封闭的止水系统。

3. 其他接缝止水

趾板与连接板之间的接缝、连接板与防渗墙之间的接缝以及面板与防浪墙之间的接缝均设置两道止水，构造与周边缝相同，均按周边缝止水结构设计，防浪墙伸缩缝分缝位置及缝宽与面板垂直缝对应。

三、坝体应力和变形分析

1. 静力分析方法

采用二维非线性有限元法对坝体进行应力和变形分析。非线性有限元法的基本平衡方程是

$$[K(u)]\{u\}=\{R\} \tag{3-101}$$

式中：$[K(u)]$为整体劲度矩阵；$\{u\}$为结点位移列阵；$\{R\}$为结点荷载列阵。

采用增量初应变法迭代求解，其基本平衡方程式为

$$[K]\{\Delta u\}=\{\Delta R\}+\{\Delta R_0\} \tag{3-102}$$

式中：$\{\Delta u\}$为结点位移增量列阵；$\{\Delta R\}$为结点荷载增量列阵；$\{\Delta R_0\}$为初应变的等效节点荷载增量列阵。

对于不同的坝体材料，其应力和应变特性是不同的，须采用不同的本构模型。堆石体材料采用非线性弹性本构模型；混凝土面板采用线弹性本构模型；接触面采用非线性本构模型。堆石体材料（包括坝基覆盖层）的邓肯—张（E—B）模型的主要计算公式如下。

切线弹性模量

$$E_t=Kp_a(1-R_fS)^2\left(\frac{\sigma_3}{p_a}\right)^n \tag{3-103}$$

切线泊松比

$$\nu_t=\frac{\nu_i}{\left[1-\dfrac{D(\sigma_1-\sigma_3)}{E_i(1-R_fS)}\right]^2} \quad 或 \quad \nu_t=\nu_i+(\nu_{tf}-\nu_i)S \tag{3-104}$$

切线体积模量

$$K_t=K_bp_a\left(\frac{\sigma_3}{p_a}\right)^m \tag{3-105}$$

卸荷或再加荷弹性模量

$$E_{ur}=K_{ur}p_a\left(\frac{\sigma_3}{p_a}\right)^{n_{ur}} \tag{3-106}$$

破坏比

$$R_f=\frac{(\sigma_1-\sigma_3)_f}{(\sigma_1-\sigma_3)_{ult}} \tag{3-107}$$

应力水平

$$S=\frac{\sigma_1-\sigma_3}{(\sigma_1-\sigma_3)_f} \tag{3-108}$$

初始泊松比

$$\nu_i=G-F\log\left(\frac{\sigma_3}{p_a}\right) \tag{3-109}$$

式中：p_a 为大气压力；σ_1、σ_3 为最大和最小主应力；K、G、F、K_{ur}、n_{ur}、K_b、m 为邓肯—张模型参数。

2. 有限元模型

计算坐标系规定为：X 轴为顺河向，指向下游，取坝轴线为 X 轴零点；Z 轴为垂直向，指向上方，与高程一致。

面板的宽度为 12m，在岸边陡坡段为 6m。这里仅进行二维分析，取河床典型断面进行有限元离散，得结点总数 464 个，单元总数 423 个，包括面板和垫层之间的接触面单元、防渗墙与覆盖层之间的接触面单元、面板与防浪墙的接缝单元、面板和趾板之间的周边缝接缝单元、趾板与连接板之间的接缝单元，连接板与防渗墙之间的接缝单元等。计算模型也包括了向上下游侧延伸的覆盖层各 50m。其计算网格如图 3-50 所示。

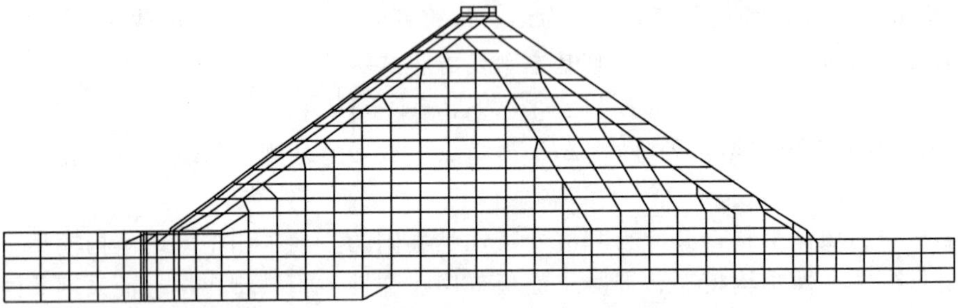

图 3-50　典型断面二维有限元网格

3. 荷载分级

整个坝体（包括河床覆盖层）施工分为 17 级：第 1 级“填筑”覆盖层至高程 2750.0m，以获得覆盖层的初始应力场；第 2 级填筑坝体至高程 2756.4m；第 3 级填筑坝体至高程 2761.4m；从第 4～16 级各级坝体填筑上升均为 5m；第 16 级坝体填筑至坝顶高程 2826.4m；第 17 级浇筑混凝土面板。蓄水过程分为 5 个荷载级：第 1 级蓄水至死水位 2796.00m；第 2 级蓄水至水位 2806.00m；第 3 级蓄水至水位 2816.00m；第 4 级蓄水至正常蓄水位 2822.50m；第 5 级蓄水至校核洪水位 2825.10m。坝体施工和蓄水过程共分为 22 个荷载级，每级荷载 1 次施加，采用分级加载和中点增量法，以模拟坝体的填筑上升和浇筑面板等施工过程以及蓄水过程。

4. 计算参数

根据断面设计，坝体的材料分区为：垫层、过渡层、主堆石区和次堆石区。各堆石料的邓肯—张（E—B）模型参数见表 3-56。其他材料的计算参数包括混凝土面板、趾板、延长防渗板、防渗墙、连接板以及各种缝和接触面（包括接触面、防渗墙缝和周边缝）等参照其他工程经验取值。

表 3-56 坝料的邓肯—张（E—B）模型参数

土　料	γ (kN/m^3)	φ_0 (°)	K	n	R_f	K_b	m	$\Delta\varphi$ (°)	K_{ur}
垫层区	22.34	58.1	1750	0.43	0.768	1200	0.41	14.5	2250.0
过渡料区	22.05	54.1	1500	0.55	0.907	1250	0	10.5	2150.0
主堆石区	21.56	50.9	1400	0.53	0.919	1000	0	8.5	2050.0
次堆石区	21.56	50.9	1400	0.53	0.919	1000	0	8.5	1750.0
砂砾石覆盖层	20.48	46.4	700	0.31	0.798	210	0.28	5.8	1200.0

5. 静力计算成果

典型断面二维有限元计算分析的主要成果见表 3-57，包括坝体、面板、防渗墙及周边缝等的应力和位移的最大值/最小值。竣工期和蓄水期坝体的应力和位移分布以及面板的挠度曲线等如图 3-51～图 3-56 所示。其中，水平位移（顺河向）以指向下游为正，垂直位移以向上为正，单位是 mm。应力以压应力为正，以拉应力为负，单位是 kPa。

表 3-57 典型断面二维静力计算成果

项　目			竣工期	蓄水期
堆石体位移（mm）	最大水平位移（顺河向）	向上游	120	5
		向下游	138	196
	最大垂直位移（沉降）	向下	314	323
堆石体应力（kPa）	最大大主应力	压应力	1886	2084
	最大小主应力	压应力	800	922
面板应力（kPa）	最大顺坡向应力	压应力	434	3606
		拉应力	37	—
面板位移（mm）	挠度	向坝内	—	197
周边缝变位（mm）	垂直缝向	剪切	—	26
	法向	拉伸	—	35
防渗墙位移（mm）	最大水平位移	向上游	87	—
		向下游	—	49

由坝体应力分布图 3-51 和图 3-52 可知：坝体应力沿坝高方向由下向上逐渐减小，竣工期和蓄水期坝体最大主应力和最小主应力均位于坝轴线附近的坝体底部。坝体堆石区的应力水平不高，约为 0.4～0.7，下游边坡附近局部范围、趾板和防渗墙附近的应力水平相对较高。蓄水后，大主应力等值线的分布变化不大，但小主应力分布等值线明显上移，垫层及过渡层的小主应力变化较大，因此，蓄水作用对大主应力的影响相对较小，对小主应力的影响相对较大。

由图 3-53 和图 3-54 可知：竣工期坝体的水平位移和垂直位移基本上呈对称分布；蓄水期，由于水压力荷载的作用，水平位移有了明显的变化，坝轴线上游部分坝体指向上游的位移明显减小，指向下游的位移有所增加；但坝体的沉降分布规律变化不大。蓄水作用对坝体的水平位移影响明显大于对垂直位移的影响。

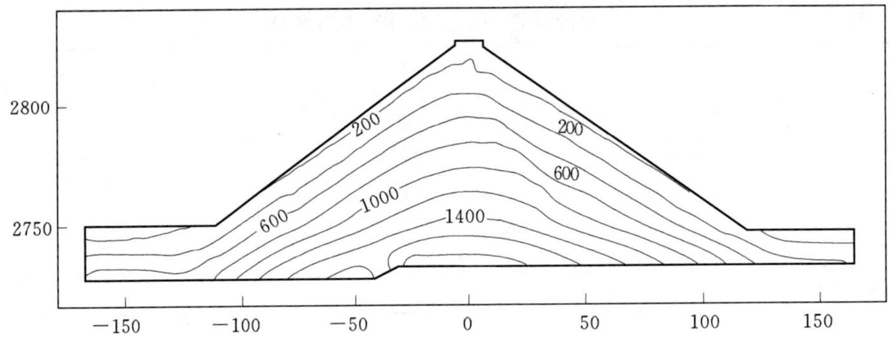

(a)

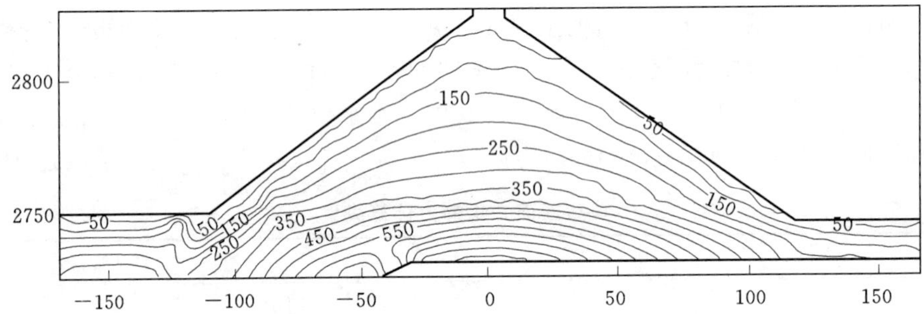

(b)

图 3-51　竣工期坝体应力分布（单位：kPa）

(a) 最大主应力；(b) 最小主应力

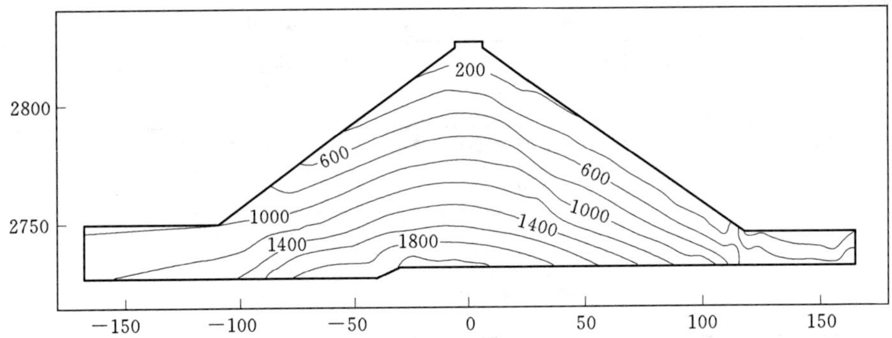

(a)

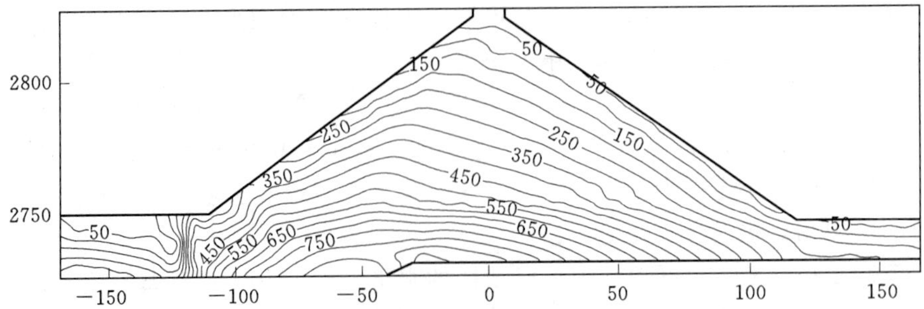

(b)

图 3-52　蓄水期坝体应力分布（单位：kPa）

(a) 最大主应力；(b) 最小主应力

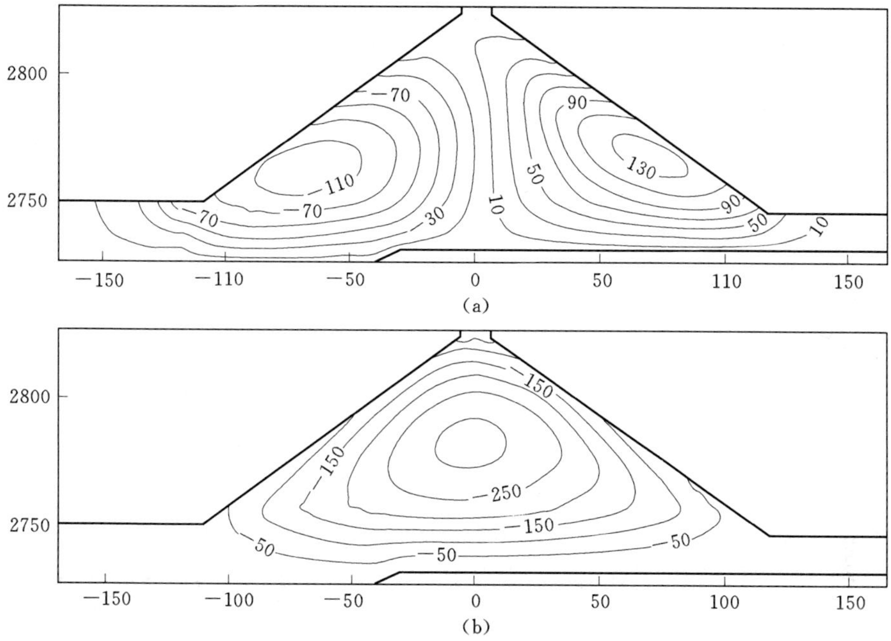

图 3-53　竣工期坝体位移分布（单位：mm）

(a) 水平位移；(b) 垂直位移

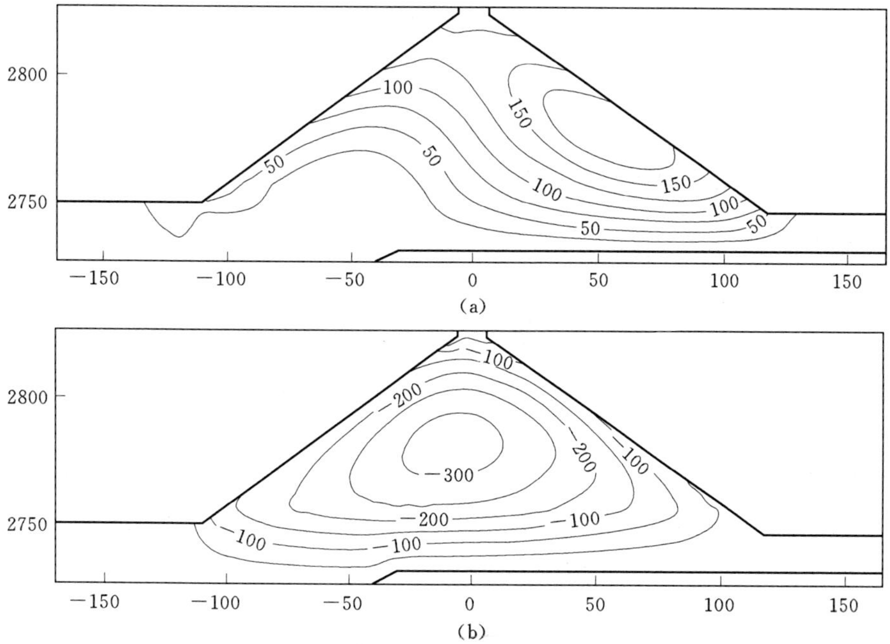

图 3-54　蓄水期坝体位移分布（单位：mm）

(a) 水平位移；(b) 垂直位移

由图 3-55 可知：蓄水期面板的挠度和顺坡向应力最大值均出现在面板中下部，与面板上水压力作用的合力位置基本一致。

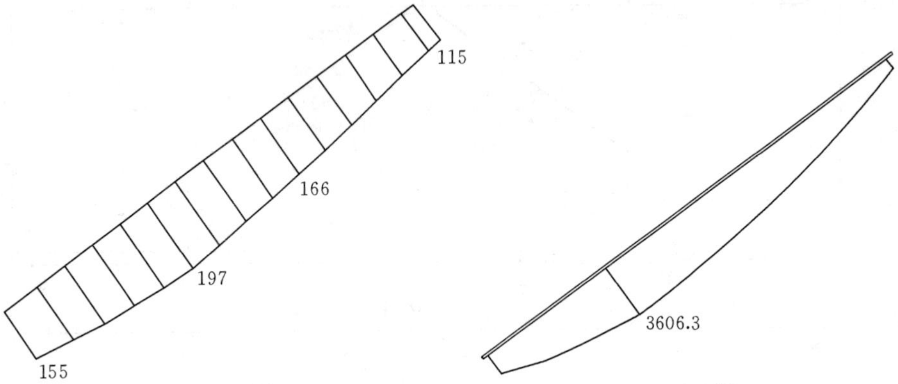

(a)　　　　(b)

图 3-55　蓄水期面板的挠度和顺坡向应力分布

(a) 挠度（单位：mm）；(b) 顺坡向应力（单位：kPa）

由图 3-56 可知：由于在趾板和连接板之间、连接板和防渗墙之间设置了接缝单元，它们之间的位移不再协调，其相对位移就是其间止水的变形。接缝的变形较小，可以满足止水变形的要求。

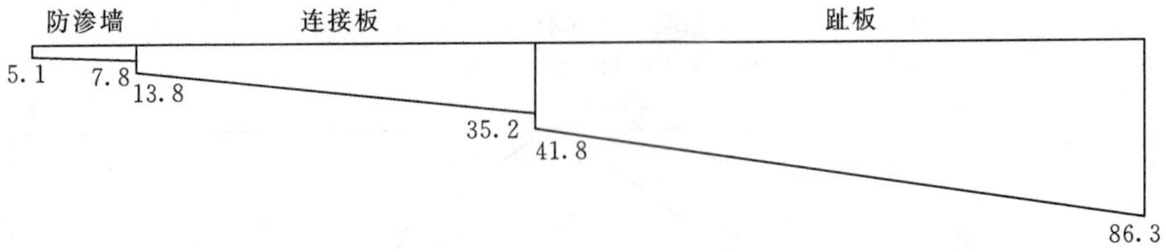

图 3-56　防渗墙、连接板和趾板垂直位移图（单位：mm）

可见，设计成果是合理的，可以满足现行设计规范的要求。

四、施工组织设计

施工组织设计是实现水利水电建设的重要环节。因此，只有对工程施工中的几个重要环节认真地做好施工组织设计、制定切实可行的施工方案、科学地组织施工，才能够加快施工进度、缩短建设工期、降低工程造价，使工程提前产生经济效益和社会效益。

1. 料场选择与规划

料场的规划应本着高料高用、低料低用、尽量利用开挖弃料的原则，选择储量大、覆盖层薄、石料质量好、离坝址近的料场。通过综合比较以及填筑要求，选择Ⅱ$_{下}^{\#}$料场作为主料场，将Ⅰ$_{上}^{\#}$、Ⅰ$_{下}^{\#}$作为辅助料场。

2. 施工道路规划设计

施工道路规划设计关键是要做好料场至大坝以及上坝道路等主干线路的规划设计工作，施工道路的布置直接关系着填筑强度的实现。为此在坝址左右岸和上下游都修建了场内混凝土路面公路连接各料场和坝区。采用坝坡和两岸岸坡混合布置，互相连通，坝坡采用“之”字形道路上坝，并随坝体上升，坝内设 2 条道路通行，满足大坝高强度填筑。道路设计时应尽量考虑节省投资，减小道路坡度。

3. 施工导流

（1）施工导流方式。导流方案应根据坝址区水文气象条件、地形地质条件、主体工程建筑物的型式和布置、施工期间的河流综合利用等各方面因素综合比较，通过技术经济比较后制定。通过比较后，选择尽可能降低导流工程规模的方案，从而降低工程造价。

该混凝土面板堆石坝建立在深厚覆盖层上，河床宽度较小，不宜分期修建。根据地形地质条件，枢纽区两岸山坡陡峻，工程不具备分期导流或明渠导流的条件。坝址两岸岩石相对完整，右岸具备成洞条件。因此，施工导流采用隧洞导流方式。

（2）导流标准。根据工程特点，确定导流建筑物级别为Ⅳ级，相应设计洪水标准为10～20年重现期，考虑到导流建筑物使用期较短，选定初期导流标准为10年一遇洪水重现期。坝体临时挡水度汛标准为50～100年重现期，考虑到其使用期较短，选定后期导流标准为50年一遇洪水重现期。

（3）导流建筑物。为节省导流工程费用，施工期利用右岸永久泄洪洞作为导流洞，因此需同时考虑施工导流隧洞与永久泄洪隧洞两者的断面尺寸设计。导流隧洞按无压流设计，进口底板高程定为2753.8m，出口高程为2750.0m，底坡0.6%，洞身长约630m。洞身采用喷锚支护与二次全断面钢筋混凝土衬砌结合的复合衬砌方式，衬砌厚度和喷混凝土厚度分别为0.8m和0.15m。泄洪洞断面为城门洞形，宽7m，高15m。为使流态较好，进口布置成直线，设置喇叭口，并与明渠相连。泄洪（兼导流）洞施工时按永久建筑物要求一次建成。

（4）围堰方案选择。本工程拟采用围堰拦洪，需对全年挡水围堰和枯水期挡水围堰两种方案进行比较。全年挡水围堰，可保证大坝汛期施工不受洪水干扰，有利于实现提前发电目标，经济效益和社会效益均十分显著，但工程量较大。枯水期挡水围堰，可有效降低围堰高度，但汛期坝体过水须增加过水保护措施，此方案工序繁多，影响工期。通过技术经济指标综合比较，决定采用全年挡水围堰方案。

4. 施工计划进度要求

本工程拟定2007年动工，从截流开始到大坝填筑直至蓄水发电预计3年。其中工程准备期8个月，主体工程施工期24个月，工程完建期4个月。坝体分期施工示意图如图3-57所示。

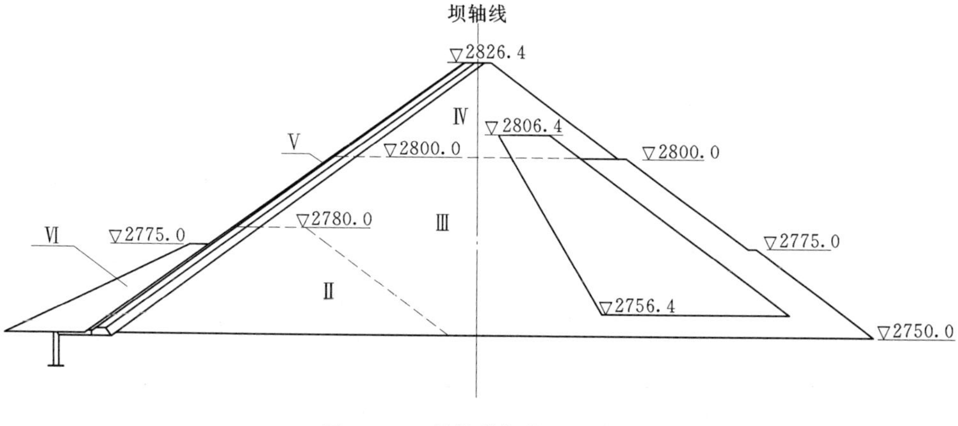

图3-57 坝体分期施工示意图

Ⅱ—一期填筑；Ⅲ—二期填筑；Ⅳ—三期填筑；Ⅴ—混凝土面板；Ⅵ—碎石料回填

（1）完成施工准备工程，建造导流隧洞，并做好截流准备工作。

（2）对大坝基础进行处理，同时进行帷幕灌浆及修筑防渗墙。

（3）填筑一期坝体。

（4）填筑二期坝体。

（5）填筑三期坝体。

（6）浇筑混凝土面板及修筑防浪墙。

施工控制进度的关键主要包括：泄洪（兼导流）洞洞身开挖、截流、帷幕灌浆、防渗墙施工、基坑排水、大坝堆石料填筑、混凝土面板浇筑、坝顶防浪墙及细部结构施工直到工程完工。施工工期安排见表 3-58。

表 3-58　　面板堆石坝施工工期安排表

序　号	项　　目	工期安排（年．月．日）	工程量（m^3）
1	施工准备工程		
	导流洞	2007.1.1～2007.11.30	
	围堰	2007.10.1～2007.12.31	
2	开挖		
	覆盖层清理	2008.1.1～2008.1.31	
3	基础处理		
	混凝土防渗墙	2007.12.16～2008.3.31	5438
4	填筑		2024391
	一期填筑	2008.1.15～2008.4.30	425213
	二期填筑	2008.5.1～2008.11.31	1170082
	三期填筑	2008.12.1～2009.2.28	342821
	盖重料填筑	2009.8.16～2009.8.31	86275
5	混凝土		
	面板	2009.6.1～2009.7.3	11000
	趾板和连接板	2009.3.1～2009.5.31	
	防浪墙	2009.8.1～2009.8.31	

五、点评

该设计选用的基本资料与第四节相同，作为学生做毕业设计的原始资料是完全可以的，也可作为另一个设计方案来进行比较。

设计按培养计划中对本科生毕业设计环节的要求，依据水利枢纽设计的国家规范进行，对水利枢纽工程进行了总平面设计、坝型方案的比选和设计、泄水建筑物设计、施工组织设计等，基本体现了现代科技发展水平，达到了教学要求。设计成果合理，计算正确，思路清晰、条理清楚，是一项较好的设计。但也存在一些不足之处。

（1）坝址选择在资料给定的Ⅰ—Ⅰ、Ⅱ—Ⅱ两个剖面上进行，可起到培养学生分析问题和解决问题能力的目的，实际上坝轴线的选择影响因素很多，不仅仅是对地形地质和工程量的要求，还涉及到建筑物的布置和施工导流等问题，如三峡工程之所以选择在三斗坪，就是考虑到施工期的航运、泄水建筑物、发电厂厂房以及导流建筑物的布置。

（2）坝型选择是整个枢纽设计的重要内容，它直接关系到当地材料的利用和工程造价。同时也要考虑施工设备和施工工艺。根据现代坝工技术发展水平，在此处修建混凝土面板堆石坝是完全可行的，其安全度高，施工速度快，工程经济合理。但还有一些更为经济的坝型，如复合土工膜堆石坝，它对垫层的要求比面板堆石坝还可以低一些，用复合土工膜取代混凝土面板，其经济性更为明显，且复合土工膜适应变形的能力更强。未采用复合土工膜堆石坝的原因主要是近些年来，人们对近百米大坝采用复合土工膜，担心其老化和易破损而持谨慎态度。目前，国际上已建成100多m的复合土工膜堆石坝实例。

（3）与其他型式的大坝设计相比，混凝土面板堆石坝不需作渗流分析，作者增加了坝体二维有限元应力应变分析，这样安排是合适的。通过计算可以使学生了解混凝土面板堆石坝坝体的应力应变分布规律，对堆石材料的分区要求有更深入的理解。但计算时需要用程序进行，这对尚不太熟悉编程的同学来说可能是一个障碍，需要指导教师加强指导，自编计算程序或使用商用软件。

（4）坝体设计未对坝坡进行稳定性复核，对现有坝坡，经验丰富时可如此处理。对学生而言，宜增加坝坡稳定分析的内容。

（5）在枢纽布置图上未见泄水建筑物的位置以及水电站厂房的布置，作者试图突出大坝这一重点，但未能完整反映各枢纽建筑物之间的相对位置。

（6）本节未对泄洪、导流洞作断面设计，可参照第四节的内容。

（7）施工组织设计总体方案合理，但计划进度安排较粗，其内容还可进一步细化。

第六节　水电站建筑物设计

典型的水电站枢纽一般包括挡水建筑物，泄水建筑物，进水、引水及尾水建筑物，平水建筑物，发电、变电和配电建筑物（厂房、变压器场及开关站）。本节就枢纽中的主要建筑物的设计作一介绍，供读者参考。

一、水电站总体布置及厂区布置

（一）基本资料

B水电站装机容量为6×15MW，在系统中担任峰荷及调频、调相等任务。

1. 水库水位

校核洪水位（万年一遇）159.50m；

设计洪水位（千年一遇）156.50m；

最高蓄水位（最高发电水位）157.50m；

汛前限制水位126.00m。

2. 电站尾水位

最低尾水位（全部机组停机）91.50m；

计算尾水位（单机满出力，$Q=38.3m^3/s$）91.84m；

正常尾水位（全部机组满出力$Q=229.8m^3/s$）93.50m；

最高尾水位（$Q=507m^3/s$，含电站下泄流量）94.60m。

3. 电站水头

计算水头 41.20m；

最大工作水头 65.10m；

最小工作水头 27.80m。

4. 泄水建筑物

B 河水电站设有一条泄水支洞，它的前半部分兼用发电引水隧洞，后半部分是由一条施工支洞改建而成，泄水支洞与泄水渠相连，然后与尾水渠汇合。当万年一遇洪水时，泄水支洞配合其他泄洪建筑物共同宣泄洪水，以保主坝安全；紧急降低库水位时，泄水支洞需投入运行；B 河水电站运行初期，安装机组台数较少时，利用泄水支洞泄放下游灌溉用水。

其他有关资料在各建筑物设计中穿插介绍。

（二）主厂房位置选择

主厂房位置的两个比较方案，如图 3－58 所示。

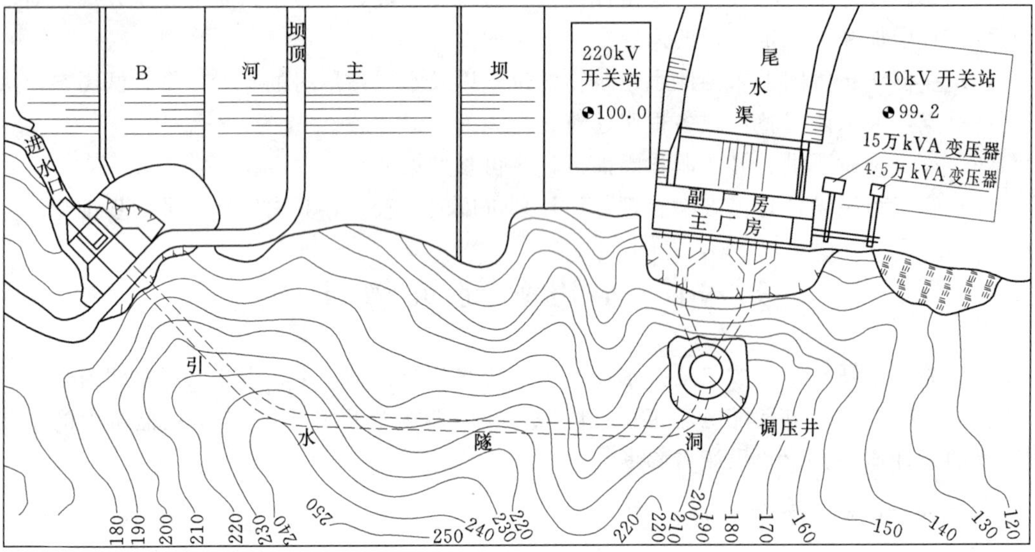

(a)

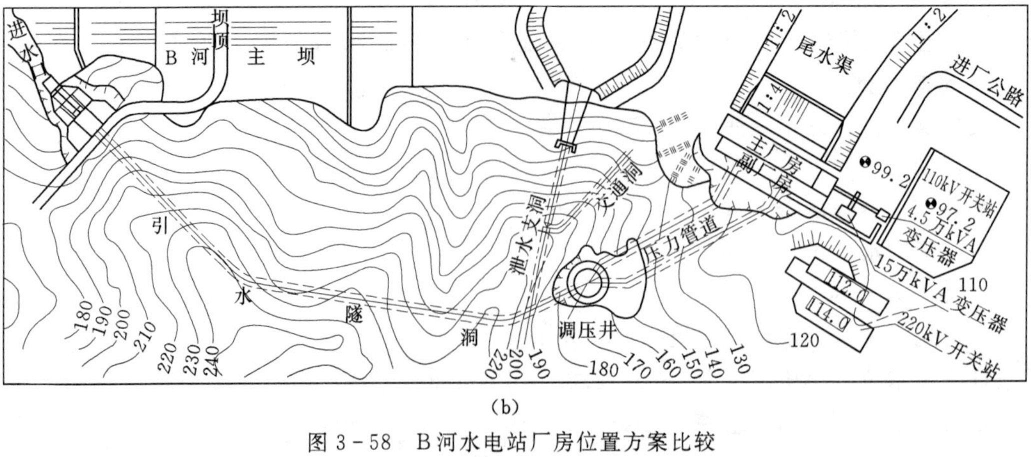

(b)

图 3－58 B 河水电站厂房位置方案比较

（a）方案一；（b）方案二

方案一：厂房位于靠近坝脚的白色石英岩陡壁下，这个方案的优点是：①基础开挖及劈坡工程量小；②厂房位于白色石英岩基上，地基比较好。缺点是：①调压井处的地形、地质条件较差；②高压管道方向与白色石英岩裂隙走向一致；③厂房距坝太近，施工干扰大。

方案二：厂房位于离开坝脚的辉绿岩地带。这个方案的优点是：①调压井的地质条件较好，布置及施工有利；②高压管道方向与白色石英岩裂隙走向交错；③厂房在坝脚300m之外，施工干扰少。缺点是厂房地基较差，开挖工程量大。

综合分析后决定，选用第二方案，使调压井、高压管道及厂房同时得到合理的安排，对于厂基位于辉绿岩盘及开挖量大的缺陷采取措施予以改进。

对于主厂房的准确位置还可作更细致的考虑。由于厂房后山头岩石风化强烈，在这样的岩体中开挖6根支管及2个岔管，将严重削弱岩体的稳定性。开挖跨度大，施工安全没有保证。因此可以考虑将两个岔管放在山体外，做成明的。这样厂房随之外移而离开山坡。据此确定主厂房前后位置。

考虑到主厂房向右移动时，将遇到强烈风化的石灰岩地基；向左移动，削坡工程量显著增加；据此确定主厂房的左右位置。

（三）变压器场及开关站位置选择

B电站主变压器场设40500kVA及150000kVA（自耦）升压变压器各一台。该电站设220kV和110kV开关站各一座。

根据地形及对外交通，110kV开关站占地面积大，布置在紧靠主厂房右侧的一块平坦的滩地上（地面高程97.00m左右），这样出线及交通都很方便，且靠近主厂房。220kV开关站占地面积较小，布置在主厂房右侧后方台地上（地面高程114.00m），出线及交通尚方便，但需做些平场工作。

根据已选定的主厂房及开关站位置，主变压器场放在主厂房右侧，靠近主厂房较好。又根据进厂交通，安装场也应放在主厂房右侧。这样的布置从开关站、主变压器场、安装场及进厂交通来看都较合理，如图3－58所示。

（四）副厂房位置选择

主厂房、开关站及主变压器场位置确定后，对于副厂房的位置有3个方案可供比较。方案一如图3－59所示。方案二、方案三如图3－60所示。

方案一是将副厂房放在主厂房上游侧压力岔管明管段的镇墩上。这个方案的特点是：①利用了主厂房与山坡之间明管段上面的空间，并可利用镇墩作为副厂房基础；②低压母线通过沿山坡的母线廊道引至主变压器，电气设备布置比较集中，母线与电线用量较少；③厂外附属建筑物（如机修间、仓库等）及场地布置比较方便；④主厂房上游侧设备与管路集中，有些干扰；⑤副厂房通风采光条件较差。

方案二是将副厂房放在主厂房下游侧的尾水平台上。这个方案的优缺点是：①主厂房上游侧布置油气水系统的设备和管路，而下游侧布置低压配电装置及母线，干扰少；②母线及电线用量最少；③副厂房通风、采光较好；④尾水平面不够宽，尾水管增长约5m。为此土石方开挖量增加9000m^3，混凝土增加约1700m^3；⑤主厂房通风、采光条件差；⑥进厂公路穿过220kV高压线。

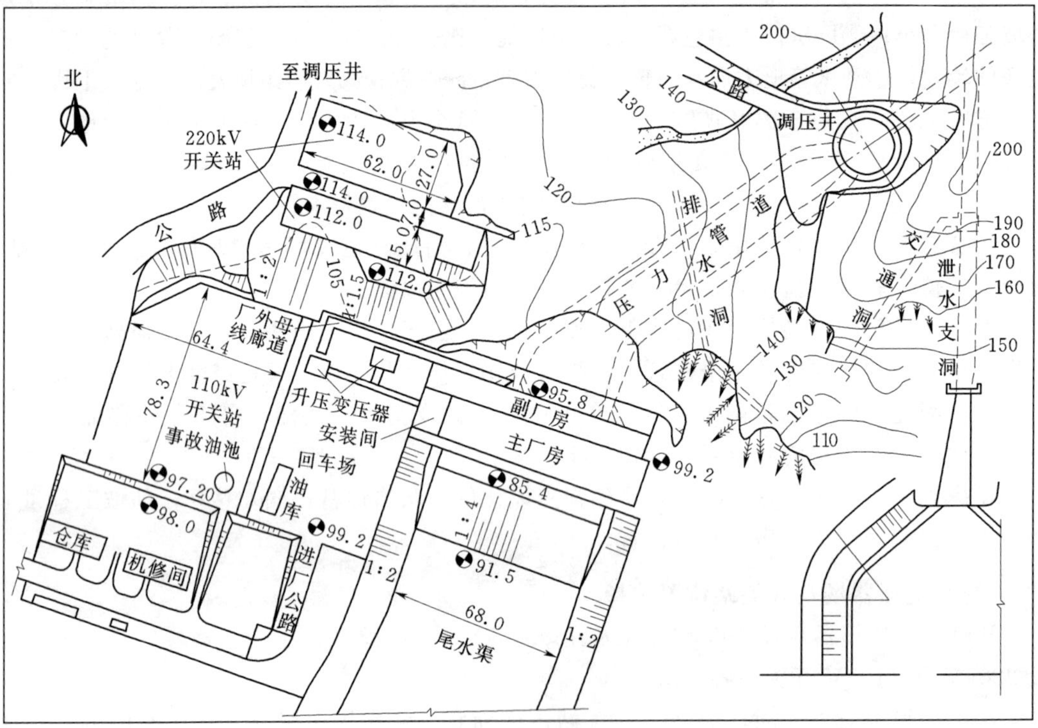

图 3-59 B电站枢纽平面

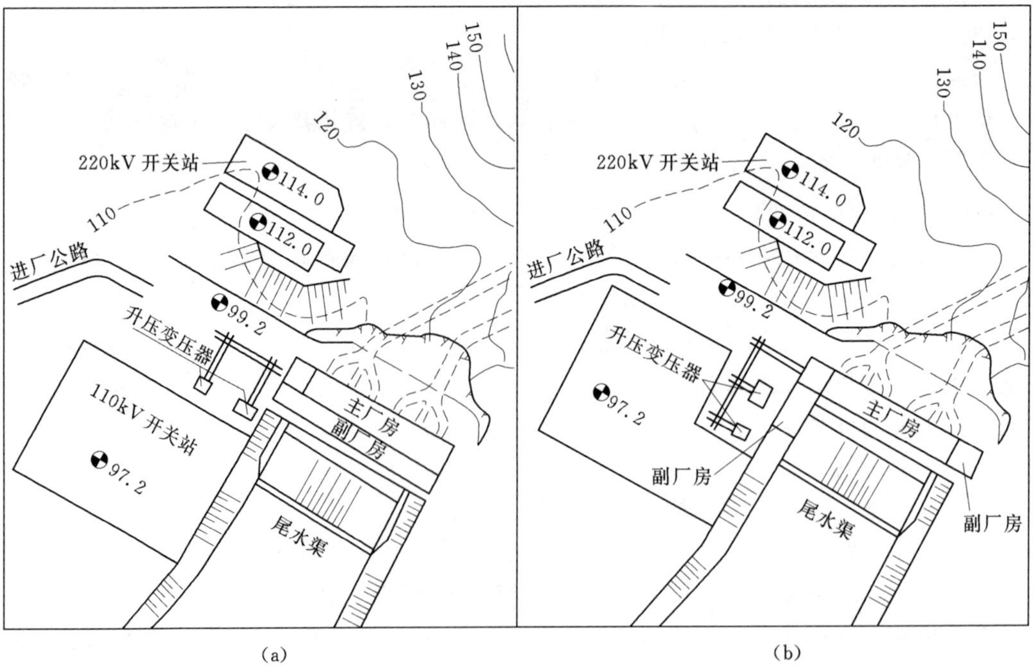

(a)

(b)

图 3-60 B电站副厂房位置方案比较

(a) 方案二；(b) 方案三

方案三是将副厂房分成两部分，低压配电装置，中控室及蓄电池室等放在安装场下游侧，而办公室及其他生产专用房间则放在主厂房左端。这个方案的优缺点是：①主厂房上游侧布置油气水系统的设备和管路，下游侧布置低压配电装置及母线，干扰少；②工程量增加很多；③副厂房分成两部分，各在主厂房一端，管理不方便；④进厂公路穿过 220kV 高压线。

对于上述 3 个方案经比较后，可以得出结论：方案一工程量少，主副厂房布置紧凑，联系方便，厂区布置合理。虽有一些不足之处，但较方案二和方案三仍然是利多弊少，故采用方案一。

（五）厂区交通及附属建筑物布置

1. 厂区交通

B 电站对外有铁路、公路交通。铁路可延伸至安装场外的回车场。电站机电设备主要靠铁路运输。公路经过厂区附近，接入两条支线。一条通安装场，另一条通门厅间。安装场外有回车场，与发电机层同高程。

厂区有公路至调压井，并可通 220kV 开关站。

2. 附属建筑物

考虑到 B 水电站为电网的中心电站，附属建筑物中设有绝缘油库、油处理室、储油池以及机修间、仓库等。其布置如图 3－58 所示。

电厂办公楼及生活区在右侧山沟内，距厂房约 400m。

（六）尾水渠布置

尾水渠正常工作时是下泄 6 台机组工作的最大引用流量 $228m^3/s$。泄水支洞放水与水电站同时工作时下泄最大流量为 $507m^3/s$。

方案一：尾水渠由电厂直奔 B 河河道，在距水电站 300m 处转弯沿河道右岸向下游延伸 1900m 与原河道衔接。它的优点是：①沿渠线多为土坝料场，大多已挖到设计高程，只需作局部处理，故开挖量小，约 25 万 m^3；②水流较平顺。缺点是将坝下游广场分割成两块，尾水渠平面轮廓也不够规则。

方案二：尾水渠由渠首急转弯，沿河道右岸向下游延伸 1600m 与原河道衔接。其优点是：①尾水渠紧贴右岸，坝前广场完整；②尾水渠平面轮廓比较规则。缺点是开挖量大，约 45 万 m^3，且水流不够平顺。

考虑到坝下广场的完整性，使有利于规划利用，宜选用方案二。

（七）电站枢纽位置选择

图 3－61 为 B 电站枢纽的布置方案比较。从地形条件、地质条件、施工条件及运行管理等几个方面进行不同方案的比较。

电站枢纽放在右岸有 3 个比较显著的优点：①有合适的厂房及开关站的位置，开挖平场工程量小；②铁路交通可直入安装场；③自成独立的施工工区，与其他建筑物的施工干扰少。缺点是尾水渠长了些，但不是主要矛盾。

电站枢纽放在左岸有 3 个比较突出的缺点：①厂房位置地形高，开挖量大；②铁路在右岸，安装期间全部机电设备需经公路转运进厂，极不方便；③施工干扰大，影响廊道、主坝施工。开挖放炮对附近的民用建筑物的影响较大。

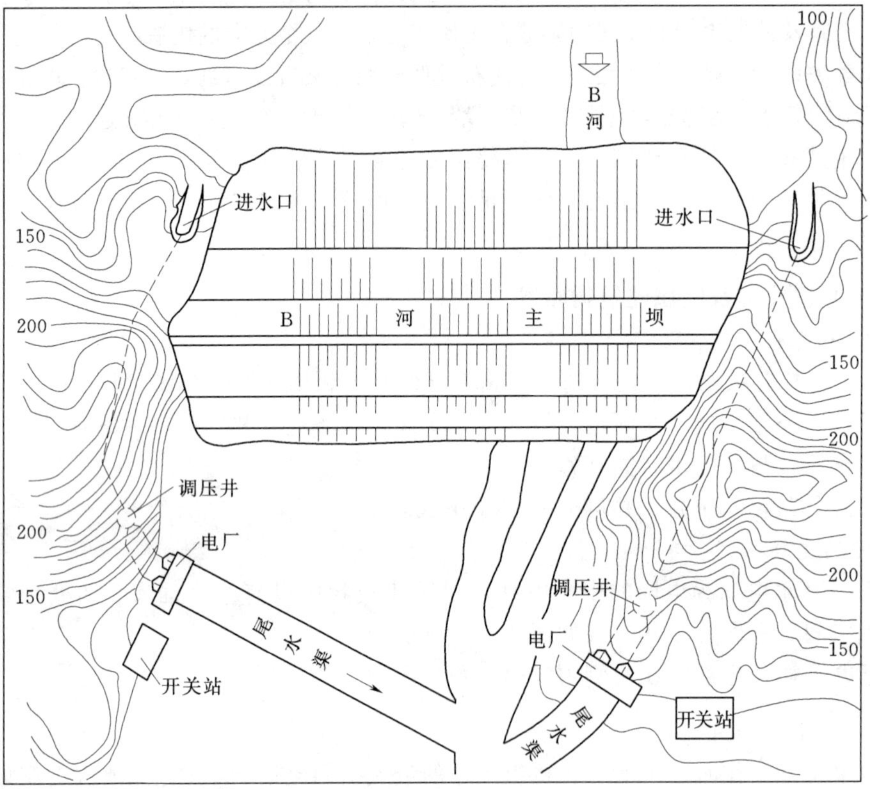

图 3-61　B电站枢纽左、右岸方案比较

从以上的分析比较可以知道，电站枢纽放在右岸较好，枢纽布置如图 3-58 所示。但电站枢纽和压力引水系统是一个有机整体，最终确定电站枢纽的位置还应充分考虑输水系统的布置。

二、输水系统设计

B 河压力隧洞是 B 枢纽的一个组成部分，位于 B 河主坝右岸山岩中。隧洞的主要任务是输水供 B 水电站发电及向下游供水。隧洞的组成部分有：进口引渠、进水塔、隧洞洞身。洞身的末端连接着调压井及高压管道；隧洞后半段处利用施工导流洞建成一条泄水支洞，供特大洪水及紧急需要时泄水之用。

（一）基本资料

1. 地形资料

B 河主坝两岸山势均较陡峭，并逼近河道。往上游去，右岸为河谷，地形均变为开阔。B 河隧洞经选定在右岸山岩中，该处山岭高程为 250m 左右，高出河床 150～160m。山的坡度一般为 35°～45°，局部地区达 45°～60°，靠近右岸一侧山岭高程略低，在坝轴线处山岭最高，再向下游山岭又低下去。河岸山坡沿较软弱的地层构造带形成几道冲沟，切入山岭可达 50～70m。

2. 地质资料

建筑物布置区主要岩石为片麻岩、石英岩以及侵入的大成岩。尤以石英岩与水工建筑物发生直接关系。这些岩层受过造山运动的影响，形成逆掩与倒转，使早已形成了坚硬岩面的片麻岩及石英岩遭到了空前的破坏，在石英岩中差不多所有的层面均有过相对滑动，并在这些滑动面上附有挤压破碎带及风化黏土的夹层。地下水呈无压形式存在，由两岸资料知最高高程为110.66m。

（二）压力隧洞的洞线选择

1. 左右岸布置方案确定

根据地质构造及岩层分布情况，左右岸均可布置隧洞。考虑到电站厂房及调压井建筑物的要求，经方案比较（见表3-59），以布置在右岸为佳。

表3-59　　B河隧洞左右岸方案比较表

项目	左岸洞线	右岸洞线
地形条件	最短洞长约600m，无适宜的调压井位置，因而高压管道长一些	选用洞线长约427m，有适宜的调压井位置
地质条件	石英岩层理较发育，岩石较破碎，构造复杂。调压井所处位置为页岩地带，山岩也较薄	石英岩构造较左岸为轻，地质条件比左岸稍好，高压管道及岔道分别穿过矽质灰岩段及辉绿岩段，调压井位于白色石英岸段，较左岸稍好
施工条件	与右岸主要的铁路进厂线隔河，器材设备运入比较困难没有较好的施工支洞位置。施工期间进出口与主坝及导流廊道施工干扰多	主要对外铁路交通在右岸，较方便，有适宜的施工支洞位置，施工时与其他建筑的干扰较少
工程量	隧洞较长，尾渠及电站厂房挖方量均大	洞短，尾水渠亦较短

2. 右岸洞线位置选择

隧洞定在右岸后，又有3条线路可比较，如图3-62所示。3条路线的下游端是相同的，均决定于电站厂房及调压井的位置。3条线路的进口及洞线不一样，选择线路的依据首先要考虑地质条件好，尤其是进洞处地质条件要好，否则对工期及安全都不利；其次是施工条件要方便，隧洞与主坝是同时施工的，因此要尽可能地减少干扰；第三是工程量要少，即引渠明挖量要少，洞线要短，这样可降低造价，加快进度，能保证一个枯水季内水库可拦洪。另外还要求线路平直，水头损失少，有适宜的施工支洞等。3条线路的比较见表3-60。由表可见，Ⅰ线地质上好些，施工干扰上少些，但其他方面均不利，Ⅱ线和Ⅲ线比较，进口太差，因此Ⅲ线施工干扰虽然大一些，但在其他方面都比较好，最后采用Ⅲ线。

表3-60　　右岸隧洞线路比较

项目	Ⅰ线	Ⅱ线	Ⅲ线
进口地质条件	选红色石英岩作为进口地点，岩石较好，但进口前引渠两岸地质不好，边坡要求缓，开挖量大	可能的两个进口位置岩石均不好，直至高程105m，尚未见新鲜岩石，作为进口条件极差	选红色石英岩处为进口，条件尚好，无不良的构造，并能避开与火成岩接触挤压破碎带
隧洞沿线地质条件	洞线深处山岩之中，岩石按推测较好	洞线离河床近，山岩覆盖薄，中段薄层石英岩的所有层面上均有滑动，坚固性、稳定性差	与Ⅱ线相似

续表

项 目	Ⅰ 线	Ⅱ 线	Ⅲ 线
施工条件	进口远离大坝，与大坝施工干扰少。施工支洞较长，明渠开挖太深，工期较长，周围施工场地开阔	离大坝有一段距离，与大坝施工有干扰，施工支洞可较Ⅰ线短30m左右	进口紧靠主坝，与主坝施工干扰较大，施工支洞长度和Ⅰ线相仿
工程量造价	洞线长、明挖量大，虽然地质条件好些，但造价仍然较高	造价较低	工程量及造价与Ⅱ线相似
其他	工期较长，洞线平直，水头损失小	进口转弯角度大，工期较短	洞线不直，工期较短

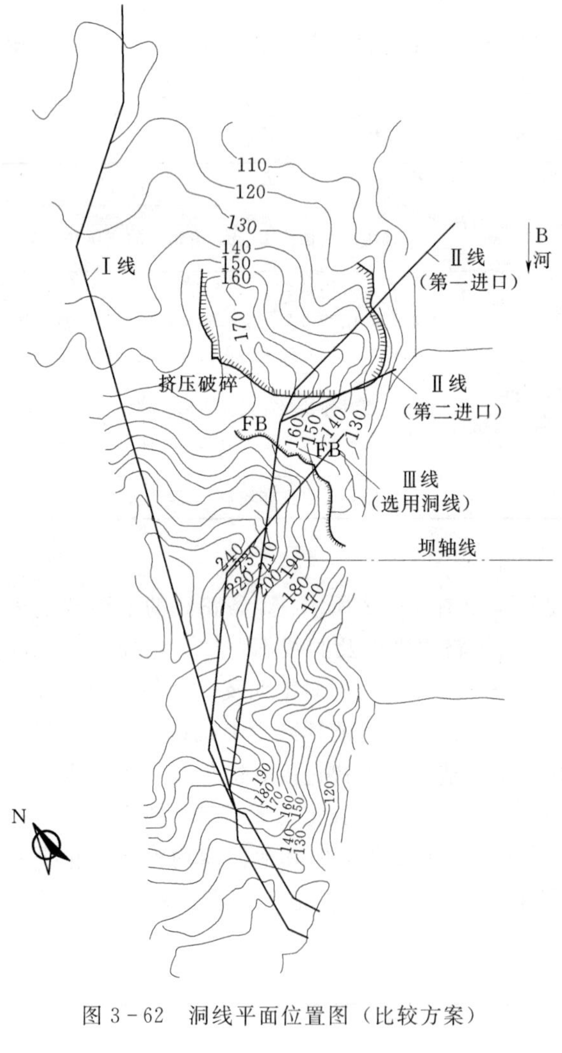

图3-62 洞线平面位置图（比较方案）

（三）进水口设计

1．进水口建筑物型式的比较

隧洞进水口的比较方案有洞式、塔式和墙式（也称斜墙式）三种型式，现分别对三种型式进行比较。

（1）洞式。由于当地地形条件不利，山坡陡峭，若做成洞式，则洞的深度在45m以上，施工面狭窄，出渣、开挖、浇筑混凝土都不方便，工期较长。洞式进水口除闸门井之外，洞脸处还要设喇叭口、拦污栅等建筑，进口尺寸较大，当地质不良时开挖有困难，因此不予采用。

（2）塔式。塔和隧洞口有一段距离，塔的施工与隧洞的施工可平行进行，工期可以缩短。洞脸开挖的要求稍低些，石方开挖少。但塔身重量完全由基础承受，对地基要求较高。因进口地区处于石英正常斑岩和红色石英岩交界处，岩石风化强烈，石英正长斑岩极限抗压强度只有920MPa，允许承载能力较小，若将进水塔全部放在红色石英岩上，则进口明挖方量将超过10万m^3。此外塔身与岸坡还要修建大跨度的交通桥，施工不便，因此也不采用。

（3）斜墙式。这一型式采用了斜依在洞脸上的墙式结构，结构的一部分重量传至山坡上，这样基础荷载减少，对基础要求降低些；即使将基础放在两种不同的基岩上，由于大部分重量作用在下游比较好的红色石英岩上，所以问题不大，这样还可以少挖很多石方。

由于墙式结构紧靠洞脸，和塔式比较，可不做交通桥，对主坝施工干扰也少。加之结构比较简单，对洞脸山岩能起保护作用，本身的稳定性和抗震性也很好。因此最后采用斜墙式进水口，如图 3-63 所示。

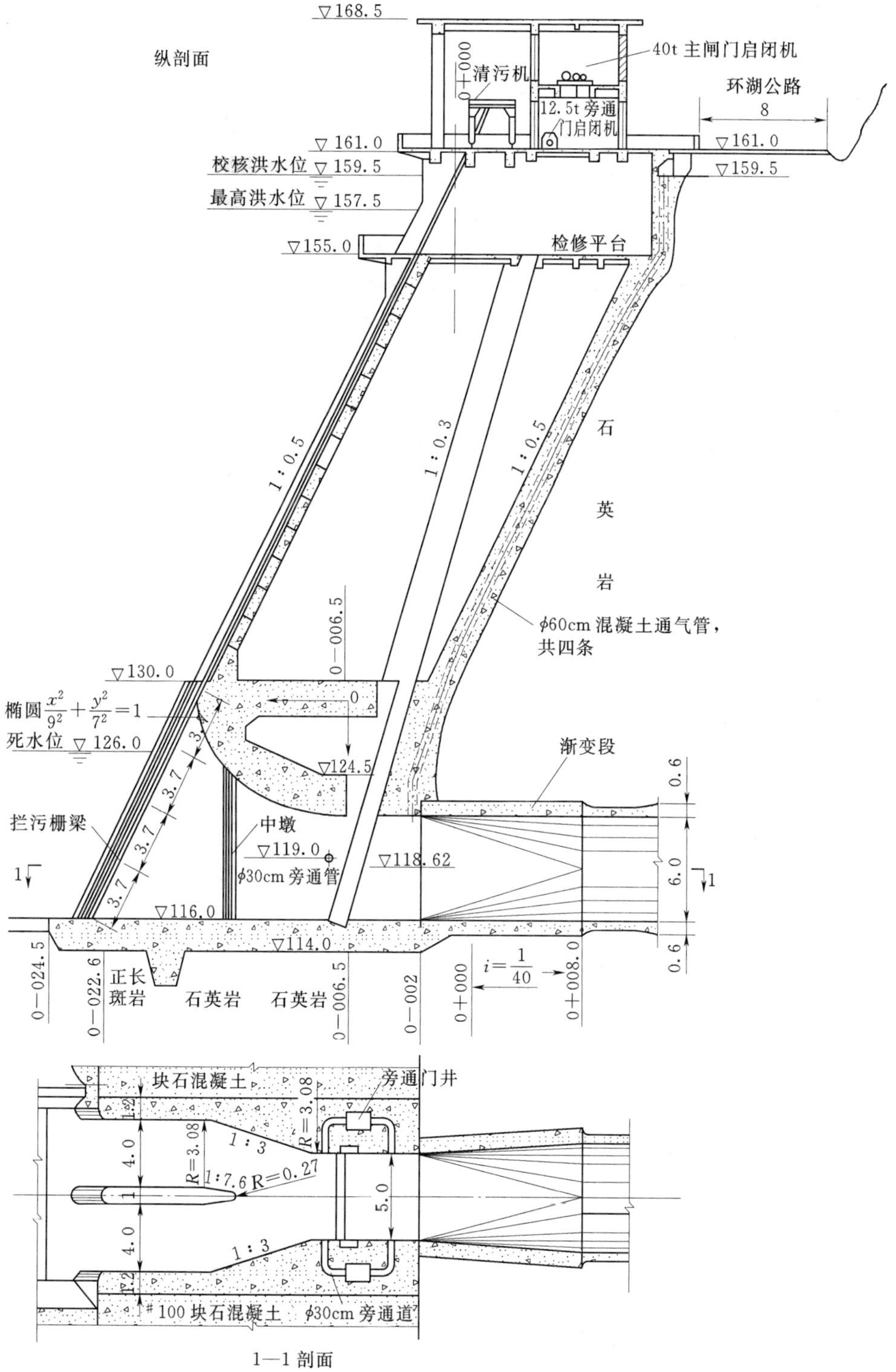

图 3-63　进水口布置

2. 进水口的布置

进水口布置如图 3－63 所示。根据山岩地质条件，洞脸劈坡坡度为 1∶0.5。为了减少基础上游部分的荷重，亦为了支持洞脸，增加山坡及墙式结构本身的稳定性，进水口的混凝土墩子亦做成倾斜的；坡度亦为 1∶0.5。

进水口内的主要设备有拦污栅、检修闸门、旁通门以及这些闸门的启闭机。进水口没有设工作（事故）闸门是考虑到在调压井设有动水关闭的事故闸门，可保护高压管道，而隧洞本身事故较少，为了节省造价，因此只在进水口内设平压启闭检修闸门。

3. 进水口高程及尺寸确定

初步设计确定的水库死水位为 126.0m，死库容 2.2 亿 m^3，进水口高程定低些，在特殊干旱年份，可利用的水量就多些。但是隧洞线路要加长，进水塔增高，隧洞衬砌及闸门所承受的荷载也大些，因而造价要高些。设计中比较了 110m 和 116m 两个进水口高程方案。计算结果表明，高程降低 6m，隧洞的造价有所增加，虽可多利用 2000m^3 库容，但是由于地质条件不佳，工程增加太多，进口施工与主坝施工的干扰大，利用死库容的几率较少。比较认为，高程 116.0m 较为合适，死水位在洞项以上 4.0m，（洞径按 6.0m 考虑）。由于进水口内只设平压启闭检修闸门，没有工作（事故）闸门，故此处确定进水口的高程时没有按临界淹没水深来设计。

隧洞内径为 6m，洞前有一段渐变段，高 6m，宽 5m，整个面积不大，因此有条件设置单孔的闸门。闸门的门槽是倾斜的，斜度为 1∶0.3，门的孔口尺寸为 5.0m×6.1m。闸门为平面滑动式，用橡胶止水。启闭机室高程 161.0m，内设 40t 的电动固定式启闭机 1 台，以中间单点起吊。为了减小卷筒尺寸与钢丝绳长度，采用硬性拉杆分节起吊闸门，因此在高程 155.0m 再设一平台，以锁定闸门，存放拉杆，又供检修闸门之用。

为了使检修闸门能够平压启门，因此在两侧混凝土墩子内各设一个直径为 30cm 的平压旁通管，以铸铁的充水门控制水流，提门的钢索经边墩内尺寸为 1.0m×1.0m 的斜井，通向小门的启闭机，该启闭机设在高程为 161.0m 的启闭机室内，为起吊能力 12.5t 的手摇式启闭机。充水闸门藉自重关紧旁通管。当库水位在 126.0m 时，两个充水门全开时，需 4.6h 充满调压井事故闸门以前的压力隧洞及闸门井。

为了充水过程中排气，泄水时进气，以及检修隧洞时通气，在闸门后，顶板上埋设 4 根直径为 40cm 的通气管，通气管浇筑在洞脸混凝土墙中，向上通至高程 161m 以下的通气道中。

为使进口水流平顺，减少水头损头，避免水流脱离，也为了加大进口面积，降低进口拦污栅处的过栅流速，因此在闸门前设置喇叭形进口，如图 3－63 所示。喇叭形进口在垂直面上系由一 1/4 的椭圆曲线组成，根据拦污栅尺寸及进水口高度可确定椭圆的长轴（水平轴）a 用 9.0m，短轴（垂直轴）b 用 7.0m，即椭圆方程为 $\frac{x^2}{9^2}+\frac{y^2}{7^2}=1$ 。在平面上，两侧边墙以 1∶3 坡度向上游扩散，使进口宽度加大至 9.0m。为了减少拦污栅及喇叭口顶板的跨度，在进口部分又加设了一个厚度为 1.0m 的中墩，这样进口宽为 8.0m，进口拦污栅的毛面积为 116m^2，当通过最大发电流量时，过栅流速为 1.3m/s。为了支撑拦污栅，中墩与边墩又设流线型的横梁 3 根。为了防止漂浮物由喇叭口顶板以上绕流经过闸门槽进入隧洞，喇叭口以上设拦污板，板厚 1.0m，板上设有纵横间距 2.0m，直径为 10cm 的通水孔，以便透水减压。

进水口底板厚度定为 1.2m，洞脸处混凝土挡墙厚度为 1.0m。为了增加进水口结构稳定性，其下部重量宜适当加大，因此喇叭口曲线的混凝土板厚为 2.0m，在高程 130.0m 处又加了一层平台，板厚 2.0m，高程 130.0m 以下边墙两旁均用块石混凝土回填，以使进口及山坡稳定。因此进口在高程 130.0m 以下，事实上是混凝土体，高程 130.0m 以上是由两片混凝土墙及墩子组成的一个封闭的混凝土箱形结构。

隧洞进口处，闸门孔口尺寸为宽 5.0m，高 6.0m，过水面积为 $30m^2$，洞身系内径为 6.0m 的圆形断面，过水面积为 $28.3m^2$，因此设置了一个由方形断面过渡至圆形断面的渐变段，如图 3-63 所示。

渐变段的受力条件较不利，因此一般希望它尽可能的短些，以节约造价。但长度过短时，水流将脱离衬砌内壁，使水头损失增大。本渐变段由 5m×6m 矩形断面变成 6.0m 圆形断面，长 10m，扩散角度 $\theta=\arctan\frac{0.5}{10}=2°50'$。渐变段长度不算太大，而变化角度都较小，因此认为是合适的。

衬砌的厚度主要取决于围岩稳定性，厚度越大，进洞处开挖尺寸就大，不但造价要高，而且洞脸的稳定性会差一些，本渐变段衬砌厚度采用 1.0m，其钢筋用量由强度计算决定。

水电站进水口设计所采用的计算和方法可参考 SL 258—2003《水利水电工程进水口设计规范（试行）》或 DL/T 5398—2007《水电站进水口设计规范》进行。

（四）隧洞洞身设计

隧洞洞径由动能经济分析按抵偿年限法确定，设计中比较了多个方案，最后采用直径 6.0m 的圆形隧洞方案。

隧洞洞身的设计与泄洪隧洞设计方法基本一致，可参见本章第三节。

（五）高压管道设计

1. 基本情况

B 河水电站压力引水系统包括进水口、隧洞、调压井、高压管道四部分。隧洞进口至调压井中心全长 435.66m，其中隧洞洞身长度为 419.16m，断面为圆形，内径 6m。调压井在隧洞末端。调压井下分出 2 根高压管道，管径 5.5m，每根管道在出山之后又分成 3 条支管，6 条支管均通入电站厂房。调压井、高压管道在枢纽中的位置如图 3-64 所示。

高压管道所在地区，地表高程由 160m 左右逐渐降至 100m 左右，地表最大坡度约 1∶1.5。高压管道顶上岩层的厚度一般在 40m 左右，至出山处逐渐减少，洞口顶部岩层厚度在 6～7m 以上，越往东厚度越大。由于高压管道所在地区地形不算太陡，因此厂房与调压井的距离较大，使高压管道比较长。

高压管道所穿越的岩层有震旦纪的白色石英岩和矽质石灰岩，中生代的正长斑岩岩脉和辉绿岩。

根据岩石的条件，在斜井以下必须采用钢板衬砌，斜井以上则采用钢筋混凝土衬砌。

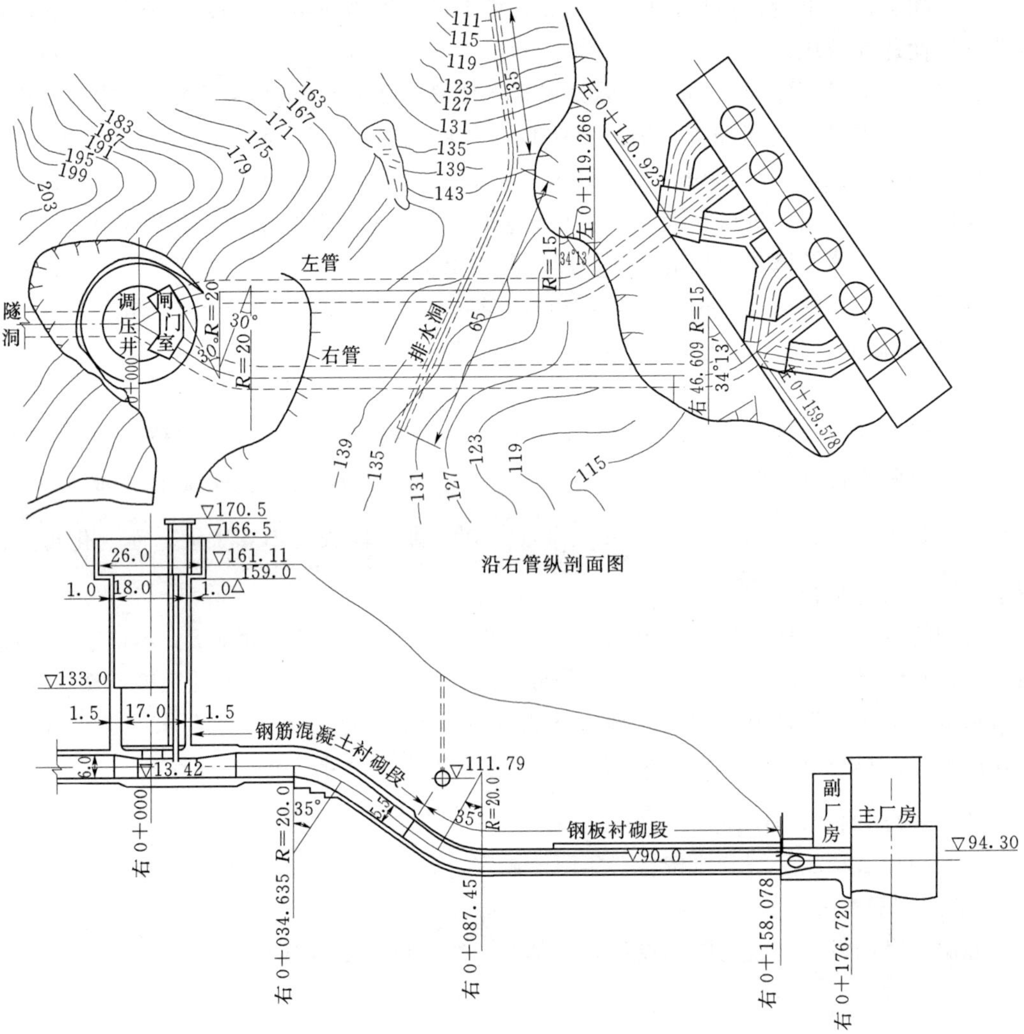

图 3-64　调压井、高压管道布置图

2. 钢筋混凝土段衬砌设计

左右两根压力管道的衬砌各分 10 段进行配筋计算，各段的水头、山岩弹性抗力、山岩牢固系数都不一样。所采用的计算方法见 DL/T 5195—2004《水工隧洞设计规范》或 SL 279—2002《水工隧洞设计规范》。

作用在衬砌上的荷重计有均匀内水压力、不均匀内水压力、山岩垂直压力、衬砌自重及山岩弹性抗力，山岩侧压力忽略不计以策安全。均匀内水压力按发生最大水击时的调压井水位加水击压力和阻抗损失的水头，以及最高涌浪水位（水位高程 164.2m）所造成的水头中较大的一种情况作为设计依据。

山岩压力按塌落拱的高度 h 来计算，$h=\frac{L}{2f}$，其中 L 为开挖宽度，f 为牢固系数，压力按均匀分布的考虑，其强度 $q=\gamma\times\frac{2}{3}\times h$，$\gamma$ 为山岩容重，用 2.63 t/m^3。

先假定衬砌内外两层钢筋面积 F_a 及 F_a' 及混凝土厚度，然后求出各层钢筋及混凝土在内水压力作用下的压力，再折算成弯矩与轴力。山岩压力及衬砌自重所求得之荷载强度 q，均乘以 $\cos\alpha$，α 为洞轴线与水平线的交角，然后计算断面各点上的弯矩、轴力。

上述荷载按两种情况组合，第一种情况包括均匀内水压力、山岩压力、不均匀内水压力、衬砌自重及山岩弹性抗力。第二种情况和上述一样只是不包括山岩压力，按上述两种情况组合求出各点上的组合弯矩与轴力，然后按破损理论配筋，其安全系数 $K=1.7$。

所有计算中均不考虑内层 5cm 厚的喷浆层。衬砌混凝土的厚度及混凝土标号按不发生裂缝进行校核，为了防止发生较大的裂缝，要求采用屈服强度为 300～350MPa 螺纹钢筋。

纵向分布筋及两层钢筋间的箍筋均按构造设置。纵向分布筋为 ϕ16@25cm，内外各一层。箍筋为 ϕ12，上下游方向及沿周围方向间距均为 1.0m。

3. 钢管段的设计

在斜井以下至电站厂房的压力管道均采用钢板衬砌，一方面，是因为内水压力较大，采用钢筋混凝土衬砌比较困难；另一方面，这一段靠近隧洞出口，山岩较薄，一旦发生裂缝漏水，对山岩稳定性的危害较大。

左右两根管道钢板衬砌段全长为 165.5m，6 条支管的全长为 131.8m。总共设计用钢量为 1070t。

（1）钢板厚度的计算。决定钢管管壁厚度的主要因素为内水压力，及山岩弹性抗力的大小。

由于温度变化，衬砌混凝土干缩等原因，钢板与混凝土与山岩之间均可能发生空隙。假定这些空隙总量为 Δr，则钢板中应先发生 $[\sigma]'$之压力，变形 Δr，然后钢板与山岩才会共同作用。因此可得管壁的计算公式为

$$\delta=\frac{pR_B}{[\sigma]}-\frac{KR_HR_B}{E}\frac{[\sigma]-[\sigma]'}{[\sigma]} \tag{3-110}$$

式中：p 为包括水击压力在内的总内水压力；R_B、R_H 为钢管内半径及衬砌外半径；$[\sigma]$ 为钢板的允许应力；K 为山岩的弹性抗力系数；E 为钢板的弹性模数，取 21MPa；$[\sigma]'=E\dfrac{\Delta r}{R_B}$。

用上述公式求出计算厚度 δ 之后加上防锈及制作上的误差余量 2mm，即为设计要求的厚度。

左管起始的一段，计算厚度要求为 11.1mm，加上 2mm 的防锈层后，设计厚度为 13.1mm。右管起始段计算厚度只要求 4.5 mm，加上 2mm 后也只有 6.5mm 的设计厚度。考虑到外压下的稳定要求，制作上方便及已有材料，实际制作厚度为 8mm，钢管外的加劲环亦加密（间距为 55cm）。

（2）钢管承受外水压力时的稳定校核。钢管在受到外水压力作用时，不能丧失稳定，为此进行校核计算。由于排水洞的高程在 120.0m 左右，因此可假定最高外水压力水位不超过高程 120.0m。

管壁越薄，加劲环越疏，外水压力越大时，其稳定性越差。因此只校核管壁厚度为

8mm，中心高程为 95.617m，及管壁厚度为 16mm，中心高程为 92.0m 的管段即可。

分别采用两种方法计算钢管及加劲环的稳定性。

1）按压力钢管规范所推荐的公式来核算。该公式只适用于明管的情况，在山岩或镇墩中的管段由于受到混凝土的约束，稳定性是较高的，因此在上述规范中，这种管段的稳定安全系数为 1.1。基本设计中沿用这个规定。

计算结果 8mm 管段考虑锈蚀掉 2mm 后 P_{cr} 为 0.254MPa，实际外水压力为 120－95.6＝24.4m 水头，合 0.244MPa，最小安全系数 $K=\frac{0.254}{0.244}=1.04$，因此基本是安全的。

16mm 管段考虑锈蚀掉 2mm 后，P_{cr} 为 1.458MPa，合水头 146m，实际外水水头为 120－92＝28.0m，因此是足够安全的。

E. Amstutz 公式也可用以校核无加劲的光面管的抗外压稳定性。

2）校核加劲环上的临界压力值。按 E. Amstutz 公式计算，8mm 和 16mm 管段加劲环上的临界压力值分别为 0.372MPa 和 0.523MPa，相应的安全系数为 1.539 和 2.14。在外力作用下，加劲环稳定性的安全系数都能超过 1.5，显然是安全的。

（六）分岔管设计

当分岔管的位置已经确定后，分岔角 α 越小，厂房愈向下游移动，如 α 角 30°时将比 45°方案要向下移动 8～9m，使管段增长。而 α 为 60°时可以比 45°时少往下游移 3m。α 为 30°、45°、60° 3 种方案的岔管特性比较见表 3－61。但从结构和水流特性上分析 α 为 30°时缺点过多，α 为 60°时虽有优点，但与 45°差别不是很大，而 45°时在结构上的困难是可以解决的，45°时的水流条件比较好，因此最后采用分岔角 α＝45°的方案。

表 3－61　各种分岔角 α 时分岔管的主要数据

α（°）	30	45	60
孔口最大跨度（m）	5.9	4.5	3.6
不平衡水压力（t）	1110	830	680.5
水头损失（%）	60	100	125

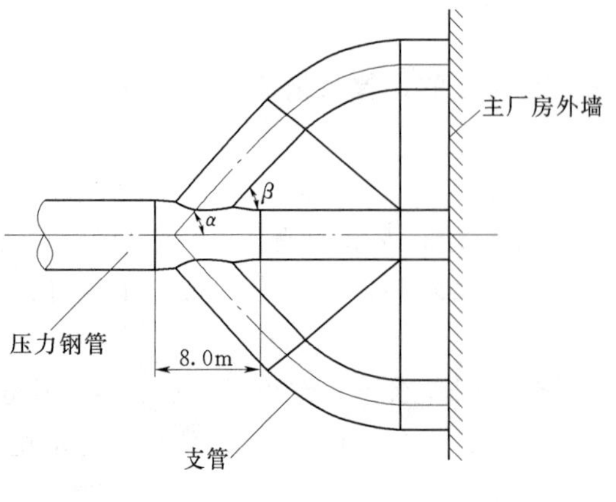

图 3－65　分岔管形式图

分岔段主管的长度应能布置得下支管，收缩又不要太突然，设计中采用收缩角为 7.5°。

图 3－65 为所选用的分岔管，分岔管做成“四通”结构，锥管上开两个大的椭圆孔。经过计算分析“四通”分岔管在强度上满足要求。

加劲梁形式则有两种方案：直线式的 U 形梁及扭曲式的圈形大梁。圈形梁成卵形，沿锥管及支管接缝处设置成一扭曲形状；U 形梁呈马蹄形，开口的一端连于接近圆形的腰箍梁上。表 3－62 为两种方案的比较。

表 3-62　　圈形梁及 U 形梁的比较

项　目	U 形梁	圈形梁
管壁用料	主管、支管均为同样尺寸的 3 个锥管，因而管壁用钢量很大	支管是小直径的直圆筒，用钢量较小
大梁用钢料	跨度大，梁高大，还要一个很大的腰箍梁，因而梁的用钢多	跨度小，梁高小，梁的周长也不，用钢量较小
大梁的制作	U 形梁为直线形的，腰箍梁也接近在两平面内。因此，加工比较简单，只要按尺寸切割，再焊接即可	大梁切割后，尚需弯制，由于梁腹钢板很厚，要用几百吨的水压机弯制。或者用好多块薄板拼起来，因此施工制作不便
管壁的制作	3 个锥管制作不易，且要按要求拼对起来，更为困难	只做一个锥管，直圆筒与锥管拼接相对比较容易
安装工作	四梁交于一点，且这一点受力相当大，焊接拼装不容易	相对来说比较容易
水头损失	由于各管进口都是渐变的，水头损失较小	水头损失大
受力情况	比较明确	大梁是扭曲的，受力条件差，需侧向限制变形

以表 3-62 可见，若制作条件允许时，则做圈形梁比 U 形梁好处更多一些。一般在高水头，较小直径的分岔管上用扭曲的圈形梁较多，这些圈形梁用锻造或铸造的方法做成。而在大直径中低水头的分岔管中用 U 形梁较多。为了减少钢材用量，因此采用了扭曲的圈形梁。

分岔管的锥管及支管的管壁厚度均能按一般的圆筒公式来计算，圆筒开了缺口以后，在垂直方向上有一部分内水压力需用加劲圈来承担。因此分岔管的应力计算主要就是计算一个加劲圈梁。

加劲圈梁是沿锥管及支管接缝而设置的，在平面上也是扭曲的圈梁，计算时将其展开在一平面内，以圈梁各断面的形心连线作为结构计算线，根据钢板展开的图形可知这一展开图形很接近一个由半个圆及半个椭圆所拼成的图形，如图 3-65 所示。作用在圈梁上的荷载为内水压力，它的分布情况决定于大管小管的夹角及直径。

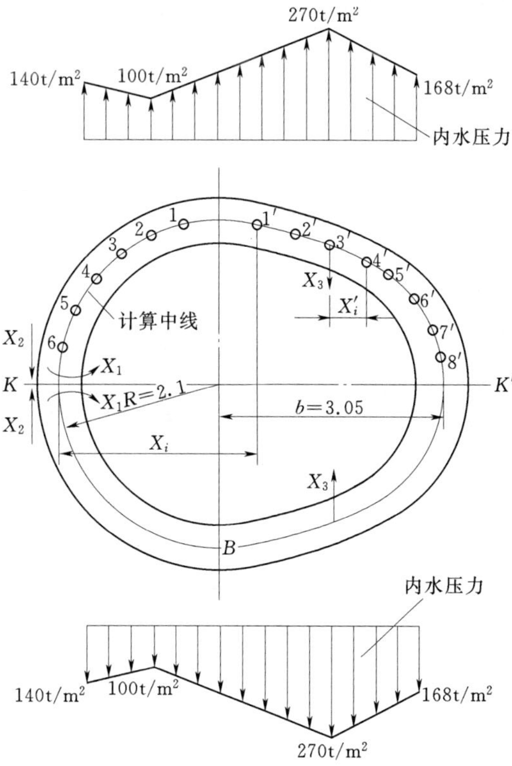

图 3-66　加劲圈梁计算简图

由于内力很大，仅仅一个卵形的圈梁，将使梁的尺寸太大，因此中间不得不加一个拉杆。

很明显，图 3-66 中圈形梁是一个三次静不定结构，将其在 K 点及 $3'$点拉杆处切开，而固定于 K'点，用力法求出 K 点及 $3'$点的静不定内力 X_1、X_2、X_3，即可求出圈梁各截面的弯矩和轴力。

圈形梁各截面上的曲率半径都比较小，曲率半径 r 与梁高之比小，尤其是在 K 及 K'

点$\frac{r}{h}<2$，因此梁中的应力分布成曲线分布，应按曲线梁公式计算各截面上的应力，再考虑环向应力，局部应力进行强度计算。

强度校核后，再校核一下3′点拉杆的振动频率。若不发生共振，则全部结构计算即告完成。

在计算中，拉杆位置及截面的大小，对圈梁所有断面上的内力影响很大，对水流的干扰影响也很大，合理选择拉杆位置可以使结构得到最经济的效果。

（七）调压井设计

1. 原始资料

（1）地形资料。调压井在山坡上，井的西面有一小山沟，井的东面为一小山包。小山包的西坡坡度较缓，约为1∶1.5；小山包的东坡较陡，约为1∶1；调压井所在位置的山坡坡度为1∶1.5。调压井所在位置能使井壁大部分处在石英岩中，明挖工程量较小，而离电站厂房又较近。

（2）地质资料。调压井大部分位于震旦纪白色石英岩中，岩层走向北40°～西50°，倾向北东，倾角60°～80°。白色石英岩本身强度比较高，但裂隙比较发育，且裂隙中多被黏土所充填，这不但破坏了岩石的完整性，且使灌浆加固也比较困难。调压井井壁的下游边坡被一种石英岩、角砾岩、尖高岭土类的层间压碎带所割裂，压碎带走向北西34°，倾向北东，倾角65°。压碎带宽度约20～30cm，与井壁西南半壁在高程126m左右相交。压碎带下游震旦纪薄层矽质石灰岩，夹有大量黏土，岩石破碎，造成过塌方。这种情况大大降低了井壁的弹性抗力。

2. 调压井的设置条件

如果压力引水系统不设置调压井，则$T_w=\frac{\sum LV}{gH_p}$将达9.1s，其中L为各段长度，V为各段流速，H_p为设计水头。根据DL/T 5058—1996《水电站调压井设计规范》，$T_w>[T_w]=2\sim4$s，需设置调压井。

根据计算，若不设置调压井，电站丢弃负荷时，即使导叶关闭时间延长至10s，机组前最大水击压力升高值达到73.5m水头。而在增加负荷时，最大压力降低值将达22.6m水头。显然运行上是不允许的，在结构物设计上也是不合理的，因此也必须设置调压井。

3. 调压井型式选择

在隧洞洞线基本确定以后，把调压井布置在山坡高程为165.0m处，使调压井均置于白色石英岩中。

对双室式、圆筒式和阻抗式3种调压井方案进行了比较。圆筒式调压井涌浪的振幅较大，波动稳定时间较长，水流经过调压井时水头损失较大，因此首先被否定。而对双室式和阻抗式的工程量进行比较，前者的开挖量为38000m^3，钢筋混凝土衬砌量为3600m^3；后者的开挖量为34000m^3，钢筋混凝土衬砌量为3400m^3。两者相差不大，鉴于调压井处地质条件不太好，双室式在开挖时容易塌方，故决定采用阻抗式调压井。

4. 水力计算

水力计算主要包括：水头损失计算、调压井稳定断面计算、调压井涌浪计算。

(1) 水头损失计算。

1) 水头损失系数选择。隧洞及高压管道钢筋混凝土衬砌段的糙率 n 均选用 0.014，钢板衬砌段糙率 n 选用 0.0125。分岔损失系数可根据模型试验得出或查阅有关水力学手册；本设计选定调压井下的分岔损失系数为 0.15。转弯损失系数：$\zeta=0.73f\left(\frac{R}{d}\right)\Phi(\alpha)$，式中 $f\left(\frac{R}{d}\right)$、$\Phi(\alpha)$ 可查水力学手册中的曲线。蝴蝶阀的水头损失系数按手册中的公式计算，$\frac{t}{D}$ 取 0.15，其中 t 为蝴蝶阀阀叶的厚度，D 为支管的内径，即 3.4m，求得损失系数 $\xi=0.13$，其他局部损失如门槽、渐变段等均按水力学手册中的公式进行计算。

2) 压力引水系统总水头损失。由隧洞进口直至机组的总水头损失，以及其中各部分的比例见表 3-63。

表 3-63　压力引水系统水头损失

项　目	水头损失系数	水头损失在整个压力引水系统中的百分比（%）	水头损失在高压管道中所占的百分比（%）	最大引用流量 $Q_0=228m^3/s$ 时水头损失值（m）
隧洞损失	$75.867\times10^{-6}Q_0^2$	64.0	—	3.94
左右主管平均沿程损失	$7.69\times10^{-6}Q_0^2$	6.5	17.9	0.40
左右主管局部损失	$21.92\times10^{-6}Q_0^2$	18.5	51.0	1.14
支管平均损失	$13.39\times10^{-6}Q_0^2$	11.0	31.1	0.70
总计	$118.87\times10^{-6}Q_0^2$	100	100	6.18
调压井及高压管道 2 个分岔管的损失	$16.61\times10^{-6}Q_0^2$	14.0	38.6	0.86

注　水头损失$=h_f+h_j=\frac{LQ_0^2}{4C^2\omega^2R}+\sum\zeta_i\frac{Q_0^2}{2g\omega^2}=\left(\frac{L}{4c^2\omega^2R}+\frac{\sum\zeta_i}{2g\omega^2}\right)Q_0^2$，其中 L 为管段长度；C 为谢才系数，$C=\frac{1}{n}R^{\frac{1}{6}}$；$R$ 为水力半径；支管 $R=1.375$m；ω 为过流部分断面积，m^2；混凝土段 $\omega=23.3$，钢板段 $\omega=23.7$。

(2) 调压井稳定断面计算。调压井的内径截面积要满足运行稳定的最低要求。当水库水位最低时稳定所要求的调压井截面积最大。根据 DL/T 5058—1996《水电站调压井设计规范》，稳定断面的计算公式为

$$F_k=\frac{Lf}{2g\alpha(H_0-h_{w0}-3h_{wm0})} \tag{3-111}$$

式中：F_k 为波动衰减的临界断面，即稳定断面；L 为引水道长度；f 为引水道断面面积；α 为水头损失系数；H_0 为水电站的静水头；h_{w0} 为引水道通过流量 Q_0 时的水头损失值；h_{wm0} 为压力管道通过流量 Q_0 时的水头损失值。

当水库水位为死水位时，即高程为 126.0m 时，6 台机组最大出力限制为 42000kW，6 台机组的最大引用流量为 $178m^3/s$，隧洞水头损失 $h_f=0.76\times10^{-4}Q_0^2=2.41$m，高压管道的水头损失 $h_{wm0}=1.36$m，净水头 $H_0=28.91$m，代入稳定断面的公式，求出 $F_k=248m^2$。

(3) 调压井最高涌浪计算。

1) 最高涌浪计算条件：水库水位在正常高水位 157.5m；考虑隧洞洞壁比较光滑，隧洞糙率 n 按 0.013 计算；6 台机组全部同时丢弃负荷。

2）最高涌浪的计算方法及结果。最高涌浪水位可用逐步积分法求解。所用的连续性方程和动力方程为

$$\Delta Z=\frac{Q}{F}\Delta t-\frac{f}{F}v\Delta t \tag{3-112}$$

$$\Delta v=\frac{g}{L}\Delta t(Z-h_w-k) \tag{3-113}$$

式中：Δt 为时段长，取 4s；Z、ΔZ 分别为调压井中水位及水位变化值；v、Δv 分别为隧洞中的流速及流速变化值；f 为隧洞面积 $28.25m^2$；F 为调压井的面积，它沿高程不同而有所变化；L 为隧洞长度 432.8m；h_w 为隧洞中的水头损失值；k 为水流由隧洞经阻抗孔进入调压井的阻抗损失，阻抗损失在计算过程中随流速而变，不是一个定值。根据水力计算手册采用为 $1.8\frac{V^2}{2g}=0.092V^2$（m）。

根据计算求出负荷由 100%至 0 时最高涌浪水位为 163.8m。水面由稳定水位升至最高涌浪水位历时 40s。涌浪的第一个周期历时约 2min，第二振幅比稳定水位低 4.5m。整个波动衰减过程约 16min。

（4）调压井最低涌浪计算。最低涌浪水位亦用逐步积分法进行求解。计算时采用较大的隧洞糙率 $n=0.015$。水流由井内阻抗孔口流向高压管道时其阻抗系数 ξ 仍按水力计算手册的试验结果，选用 0.8。调压井底板高程为 119.5m。该处隧洞洞顶高程 118.0m。根据 DL/T 5058—1996《水电站调压井设计规范》规定，上游调压井最低涌波水位与调压井处压力引水道顶部之间的安全高度应不小于 2～3m，因此最低涌浪水位应不低于高程 120m。

考虑的几种计算情况及计算结果，见表 3-64。各种运行情况下调压室最低涌浪水位均满足规范的要求。

表 3-64　　各种运行情况时调压井最低涌浪水位

运 行 情 况	最低涌浪水位（m）
5 台机组满负荷运行时，再增加 1 台机组运行	127.0
4 台机组满负荷运行时，再同时增加 2 台机组运行	129.0
3 台机组满负荷运行，再增加 1 台机组运行	126.0
6 台机组满负荷运行，其中 4 台同时丢弃负荷的第二振幅	126.0

（八）调节保证计算

调节保证计算包括水击压力计算及机组甩弃负荷时的转速升高计算。水击压力按最大引用流量时及在最大水头下突然丢弃全部负荷来计算。对库水位为 157.5m，6 台机组引用流量总共为 $181m^3/s$ 的情况下丢弃负荷后最大水击压力，以及最大流量为 $228m^3/s$ 时丢弃全负荷后的极限水击压力的计算成果进行比较，以决定高压管道及蜗壳内的最大压力。在最大引用流量情况下（即计算水头情况下），计算机组在全甩负荷时的最大转速升高。

1. 水击压力计算

（1）库水位高程 157.5m，6 台机组引用流量为 $181.0m^3/s$ 丢弃全负荷时的最大水击压力。

导叶关闭时间 $T_s=5s$；

隧洞中水头损失为 $75.89\times10^{-6}Q_0^2=2.48m$；

电站下游尾水位为93.24m；

由调压井至尾水位间静水头 $H_0=61.78m$。

左、右主管的长度不一样，可分别计算，其结果见表3-65。

表3-65 最高水位丢弃全负荷时最大水击压力

项目	右主管			左主管		
	长度 L（m）	流速 V（m/s）	LV	长度 L（m）	流速 V（m/s）	LV
主管（内径5.5m）	154.1	3.8	585	135.4	3.8	515
支管（内径3.4m）	29.6	3.35	100	29.6	3.36	100
蜗壳	5.5/9.0		64	5.5/9.0		64
尾水管			52			52
$\sum LV$			801			731
σ_{cp}	$\frac{\sum LV}{9.81H_0T_s}=0.264$			0.241		
$\rho\tau_0$	$\frac{c_mV_m}{2gH_0}=3.51$（>1，发生极限水击）			3.53（>1，发生极限水击）		
ζ_m	$\frac{\sigma}{2}(\sqrt{\sigma^2+4}+\sigma)=0.302$			0.271		
水击压力 Δh（m）	$\Delta h=Z_mH_0=18.7$			16.7		

注 主管钢筋混凝土衬砌段波速 $c=1180m/s$，主管钢板衬砌段波速 $c=1080m/s$，右主管平均波速 $c_m=1120m/s$，左主管平均波速 $c_m=1125m/s$。

在导叶关闭完了时，调压井水位将升至157.0m，由于调压井下阻抗的水头损失，阻力孔口以下的水压力比井中水压力高约 $0.092V^2=3.8m$，因此，作用在水轮机上的总水头将达157.0−93.24+18.7+3.8+（93.24−92.0）=87.5m。

折算至高压管道末端的最大水击压力右主管为16.0m，左主管为14.05m。因此作用在压力管道末端的最大总水头为84.8m。

（2）水库水位为145.87m最大引用流量为228m³/s时的极限水击压力。丢弃负荷前隧洞中水头损失为3.92m，电站下游尾水位为93.49m，调压井至尾水位间静水头 $H_0=48.46m$，用与前相同的方法求出右主管的各项数值，见表3-66。

表3-66 最大引用流量丢弃全负荷时右主管水击压力

项目	数值	项目	数值
$\sum LV$	1010	ζ_m	$\zeta_m=\frac{\sigma}{2}(\sqrt{\sigma^2+4}+\sigma)=25.4$
σ_{cp}	0.426	Δh（m）	25.5
$\rho\tau_0$	$\frac{c_mV_m}{2gH_0}=11.32$（>1，发生极限水击）	水轮机上总水头（m）	82.95
		高压管道末端总水头（m）	79.25

因此在最大引用流量下丢弃负荷，水轮机及高压管道处总水头均不如在最高水位下丢弃负荷所产生的总水头大。

（3）小开度丢弃负荷时的水击压力。以上两项计算中机组导叶均系满负荷情况下突然全关。当机组导叶在小开度情况下突然关闭，发生第一相水击其水击压力可能大于上述极限水击压力，但经过分析认为一个支管上 3 台机组均在小开度的位置上然后同时关闭导叶，这种情况的可能性极小；另外由于气蚀线限制，在高水头下是不允许长期让导叶在小开度的位置运转的。考虑到机组在起动过程中可能发生事故使导叶关闭，产生较大的第一相水击，因此只计算一台机组的导叶在小开度下关闭。

设库水位 157.5m 时，1 号机（或 3 号机）引用流量为 $30m^3/s$ 时小开度下丢弃负荷，调压井稳定水位与尾水位之差 $H_0=157.5-92.1-0.68=64.72m$，此时水击常数 $\sigma_{cr}=\dfrac{LV_{max}}{gH_0T_s}=0.112$，$\rho_{cr}=\dfrac{cV_{max}}{2gH_0}=1.5$，临界开度 $\tau_{cr}=\dfrac{\sigma_{cr}}{\rho_{cr}}=0.075$，即 7.5%，比空转开度为小。临界开度时最大直接水击压力 $\zeta_{d0}=0.224$，$\Delta H_d=14.5m$，小开度时仍发生极限水击 $\zeta_m=\dfrac{2\sigma}{2-\sigma}=0.1185$，$\Delta H_m=7.7m$。

上述水击压力均小于 6 台机组全部丢弃负荷时所产生的最大水击压力，因此一台机组小开度时丢弃负荷是安全的。

2. 机组转速上升计算

在最大引用流量下丢弃负荷时的转速升高，按下式计算

$$\beta=\sqrt{1+\frac{365N_0T_{s1}f}{n_0^2GD^2}}-1 \tag{3-114}$$

式中：N_0 为机组出力 15000kW；$T_{s1}=0.74T_s=0.74\times5=3.75$；$f$ 为修正系数，取 1.6；n_0 为机组效定转速 214.3r/min；机组的转动惯量 $GD^2=1030t\cdot m^2$。

将以上的值代入公式中可求得 $\beta=31\%$，β 值不超过 40%，因此认为是安全的。

上述压力水管原水击计算中关闭时间定为 5.0s，水击压力较大，两机组转速升高值只有 0.31，离通常的限制值 0.4 较远，说明对机组的惯性矩末充分利用，因此可将关闭时间提高至 6.0s 的情况，此时降低了水击压力，增加了建筑物的安全度，相应的机组转速相对升高值为 0.37。

三、水电站厂房布置设计

（一）主厂房轮廓尺寸确定

1. 机组段平面尺寸确定

根据水轮机的蜗壳、尾水管要求，机组段长度不宜小于 11.0m；根据发电机定子外壳及风道的要求，则机组段长度 11.0m 已足够用。由于厂房上部结构采用标准预制件，标准尺寸为 6m。另外根据上下楼梯、励磁装置、出线和引水管道布置的需要，决定机组段长度为 12m。6 个机组段分为 3 段，每段长 24m，各段之间以伸缩缝分开。

根据厂内机电设备和结构上的需要，厂房净宽定为 13.86m。机组中心上游侧净宽 7.86m，系按设置蝴蝶阀的需要。机组中心下游侧为 6.0m，系按发电机下游侧交通要求（通道宽 2.0m）确定的。据此选用了 13.5m 跨度的桥式吊车。

在设计过程中也可考虑将蝴蝶阀室布置在副厂房底层，这样主厂房宽度有所减少，但蝴蝶阀的起吊需另设一套起吊设备，运行管理会不方便。

机组段平面尺寸的确定如图 3-67～图 3-69 所示。

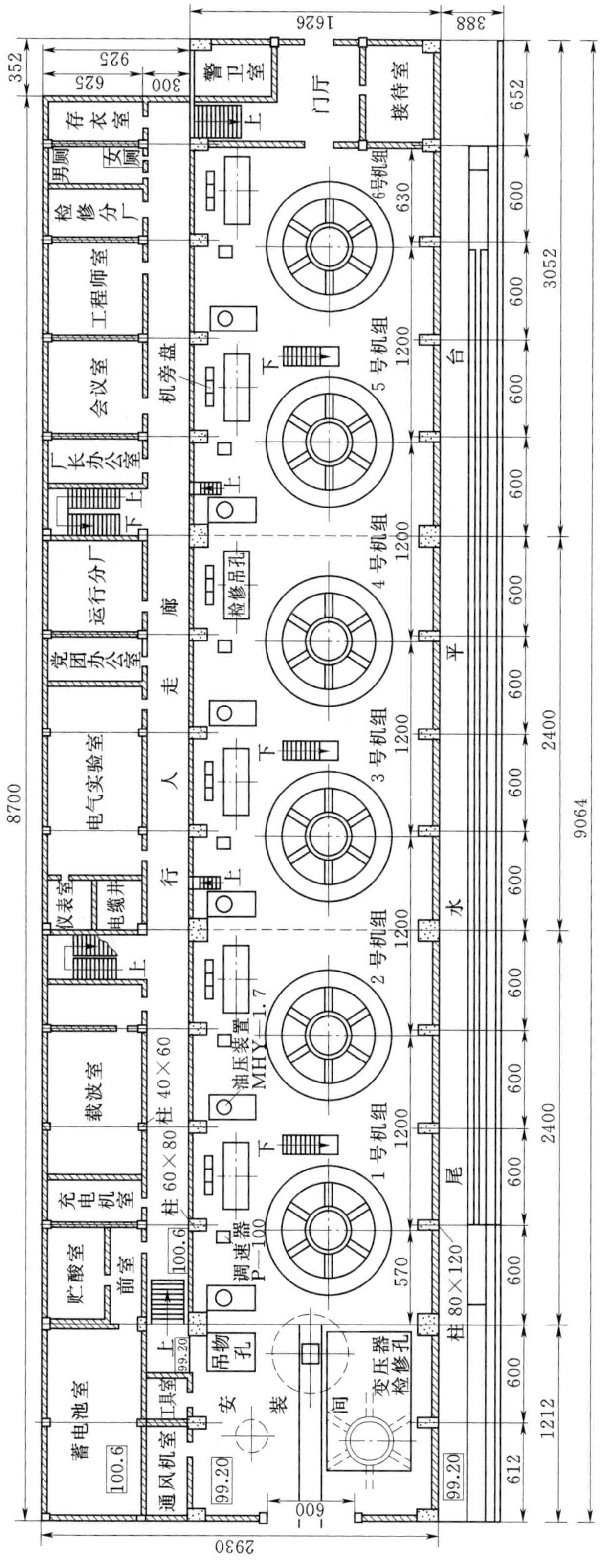

图 3-67　发电机层平面图

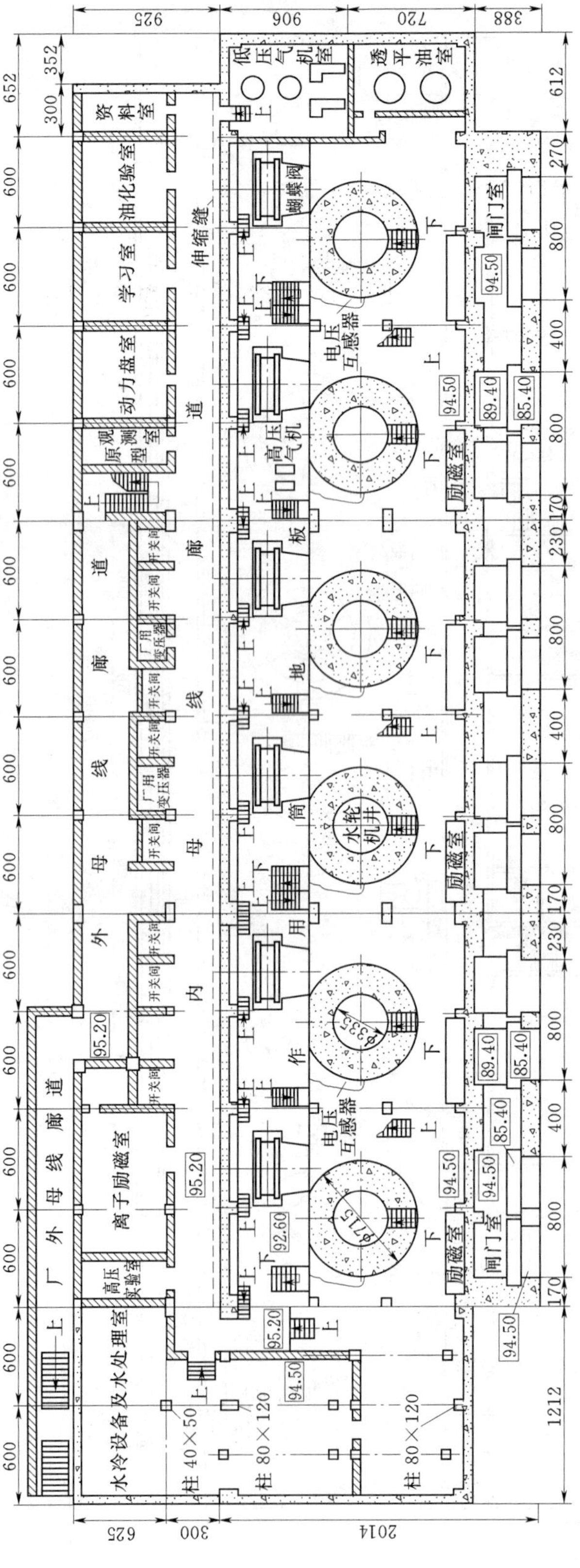

图 3-68　水轮机层平面图

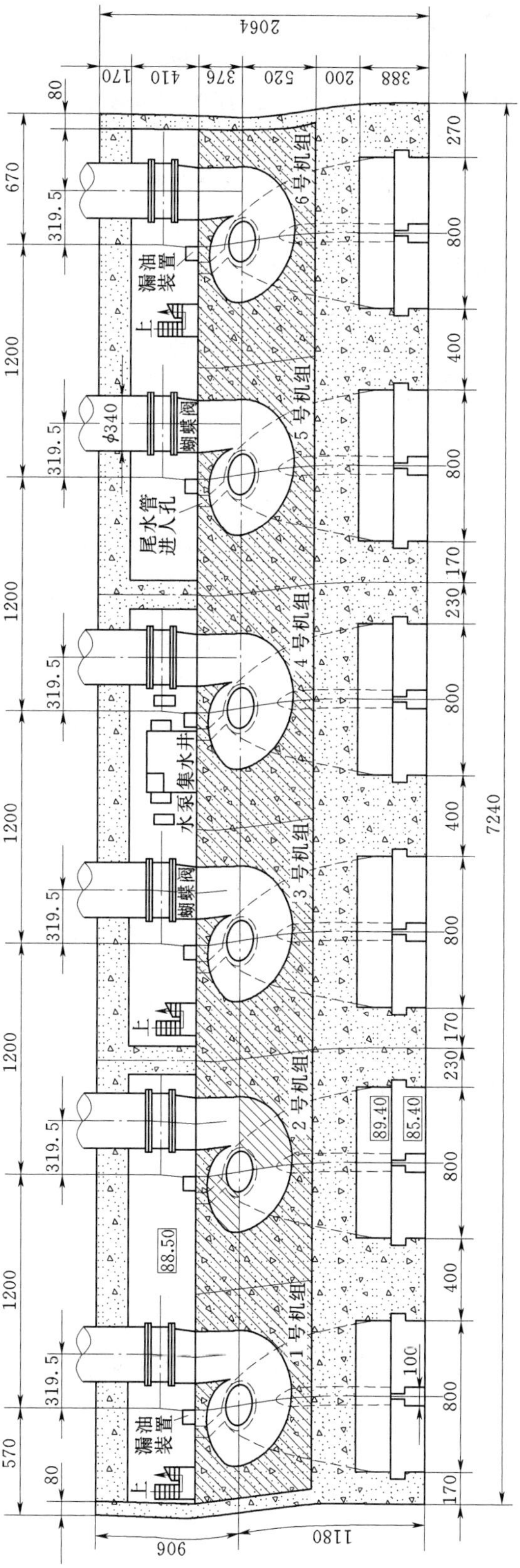
2064
170
410
376
520
200
388
80
670
319.5
1200
570
270
800
400
170
230
7240
906
11180
6号机组
5号机组
4号机组
3号机组
2号机组
1号机组
漏油装置
蝴蝶阀
尾水管进人孔
水泵
集水井
上
ϕ340
88.50
89.40
85.40
100

图 3-69　蜗壳层平面图

2. 主厂房几个控制高程的确定

(1) 水轮机安装高程。水轮机安装高程是按一台机组在设计水头下安全运行的要求来确定的。一台机组满出力时下游水位高程为 91.84m，计算吸出高度 $H_s=+1.01$m，允许安装高程为 93.17m。考虑本电站初期单机运行时间较长，且有可能某段时间在小负荷下运行，为安全计，将水轮机安装高程降低到 92.0m，这样留有 1.17m 的安全量。

(2) 厂房基础底部高程。根据水轮机安装高程 92.0m，及尾水管高度 6.6m，尾水管底部高程为 85.40m，再扣除底板厚度 1.0m 算出厂房基础底部高程为 84.40m。

(3) 蝴蝶阀层、作用筒地板高程及水轮机层高程。在厂房上游侧，蝴蝶阀层高程是便于安装蝴蝶阀及在钢管底下便于维护人员通行而决定的。本设计中钢管中心与安装高程相同，所以蝴蝶阀地面的高程定为 88.50m。

作用筒层是为装设水轮机作用筒的恢复机构的支座，其高程应能满足支撑恢复支座的要求。作用筒中心高程为 93.40m，它由调节机构构造决定，其支撑结构要求地面高程为 92.60m。

水轮机层地面高程是根据蜗壳上部混凝土厚度决定的。蜗壳进口半径为 1.43m，本设计中蜗壳进口断面上部混凝土厚度采用 1.0m，则水轮机地面高程为 94.43m。

(4) 发电机层高程。因为 B 水电站水轮发电机组是采用套用机组，根据已有的机组结构尺寸，计算得发电机层地板高程为 99.20m。这一高程高出下游最高尾水位 94.60m。

主厂房高度方向的布置如图 3－70 及图 3－71 所示。

(5) 吊车轨顶高程。根据在安装场起吊 40500kVA 变压器和发电机转子的要求（起吊方式如图 3－72 所示），吊车轨顶高程定为 109.98m，因 150000kVA 自耦变压器是采用钟罩式的，因此不控制起吊高度。

3. 安装场及门厅间布置

(1) 安装场。安装场设在主厂房右侧，右岸铁路、公路可直接进厂。安装场地板与发电机层地板高程相同，为 99.20m。安装场外原地面高程为 97.00m，紧靠安装场的升压站与回车场填高至 99.20m。

安装场长度取 12.0m，与机组段长度相同，这个面积可满足一台机组安装与检修的要求。安装场下游侧有 5.5m×8.5m 的变压器检修孔，上铺承重盖板。上游侧有 2.5m×3.0m 的吊物孔，也盖有承重盖板。安装场进厂大门为 6.0m×6.0m，是由 150000kVA 升压变压器尺寸决定的。安装场的布置如图 3－67 所示。

(2) 门厅间。门厅间是厂房右端 6.0m 长的外机组段，主要是因为利用桥式吊车起吊 6 号机蝴蝶阀左端需向外增加 3.0m，从厂容建筑及预制构件单一的要求考虑，增设了 6.0m 长的门厅间。门厅间顶部可行走吊车，下部共分 3 层。各层布置及用途如图 3－67、图 3－68 和图 3－71 所示。

4. 主厂房轮廓尺寸

水电站的尾水底板开挖高程 84.40m；房顶高程 115.90m；从基岩到厂房顶的高度 31.50m。厂房净宽 13.86m，机组中心线上游侧宽度 7.86m，取决于蝴蝶阀、伸缩节、辅助设备的布置及厂房结构尺寸的要求。下游侧宽度 6.00m，取决于辅助设备及结构尺寸。主厂房宽度 16.26m。尾水台宽度 3.88m。主厂房的总长度为机组段长度 5×12.0m、机组段两端长度 2×6.0m、安装间长 12.12m、门厅间长 6.52m 之和 90.64m。

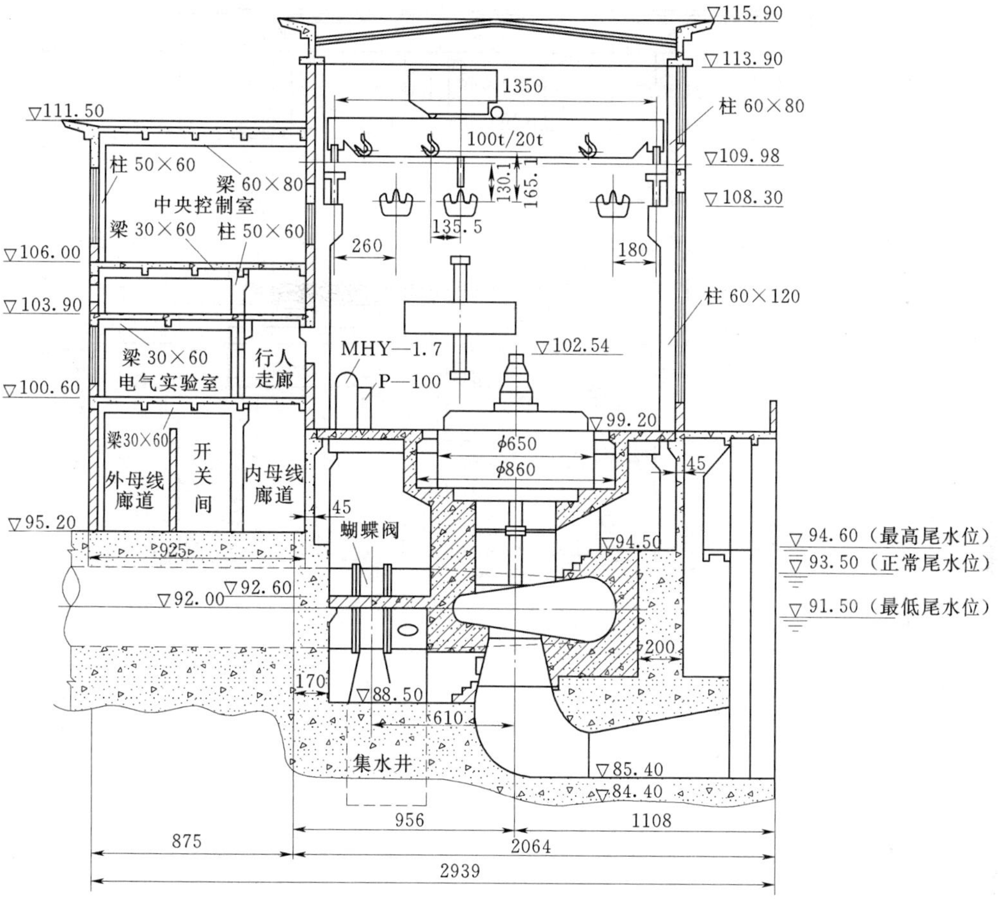

图 3－70　机组中心横剖面图

（二）尾水平台及尾水闸室布置

尾水管出口分为两孔，每孔尺寸为 2.9m×3.5m，中间墩宽 1.0m。尾水闸门尺寸为 3.06m×3.90m。6 台机组共设有两套尾水闸门，以一台电动活动式尾水闸门启闭机操作。启闭机起吊容量为 2×5t。在 1 号及 6 号机组尾水闸墩高程 94.50m 处设两个尾水闸门室，分别存放尾水闸门。

根据吊运闸门及行人需要，根据尾水管的长度，尾水平台宽度定为 3.88m，高程为 99.20m，与回车场地面和发电机层楼板高程相同。尾水闸门启闭机在尾水平台上行走，平时可停放在回车场，以使尾水平台交通通畅。

（三）厂内机电设备及交通起吊运输

1. 厂内机电设备的布置

厂内机电设备主要有水轮发电机组及其配套辅助设备（调速器、油压装置及励磁装置等），各机组的蝴蝶阀及油气水系统等。各种设备的布置如图 3－67～图 3－71 所示。

（1）机组及其配套辅助设备。调速器放在发电机层，四周均留有大于 1.0m 宽的空间，以利操作维修。

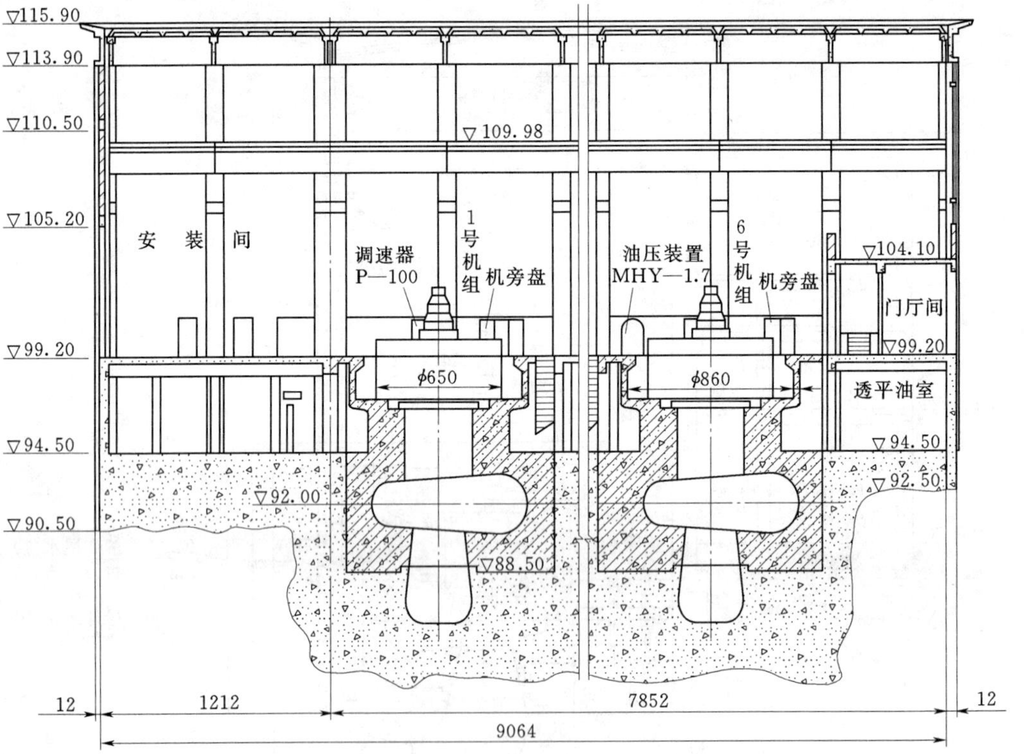

图 3-71　机组中心纵剖面图

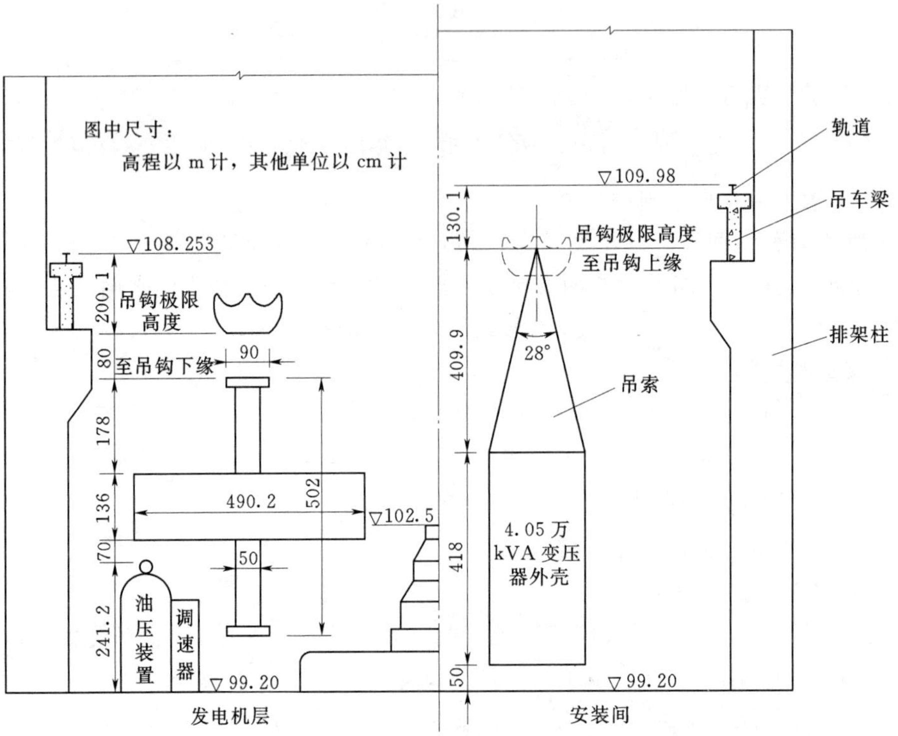

图 3-72　发电机转子（左）及变压器（右）起吊方式比较

油压装置设在发电机层，紧邻调速器，以缩短管路并有利于运行。本设计中每台机组（调速器）设一台油压装置。

励磁装置放在水轮机层下游侧。发电机端电压互感器布置在机墩旁的左上侧，以缩短引出线长度。

发电机低压配电装置及低压母线都设在副厂房第一层，发电机低压母线必须由上游侧引出。这样在发电机层楼板以下，水轮机层楼板以上的空间里，母线、电线、管路及设备相当集中，这主要是由于副厂房在上游侧的原因。

（2）透平油系统设备。透平油处理设备有直径为1.60m、高2.0m的油桶两个，滤油机一台及油泵一台。为了厂内安全和整洁，将之集中布置在门厅间第一层下游侧，并用耐火砖墙隔离。

各机组分别设有漏油装置，布置在最低的高程88.50m的尾水管层。

（3）低压及高压压缩空气设备。低压压缩空气设备（0.7MPa）为机组调相，制动及风动之用。有低压压气机两台，储气筒两个，集中布置在门厅间第一层上游侧，以保证安全，并可减少噪音的影响。

高压压缩空气设备（2.5MPa）为油压装置供气用。全厂共设两台高压压气机，布置在高程92.60m蝴蝶阀层楼板上。

（4）排水系统设备。排水设备用于排除集中在集水井里的厂房地基的渗水、生活污水及设备漏水，机组检修时也可用来排除尾水管中的水。在4号机尾水管层地面下设集水井（3.4m×3.3m，深4.0m）一个。在集水井两侧设有5台水泵。

2. 厂内交通

主厂房发电机层下游侧有宽2.0m的通道，发电机层与水轮机层间设有3个楼梯，发电机层设有通向副厂房第二层走廊楼梯2个。安装场与门厅间亦有通向副厂房第二层走廊楼梯各1个。在水轮机层、蝴蝶阀层设有跨越钢管的梯子6个。此外在安装场上游侧设有上吊车操作室的专用梯子。通道、楼梯与副厂房走廊相配合，使厂内交通比较方便，为运行管理创造了良好条件。

3. 厂内起吊运输

起吊运输全靠一台100t/20t桥式吊车。水轮发电机组安装检修，升压变压器检修，蝴蝶阀和油气水系统的设备的起吊，皆可利用桥式吊车进行。在安装场设有变压器孔及吊物孔，发电机层上游侧有蝴蝶阀孔，以配合设备的起吊运输。

（四）主厂房结构布置

主厂房全长90.64m，以3条伸缩缝分为安装场段，1号、2号机组段，3号、4号机组段及5号、6号机组段（包括门厅间）4段。

1. 主厂房下部块体结构

主厂房下部块体结构为大体积混凝土结构，其中尾水管采用整体框架式结构，以适应较差的地基情况；由于厂房基坑开挖位置又移向下游，尾水管层基础板厚达3.1m，采用块石混凝土结构；上游墙只承受较小的外水压力，因作为排架柱基础，取1.7m厚；下游墙的作用与上游墙相同，取2.0m厚；左右端墙厚0.8m，与上下游墙连成整体，承受外水压力。如图3-69～图3-71所示。

门厅间及安装场94.50m以下，由于基础岩石较差采用了整体结构，安装场基础平均厚度达3.0m，采用块石混凝土填筑。如图3－71所示。

2. 主厂房上部结构布置

主厂房上部结构是指94.50m以上部分，大多为板、梁、柱构件，也包括水上墙及机墩。

机墩采用整体圆筒式，壁厚1.9m。机墩上部风道外壁混凝土厚4.0m，并作为发电机层楼板的简支座。

水上混凝土墙厚0.45m，支承上部砖墙及发电机层楼板，左右端墙还承受土压力。

主柱架为上端铰接下端固接的Π形架，纵向中距为6.0m，排架柱下柱断面尺寸为0.8m×1.2m，在高程108.92m及113.90m处设两道圈梁，将主厂房各段分别连成一整体。屋顶大梁采用预制钢筋混凝土T形薄腹梁，梁长15.26m，最大梁高1.40m，腹板厚0.1m。屋面板为预制钢筋混凝土Ⅱ形板。

厂房两端砖砌山墙高18m，长15m。为保证其稳定性，设钢筋混凝土抗风柱两根，并与圈梁连成框架。

吊车梁采用预应力叠合式钢筋混凝土T形梁。

（五）副厂房的布置设计

1. 低压配电装置

根据运行安全、安装检修方便以及尽量使低压母线线路短且平直的要求，将低压配电装置放在副厂房第一层。油开关小间、厂用变压器小间及电压互感器小间布置成一列式，宽3.0m，位于第一层中间。内母线廊道宽3.0m，位于这些小间的下游侧；发电机引出线，控制电线及开关操作机构等沿廊道布置。外母线廊道宽3.0m，位于小间的上游侧；低压母线沿此廊道布置。发电机出线由内母线廊道经开关小间到外母线廊道的低压母线，再经厂外母线廊道引至开关站。低压配电装置的设备可由内母线廊道推到安装场下层，再吊运出厂。

2. 中央控制室

根据与全厂联系方便、环境安静及采光、通信良好等几方面的要求，对中央控制室的位置作比较后决定将中央控制室放在副厂房四楼中间。其优点是可以监视全部机组，联系方便，环境安静及干扰少；缺点是与开关站距离较远，控制电缆较长。

3. 蓄电池室（包括贮酸室、前室及通风机室）

蓄电池室设在副厂房第二层右端，靠近安装场入口，酸液运输方便。这个房间后面有母线廊道，右面紧靠升压站，两面都不能对外设窗，故不宜做其他用。缺点是距中央控制室较远，通表盘电线稍长。

4. 厂用动力盘室

为了使中央控制室整齐，防火安全，厂用动力盘集中设在靠近低压配电装置的第一层内。还可缩短动力电线。操作也算方便。

5. 载波通信室

载波通信室设专用载波机及通信设备，供电站通信用，布置在二楼楼梯旁，与主厂房和厂长室较近，缺点是距中央控制室稍远。

其他生产用房及办公用房的布置不一一叙述，如图 3-67～图 3-70 所示。

（六）副厂房结构布置设计

副厂房采用钢筋混凝土框架式结构。沿长度方向设置 3 道伸缩缝，缝的位置与主厂房分缝位置一致。排架纵向中距 6.0m，也与主厂房排架位置一致。排架柱断面 0.4m×0.5m，如图 3-68、图 3-70 所示。

副厂房基础内有压力钢管通过。由于副厂房先行施工，而后安装钢管，故副厂房不能采用整体式基础，而是采用单独的柱基础。在 9 号、27 号排架柱与 1 号、6 号支管相交处做了临时 Π 形架基础。在 15 号、21 号排架柱与 3 号、4 号支管相交处做成临时拱形基础。这样解决了副厂房施工与钢管安装的矛盾。

选择副厂房结构型式，也可考虑承重砖墙结构，但砖墙结构抗震性较差，且副厂房荷载也较重，高度也较大，故一般很少采用。

四、水电站厂房结构设计

B 河水电站主厂房及副厂房按Ⅱ级建筑物进行设计。主厂房排架、发电机层和安装场的楼板、梁、柱，副厂房排架等钢筋混凝土结构按承载能力极限状态及正常使用极限状态进行设计，其他混凝土及钢筋混凝土结构按承载极限理论进行设计。厂房下部块体结构中直接承受水压的钢筋混凝土结构及主厂房钢筋混凝土吊车梁还要进行验算及裂缝开展宽度验算。

（一）主厂房排架

1. 主厂房排架组成及型式

主厂房横向排架由柱、屋顶大梁及发电机层楼板、梁、柱所组成；纵向排架由柱、圈梁、女儿墙组成，如图 3-73 所示。

（1）排架柱。排架柱为主要受力构件，采用现浇的钢筋混凝土柱，横向中心距 15.06m，柱全高 19.40m，下柱断面尺寸 0.8m×1.2m，上柱断面尺寸 0.8m×0.9m。

（2）屋顶大梁。屋顶大梁采用预制钢筋混凝土薄腹 T 形梁，梁长 15.26m，最大梁高 1.40m，梁端与柱顶用螺栓连接。

（3）女儿墙及圈梁。女儿墙与柱顶刚性连接，为钢筋混凝土柱顶圈梁，最大高度 2.0m，最小厚度 0.25m。圈梁与柱也是刚性连接，根据纵排架稳定及主厂房立面要求在上游侧设两根圈梁，下游侧设一根圈梁。女儿墙及圈梁与各柱连成纵向整体框架。

（4）发电机层楼板、大梁及中间柱。发电机层楼板、大梁及中间柱是横向排架组成部分，与上下游柱连接在一起。

2. 主厂房排架计算图形

横向排架分机组段排架与安装场排架两种。纵向排架分机组段上游及下游、安装场上游及下游四种。

屋顶大梁与柱顶用螺栓连接，可转动而不能移动，为铰结节点，如图 3-74（a）所示。

发电机层楼板下大梁与非机组中心处柱采用交叉钢筋铰结，机组中心处柱与发电机层楼板也用交叉钢筋铰结，细部结构及简化图形如图 3-74（b）所示。

排架的计算简图如图 3-75 所示。

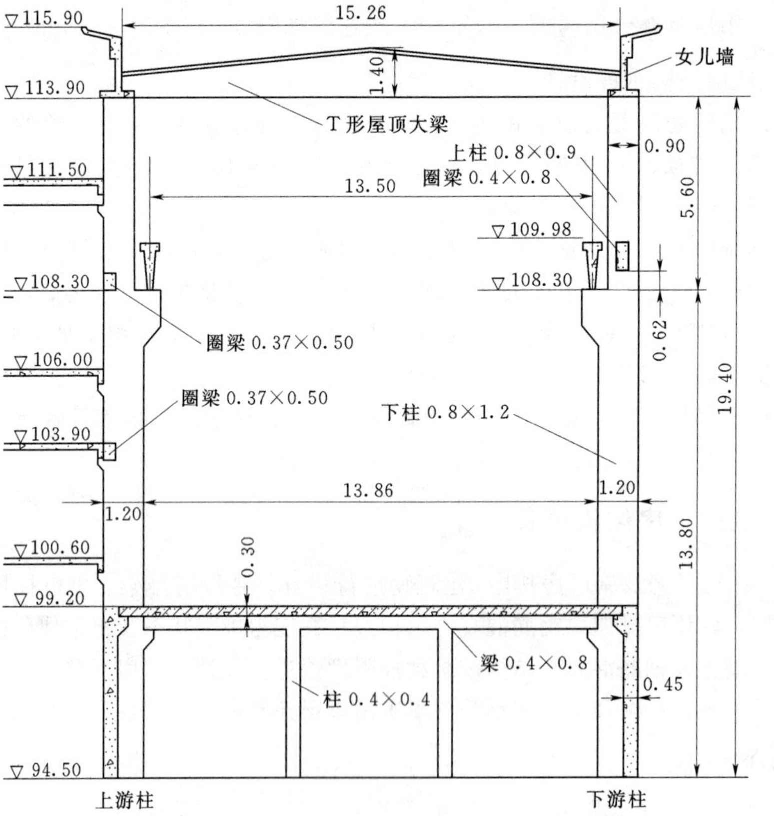

图 3-73　主厂房排架结构尺寸（单位：m）

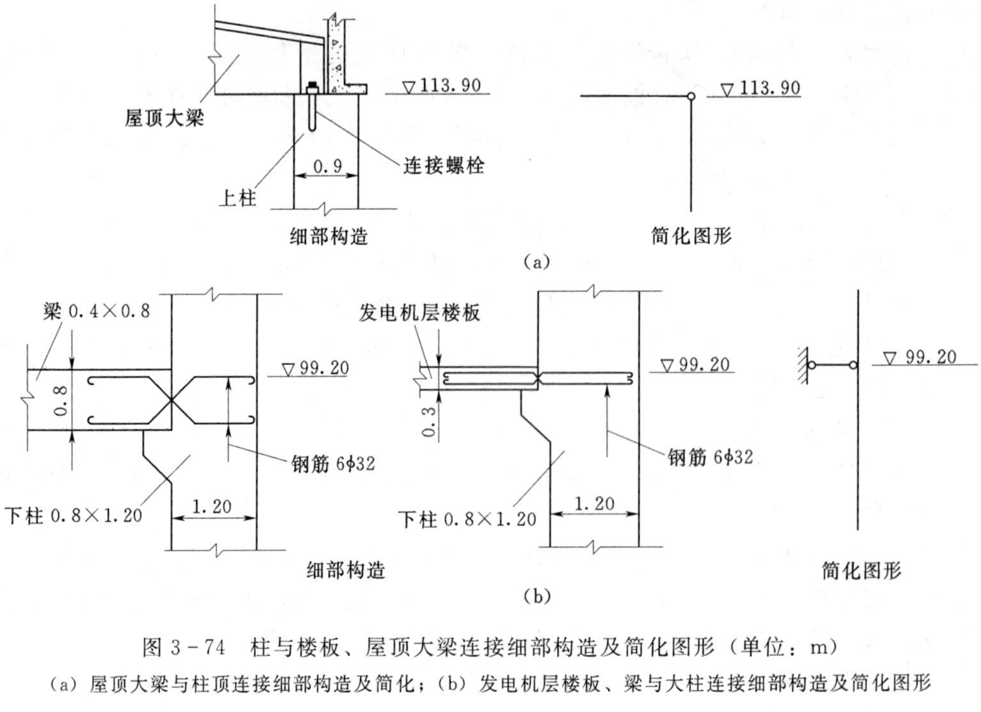

图 3-74　柱与楼板、屋顶大梁连接细部构造及简化图形（单位：m）

(a) 屋顶大梁与柱顶连接细部构造及简化；(b) 发电机层楼板、梁与大柱连接细部构造及简化图形

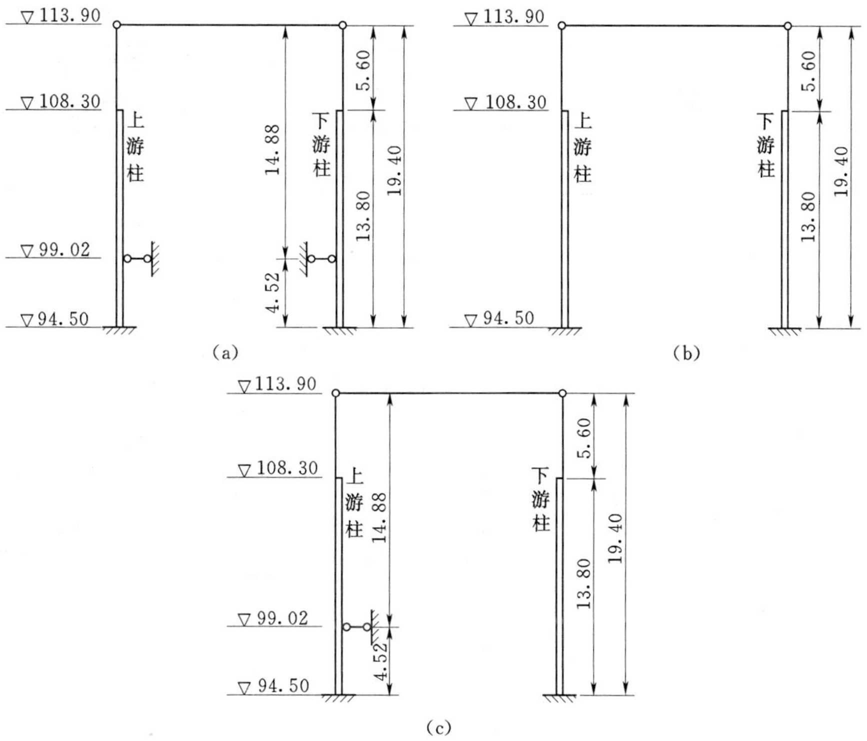

图 3-75　主厂房排架计算简图（单位：m）

（a）机组段排架计算图形；（b）机组段排架计算图形（机组未安装时）；（c）安装间段排架计算图形

3. 作用计算

现将所考虑的永久作用（静载部分）、可变作用及偶然作用及其符号、作用位置（与上柱或下柱中线的偏心距离）及计算值列表于表 3-67 中，荷载如图 3-76 所示。

表 3-67　　荷载种类及计算结果

序号	载荷性质	荷载名称	说　明	符号	计算数量（kN）	偏心距（m）
1	永久作用（静载部分）	屋顶自重	包括屋面及大梁	Q_1	196.0	$\alpha_{B1}=0.20$
2		柱自重	上柱	Q_2	104.9	$\alpha_{H2}=-0.15$
			牛腿	Q_3	15.0	$\alpha_{H3}=0.85$
			下柱	Q_4	343.0	$\alpha_{H4}=0$
3		墙自重	女儿墙	Q_5	124.5	$\alpha_{B5}=-0.15$
			上游柱 108.30m 砖墙圈梁	Q_6	248.9	$\alpha_{H6}=-0.415$
			上游柱 103.50m 砖墙圈梁	Q_7	218.5	$\alpha_{H7}=-0.415$
4		吊车梁及附件自重		Q_8	88.2	$\alpha_{H8}=0.78$
5		发电机层楼板梁自重		Q_9	58.8	$\alpha_{H9}=0.73$
6		副厂房传来的自重	高程 100.60m 楼板	Q_{10}	35.5	$\alpha_{H10}=-0.7$
			高程 103.90m 楼板	Q_{11}	35.5	$\alpha_{H11}=-0.7$
			高程 106.0m 楼板	Q_{12}	40.0	$\alpha_{H12}=-0.7$
			高程 111.5m 楼板	Q_{13}	156.3	$\alpha_{H13}=-0.55$

续表

序号	载荷性质	荷载名称	说　明	符号	计算数量 (kN)	偏心距 (m)
7	可变作用	屋顶活荷载	按 q=0.075 t/m² 计	P_1	40.4	$\alpha_{B1}=0.20$
8		吊车轮压	空车	$P_{8空}$	190.0	$\alpha_{H8}=0.78$
			重车最大	$P_{8,重_{max}}$	676.2	
			重车最小	$P_{8,min}$	235.2	
9		发电机楼面活荷载		P_9	108.8	$\alpha_{H9}=0.73$
10		副厂房 100.60m	高程楼面活荷载	P_{10}	58.2	$\alpha_{H10}=-0.7$
11		副厂房 103.9m	高程楼面活荷载	P_{11}	19.4	$\alpha_{H11}=-0.7$
12		副厂房 106.0m	高程楼面活荷载	P_{12}	58.2	$\alpha_{H12}=-0.7$
13		副厂房 111.50m	高程楼面活荷载	P_{13}	23.8	$\alpha_{H13}=-0.55$
14		吊车水平制动力	柱上水平力	T_0	34.8	
15		风荷载 (50kg/m²)	上游柱 113.90m	T_A	11.0	
			108.30m	T_C	17.1	
			99.20m	T_E	15.9	
			下游柱 113.90m	T_B	14.7	
			108.30m	T_D	22.7	
			99.20m	T_F	21.2	
16		温度变化	冬季室内温降	$t_{降}$	25℃	
			夏季室内温升	$t_{升}$	3℃	
			冬季室内外温差	Δt	13℃	
17	偶然作用	水平地震力	上游柱 113.90m	S_A	23.8	
			108.30m	S_C	27.2	
			99.02m	S_E	2.79	
			下游柱 113.90m	S_B	17.5	
			108.30m	S_D	11.1	
			99.20m	S_F	1.8	

4. 厂房排架分别按承载能力极限状态及正常使用极限状态进行设计。

在承载能力极限状态下，按持久状况、短暂状况和偶然状况进行作用效应组合，设计状况系数 ψ 分别按 1.0、0.9 和 0.8 取值。

在承载能力极限状态下，作用效应组合为：

(1) 持久状况考虑。

吊车满载：$Q_1 \sim Q_{13}$，P_1，$P_9 \sim P_{13}$，T_0。

(2) 持久状况考虑。

吊车空载+风荷载：$Q_1 \sim Q_{13}$，P_1，$P_{8空}$，$P_9 \sim P_{13}$，$T_A \sim T_F$。

(3) 短暂状况考虑。

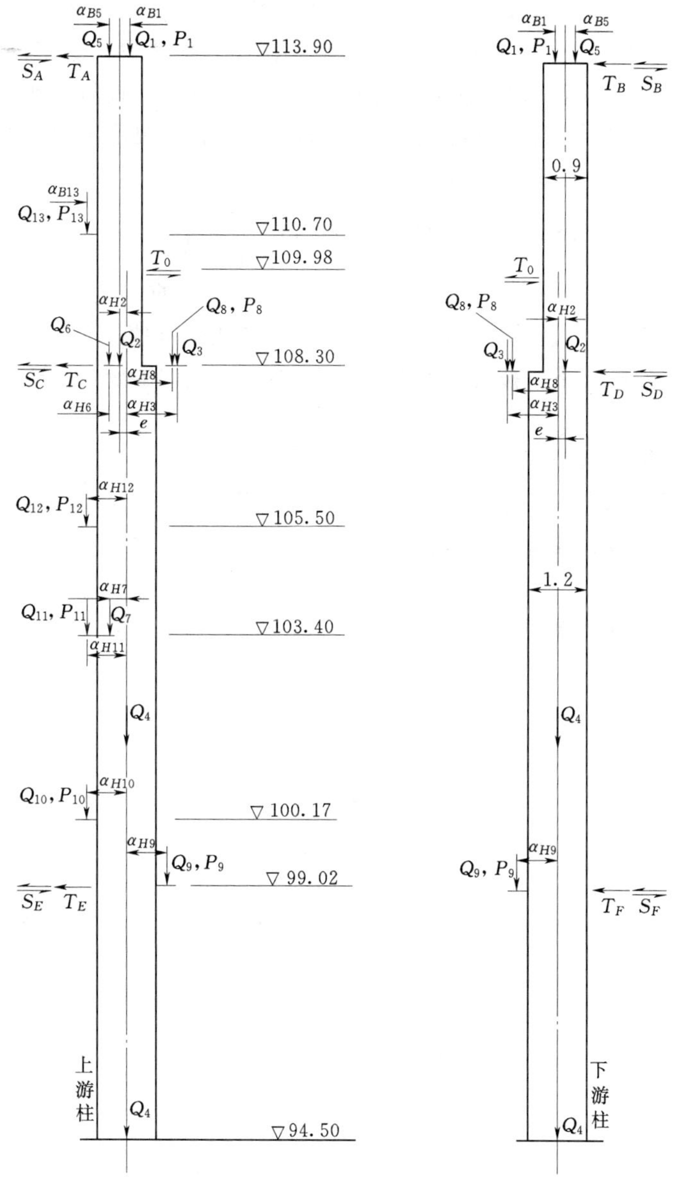

图 3-76　作用于主厂房排架柱上的荷载

吊车空载＋风荷载＋温度作用：$Q_1 \sim Q_{13}$，P_1，$P_{8重}$，$P_9 \sim P_{13}$，T_0，$T_A \sim T_F$，Δt。

（4）短暂状况考虑。

施工期：$Q_1 \sim Q_{13}$，$P_{8重}$。

（5）偶然状况考虑。

吊车空载＋地震作用：$Q_1 \sim Q_{13}$，$P_9 \sim P_{13}$，$P_{8空}$，$S_A \sim S_F$。

在承载能力极限状态下，对于持久状况和短暂状况，采用下列设计表达式

$$\gamma_0 \psi S(\gamma_G G_K, \gamma_Q Q_K, a_K) \leqslant \frac{1}{\gamma_{d_1}} R\left(\frac{f_K}{\gamma_m}, a_K\right) \quad (3-115)$$

式中：γ_0 为结构重要性系数；ψ 为设计状态系数；S（*）为作用效应函数；R（*）为结构抗力函数；G_K 为永久作用标准值；γ_G 为永久作用分项系数；Q_K 为可变作用标准值；γ_Q 为可变作用分项系数；a_K 为几何参数标准值；f_K 为材料性能标准值；γ_m 为材料性能分项系数；γ_{d_1} 为基本组合结构系数，根据结构形式，按有关规范规定及工程经验取用。

对于偶然状况，采用下列设计表达式

$$\gamma_0 \psi S(\gamma_G G_K, \gamma_Q Q_K, A_K, a_K) \leqslant \frac{1}{\gamma_{d_2}} R\left(\frac{f_K}{\gamma_m}, a_K\right) \tag{3-116}$$

式中：A_K 为偶然作用代表值；γ_{d_2} 为偶然组合结构系数，根据结构形式，按有关标准规定及工程经验取用；Q_K 为与偶然作用同时出现的可变作用标准值。

在正常使用极限状态下，按持久状况和短暂状况进行作用效应组合。

（6）持久状况考虑：

吊车满载：同情形（1）。

（7）持久状况考虑：

吊车空载＋风荷载：同情形（2）。

（8）短暂状况考虑：

吊车空载＋风荷载＋温度作用：同情形（3）。

（9）短暂状况考虑：

施工期：同情形（4）。

在正常使用极限状态下，对于持久状况，采用下列设计表达式：

$$\gamma_0 S(G_K, Q_K, f_K, a_K) \leqslant C_1 \tag{3-117}$$

对于短暂状况，采用下列设计表达式：

$$\gamma_0 S(G_K, \rho Q_K, f_K, a_K) \leqslant C_2 \tag{3-118}$$

式中：C_1、C_2 为结构功能限值；ρ 为可变作用长期组合系数（$\rho<1$），参照有关标准规定及工程经验取用。

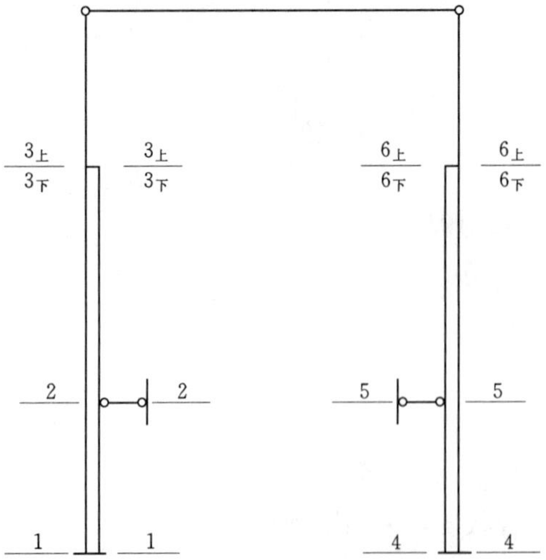

图 3-77 计算断面位置

5. 内力计算

机组段横向排架为三次超静定结构，安装场段横向排架为二次超静定结构。采用结构力学方法可以求出以上各种组合作用下的排架内力，取最不利的作用效应组合。

每一副排架取 6 个计算截面，如图 3-77所示，每个截面上计算 3 种内力，即：①最大正弯矩 M_{max} 及相应的轴力 N；②最大负弯矩 $-M_{max}$ 及相应的轴力 N；③最大轴力 N_{max} 及其相应的弯矩 M。

6. 排架柱钢筋面积计算

排架柱是偏心受压构件，根据内力计算结果，取最不利的作用效应组合进行钢筋截面积计算。

（二）机墩

1. 机墩的型式及结构尺寸

发电机机墩采用圆筒式，它由圆筒、悬臂及通风道外壁三部分组成，其结构尺寸如图 3-78 所示。自高程 94.5～97.08m（四周悬臂除外）为圆筒部分。由水轮机和发电机的尺寸决定圆筒高 2.58m，内径 3.35m，外径 7.15m。圆筒壁有宽 1.0m，高 1.8m 的进人孔。发电机采用密闭循环式双向通风，因此圆筒顶部有 9 个通风孔。高程 97.08m 以下为伸出圆筒外的悬臂部分，以支撑通风道外壁。悬臂部分最大尺寸是 1.125m，固定端处最大断面高度是 0.78m。高程 97.08～98.87m 为通风道外壁，高 1.79m，内径 8.60m，壁厚 0.40m。

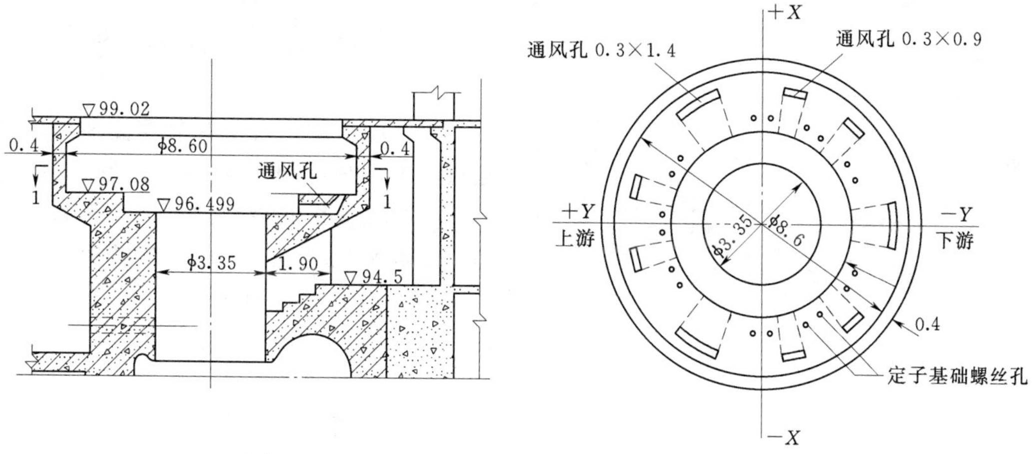

图 3-78　机墩结构尺寸（单位：m）

（a）机组中心（y 向）剖面；（b）1—1 剖面

2. 机墩作用

结构设计中，静力计算应采用荷载设计值，动力计算应采用荷载标准值。作用于机墩上的荷载有垂直荷重及旋转力矩两种。

垂直荷重又分静荷重与动荷重两种，静荷重有：机墩自重，发电机层楼板自重及作用其上的设备重、发电机非转动部分的重量。动荷重有：发电机转动部分（转子带轴）的重量、水轮机转动部分的重量、轴向水推力。

旋转力矩有正常旋转力矩和短路旋转力矩两种。

各种荷载的计算成果列入表 3-68，作用位置如图 3-79 所示。

表 3-68　圆筒轴向力及顶部弯矩计算表

项目	荷载类别	单位弧长上轴向力（kN/m）	荷载作用处的弧长（m）	轴向力（kN）		偏心矩（m）	顶部弯矩（kN·m）	
				运转情况	施工情况		运转情况	施工情况
机墩自重	q_1	93.1	1.0	93.1	93.1	0	0	0
机墩自重	q_2	12.45	1.2	14.99	14.99	0.51	0.78	0.78
机墩自重	q_3	12.45	1.55	26.07	26.07	1.44	3.60	3.60

续表

项目	荷载类别	单位弧长上轴向力（kN/m）	荷载作用处的弧长（m）	轴向力（kN）		偏心矩（m）	顶部弯矩（kN·m）	
				运转情况	施工情况		运转情况	施工情况
通风道外壁及楼板传来的荷载	q_4	60.66	1.71	103.9	103.9	1.87	19.8	19.8
发电机定子、上支架及励磁机	q_5	34.5	1.19	41.16	—	0.49	2.06	—
发电机下支架重	q_6	5.05	0.705	3.53	—	−0.78	−27.44	—
垂直动荷载	P	2×100.5	1.19	2×19.6	—	0.49	2×58.8	—
总计				521.9	244.02	∑M	372.0	216.96

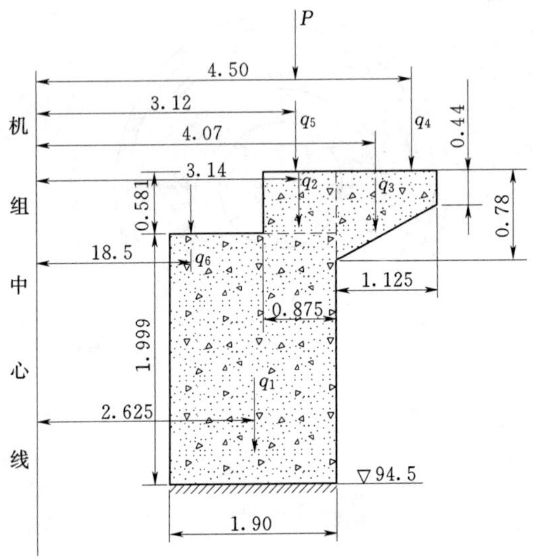

图 3-79 机墩荷载

发电机层楼板上的活荷载重按 9.8kN/m² 计算。

垂直动荷载为发电机转子带轴重、水轮机转轮带轴重和水推力 3 项之和，共为 203t，单位弧长的荷载 $P=100.5\text{kN/m}$，动力系数采用 2.0。发电机旋转力矩由工厂供给：正常旋转力矩 836.9kN·m，短路旋转力矩 4184.6kN·m。

3. 机墩静力计算

（1）圆筒部分。圆筒部分计算分两段进行，自高程 96.499～97.08m 为上段，自高程 94.50～96.499m 为下段［图3-78（a）］。

1）上圆筒计算。按最不利的施工情况计算（P 与 q_5 不计入）。上圆筒高仅 0.581m，且有通风孔将圆筒分成 9 部分，因此上圆筒不能按整体圆筒计算，忽略环向的影响而按偏心柱计算。

取“$+Y$”方向两相邻通风孔之间的受压扇形断面短柱［图 3-78（b）］。扇形外弧长 1.10m，内弧长 0.75m，相邻两通风孔中心线之间的机墩悬臂上的荷载作用于该柱上。进行弯矩及轴力计算。

2）下圆筒计算。下圆筒按下端固定上端自由的薄壁圆筒计算。

距圆筒顶部 X 处的弯矩，其计算公式为：

$$M_x = M_0 \phi \beta_x \tag{3-119}$$

$$\varphi(\beta x) = e^{-\beta x}(\cos\beta x + \sin\beta x);\beta = \sqrt[4]{3(1-\mu^2)}/\sqrt{rh} \tag{3-120}$$

式中：M_0 为作用于圆筒顶部的弯矩；μ 为泊桑比，采用 1/6；r 为圆筒平均半径，为 2.625m；h 为圆筒厚度，为 1.90m。

分两种计算情况：①运转情况，在荷载 q_1、q_2、q_3、q_4、q_5、q_6 和 P 的作用下计算；②施工情况，在荷载 q_1、q_2、q_3、q_4 的作用下计算。

取圆筒中心单宽弧长计算轴力 N 和顶部弯矩 M_0。圆筒固定端的弯矩可由式(3-118)计算。

(2) 悬臂部分。由于通风孔的悬臂部分不能承载，因而将该处的荷载平均作用在两侧没有通风孔的悬臂上。

取最不利的"+Y"方向的悬臂计算，悬臂固定端宽 1.10m，自由端宽 2.36m。

(3) 通风道外壁。通风道外壁承受发电机层楼板传来的轴向力及壁内外温差产生的弯矩。均匀温度变化及混凝土干缩的影响而产生的压力甚小，忽略不计。在计算由于内外温差所引起的弯矩时，将通风道外壁视作薄壁圆筒壳，其下端固定，上端受发电机层楼板的约束为简支。利用铁木辛柯著《弹性理论》中的计算公式，可求得圆筒下端、顶端和中部的纵向弯矩和环向弯矩。

4. 机墩的振动计算

(1) 振动频率计算。

1) 强迫振动频率。主要的扰动有两种，其一是由于发电机转子不平衡，回转力引起的振动，其频率同发电机的转数 n；其二是由于水轮机转叶片越过导水叶片的顶端时水压力跳动引起的振动，其频率为 $n_2=nz_1z_2/a$（z_1 为水轮机转轮叶片数，z_2 为导叶数，a 为 z_1、z_2 的最大公约数）。

2) 自由振动频率。机墩的自振频率包括：① 垂直自由振动频率：$n_{01}=\dfrac{30}{\sqrt{G_1\delta_1}}$，其中 G_1 为作用于机墩上的荷载+0.35×机墩自重，δ_1 为单位垂直力作用下的垂直变位。② 水平自振频率：$n_{02}=\dfrac{30}{\sqrt{G_2'\delta_2'+G_2''\delta_2''}}$，其中 G_2'为作用于机墩上的荷载（不计发电机层活载）+0.35×机墩自重；G_2''为作用于机墩上的荷载（不计发电机层活载）+0.24×机墩自重，$\delta_2'=\dfrac{H}{AG}$，$\delta_2''=\dfrac{H^3}{3EJ}$；$G$ 为混凝土剪切弹性模量；A 为机墩断面积；H 为机墩高度。③ 扭转自振频率：$n_{03}=\dfrac{30}{\sqrt{I_\Phi\Phi_1}}$，其中 Φ_1 为单位扭矩产生的转角，$\Phi_1=\dfrac{H}{GI_P}$，$I_P=\dfrac{\pi}{32}(D^4-d^4)$，$I_\Phi$ 为作用于机墩上荷载+0.35×机墩自重对机组中心线的回转惯性矩。

3) 共振及动力系数校核包括：① 共振校核。将本电站的数据代入前述公式，可求得：自振频率：$n_{10}=3800$ 次/min，$n_{20}=3970$ 次/min，$n_{30}=3410$ 次/min；强迫振动频率：$n_1=214$ 次/min，$n_2=24000$ 次/min。因所有扰动频率远离自振频率，无共振可能。② 动力系数校核 由 $n_1/n_{10}=0.0563$ 可得动力系数 $\Delta=1.0$；由 $n_2/n_{20}=6.04$ 可得动力系数 $\Delta=0.036$。故在动力计算采用动力系数 $\Delta=2.0$ 是偏于安全的。

(2) 振幅计算。机墩强迫振动的振幅应满足垂直振幅不大于 0.1～0.15mm，水平振幅不大于 0.15～0.20mm。振幅计算方法，根据有关规范的规定，均采用应计入阻尼影响的单自由度系统简谐振动的振幅公式进行计算。

计算结果表明，各种情况下的振幅甚小，均未超过一般规定。

5. 机墩应力校核

(1) 剪应力校核。取机墩上圆筒底部断面（高程 96.449m）进行剪应力校核：

1）短路时因冲击而产生的剪应力。按 $\tau_\phi=\mu_0 M_K R/I_P$，其中 μ_0 为冲击系数，M_K 为短路扭矩，R 为圆筒外半径，I_P 为圆筒的极惯性矩。

2）因离心力引起的强迫振动剪应力。按 $\tau_P=\dfrac{\alpha C_P A_P}{\frac{\pi}{4}(D^2-d^2)}$ 计算，其中 α 为疲劳系数，混凝土取 2.0，$C_P=\dfrac{1}{\delta_2}=\dfrac{1}{\delta_2'+\delta_2''}$，$A_P$ 为正常转数时的水平横向振幅。

3）因扭转振幅所产生的剪应力。按 $\tau_\theta=\dfrac{\alpha C_\theta A_\theta}{I_P}$ 计算，其中 $C_\theta=\dfrac{1}{\phi_1}$，$A_\theta$ 为正常扭矩时的水平扭转振幅，α、I_P 同前。

4）主拉应力。求得上述筒应力后，叠加可得短路情况下的主拉应力：$\sigma=\tau=\tau_\phi+\tau_P+\tau_\theta=0.1684\text{MPa}<0.537\text{MPa}$，满足要求；正常情况下的主拉应力：$\sigma=\tau=\tau_P+\tau_\theta=0.0374\text{MPa}<0.493\text{MPa}$，满足要求。

（2）孔口应力。进人孔口附近的应力可近似地用椭圆孔口公式计算。

1）单向受压。孔口两侧压应力 $\sigma_y=\sigma\left(1+2\dfrac{b}{a}\right)$，其中 a 为孔口高度，b 为孔口宽度；孔口上下边的拉应力 $\sigma_x=-\sigma\dfrac{a}{b}$。

2）受扭时。主压应力和主拉应力 $\sigma_c=\sigma_P=4\tau_0$，式中 $\tau_0=M_{k.k}/2A\cdot h$，$M_{k.k}$ 为短路扭矩，A 为机墩水平环的有效面积，h 为机墩厚度。

计算结果表明，各种情况下的应力，均满足设计要求。

6. 机墩配筋计算

采用混凝土 C15，Q_{235} 圆钢筋。

上圆筒按偏心受压构件计算，下圆筒按偏心受压构件计算，计算结果 Fa' 及 Fa 均按构造配筋。

悬臂部分按受弯构件计算。

通风道外壁环按受弯构件计算，竖向按偏心受压构件计算。

（三）蜗壳外围钢筋混凝土结构

1. 计算简图

金属蜗壳由工厂制造，其外围的钢筋混凝土结构按 Γ 形框架计算，顶部与座环连接处视为铰支座，底部作为固定端支座。杆的计算长度取断面中心线长度；水平杆取作断面厚度为 1.04m 的等截面杆，垂直杆取作厚度为 1.24m 的等截面杆。

蜗壳外围钢筋混凝土结构只承受上部荷载（机墩传来的荷载和水轮机层活荷载）及自重，内水压力由金属蜗壳承受。全部荷载均不考虑动力系数，亦不考虑温度变化和混凝土收缩的影响。

机墩传来的荷载换算成沿圆筒厚度方向的线性分布荷载；水轮机层活荷载以 3.92kN/m^2 计，作用于机墩圆筒厚度以外的水平杆上。

蜗壳进口断面的结构尺寸如图 3-80（a）所示，计算简图如图 3-80（b）所示。

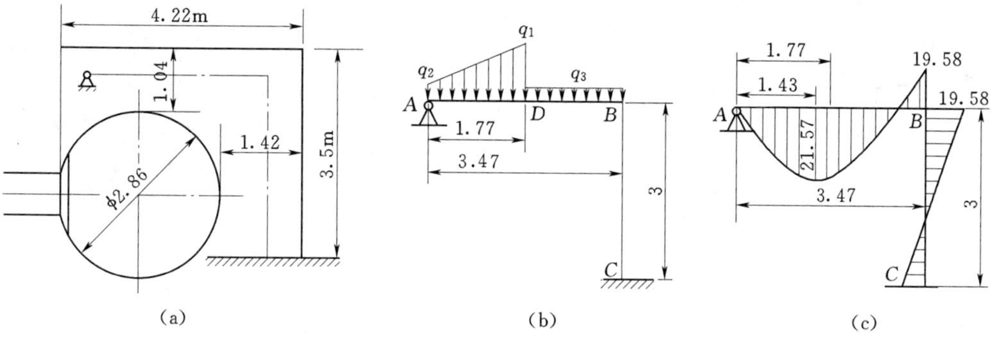

图 3-80　蜗壳进口断面结构尺寸计算简图及弯矩图

(a) 蜗壳进口断面结构尺寸及计算简图；(b) 蜗壳荷载；(c) 蜗壳弯矩

2. 内力计算

内力计算用结构力学方法进行。本设计所得的弯矩图如图 3-80 (c) 所示。

3. 配筋计算

采用混凝土 C15，Q_{235} 圆钢筋

水平杆 AB 按受弯构件计算，垂直杆 BC 按偏心受压构件计算并校核裂缝。计算结果，水平杆上下层均采用 ϕ20@200；垂直杆采用 ϕ20@250；垂直杆不会出现裂缝。

五、点评

本节介绍的水电站建筑物典型毕业设计系根据我国某已建水电站的基本资料编写而成。该设计的资料翔实，设计过程清晰，所采用的依据基本合理，采用了国际单位制，因此是一份很好的设计。即便如此，其中还有些地方需加以说明，有些细节尚可进一步斟酌或予以完善。

（一）关于泄水建筑物的布置

该设计中的泄水支洞是将已开挖成形的施工支洞改建成永久性建筑物，如图 3-60 所示，因而其主要轮廓尺寸、包括洞线、标高、纵坡及洞径都按施工支洞的要求而确定。该泄水支洞的作用是在遇到万年一遇洪水时，配合其他泄洪建筑物共同宣泄洪水，以保主坝安全；紧急降低库水位时，泄水支洞需投入运行；电站运行初期，安装机组台数较少时，利用泄水支洞泄放下游灌溉用水。尽管泄水支洞的运行机会较少，但由于它一方面兼用作发电引水隧洞；另一方面泄水支洞的出水渠在主坝与电站之间通过，并经电站的尾水渠下泄。泄放大流量时必然会对主坝的坝脚造成威胁，同时也会影响电站尾水渠水面的稳定，从而使电站机组的工作水头不稳定。因此，应对兼有泄水功能的有压引水系统的水力特性、泄水对电站机组运行稳定性的影响进行研究和论证，在制订电站运行规程中，应对泄水支洞泄放大流量的时机严格控制，如只有在特大洪水时才允许使用其泄流。

（二）关于引水系统布置

1. 进水口事故闸门

水电站的进水口一般都需设置必要的工作（事故）闸门和检修闸门，在必要时进行紧急事故关闭，截断水流，避免事故扩大，并为闸门井和引水系统的检修创造条件。该设计

中进水口只设置了平压启闭的检修闸门，却没有设置动水关闭的事故闸门。其原因是认为调压井中的事故闸门可以起到紧急关闭切断压力管道中水流的作用，而隧洞本身的事故较少，因而只在进口位置设置平压启闭的检修闸门。实际上，由于隧洞在主坝右端的山头中，离岸边很近，岸壁较陡，且岩层破碎，地质条件复杂，如岩体中地下水位抬高，对坝肩山岩稳定不利。此外，调压井处的地质条件也较差，不宜布置过多建筑物。为安全起见，将动水关闭的事故闸门设在进水口处可能更好。

2. 分岔管

该水电站压力管道采用分组供水方式，两根压力管道各经一个“四通”分岔管向 3 台机组供水。所采用的分岔管的主管为一锥管，两侧分岔为等直径的圆管。经方案比较，结构上采用扭曲的圈形梁（即沿相贯线贴边补强方式）承受不平衡内力，因圈形梁的尺寸和承载能力限制，岔管内加设了拉杆。

该分岔管有以下 3 点不足：一是从主锥管进入分岔圆管处，水流流态不够平顺，因而水头损失较大；二是沿相贯线设置的扭曲圈形梁为一空间曲梁，受力状态不够清晰，加工制作困难；三是岔管内加设的拉杆不仅加大了水头损失，还可能因水流扰动而诱发结构振动。若改为（相切于一个公切球的）3 个锥管相交而成的四通分岔管，则会好得多，因为从主锥进入支锥的水流流态较平顺，水头损失减小；主、支锥之间的相贯线为平面曲线，可以采用 U 形梁加腰梁的加固方案，或做成内加强月牙肋岔管，岔管内不再设拉杆。

（三）关于厂房布置

（1）由于地形、地质条件的限制，压力管道从岔管以后采用明管，在主厂房与后山坡之间形成一个宽约 20m 的空间地带，刚好用来布置副厂房，因此它位于主厂房的上游侧。这与一般的引水式或河岸式厂房的布置不同。这种情况下，主厂房的上游侧通常须同时布置机组的调速器、油压装置、机旁盘和发电机的引出线，因而出现困难。本设计中机组的上游侧布置有机组的调速器和油压装置，两者之间相隔一定的距离，发电机引出线即从两者之间引向母线廊道，发电机引出线与连结调速器和油压装置的油管就有可能相互交叉造成布置上的困难。此时应注意在布置上尽可能使发电机引出线与油管在高程上错开，发电机引出线在上，油管在下，以免油管渗漏影响发电机的引出线。另一种可能的解决途径是将调速器紧靠油压装置布置，在调速器与蝴蝶阀吊孔之间留出足够的空间，让发电机引出线通过。

发电机引出线的布置方式通常应在厂房布置图中明确表示出来。

（2）该设计中高压压气机布置在高程 92.60m 的作用筒层上，由于高压压气机运行时会产生很大的噪音，势必给整个厂房的运行环境带来很大的影响。如果将高压压气机移至安装间下层，并将其封闭在房间内，会有利于减少噪声对厂房运行环境的影响。

（3）位于副厂房第二层右端的蓄电池室位置并不理想，因其上游侧有母线廊道，右侧紧靠升压站，两面都不能向外开窗，必须设置可靠的强制排风通道，不然蓄电池所挥发的有害气体不仅会影响到运行人员的安全，还可能导致燃烧和爆炸。

（4）主厂房下部块体结构中，上下游水下墙厚分别为 1.7m 和 2.0m，厚度适宜；左右端墙厚 0.8m，则嫌单薄。因为从结构所承受的荷载（水压力）来看，端墙与下游墙相同，比上游墙大；按支承条件看，端墙远比下游墙差（后者可以以闸墩作为支承，跨度大为减小）。宜适当加厚端墙，或调整结构布置，改善其支承条件。

第七节　抽水蓄能电站建筑物设计

本节通过实例介绍抽水蓄能电站主要建筑物的设计，包括枢纽总体布置、机组选型设计、进/出水口及输水系统布置设计和地下式厂房布置设计等，挡水和泄水建筑物设计可参考本书相关的内容，建筑物的结构设计同本章第六节水电站建筑物设计部分。

一、抽水蓄能电站总体布置

（一）基本资料

F抽水蓄能电站总装机容量为1800MW，设6台机组，在系统中主要担任调峰填谷、事故备用以及调频、调相等任务。

1. 上库特征水位

校核洪水位（0.05%）1505.69m，校核洪水最大下泄流量160m^3/s；

设计洪水位（0.2%）1505.59m，设计洪水最大下泄流量122m^3/s；

设计蓄水位1490.0m；

设计低水位1460.0m。

2. 下库特征水位

校核洪水位（0.05%）1064.34m，校核洪水最大下泄流量1200m^3/s；

设计洪水位（0.2%）1062.0m，设计洪水最大下泄流量866m^3/s；

设计蓄水位1050.0m；

设计低水位1040.0m。

3. 机组参数

装机容量1800MW，设6台机组，两个相对独立的引水单元中各3台机组。

4. 挡水与泄水建筑物

上水库库区由3条规模较大的冲沟构成，为一优良天然大库盆。坝址选择在两岸山体雄厚，坝轴线最短，工程量最省，筑坝条件最好的地方。上水库枢纽工程包括：钢筋混凝土面板堆石坝、放空隧洞、进/出水口、环库公路。通过对混凝土重力坝和当地材料坝两种坝型的比较，考虑到当地材料坝能充分利用当地材料，施工简便，造价低，工期短，对基础要求较低，最终选择了钢筋混凝土面板堆石坝方案。由于上库大坝和进/出水口的安全检查和检修，需要短期放空水库，在坝右岸山体内，利用施工期导流隧洞后期改建成放空隧洞，城门洞形，下游采用挑流消能。

利用现已建成的某水电站水库为下水库，其枢纽建筑物包括：拦河大坝、溢洪道、泄洪放空洞。改造后的下水库拦河大坝为混合坝型：即左岸钢筋混凝土面板堆石坝、右岸混凝土重力坝。下水库泄洪放空洞布置在右岸的山体内，采用城门洞无压隧洞型式，洞线全长约300m，下游采用挑流消能。

（二）开发方式的确定及主厂房位置选择

F抽水蓄能电站的水头较高，属于中水头抽水蓄能电站，相应的机组吸出高度很小，机组安装高程很低，同时，从地形条件来看，靠近下水库的地形较高，上下库之间不存在适合布置地面式或半地下式厂房的地形条件，因此，采用地下式厂房是必然的选择。

从F抽水蓄能电站的地质地形条件来分析，上水库边界很不规则，不宜采用首部开发常用的“井式进水口＋竖井”的布置型式，同时上库附近地形明显较高且存在不易避开的地质薄弱带，若布置首部式厂房其埋深很大，而上下库之间中部和靠近下库地形明显降低。综上考虑，F抽水蓄能电站采用中部式开发或尾部式开发比较合理。下面就两个存在明显差别的厂房布置方案进行比较，方案一为厂房中部布置方案，尾水道较长；方案二为厂房介于中部布置方案和尾部布置方案之间，尾水道相对较短。如图3－81和图3－82所示。

方案一：厂房布置在引水系统的中间位置，为了保证厂房洞室群的围岩稳定性，厂房位置避开上下游侧两个地质薄弱带。该方案的优点是：①厂房位置地质条件良好，适于主厂房和副厂房洞室的布置；②厂房位置地形上有一较大的降低，可以减小厂房的埋深，同时减少与地面交通的工程量；③厂房上游侧压力管道的长度可以缩短，有利于压力管道的布置和降低水锤压力等。主要缺点是：厂房下游侧尾水道较长，需要设置尾水调压室，不仅增加相应的工程量，而且对厂房洞室群的稳定和防渗等不利，需要采取专门的工程措施。

方案二：在方案一的基础上，厂房向下游侧移动，以缩短尾水道的长度，从而取消尾水调压室。在确定厂房的具体位置时，也避开可能的地质薄弱带。该方案由于厂房位置靠近地形更低的下游，因此厂房的埋深以及与地面交通的工程量进一步减小，取消尾水调压室以后，有利于厂房洞室群的稳定性，但是厂房上游侧压力管道加长，对水锤压力不利。

综合两个方案的比较可知，在给定设计原始资料的前提下，若从厂房的布置而言，方案二较优；若从整个系统的水锤压力而言，方案一较优。因此，在设计方案选择时，可根据不同的角度选择不同的布置方案，有利于拓宽思路。在本节中，重点关注目前在水电站和抽水蓄能电站系统布置中考虑较多的取消尾水调压室方案，即方案二，进行具体的分析。当然，在实际抽水蓄能电站布置中，全面考虑地质地形条件以及施工条件等，方案二不一定是优选方案。

在方案二即取消尾水调压室方案的基础上，可进一步对厂房的位置以及上游引水道和尾水道的布置进行合理调整。

二、抽水蓄能机组选型设计

（一）选型设计说明

抽水蓄能电站的主要作用是调峰填谷，抽水蓄能机组既作为发电设备又作为抽水设备，可以选用组合式水泵水轮机和可逆式水泵水轮机。

虽然组合式水泵水轮机与可逆式水泵水轮机相比较，具有水轮机工况和水泵工况下，运行效率均较高、电机的旋转方向不变、工况切换时间较短和水轮机辅助启动水泵等优点，但是，与可逆式水泵水轮机相比较，组合式水泵水轮机存在以下缺点：

（1）泵和水轮机都是独立的设备，机组设备多，尺寸大，投资高。

（2）泵和水轮机需单独的蜗壳、尾水管和进口阀门，增加机械设备及水电水工部分的投资。

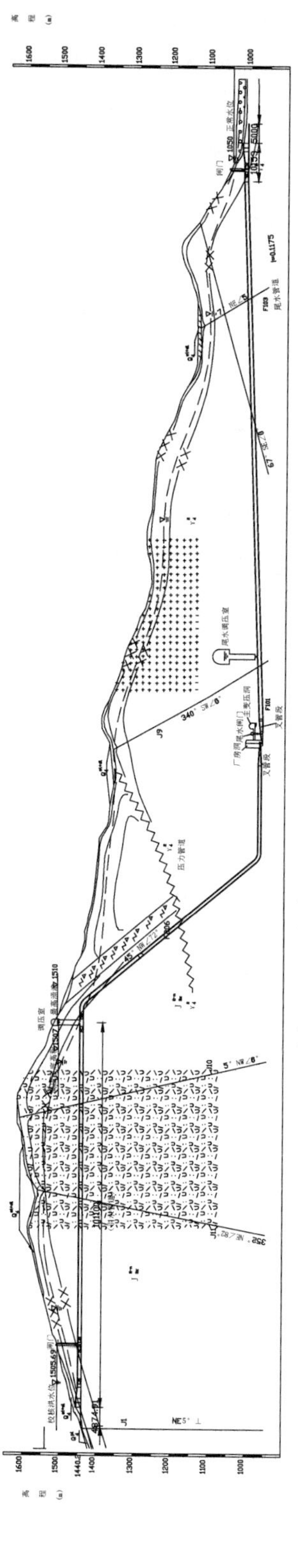

图 3-81　方案一尾水道较长的厂房中部布置方案

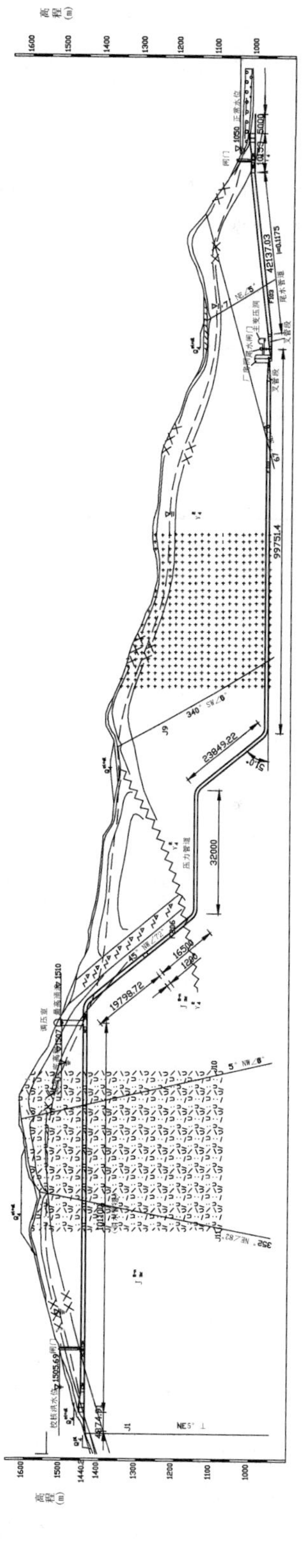

图 3-82　方案二尾水道相对较短的布置方案

（3）在泵上要装一个联轴器，立式机组在泵下要装一个止推轴承，因而增加了机械设备。

（4）空转的泵或水轮机转轮，即使打进了压缩空气，仍有一定损耗，影响整个机组的效率。

随着抽水蓄能机组的发展和技术的进步，大型可逆式水泵水轮机两种工况时的最高效率均可达到93%以上。F抽水蓄能电站的单机容量是300MW，且水头较高，属大型抽水蓄能电站，所以，经过上述的比较和经济效益分析，本设计选用可逆式水泵水轮机。

目前我国水泵水轮机的生产尚未形成系列，选型时可根据工作水头范围和扬程范围见表3-69和图3-83中选择合适的机型，有时也可能有两种机型都能适用，则均应列入比较方案。

表3-69　各型水泵水轮机适用范围

型式	适用水头范围（m）	比转速范围（m·kW）
混流式	20～600	70～250
斜流式	25～200	100～350
轴流式	15～40	400～900
贯流式	<30	

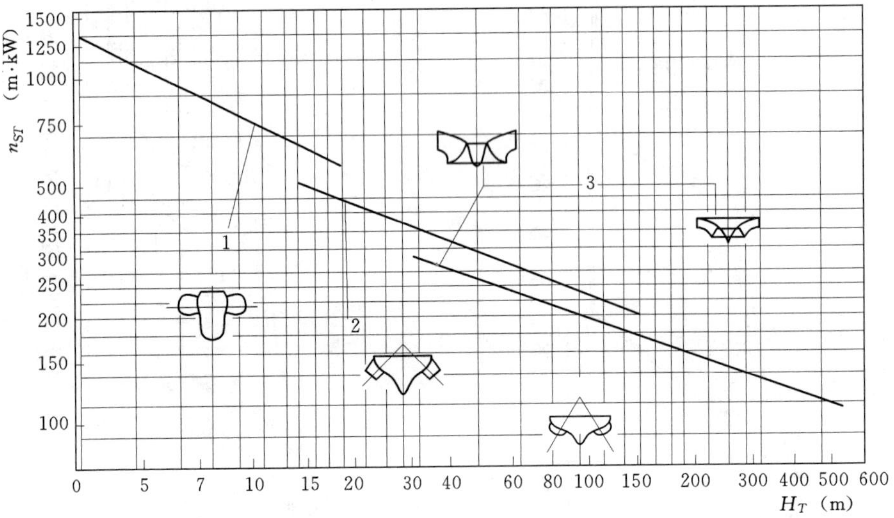

图3-83　可逆式水泵水轮机水头应用范围图

1—轴流式；2—斜流式；3—混流式

在水泵水轮机单机容量一定的条件下，主要选择机型及其主要参数（包括转轮直径D_1、转速n和吸出高度H_s），与普通水泵或水轮机的选择存在明显的差别：水泵水轮机在两种工况下的运行特性是紧密联系着的，而且这些特性又相互影响着抽水蓄能电站的参数。因此在实际选择时要使两种工况都能在高效率区稳定工作，使抽水蓄能电站有较高的综合效率并且有良好的吸水性能以减小淹没深度。在抽水蓄能电站中，考虑输水系统的水力损失后，水泵工况的扬程均大于水轮机工况的工作水头，所以在选择水泵水轮机的参数时往往先从水泵工况入手，使水泵工况首先满足在高效率区运行的要求，然后由水泵工况的参数再去校核水轮机工况的运行范围，若此范围亦包括了水轮机工况特性曲线的高效率区时，则所选择的参数是满意的，否则可将其中的某些参数作适当的调整。

以上所述的水泵水轮机选择的程序和方法是应用模型综合特性曲线进行的，但目前在很多情况下尚缺乏模型试验资料，在初选时就往往借助于在综合和分析各国典型机组的参数基础上所得出的经验公式来进行，待得到厂家所提供的模型试验资料后重新再作核算。

鉴于我国抽水蓄能机组尚未形成相应的系列，以及缺乏机组选型的相关资料，特别是机组的特性曲线，因此，限于资料的原因和毕业设计进度的控制，无法从水泵工况参数开始选型计算，只能采用目前在抽水蓄能电站机组初步选型阶段可以采用的有效的估算方法，计算机组的控制参数，同时套用水头接近的常规机组的一些计算方法和计算公式，确定机组的尺寸，特别是发电机的选型和设计尺寸。

（二）抽水蓄能电站特征水头的确定

根据经验初步估算水头损失为抽水蓄能电站毛水头的5%，各种可能的水位组合下的作用水头计算如下：

（1）上库为正常蓄水位，下库为正常蓄水位的情况（根据经验假设出现概率为30%）：

$$H_1 = H_{正(上库)} - H_{正(下库)} - 5\%[H_{正(上库)} - H_{正(下库)}] = 418\text{m}$$

（2）上库为正常蓄水位，下库为死水位的情况（根据经验假设出现概率为50%）：

$$H_2 = H_{正(上库)} - H_{死(下库)} - 5\%[H_{正(上库)} - H_{死(下库)}] = 427.5\text{m}$$

（3）上库为死水位，下库为正常蓄水位的情况（根据经验假设出现概率为15%）：

$$H_3 = H_{死(上库)} - H_{正(下库)} - 5\%[H_{死(上库)} - H_{正(下库)}] = 389.5\text{m}$$

（4）上库为死水位，下库为死水位的情况（根据经验假设出现概率为5%）：

$$H_4 = H_{死(上库)} - H_{死(下库)} - 5\%[H_{死(上库)} - H_{死(下库)}] = 399\text{m}$$

由上述情况得出

$$H_{max} = H_2 = 427.5\text{m}$$

$$H_{min} = H_3 = 389.5\text{m}$$

根据各水头出现的频率计算加权平均水头为

$$H_{av} = 417.53\text{m}$$

抽水蓄能电站的设计水头的计算近似于引水式电站的设计水头计算，即

$$H_r = H_{av} = 417.53\text{m}$$

（三）水泵水轮机参数的计算

1．水泵水轮机的额定出力 N_r

当抽水蓄能电站的装机容量确定后，在进行水泵水轮机参数选择时，要经过综合比较，合理确定抽水蓄能电站水泵水轮机的基本数据，使电站的效益得以充分发挥。由于国内在水泵水轮机的选型方面的参考书籍比较缺乏，故在进行F抽水蓄能电站的选型计算时，考虑由水泵水轮机到发电机的效率转换，采用经验公式进行计算

$$N_r = N_{gr}/\eta_{gr} \tag{3-121}$$

式中：N_{gr}为电动发电机的额定出力；η_{gr}为电动发电机的额定效率。

F抽水蓄能电站的额定出力为300 MW，可取 $\eta_{gr} = 0.97 \sim 0.98$，则 $N_r = 300/0.97 = 309.3\text{MW}$。

2．水泵水轮机的引用流量 Q

取水轮机工况效率 $\eta_T = 0.9$，根据公式

$$N_r = 9.81\eta Q H_r \tag{3-122}$$

计算得 $Q=\dfrac{N_r}{9.81\eta H_r}=83.9\text{m}^3/\text{s}$。

3. 水泵水轮机的性能参数计算

鉴于F抽水蓄能电站的运行水头介于350～450m，因此由表3-69和图3-83水泵水轮机机型应用范围，可选用单级混流可逆式水泵水轮机。

(1) 已知水轮机工况额定水头 H_r，利用经验公式 $n_{ST}=\dfrac{K}{\sqrt{H_r}}$，初步选取水轮机比转速 n_{ST}。当 $H_r \geqslant 400\text{m}$ 时，考虑用 $K=2400$；当 $400\text{m} \geqslant H_r \geqslant 200\text{m}$ 时，考虑用 $K=2200$；当 $H_r \leqslant 200\text{m}$ 时，考虑用 $K=2000$ 或 $K=1800$。

根据可逆式水泵水轮机水头与比转速统计关系曲线图3-84，在水轮机工况下，由 $H_r=417.53\text{m}>400\text{m}$，考虑采用 $K=2400$（K 为表征水头与比转速的特点的系数）。初步选取水轮机比转速

$$n_{ST} = \frac{K}{\sqrt{H_r}} = 117.49\text{r/min} \tag{3-123}$$

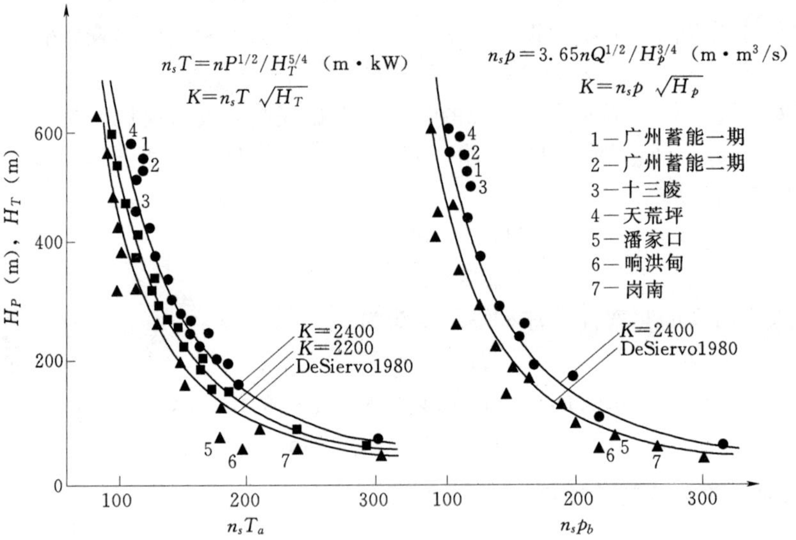

图3-84 可逆式水泵水轮机水头与比转速统计关系曲线

(2) 已知水轮机额定功率 P (kW)，初步计算单位流量 Q_1' (m³/s) 和转轮直径 D_1 (m)。

$$Q'_1 = 0.0039 n_{ST} - 0.15 \tag{3-124}$$

$$D_1 = \sqrt{\frac{N_r}{8.82 Q'_1 H_T^{\frac{3}{2}}}} \tag{3-125}$$

得出 $Q'_1=0.31\text{m}^3/\text{s}$，$D_1=3.64\text{m}$。

(3) 初步计算单位转速 n

$$n'_1 = 7.85 + 0.0918 n_{ST} = 89.286\text{r/min} \tag{3-126}$$

同步转速

$$n = \frac{n'_1 \sqrt{H_r}}{D_1} = 501\text{r/min} \tag{3-127}$$

原则上应该选取与之相接近偏大的同步转速，由于上述计算仅为试算过程，且计算值与偏大的同步转速相差很大，与同步转速 500r/min 极为接近，因此选取同步转速$n=500$r/min。

（4）根据选择的同步转速重新计算上述参数。

比转速　$n_{ST}=\dfrac{nN_r^{1/2}}{H_r^{5/4}}=147.47\text{r/min}$

单位流量　$Q'_1=0.0039n_{ST}-0.15=0.43\text{L/s}$

转轮直径　$D_1=\sqrt{\dfrac{N_r}{9.81\eta Q'_1 H_r\sqrt{H_r}}}=3.09\text{m}$

（5）用水轮机工况额定点比转速 n_{ST} 和最大水头 H_{max} 计算机组的吸出高度 H_S（m）。

由经验公式得

$$H_S = 9.5-(0.0017n_{ST}{}^{0.955}-0.008)H_{max} \tag{3-128}$$

取

$$H_S=-73.0\text{m}$$

从上述得到的同步转速 n、转轮直径 D 和 H_S 可作为可行性研究阶段水泵水轮机的主要参数。选择不同的同步转速，即可得到几个方案，可供分析比较。在 F 抽水蓄能电站设计中，因考虑到资料的不完整，即选定上述数值为可逆式机组的主要参数值。

4. 水泵水轮机主要尺寸和重量估算

（1）转轮内缘直径。

$$D_2 = (0.05 \sim 0.06)D_1\sqrt{n_{ST}} \tag{3-129}$$

计算得 $D_2=1.87$m。

（2）导叶高度。

$$b_0 = 0.001\times(0.08\sim 0.12)D_1(n_{ST})^{1.4} \tag{3-130}$$

计算得 $b_0=0.4$m。

（3）转轮总高度。

$$B = 0.001\times(5.4\sim 5.8)D_1 n_{ST}{}^{0.8} \tag{3-131}$$

计算得 $B=1.00$m。

（4）导叶轴线的圈围直径。

$$D_0 \approx 1.2D_1 \tag{3-132}$$

计算得 $D_0=3.72$m。

导叶数

$$z_0 = 20\sim 24 \tag{3-133}$$

（5）座环外径。

$$D_a = (1.5\sim 1.7)D_1 \tag{3-134}$$

式中系数：小值用于水头 $H=80$m，大值用于水头 $H=600$m。

计算得 $D_a=5.10$m。

（6）转轮重量。

$$G = \lambda D_1^3 \tag{3-135}$$

式中系数 λ 可由图 3-85 查得，它与 D_2/D_1 和水头 H 有关。

计算得 G=16.23t。

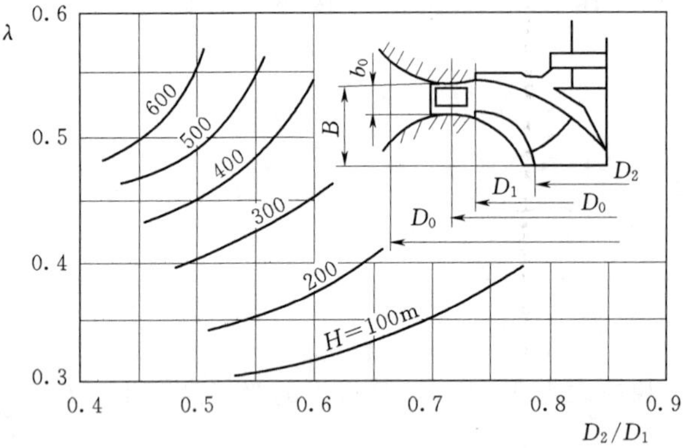

图 3-85　混流式水泵水轮机的各主要尺寸和确定转轮重量的关系曲线

5. 发电电动机的选型

(1) 发电电动机的类型选择。抽水蓄能电站使用的电机，在水泵工况时作为电动机，在水轮机工况时作为发电机，此可逆式电机又称为发电电动机。

发电电动机的装机方式有两种：卧式机组和立式机组。由于现代抽水蓄能机组的单机容量较大，几乎全部采用立式机组，对于额定转速高于 500r/min 的高速机组一般采用悬式，所以，对于 F 抽水蓄能电站，其发电电动机采用的装机方式为立轴悬式。

(2) 发电电动机的参数选择。由于目前关于抽水蓄能电站的发电电动机选型资料比较少，所以在进行本电站设计时，基于已经确定的水泵水轮机的同步转速 n=500r/min 和给出的单机容量 P=300MW，参照常规发电机尺寸的估算方法和相应公式，计算发电电动机的主要参数，详细过程可参见相关文献。

(四) 进水阀的选择

考虑到 F 抽水蓄能电站输水系统较长，且采用集中供水的方式，每台机组上游侧需设置进水阀。因 F 抽水蓄能电站的设计水头较大（H_r = 417.53m＞200m），所以选用球阀。

选用 QF-200-500 的球阀，其油压装置定为 YS-4，其尺寸如图 3-86所示，选用旁通阀的直径取 φ=0.4mm，空气阀的直径取 φ=0.3m，为便于进水阀安装和拆卸，附设伸缩节。

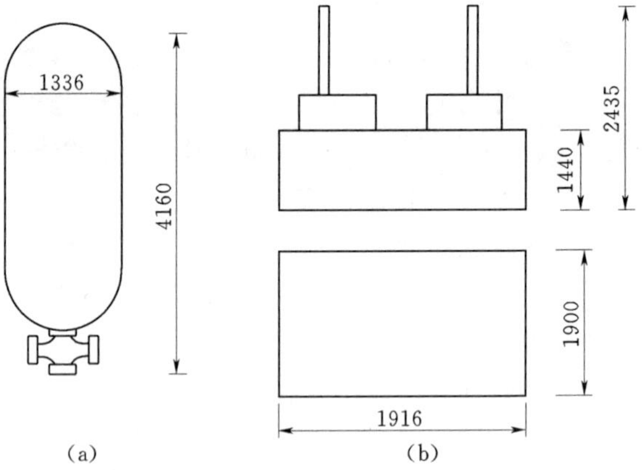

图 3-86　油压装置 YS-4（单位：mm）

(a) 压力油罐；(b) 回油箱

三、进/出水口布置设计

(一) 进/出水口位置选择

鉴于 F 抽水蓄能电站的上库是由 3 条冲沟形成，地形很不规则，且不采用首部开发方案，因此，不考虑采用井式进/出水口。

侧式进/出水口的纵轴线是水平（或基本水平）的，水流从水平方向流进、流出进/

出水口，适用于库岸具有适于建造进/出水口的地质地形情况。特别是下库进/出水口，因尾水洞多从水平向与下库连接，用侧式进/出水口便于布置，同时它对引水道的施工有一定的方便之处。

根据电站的具体条件，侧式进/出水口有不同形式，一类伸入水库的距离较短，进/出水口的主要部分都位于在岸坡中，工程量较小，适用于水库边界比较规则，地质地形条件适于做进/出水口的情况；另一类伸入水库较远，进/出水口的主体在水库中，为一箱式钢筋混凝土结构，工程量较大，适用于水库边界不规则，或地质地形条件不大适合做进/出水口的情况。

根据F抽水蓄能电站的地质和地形的特点，可以将引水隧洞布置成接近于水平方向进入上水库，所以采用侧式进/出水口。其位置如图3-82所示以及进/出水口平面布置如图3-87和图3-88所示，在此基础上可进一步结合引水道和尾水道的布置进行合理调整。在本节中仅结合上水库进/出水口的设计进行详细说明，下水库进/出水口的设计与此类似。

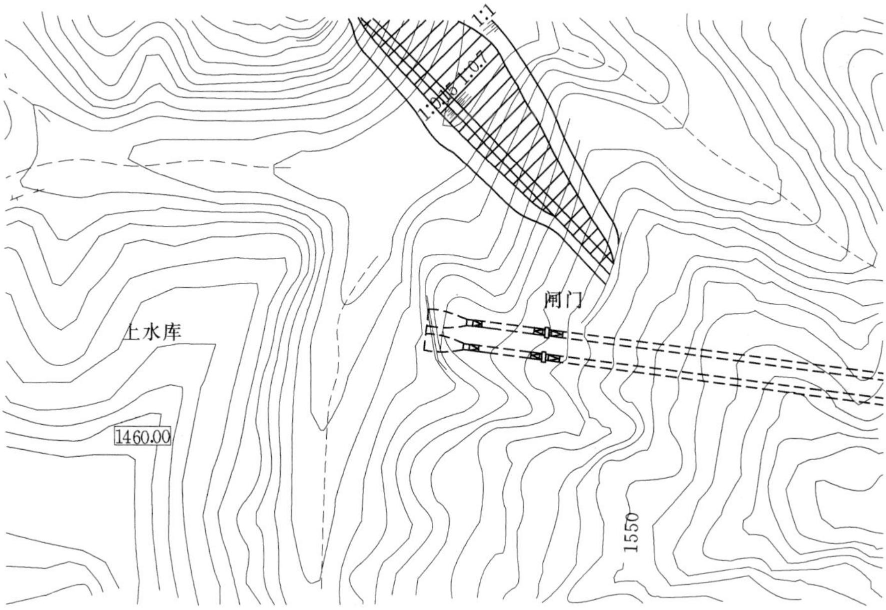

图3-87 上水库进/出水口平面布置图

(二) 进/出水口的轮廓尺寸确定

1. 隧洞直径

F抽水蓄能电站设计采用两个独立的水力单元，每一单元3台机组共用一条引水隧洞，当3台机组满发时，隧洞的过流量为$Q=3Q_{引}=251.7\text{m}^3/\text{s}$。通常，抽水蓄能电站在发电工况下，输水隧洞内最大平均流速为5m/s，在抽水工况下，输水隧洞内最大平均流速为4m/s，对于F抽水蓄能电站，考虑取引水隧洞流速为$V_0=4.5\text{m/s}$，由$Q=AV_0$计算得隧洞的直径$d=2\sqrt{\dfrac{Q}{\pi V_0}}=8.44\text{m}$。

2. 进/出水口的参数

(1) 进/出水口最大断面尺寸。根据水流经过拦污栅的平均流速V_m，可以确定进/出

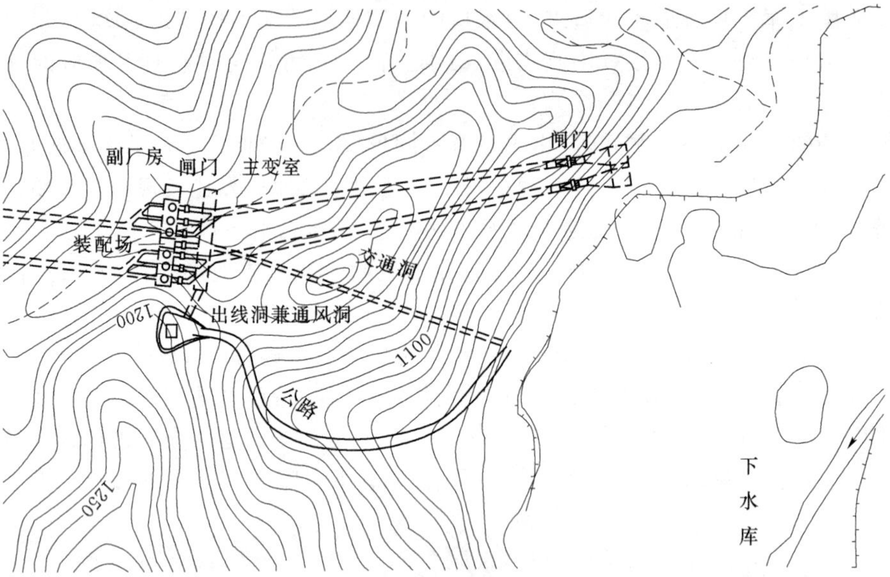

图 3-88 下水库进/出水口平面布置图

水口的最大断面积，从而可以确定进/出水口断面。一般流过拦污栅的平均流速为 0.8～1m/s，这里取 $V_m=0.9$m/s，对于侧式进/出水口，在立面上应扩散，一般底板做成水平的，顶板向上扩散，一般扩散角 θ_2 小于 10°，使进/出水口的高度由隧洞直径 d 渐增至 D，D 值应不小于隧洞直径的 1.5 倍，在平面上一定要有扩散段，但扩散角过大，出流时水流会脱离边墙，对于矩形断面水平扩散角 $\Delta\theta_1<10°\sim12°$。

取 $D=1.5d=12.6$m，则顶板扩散角 $\theta_2=8°$，满足要求。进/出水口最大断面，即扩散段出口面积为 $A_{max}=\dfrac{Q}{V_m}=280\text{m}^2$，进/出水口扩散段出口的净宽度 $B=\dfrac{A_{max}}{D}=22.2$m，水平扩散角 $\theta_1=2\arctan\dfrac{22.2-8.44}{2\times30.03}=25.8°$，为满足要求，在扩散段设 3 个分流墩，则有 $\Delta\theta_1=6.45°<10°$，进/出水口详细布置如图 3-89 所示，其中分流墩的布置、体型设计，以及墩尾的型式可参考规模相当和进/出水口布置相似的抽水蓄能电站调整确定。

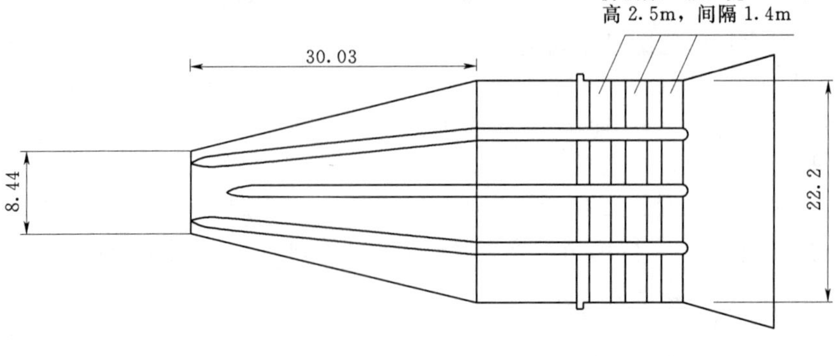

图 3-89 进/出水口平面布置图（单位：m）

（2）最小淹没深度。为了避免水流流进引水隧洞时产生吸气旋涡，最低水位到进水口顶的距离要大于最小淹没深度 H，其经验公式见式（1-31），经计算得 $H=7.2\mathrm{m}$。

（3）进水口底高程。如图 3-90 所示，进水口底高程为：

$$\nabla_{进底}=\nabla_{设底}-H-D=1440.2\mathrm{m}$$

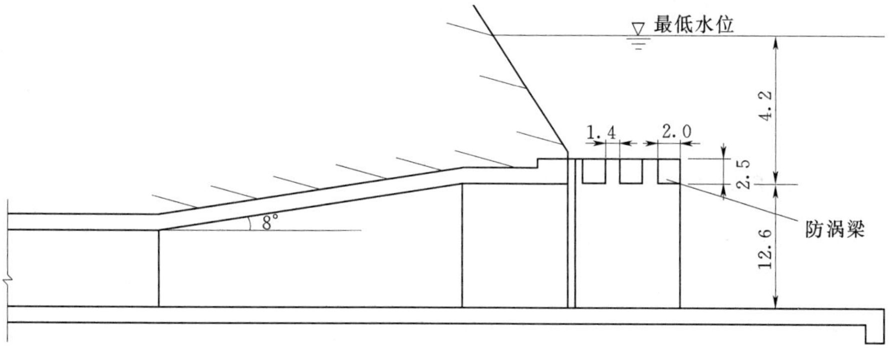

图 3-90　进/出水口纵剖面（单位：m）

（4）防涡梁的设计。对于侧式进/出水口，常在孔口处的上方设置固定的防涡梁，用来遮蔽旋涡的流心，防止其发展。梁距要适中，如果太窄则旋涡会转至梁的前方，如果太宽则旋涡仍会进入水道。参考类似规模抽水蓄能电站进/出水口的布置设计设置防涡梁，尺寸设计如图 3-89 和图 3-90 所示，共设 3 根，高度为 2.5m，宽度为 2.0m，间距为 1.4m。同时，在防涡梁段与扩散段之间设一调整段。

（5）进/出水口闸门。闸门高度应高于上水库最高水位 1505.69m，根据 F 抽水蓄能电站输水系统工程地质剖面图上地形和水位的情况，定出闸门轴线位置距进水口 165m。由于此段距离很长，所以进水口到闸门设置两个渐变段，即由进水口的矩形变为圆形隧洞，再由圆形隧洞变为矩形闸门的过渡段，通常采用圆角过渡，如图 3-91 所示。

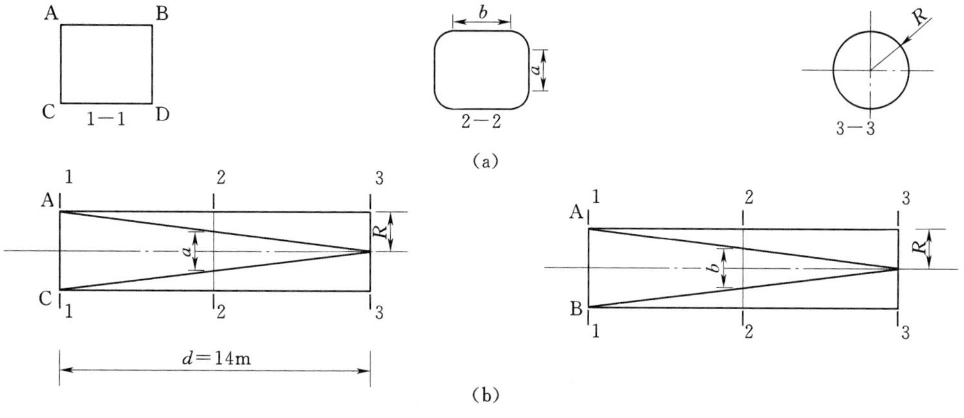

图 3-91　引水系统渐变段

（a）断面图；（b）平面图

渐变段的长度一般为隧洞直径的 1.5～2.0 倍，侧面扩散角以 6°～8°为宜。故取渐变段长度为 14m。

（6）闸门通气孔。

通气孔的面积：

$$A=\frac{Q_{max}(\text{进气流量})}{V} \tag{3-136}$$

最大进气流量出现在事故闸门紧急关闭时，可以近似认为等于进水口的最大引用流量，即 $Q_{max}=251.7m^3/s$，进气流速一般为 70～80m/s，取 $V=75m/s$，计算得 $A=\frac{251.7}{75}=3.36m^2$，则取通气孔的直径为 2.1m。

四、地下式厂房布置设计

（一）主厂房主要尺寸的拟定

本抽水蓄能电站的水头较高，而水泵水轮机的安装高程又较低，采用地下式厂房。地下式厂房的断面尺寸应尽量减小，以减少洞室的开挖量，节省造价。地下厂房建在地下，其围岩稳定和地应力是设计者主要考虑的因素，而地下厂房的跨度是影响洞室围岩稳定的主要因素。如果地下洞室的跨度很大，对其围岩稳定很不利，一般的地下洞室都做成窄瘦型的，即跨度应尽量减小，所以，布置地下式厂房时，要特别注意紧凑合理。设计中，在进行抽水蓄能电站厂房布置时，确定厂房的轮廓尺寸和主要设备的尺寸以后，可参考类似抽水蓄能电站的厂房布置图进行布置设计。

1. 厂房起吊设备的选择

F 抽水蓄能电站有 6 台机组，又是地下式厂房，故选用双小车比较有利。根据发电机估算重量为 343.5t，选用双小车桥式起重机 2×200t，其主要尺寸以及平衡梁的主要尺寸可参见相应的设计手册计算得到。

2. 高度方向尺寸的确定

（1）可逆式机组安装高程。对于立轴机组，其安装高程为：

$$Z_s=Z_w+H_s+b_0/2 \tag{3-137}$$

式中：Z_w 为下库最低水位，m，$Z_w=1040m$；H_s 为吸出高度，m，$H_s=-73.0m$；$b_0=0.4m$。

计算得 $Z_s=967.2m$。

（2）尾水管底板高程。已知尾水管高度 h，则尾水管底板高程＝$\nabla_{安}-b_0/2-h=960.4m$。

（3）水轮机层地面高程。水轮机层地面高程＝水轮机安装高程＋蜗壳进口断面半径＋蜗壳上部混凝土厚＝969.6m。

（4）发电机层地面高程。发电机层地面高程＝$\nabla_{安}$＋进人孔高度 2m＋进人孔顶部梁 1.5m＋定子高度＋上机架高度＝980.5m。

装配间高程与发电机层地面高程同高。

（5）吊车轨顶高程。吊车轨顶高程＝发电机层地面高程＋调运物与固定物间垂直安全距离＋起吊设备高度（电机主轴高度）＋吊具高度＋吊车平衡梁至轨顶最小距离＝995.2m。

（6）厂房顶板高程。

厂房顶板高程＝轨顶高程＋轨道面至起重机顶距离＋房顶净高＋混凝土厚度＝1003.7m。

厂房总高为：43.03m。

主变洞至主厂房的净距：0.6～0.8 倍的厂房高，取 30m。

3. 宽度方向尺寸的确定

（1）下部块体。上游侧宽度 $B_s = R_{75°}$ + 混凝土厚度 + 球阀室宽度 = 9.33m；下游侧宽度 $B_x = R_{225°}$ + 外包混凝土厚度 = 5.91m，故取总宽为 15.24m。

（2）发电电动机层宽度。考虑发电电动机的尺寸，以及发电电动机层的布置、交通和吊运物件等，确定发电电动机层总宽度为 14.36m。

综上分析，主厂房总宽由下部块体确定，取上部块体的上游侧宽度与下部块体的下游侧宽度之和 15.66m 作为厂房的宽度，结合吊车梁的标称跨度，取吊桥跨度为 16m。

4. 长度方向尺寸的确定

（1）机组段长度。机组段长度由蜗壳、尾水管、发电电动机等设备在厂房长度方向上的尺寸决定，同时还应考虑机组附属设备及主要通道、吊物孔的布置及所需尺寸。

1）蜗壳层：$L_{+X} = R_{345°}$ + 混凝土厚度 = 6.29m，$L_{-X} = R_{165°}$ + 混凝土厚度 = 5.45m，取 L = 11.74m；

2）尾水管层：$L_{+X} = L_{-X} = \frac{B}{2}$ + 混凝土厚度 = 1.483m，取 L = 2.966m；

3）发电机层：$L_{+X} = L_{-X} = \frac{D_2}{2}$ + 两风罩外缘净距的一半 + 电机保护层厚度 = 7.334m，取 L = 14.668m。

机组段长度取 3 种情况中的最大尺寸，即机组段长度为 L = 14.67m。

（2）端机组段长度。边机组中心到 $-X$ 方向的尺寸，按机组段长度的一半应为 $0.5L_1$ = 7.335m；其在 $+X$ 方向的尺寸由主阀的起吊条件控制，主阀中心至机组中心线的距离为：蜗壳 $+X$ 方向尺寸（5.29m）－蜗壳进口管道直径的一半（1.37m）；主阀起吊位置相对吊钩的裕量取 0.3m；吊车外端至厂房端墙内侧的安全距离为 0.4m。则取端机组段长度 L_2 = 17.30m。

5. 装配场尺寸的确定

常规的地下厂房的装配场多半位于厂房的一端。但不少地下电站装配场位于厂房中间，由于 F 抽水蓄能电站的机组多，机组段长，为了中间便于检修和厂房高边墙的稳定，所以本电站设计将装配场布置于厂房中间（两个引水单元之间），两侧各布置 3 台机组。

装配场的长度主要满足检修时安放转轮、转子、上机架和水轮机顶盖四大件的要求，考虑到主阀的检修空间，取 11.30m。

（二）副厂房主要尺寸的拟定

抽水蓄能电站的机电设备比常规电站要多且复杂，一般地下式厂房的副厂房布置在主厂房的一端，从而减小主厂房洞室的跨度，利于其稳定，或者布置在主厂房洞室上下游侧单独的洞室内。F 抽水蓄能电站副厂房考虑布置在主厂房的端部，并且分层布置；球阀布置在主厂房上游侧；主变压器布置在主厂房下游侧单独的洞室内，与主厂房之间用母线出线平洞连接。开关场布置在主变压室上部洞室内，与主厂房平行布置，并用出线洞引到地面。3 台机组尾水道采用三机共尾水道的布置方式，因此各机组尾水支洞上布置尾水事故闸门以及相应的控制室。主厂房和副厂房的布置，以及厂房区洞室群的布置如图 3－92～图3－95 所示。F 抽水蓄能电站的厂区平面布置示意图如图 3－96 所示。

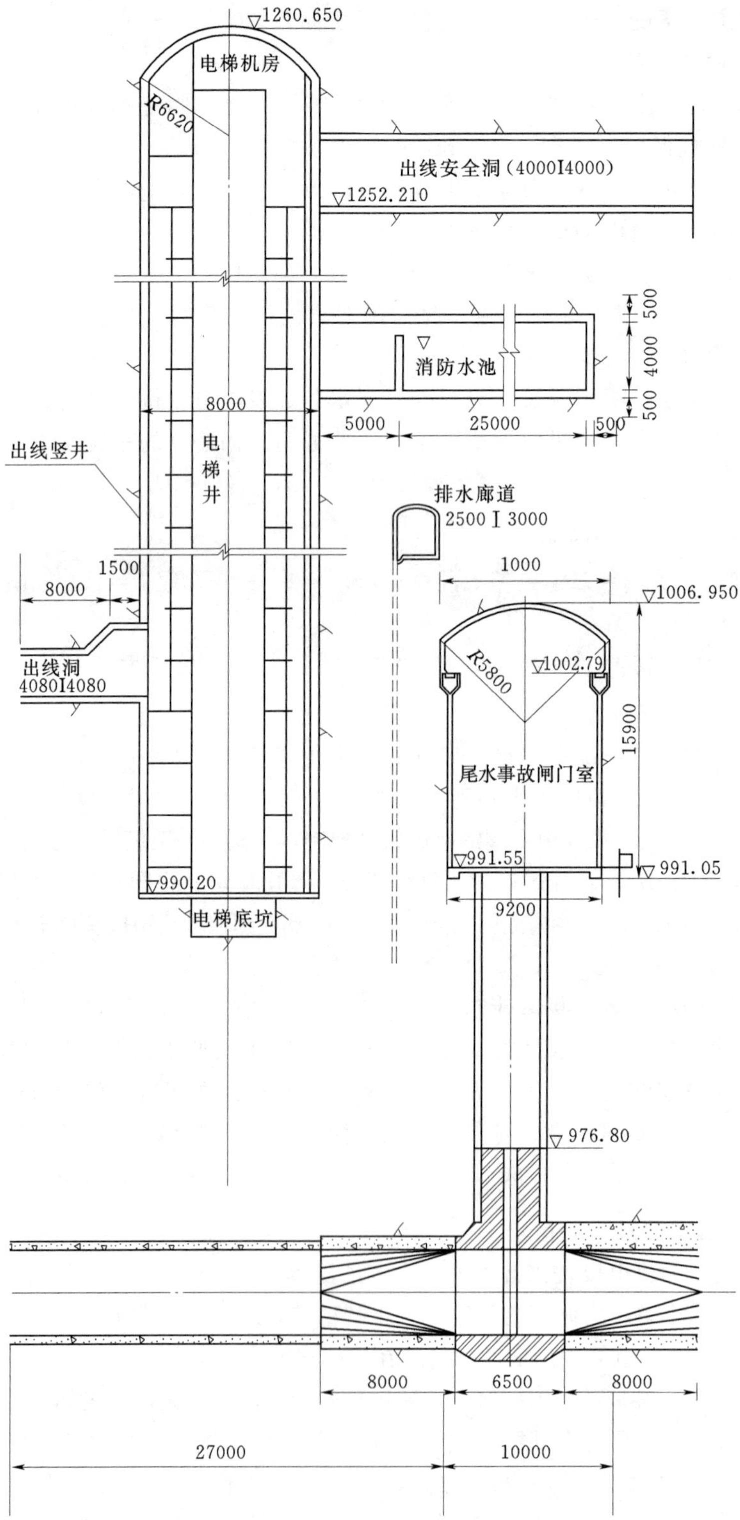

图 3-92 某抽水蓄能电站出线洞和尾水闸门室布置图(单位:mm)

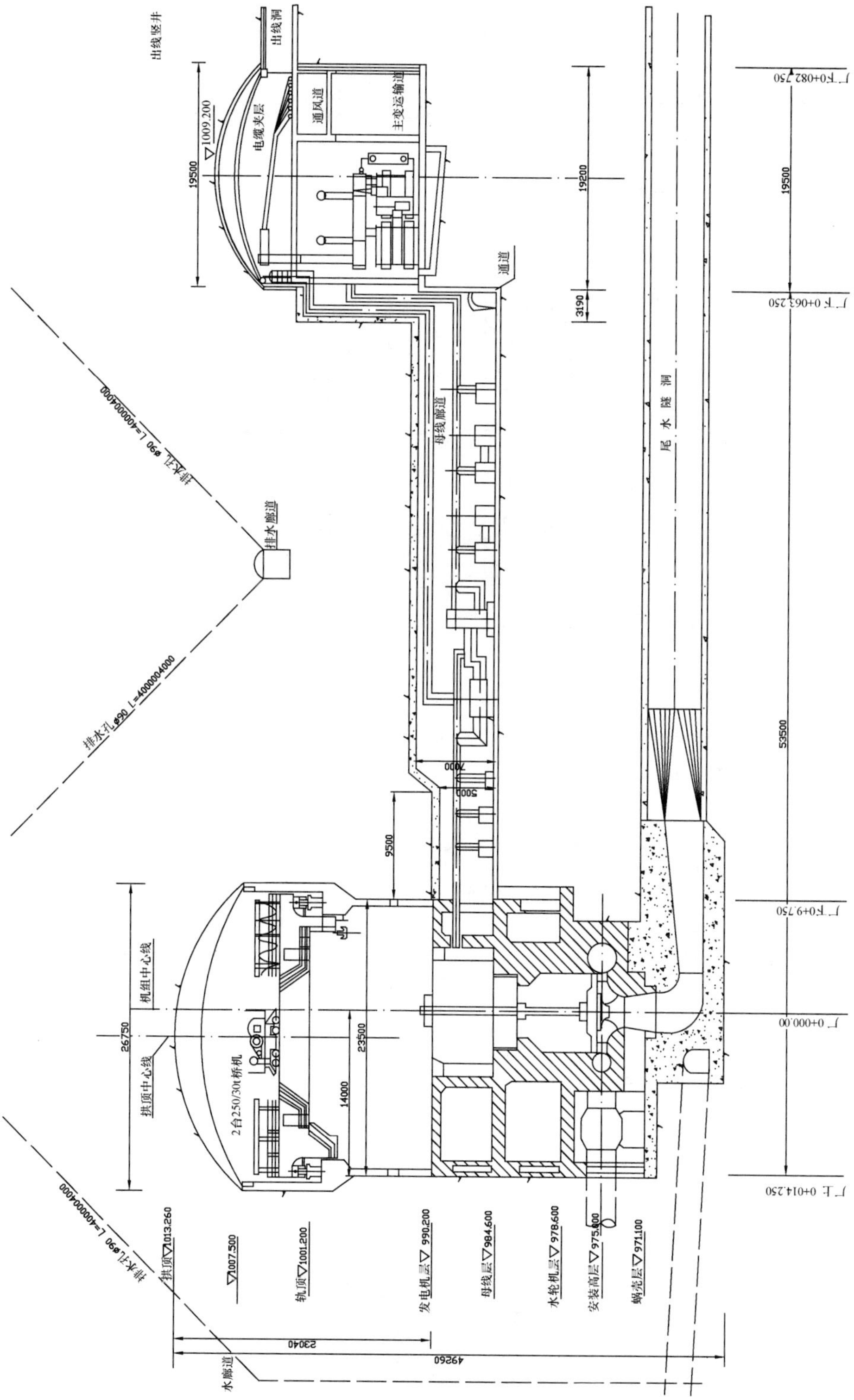

图 3-93　某抽水蓄能电站地下厂房纵剖面布置图（单位：mm）

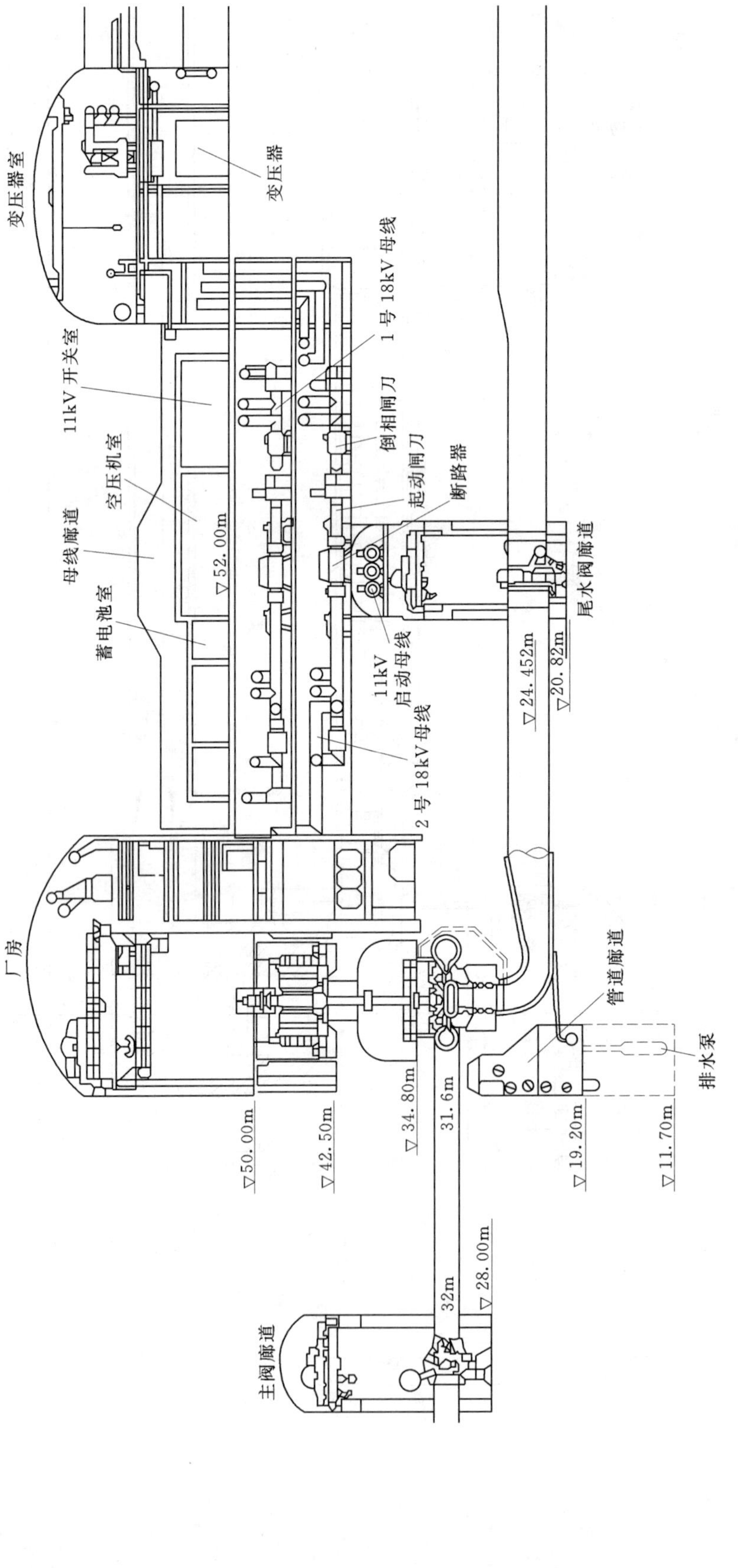

图 3-94　国外某抽水蓄能电站地下厂房纵剖面布置图

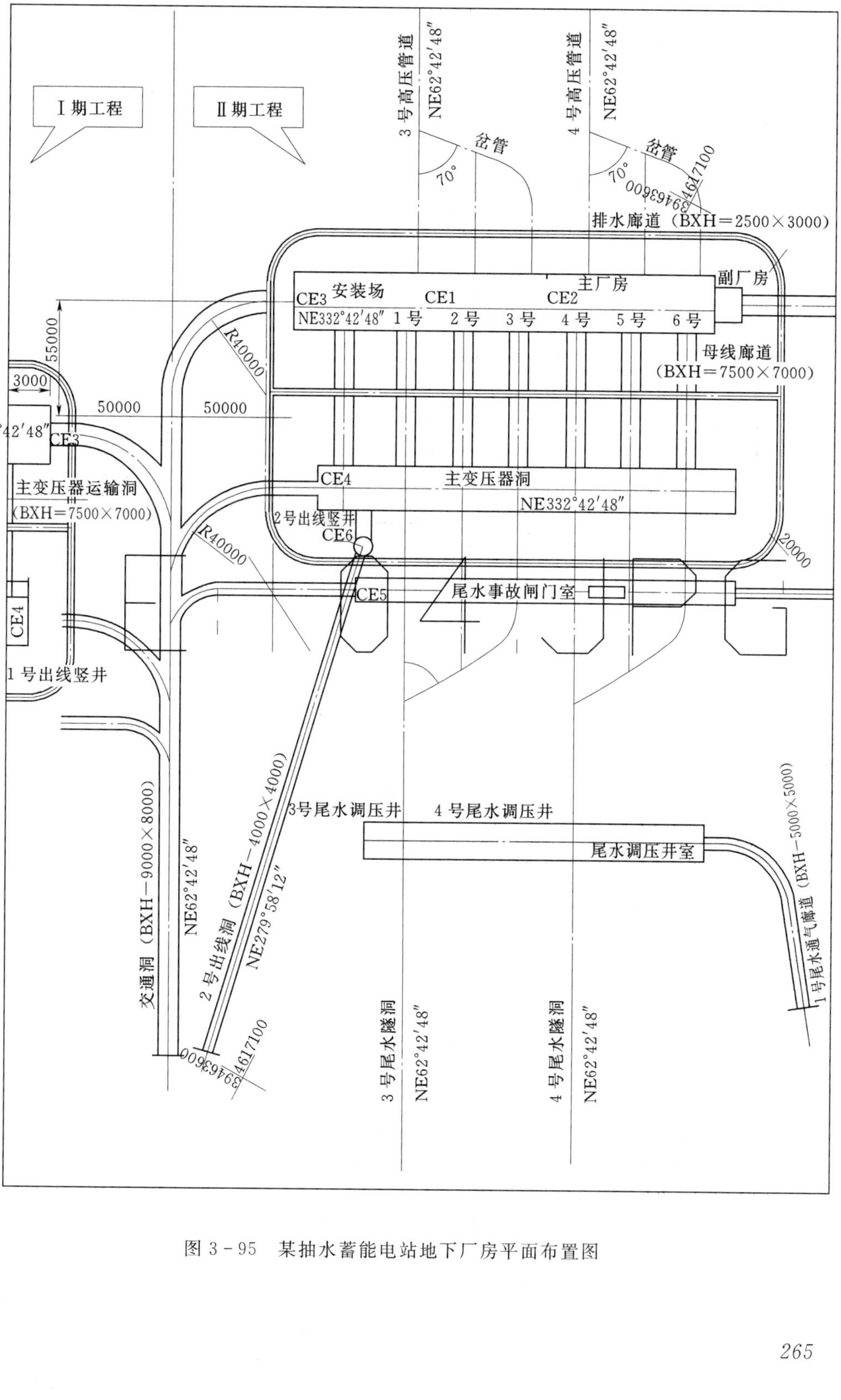

图3-95　某抽水蓄能电站地下厂房平面布置图

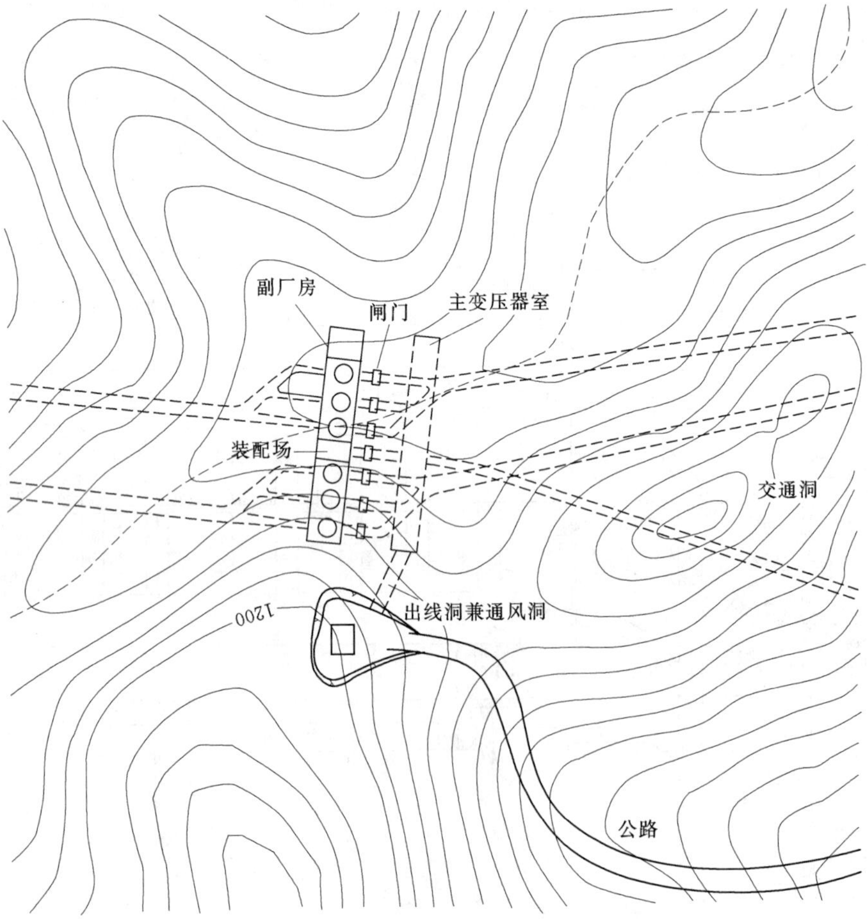

图 3-96 F抽水蓄能电站厂区布置示意图

五、输水系统及调压室优化布置设计

(一) 输水系统布置

F抽水蓄能电站引水隧洞洞线在平面上布置成直线，因引水系统较长，需要设置上游调压室。鉴于引水道纵剖面地形变化幅度较大，为了保证调压室的最高涌浪满足布置条件，上游调压室只能布置在上水库进/出水口和厂房之间引水道的中部靠上游侧，同时为了使上游调压室尽可能靠近厂房，上游调压室设置在引水道沿线地形下降区域且不低于上水库最高水位的位置，位置在距上水库进/出水口1000多m处，具体位置可参见图3-83纵剖面布置图。上库进/出水口与上游调压室之间布置平洞，采用钢筋混凝土衬砌，靠近上库进/出水口布置闸门井。

上游调压室与厂房之间布置压力管道，依据引水隧洞中心线高程和机组安装高程之间的高差，并且考虑施工条件和其他因素，压力管道可采用单层布置或多层布置。在此，F抽水蓄能电站考虑采用两层布置，即除了上平段、下平段以外，中间布置中平段，两平段之间采用斜井连接，下平段末端布置高压岔管。压力钢管由上平段、弯段、斜井段、弯段、中平段、弯段、斜井段、弯段及下平段组成。每条高压管道系统均由主管、岔管及支管组成，高压管道采用钢板衬砌。

参考国内中高水头抽水蓄能电站岔管的型式，经比较选择，F 抽水蓄能电站岔管采用内加强肋 y 形岔管。因每一水力单元有 3 台机组，岔管的具体布置如图 3－96 所示。

F 抽水蓄能电站尾水隧洞为三机一洞平行布置，采用钢筋混凝土衬砌，其长度按满足取消尾水调压室要求设计。

（二）输水系统各组成建筑物设计

1. 引水隧洞

参照上库进/出水口设计部分，对于 F 抽水蓄能电站，考虑取引水隧洞流速为 $V_0=4.5\text{m/s}$，则计算得隧洞的直径 $d=8.44\text{m}$。

2. 压力管道

（1）压力管道的内径。引水隧洞后接有一定坡度的压力钢管，压力管道的经济流速为 5～6m/s，取 $V_1=6\text{m/s}$，则由公式

$$Q=AV=\frac{\pi D_1{}^2}{4}V \tag{3-138}$$

式中：Q 为压力管道的过流量；D_1 为压力管道直径。

计算得出压力钢管直径为 $D_1=2\times\sqrt{\frac{Q}{V\pi}}=7.31\text{m}$，管壁厚度 $\delta\geqslant D/800+4=7310/800+4=13.137\text{mm}$，取 $\delta=14\text{mm}$。

（2）岔管直径。岔管采用内加强肋 y 形岔管布置，用彭德舒公式来初步确定大中型压力钢管的经济直径

$$D=\sqrt[7]{\frac{5.2Q_{max}^3}{H}} \tag{3-139}$$

式中：Q_{max} 为钢管的最大设计流量；H 为设计水头。

计算得出与压力钢管连接的支叉管的直径为 3.57m，管壁厚度 $\delta\geqslant D/800+4=8.68\text{mm}$，取 $\delta=9\text{mm}$；岔管段的长度 $L_3=(1\sim1.2)D_1=7.31\sim8.77\text{m}$，取 $L_3=8.5\text{m}$。

（3）压力管道渐变段。引水隧洞的直径为 8.44m，而压力管道的直径为 7.31m，在压力管道中设置一段渐变段，取其长度为 12m，则渐变段的扩散角 θ 为 $5.4°<6°\sim8°$，满足要求。

压力钢管与蜗壳进水口的直径也不同，也需设置渐变段。此渐变段由直径 3.57m 变到 2.74m，取这段渐变段为 8m，扩散角 θ 为 $5.4°<6°\sim8°$，可以满足要求。

3. 尾水隧洞

尾水隧洞的设计直径同引水隧洞，为 8.44m，其与尾水支洞之间的连接也采用内加强肋 y 形岔管，布置型式与上游侧类似，为了使各机组支管的水头损失尽可能接近，主支管分岔点对应的机组与上游侧岔管相反，如图 3－96 所示，各机组的尾水支管与尾水管平顺连接，并且设置事故闸门。

（三）调压室

1. 调压室的布置

（1）引水道设置调压室的判别准则。引水道的水流惯性时间常数：

$$T_w=\frac{\sum LV}{gH} \tag{3-140}$$

式中：L 为压力水道长度（包括蜗壳及尾水管的长度）；H 为设计水头。

初步算得 $T_w=4.1s>2\sim4s$，所以本电站需要设置引水调压室。具体设置位置在上文中已进行具体分析。

（2）尾水道设置调压室的判断准则。尾水道需设置调压室的临界长度为：

$$L_w=\frac{5T_s}{V}\left(8-\frac{\nabla}{900}-\frac{V_d^2}{2g}-H_s\right) \tag{3-141}$$

式中：L_w 为压力尾水道的长度；T_s 为水轮机导叶的关闭时间；V 为稳定运行时尾水道中的流速；V_d 为尾水管入口处的流速；H_s 为吸出高度；▽为水轮机安装高程。

经计算 $L_w=963.9m$，当尾水隧洞的长度小于上面的临界长度时，不需要设置尾水调压室。

考虑采用取消尾水调压室方案，再根据 F 抽水蓄能电站的地形地质条件和输水系统的地质剖面图，厂房设置在距下水库的水平距离为 560m 的地方。

虽然 F 抽水蓄能电站尾水隧洞的长度小于理论上取消尾水调压室的临界长度，但是否可以不设置尾水调压室，还需要对压力管道的水锤进行计算。因为尾水隧洞越短，对机组尾水管进口的水锤压力有利，而压力管道则会增长，对机组蜗壳进口的水锤压力不利，所以，实际方案比选时还要考虑对压力管道水锤的影响。

2. 水头损失估算

（1）一个引水单元即 3 台机组满负荷工作的情况下引水道的水头损失。

1）沿程水头损失。

采用曼宁公式

$$h_f=\frac{V^2L}{c^2R},c=\frac{1}{n}R^{1/6} \tag{3-142}$$

式中：V 为引水道中的流速，$V=4.5m/s$；L 为引水道的长度，$L=1011m$；R 为水力半径，$R=2.11m$；n 为引水管道的糙率，现浇混凝土衬砌的最小糙率、平均糙率、最大糙率分别为 0.012、0.014、0.016。

计算得 $n=0.012$ 时，$h_f=1.089m$；$n=0.014$ 时，$h_f=1.483m$；$n=0.016$ 时，$h_f=1.937m$。

2）局部水头损失。引水道局部水头损失包括进水口、拦污栅、方断面渐缩、方变圆渐变段、圆变方矩形、门槽、调压室底部，计算得引水道局部水头损失为 $h_j=0.556m$。

3）引水道总的水头损失。

$$h_{\omega_0 \max}=2.49m \qquad (n=0.016)$$

$$h_{\omega_0 \mathrm{avr}}=2.04m \qquad (n=0.014)$$

$$h_{\omega_0 \min}=1.65\text{m} \qquad (n=0.012)$$

（2）考虑两台机组正常运行，一台机组停止工作情况下引水道的水头损失。

1）沿程水头损失。流过引水道的流量为 $Q=167.8\text{m}^3/\text{s}$，引水道直径为 $D=8.44\text{m}$，则流速为 $V=3.00\text{m/s}$，由曼宁公式得

$$h_f=0.86\text{m} \qquad (\text{最大可能糙率 } n=0.016 \text{ 情况下})$$

2）局部水头损失。引水道局部水头损失包括进水口、拦污栅、方断面渐缩、方变圆渐变段、圆变方矩形、门槽、调压室底部，计算得引水道局部水头损失为 $h_j=0.25\text{m}$。

3）引水道总的水头损失为

$$h_{\omega_0 \max}=1.11\text{m} \qquad (\text{最大可能糙率 } n=0.016 \text{ 情况下})$$

（3）压力管道水头损失。

1）沿程水头损失

计算当量流速及当量直径

$$V_e=\frac{\sum l_i V_i}{L}=5.81\text{m/s} \tag{3-143}$$

$$D_e=\sqrt{\frac{4Q}{\pi V_e}}=7.43\text{m} \tag{3-144}$$

计算沿程水头损失 $h_f=\dfrac{V^2Ln^2}{R^{4/3}}=\dfrac{V_e^2Ln^2}{\left(\dfrac{D_e}{4}\right)^{4/3}}$，$R=\dfrac{D_e}{4}=\dfrac{7.43}{4}=1.86\text{m}$，取最大糙率 $n=0.016$，计算得 $h_f=7.48\text{m}$。

2）局部水头损失。压力管道局部水头损失包括调压室底部、上平段末端弯段、中平段的始端弯段、中平段的末端弯段、下平段的始端弯段、圆断面渐缩段、两个 y 形分岔和球阀。计算得压力管道局部水头损失为 $h_j=5.53\text{m}$。

3）压力管道总水头损失

$$h_{\omega m0}=13.01\text{m} \qquad (\text{最大可能糙率 } n=0.016 \text{ 情况下})$$

3. 上游调压室的涌浪计算和选型

（1）波动衰减的临界断面 F_k。在设计调压室时，要求波动是衰减的。波动衰减的条件之一是调压室的断面面积必须大于波动衰减的临界断面 F_k。

$$F_k=\frac{Lf}{2\alpha g H_1} \tag{3-145}$$

式中：L 为引水道长度；f 为引水道断面积；α 为引水道水头损失影响系数，$\alpha=\dfrac{h_{\omega 0}}{V_0^2}$；$H_1=H_0-h_{\omega 0}-3h_{\omega m0}$。

计算得 $F_k=95.73\text{m}^2$。

调压室的断面必须大于临界断面，并有一定的安全余量，取 $F_k=114.88\text{m}^2$。

波动衰减的条件之二是引水道和压力管道水头损失之和要小于静水头 H_0 的 $\dfrac{1}{3}$，即 $h_{\omega 0}+h_{\omega m0}=14.66\text{m}<\dfrac{1}{3}H_0=136.37\text{m}$，满足要求。

上述条件满足小波动衰减，是否满足大波动也衰减，应通过大波动过渡过程计算验证。

（2）涌浪水位计算。一般来讲，计算上游调压室最高涌浪时，库水位采用上水库正常蓄水位、管道中流量采用相应的最大机组流量，并考虑瞬时全部丢弃负荷。引水道的摩阻损失及糙率要采用可能出现的最小值。有时还要对设计洪水位或校核洪水位下的运行情况进行核算。

对于计算上游调压室的最低涌浪水位时，上游库水位取最低设计水位，同一水力单元两机发电，第 3 台机组突然增开。引水道的糙率和损失采用可能最大值。在突然丢弃负荷时水位升至最高后将回落，在第一个半波末会达到最低值，即第二振幅有时这个值可能成为控制值，也应加以核算。实际上，对于抽水蓄能电站而言，上游调压室最低涌浪往往发生在上水库最低运行水位，同一单元所有机组同时抽水断电且导叶拒动工况，由于该工况涌浪计算较为复杂，在调压室选型时不作考虑，调压室型式确定后再用简单的解析算法进行估算。

调压室的基本结构形式一般有 4 种，分别为：简单式、阻抗式、双室式、差动式。设计阻抗式调压室时，重要的问题是选用合适的阻抗系数 η。η 的选取，应使最高、最低涌浪都在合适的范围内，并使压力水管处传来的水锤波在调压室处充分反射，不致显著影响引水隧洞。最好使阻抗处的最高压力大于调压室内发生最高涌浪时相应静水压力，最低压力不低于调压室内出现最低涌浪时的水压力，即达到平衡设计。达到平衡设计时，$\eta=1-\frac{Z_{\max}}{h_{w0}}$。但这种平衡设计在实际工程中很少能做到，所以一般取 $\eta<1-\frac{Z_{\max}}{h_{w0}}$。阻抗常由缩小阻抗孔的截面得到，阻抗孔口面积不宜小于引水隧洞断面的 15%，以免有较大比例的水锤穿越调压室进入隧洞。阻抗孔的形状、尺寸还需要经过模型实验确定。

阻抗系数 η 的值定义为：

$$\eta=\frac{h_{c0}}{h_{w0}} \tag{3-146}$$

式中：h_{c0} 为全部流量 Q 通过阻抗孔口时所产生的水头损失，它反映阻抗的相对大小，用下面公式计算

$$h_{c0}=\frac{1}{2g}\left(\frac{Q_0}{\phi f_c}\right)^2 \tag{3-147}$$

式中：ϕ 为流量系数，在 0.6～0.8 之间；f_c 为阻抗孔面积。

现采用解析算法对 4 种调压室的最高、最低涌浪分别进行计算。涌浪计算分析结果见表 3-70，其中调压室位置地面控制高程为 1517m，调压室位置引水道顶高程为 1448.49m。

表 3-70　各种调压室型式涌浪分析　　单位：m

型式	主要尺寸			3 台机发电甩荷工况		两机运行，单机增荷工况
	大井直径	大井阻抗孔直径	升管直径	最高涌浪	第二振幅最低涌浪	最低涌浪
简单式	12.10	—	—	1520.91	1461.06	1452.20
阻抗式	12.10	5.0	—	1519.43	1472.61	1454.34
上室式	12.10	5.0	—	1510.00	—	1454.34
差动式	12.10	3.2	6.0	1517.27	—	1451.15

表3-70中，上室式调压室由一个断面较小的竖井和断面较大的上室组成，如图3-97所示。根据调压室所在位置的地面高程，考虑最高涌浪水位控制在1510m，则最高涌浪为$Z_m=-20$m。上室底高程要高于上库最高静水位，定为1507m，则$Z_c=-17$m。

假定了最高涌浪，用公式

$$e^{\frac{2(X_m-X_c)}{\varepsilon_c}}=\frac{1+\frac{2X_m}{\varepsilon_c}}{1-\frac{\varepsilon_s}{\varepsilon_c}\left[1-e^{\frac{2(X_c-1)}{\varepsilon_s}}\right]} \tag{3-148}$$

式中：$\varepsilon_s=\frac{LfV_0^2}{gF_sh_{w0}^2}$；$\varepsilon_c=\frac{LfV_0^2}{gF_ch_{w0}^2}$；$X_c=\frac{Z_c}{h_{w0}}$；$X_m=\frac{Z_m}{h_{w0}}$；$F_s$取前面已经计算的考虑了安全余量的临界断面$F_k=114.88\text{m}^2$。

试算得$\varepsilon_c=295$，则上室面积$F_c=\frac{LfV_0^2}{g\varepsilon_ch_{w0}^2}=145.3\text{m}^2$，考虑一定安全余量，将$F_c$乘以安全系数1.2，则上室面积$F_c$为$176.625\text{m}^2$。

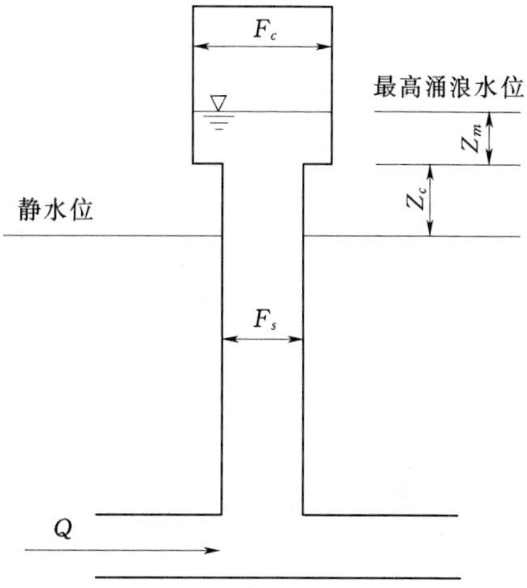

图3-97　上室式调压室

（3）调压室型式的选择。上室式调压室适用于电站水头较高，要求的稳定断面较小，而水库水位变化比较大的水电站中。F抽水蓄能电站的水头较高，水库工作深度较大，而且拟定的最高涌浪计算得到的调压室面积满足要求，因未设下室；其最低涌浪与阻抗式调压室的最低涌浪基本一致，也满足要求，可以考虑选用这种调压室。

综上所述，本电站设计选用仅带扩大上室式的调压室。

4. 抽水断电工况带扩大上室式调压室的最低涌浪估算

抽水蓄能电站水力过渡过程计算中，调压井最低涌浪往往由水泵失电、导叶拒动工况控制，对于该工况下的调压井最低涌浪计算，目前国内外通常采用特征线数值解法，还没有较理想的解析公式。结合刚性水锤理论，给出无需已知水泵水轮机全特性曲线，以日本学者千秋一秋元建议的流量折线为机组的流量曲线，抽水断电工况等截面调压井最低涌浪估算公式。

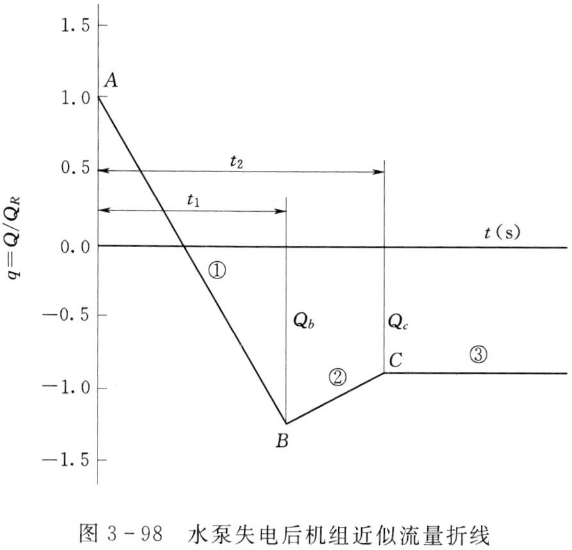

图3-98　水泵失电后机组近似流量折线

基于大量水泵机组特性曲线资料的分析，千秋一秋元建议用图3-98所示的近似流量折线表示水泵失电、导叶拒动工况机组的流量变化过程。

产生最大反向流量Q_b的B点可

按下式求得

$$q_b=\frac{Q_b}{Q_R}=1.25\text{，出现时刻 } t_1=\frac{1.39}{2K_1}$$

产生飞逸转速时，反向流量 Q_c 的 C 点可按下式求得

$$q_c=\frac{Q_c}{Q_R}=0.8\text{，出现时刻 } t_2=\frac{3.08}{2K_1}$$

$$K_1=180g\gamma H_RQ_R/(\pi^2GD^2n_R^2\eta_R) \tag{3-149}$$

式中：Q_R、H_R、n_R、η_R 分别为水泵额定扬水量、扬程、转速和效率；GD^2 为转轮力矩，$kg\cdot m^2$；γ 为水的单位容重，N/m^3。

由图 3-99 调压室最低涌浪计算简图，其中引水隧洞和压力管道的流量分别为 Q_t 和 Q_P，调压室和隧洞断面面积分别为 F 和 f，引水隧洞的水头损失为 h_w，引水隧洞的长度为 L，得到水泵失电工况上游调压室的最低涌浪估算公式为

$$Z_1=0.8\times\frac{\beta Q_R}{f}+\frac{LQ_R}{gfT}\left[3.24\times(1-2Cm)TK_1+f(3.77,-3.62,0.695)+f(-0.53,0.82,1.54)+1.7e^{-CT_1}T\sqrt{gf/FL}\right] \tag{3-150}$$

$$f(x,y,\lambda)=e^{-\frac{C}{K_1}\lambda}\left\{\left[(2Cm-1)K_1x-2Cy\right]T\cos\frac{2\pi}{TK_1}\lambda+\frac{1}{2\pi}\left[K_1x(C^2T^2m-CT^2-4\pi^2m)+(4\pi^2-C^2T^2)y\right]\sin\frac{2\pi}{TK_1}\lambda\right\} \tag{3-151}$$

式中：α 为摩阻系数，$\alpha=h_w/Q_t^2$；$\beta=0.75\alpha fQ_R$；$C=\dfrac{g\beta}{2L}$；$m=\dfrac{\beta F}{f}$；$T=2\pi\Big/\sqrt{\dfrac{gf}{FL}-C^2}$；$T_1=\dfrac{T}{2\pi}\left(\pi-\arctan\dfrac{2\pi}{CT}\right)$。

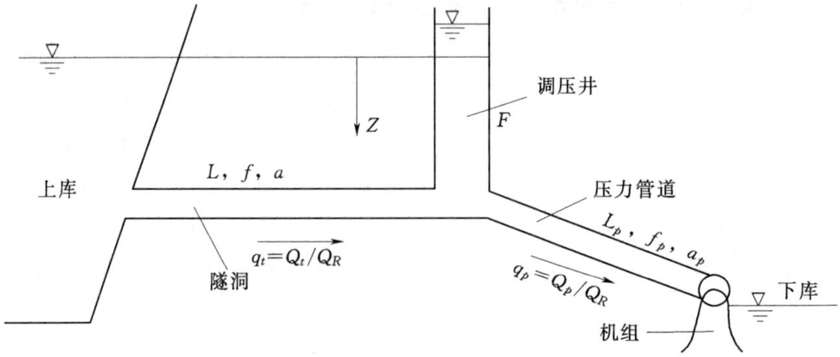

图 3-99　调压室最低涌浪计算简图

考虑上水库死水位，同一单元 3 台机满负荷抽水运行，同时断电，导叶拒动，引水道采用最小摩阻，此时上游调压室发生最低涌浪水位，可不考虑扩大上室的影响。由于设计资料的不够齐全，不能得到抽水工况的相关参数，可近似采用发电工况的相关参数进行计算。若计算出的最低涌浪不满足调压室布置要求，则调压室底部引水隧洞和调压室底板的

布置高程需要进行适当调整。

六、点评

1. 输水系统布置方案选择

在本设计中，F 抽水蓄能电站采用取消尾水调压室的布置方案，相应的尾水道长度缩短，地下式厂房向下游侧移动。由于受到下游侧地质薄弱带的限制，厂房向下游侧移动距离较大，导致尾水道长度明显小于设置尾水调压室的临界长度，而压力管道明显加长，对控制水锤压力不利；另一方面，厂房上部存在一地质薄弱带，对厂房洞室群的稳定不利，必须经过充分的论证和进行专门的处理。若采用取消尾水调压室方案，厂房在此方案基础上，可考虑向上游侧适当移动，避开地质薄弱带，同时采用适当增大尾水道面积等工程措施，使尾水道长度仍满足临界长度要求，不仅对厂房的稳定和减小尾水道的水锤压力有利，同时也有利于缩短压力管道长度，改善压力管道的水锤压力。

2. 尾水道及下水库进/出水口的布置

F 抽水蓄能电站尾水道布置设计中，尾水道的轴线与厂房轴线不垂直，与引水道的轴线不平行，直接导致尾水道的长度加长，同时下水库进/出水口与地形等高线成较小的夹角，不利于进/出水口的对称进流或出流。建议尾水道轴线采用与厂房轴线垂直布置，可以缩短尾水道的长度，同时可以保证下水库进/出水口与地形等高线成较大的夹角，以改善进/出流的流态。

3. 装配场位置的选择

F 抽水蓄能电站地下厂房布置设计中，部分装配场布置在 6 台机组的中间，即两个相对独立的水力单元之间。由于装配场面积的控制，有可能会使两个相对独立的引水单元成正“八”字形布置，同时使两个相对独立的尾水单元成倒“八”字形布置，不利于洞室的布置和施工，同时因需要布置至装配场的交通，导致厂房附近洞室群更加集中，对围岩稳定和应力不利。因此，若装配场采用此方式布置，必须经过充分分析，并且合理布置交通。

4. 上游调压室的布置设计

F 抽水蓄能电站采用带扩大上室的阻抗式调压室，且调压室距厂房较远，从该电站的地质地形条件分析，采用此调压室型式和布置是合理的。但是调压室大井的有效面积计算采用托马稳定面积乘以 1.2 倍的安全系数，过于保守，可以进一步优化确定，以减小大井开挖量；同时上室底高程和面积的确定偏简单，可结合调压室位置的地形条件，采用几种上室的方案进行比较确定。

5. 机组的选型设计

F 抽水蓄能电站机组选型过程中，主要基于发电工况，并且参考常规机组的选型设计，采用估算方法进行计算，对于毕业设计而言是可行的。实际设计中，应结合我国抽水蓄能机组的发展和标准化，进一步增加选型资料的内容，逐步加以完善，过渡到以水泵工况的参数选择为基础进行选型计算。

第八节 渠系建筑物设计

一、渠首布置

(一) 无坝渠首布置

1. 毕业设计示例

某河道河势稳定，流量及水位均满足取水要求，但河水含沙量较大，根据地形、地势和河床条件，确定渠道渠首位置，如图 3-100 (a) 所示。

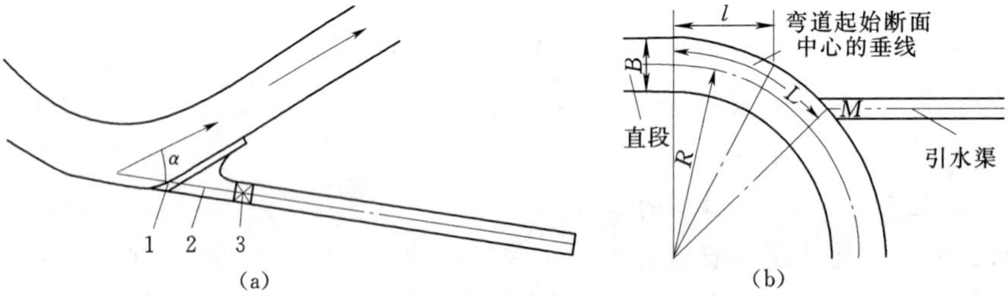

图 3-100 首制渠首

(a) 平面布置；(b) 取水口位置

1—拦沙坝；2—引水渠；3—进水闸

从本例所给条件已知，无需在河道中建坝挡水即可引水入渠。在布置无坝渠首时，可从以下几方面考虑其位置的合理性：

(1) 要详细调查收集有关河道的水文资料、河流含沙量情况、河流变迁规律和岸边地质条件。

(2) 对含沙量大的河流，渠首应选取在河岸坚固，河流弯道的凹岸，利用弯道环流原理，减少引用水的含沙量。若受地形、地质条件限制，必须将渠首放在凸岸时，则应将渠道设在凸岸的中点偏上游处，利用该处环流弱的特点，引水防沙。

(3) 在直线河段，渠首选在河岸坚固，河床稳定，靠近主流的地段。

(4) 渠首设在分叉河段上时，应通过河道整治来控制主流，消除主流的摇摆不定，并将主流控制在适于设渠首的较稳定的汊道上。

(5) 渠首水位高程确定，应能满足自流灌溉的保证率。

根据本例河道稳定条件，按一首制布置要点选择一个取水口 [图 3-100 (a)]。为了降低引入水中的含沙量，可将取水口布置在水深最大、环流最强的地方，一般选在河道凹岸顶点以下一定距离处，该处 [图 3-100 (b) M 点] 与弯道起点的弧长距离 L，可用 B. Б 托立涅夫的试验公式计算得到：

$$L = 2kl = kB\sqrt{4(R/B)+1} \tag{3-152}$$

式中：k 为比例系数，由试验确定，其值在 0.6～1.0，通常取 0.8；l 为弯道起点断面中心的垂线与凹岸交点的距离；R 为弯道中心线弯曲半径；B 为弯道水面宽度。

若河流河势多变，且易产生泥沙淤塞时，应采用多首制渠首布置形式（图 3-101)。

2. 点评

本例是一个较典型和常用的渠首选择形式。由于河道河势受各种自然和人为因素影响，因此，渠首布置形式还应根据实际环境条件作不同方案比较。如河道为山区河道或其内水流不稳定时，可选择布置如图 3-102 所示的导流堤式一首制渠首。该渠首由导流堤、进水闸和泄水排沙闸等组成。布置上，导流堤轴线与河道水流方向成 10°～20°，长度视拦截所需流量的多少而定；进水闸与泄水闸相对位置，一般按正面引水，侧面排沙的原则布置，进水闸与引水段河道主流方向一致；泄水排沙闸与水流方向夹角多做成 90°，以增强环流，有利于排沙。

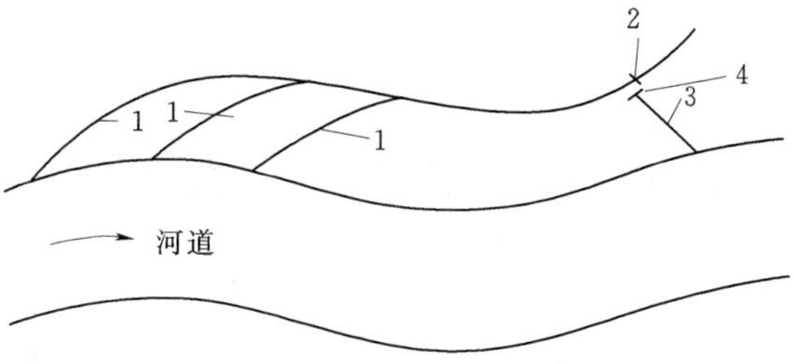

图 3-101 多首制渠首

1—引水渠；2—进水闸；3—泄水排沙渠；4—冲沙闸

若引水水流含沙量较大，渠首还应考虑设置拦沙、集沙结构。这种渠首一般由拦沙坎、引水渠、进水闸和沉沙池等组成［图 3-100 (a)］，各部分布置时，应注意：① 经拦沙坎流入进水闸的水流方向与河道的夹角采用 30°～60°为宜；② 在地质地形条件允许下，进水闸的闸前引水渠长度尽可能缩短，以免引起渠道淤积和增加水头损失；③ 进水闸底板高程一般可取与引水渠底高程相同或稍高；④ 拦沙坎高度在引水渠底高程之上 0.5～1.0m，结构形式视拦沙要求而定；⑤ 沉沙池一般布置在进水闸下游适当的地方，通常是将总干渠断面加深加宽而成，或利用天然洼地布置成沉沙条渠。

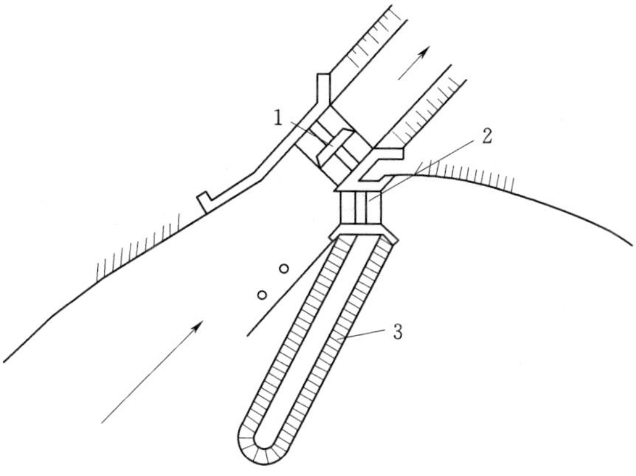

图 3-102 导流堤式渠首

1—进水闸；2—排水排沙闸；3—导流堤

（二）有坝渠首布置

1. 毕业设计示例

某灌区需从 S 河筑坝引水灌溉，坝址处河床顺直，底部平整，无不良地质构造，河水含细沙多，量较大，不宜直接灌溉，确定合适的渠首布置形式。

（1）从地形、地质条件看，渠首布置无需采用特别的结构形式，可参考相近工程实例设计。

（2）从灌溉要求看，渠首需有排沙功能。

综合设计条件，本例选择布置和构造都简单，施工方便、造价经济的沉沙槽式渠首，这种渠首一般采用侧面引水、正面冲沙的布置形式（图 3-103），由拦水坝、沉沙槽、冲沙闸、导水墙和进水闸等组成，其中各部分在布置上有如下要点：

（1）拦河坝布置在河床内，上游进流应平顺，下游出口最好与原河道方向一致，以减轻水流对河床、河岸的冲刷。根据河床宽窄和泄洪要求，可建全拦水坝或部分溢流部分拦水坝，也可以在溢流坝段上设置闸门，调节流量。

（2）进水闸位于河流侧面，闸底板应高于沉沙槽底 1.0～2.0m。若水流按 90°方向进

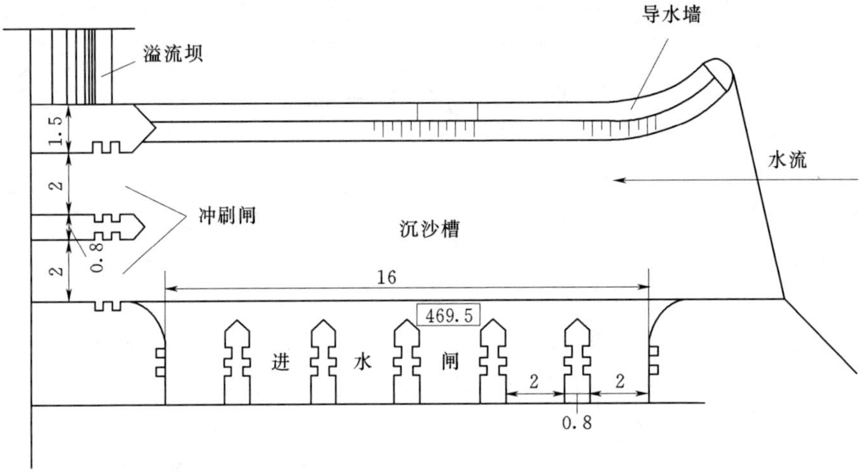

图 3-103　沉沙槽式渠首（单位：m）

闸，在进口处会产生横向环流，将部分推移质卷起带入渠道，造成渠道淤积。为了避免或减少这种现象，可采用闸轴线与河流水流方向按 30°～60°的夹角布置或在沉沙槽内修建能使表层水进闸，含推移质的底流由冲沙闸排走的分水墙和导沙坎等。

（3）冲沙闸轴线与河流水流方向垂直，布置在拦水坝端，并与进水闸相邻。需要注意的是这种布置，当冲沙闸冲沙时，会使沉沙槽内的推移质发生跃移运动，为了避免泥沙入渠，必须关闭进水闸，停止引水。

（4）导水墙设置在冲沙闸与拦水坝的连接处，与进水闸的翼墙共同组成沉沙槽，并能拦阻坝前淤积的泥沙进入渠道。导水墙上游长度超过进水闸宽度以上一定距离，上游墙顶与坝顶同高或略高于坝顶，以保证形成冲刷槽，下游长度可延伸至拦水坝的护坦末端，高度高于进水闸通过设计流量时的相应水位。

（5）沉沙槽位于进水闸首。当冲沙闸关闭时，用以沉积推移质泥沙；当开启冲沙闸时，槽内泥沙将被水流带入下游。沉沙槽槽宽与冲刷槽相同，进口应做成喇叭形。槽内流速一般应大于推移质的启动速度，不小于 1.5～3.0m/s。沉沙槽底部高程与坝的上游护坦底同高，上游槽底可以是倾斜的，也可以是水平的，下游槽底必须大于临界坡，以利排沙。

2. 点评

有坝渠首的布置形式很多，如有沉沙（冲沙）槽式、人工弯道式、冲沙廊道式及底拦栅式等。设计时可根据河流特性、水流含沙量多少、渠首工程量大小等，合理选择。

对于引入水源含有较多推移质的渠首，布置上主要需根据引入水含沙量的多少和沙粒大小，以及河水的流态，利用不同的排泄沙结构，达到引清水、排浑沙的目的。如当渠首布置在水量充沛、上下游水位差较大的河道上时，可通过设在进水闸首部的廊道，排泄含沙量较多的底流，而使进水闸引取较清的表层水（称冲沙廊道式渠首布置）。

当进水闸为正面引水时［图 3-104（a）］，可在闸底板下设较大尺寸的冲沙廊道，使进水闸边引水边冲沙；当进水闸为侧面引水时［图 3-104（b）］，可在泥沙较集中的取水口上层附近，布置较宽的廊道，下层附近可适当稀疏。

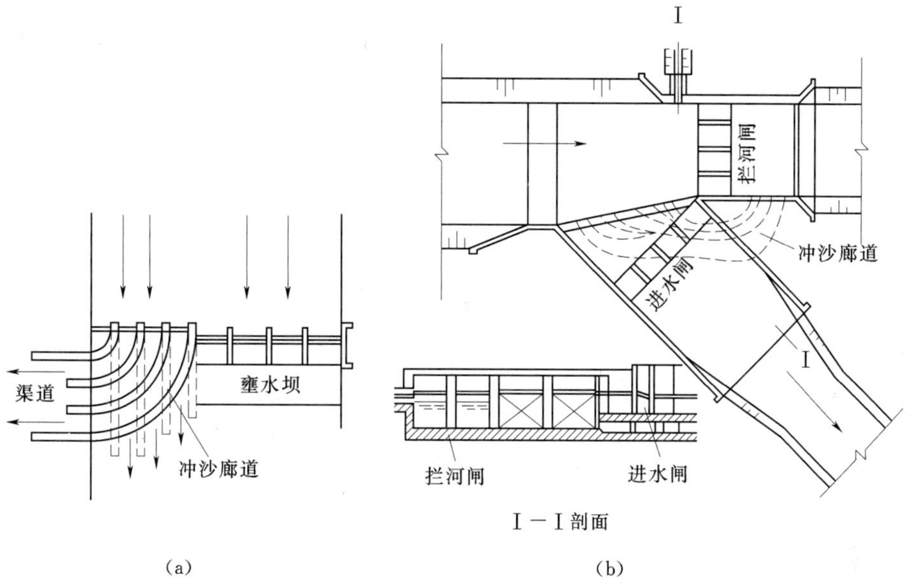

图 3-104　底部冲沙廊道式渠道

(a) 正面引水渠道；(b) 侧面引水渠道

再如在含有较多大颗粒推移质和比降较陡的山溪性河道上，一般采用底拦栅渠首布置型式来防止泥沙入渠（称底拦栅式渠道布置，如图 3-105 所示）。底拦栅渠道由拦栅坝、泄洪排沙闸、溢流坎和导流堤等组成。

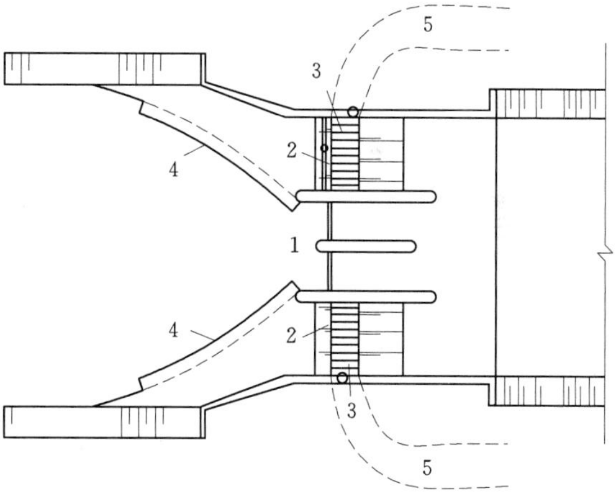

图 3-105　底拦栅式渠道

1—冲沙闸；2—底拦闸坝；3—进水闸；4—导沙坝；5—干渠

二、渠系规划

(一) 毕业设计示例

某灌区北部为山地，建有两个小型水库，西部和南部有一个可供灌溉的河流，如图 3-106 所示。灌区地势由北向南为一缓坡，进行渠系规划，选择灌区灌溉渠系布置方案。

渠系规划的内容是根据灌区不同的地形、地质情况，选用合理的灌排渠线布局，达到提高引用水利用效率的目的。规划设计基本原则为：

(1) 充分利用灌区的地形条件。干、支渠应布置在地形较高处，排水沟系应布置在谷槽低地，力求自流灌溉排水，形成独立的灌溉配套系统。对局部特高或特低的土地，灌溉或排水可采用提灌或提排方式解决。

(2) 处理好选线中的有关问题。渠系布置应尽可能顺直整齐，避免不利地形、地质条件对渠系施工、运行带来的诸如高填方、深挖方和严重渗漏等问题，做到既经济，又安全。

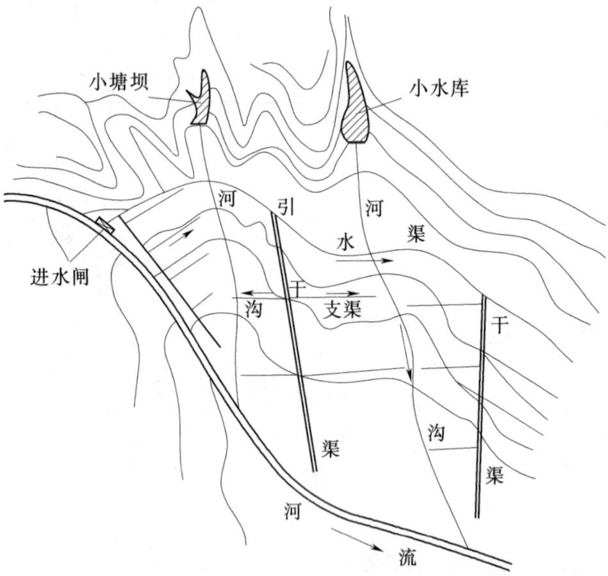

图 3-106　山前平原型灌区灌溉渠系布置示意图

(3) 渠系规划应与当地总体规划相结合。为了提高土地的利用系数，发挥渠系的综合效益，渠系规划布置要结合当地行政区划和土地规划进行统筹考虑。各用水单位最好有独立的用水渠道，便于用水管理和工程维修。

(4) 考虑渠系的综合利用效益。结合引水、航运、发电、养殖等用途，使一渠多用，一水多用，充分利用水土资源，提高土地和水源的利用率。

本例灌区地势较高，地面等高线与河流平行或斜交，地面坡度斜向河流，这种地形排水条件好，无渍涝，但易干旱，属山麓平原型地区。因此，渠系布置时，可着重考虑自流灌溉。要做好自流灌溉，应注意以下几点：①渠首尽可能在灌区高侧；②干渠非工作段沿等高线开挖，工作段则垂直等高线；③支渠与等高线平行或斜交；④控制好各渠段的纵坡比，使其保证水流水头损失小，自流灌溉面积大。

为此将渠首布置在河流上游，渠系引水渠沿山麓方向自西向东，这种布置一方面可充分利用引用水的水头，另一方面干渠离两个山区水库较近，可在干旱时从中引水灌溉，并且可减少引渠的渗漏量。支渠与干渠垂直或成一角度，向两侧分开。非工作段沿等高线盘山布置，工作段则顺坡向。

(二) 点评

一般可将灌区按地形特点，分为平原地区、山丘地区、内陆盆地和低洼地区，并据上述原则作渠系布置。

若灌区内地下水充沛时，可考虑掘井抽水，利用井渠结合布置方式，进行引水灌溉。

对于地形开阔、地势平坦的冲积平原地区的灌区，应充分考虑灌区土壤因受地下水和排水不良等条件影响，易产生盐碱土的可能，渠系布置宜采用灌排分开的方式，使灌溉渠道既能灌溉，又可冲洗盐碱，排水沟系能防涝、防渍和防止土壤产生盐碱化。

三、水闸设计（毕业设计示例）

在某水利枢纽上需布置修建一座泄水水闸。闸址位置河床土质主要由砂卵石组成，表层为中细砂层，中层为砂卵石，卵石含量30%～50%，厚10～20m，渗透系数$k=1.84\times 10^{-1}\sim 5\times 10^{-2}$cm/s，允许坡降$J=0.15\sim 0.25$。闸孔采用8～12m平面钢闸门。闸室底板与中砂摩擦系数$f=0.4$，闸孔允许单宽流量$[q]=30m^3/(s\cdot m)$。

1. 闸孔设计

闸孔设计水位：

设计洪水流量$Q_{2\%}=9540m^3/s$，对应闸下水位23.40m，上游水位23.65m。

校核洪水流量$Q_{0.33\%}=12350m^3/s$，对应闸下水位23.80m。

闸孔采用结构简单、施工方便、自由泄水范围较大的无坎平底宽顶堰。根据闸址处河床底标高为13.0～14.0m，为协调降低堰顶高程和减少开挖量的关系，暂选堰顶高程为13.0m。确定闸孔尺寸主要步骤为：

（1）初步拟定闸孔总净宽B_0。

（2）根据下列堰流或孔流流量计算公式确定闸孔孔宽b、孔数n（孔数少于8孔时，宜选用单数孔）。

（3）计算初拟尺寸条件下的过流量。

堰流时
$$B_0=\frac{Q}{\sigma\varepsilon m\sqrt{2g}H_0^{\frac{3}{2}}} \tag{3-153}$$

孔流时
$$B_0=\frac{Q}{\sigma'\mu h_e\sqrt{2gH_0}} \tag{3-154}$$

（4）若过闸流量不能满足设计要求，通过调整底板高程或B_0等尺寸值，重新计算、复核。

上述计算内容可通过编制电算程序计算得到。表3-71给出了部分计算结果，从中可知对应孔径8m、10m和12m各有一种布置方案，且各算得的流量与设计值均接近，校核水位下的上游壅高值也基本相同，只有单宽流量略超过下游河床允许值。最终选择哪一种方案，需结合实际可能出现的水力条件、结构稳定性和配套设备等要求加以论证确定。

表3-71　孔口尺寸计算结果

方案	$Q_{2\%}=9540m^3/s$				$Q_{0.33\%}=12350m^3/s$	
	孔数n	单孔宽b（m）	计算流量（m^3/s）	单宽流量（m^3/s）	上游壅高（m）	上下游水位差（m）
1	26	12	9844.4	30.6	11.227	0.427
2	31	10	9750.9	30.8	11.242	0.442
3	39	8	9772.4	30.6	11.239	0.439

2. 消能设计

设计闸上水位19.5m，闸下水位14.5m。

(1) 消力池。消力池尺寸计算主要步骤为：① 进行孔流、堰流判别，选择相应的流量公式；② 分别计算无消力池时的闸后收缩水深 h_1 和跃后水深 h_2；③ 比较 h_2 和下游尾水深 t，确定是否设消力池；④ 计算消力池深度 d、长度 L 等。

消力池深度（d）和长度（L）的确定要考虑水闸运行期的各种不利情况，通过设计范围内不同单宽流量和上下游水位组合的计算，从计算值中选取最大值。本例选用 3 种闸门开启度 e，即 e=0.5m，e=1.0m，e=全开，计算消力池尺寸，见表 3-72。

最终确定消力池尺寸为：

消力池深 d=1.3m，消力池长 L=15m，护坦厚度 t_0=0.5m。消能防冲布置如图 3-107所示。

表 3-72　　消力池尺寸计算结果

开启度 e (m)	过闸流量 (m^3/s)	下游水深 t (m)	单宽流量 (m^2/s)	收缩水深 h_1 (m)	跃后水深 h_2 (m)	消力池深 (m) $d=1.1h_2-t$	消力池长 (m) $L=3d+2.5(1.9h_2-h_1)$
0.5	140.0	1.5	3.22	0.30	2.47	1.3	15
1.0	1138.2	3.9	6.31	0.62	3.31	<0	—
全开	2095.2	5.6	26.30	3.80	4.47	<0	—

(2) 海漫。

据 SL 265—2001《水闸设计规范》附录B，可计算得到不同闸门开启度下的单宽流量和上下游水位差对应的海漫长度 L_{pi}，最后从 L_{pi} 中选择一个最大值，作为海漫设计长度。

对于本例，当 e=0.5m 时，L_{pi}=32m；e=1.0m，L_{pi}=38m；全开，L_{pi}=60m。选 L_{pi}=60m 为海漫长度，如图 3-107 所示。

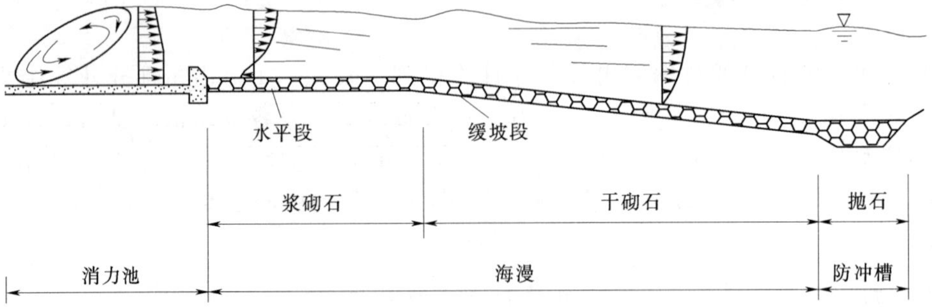

图 3-107　消能防冲布置图

(3) 防冲槽。防冲槽的尺寸主要有槽深和上下游坡率，槽深计算公式见 SL 265—2001《水闸设计规范》附录二。

阶段点评：

由表 3-72 可知，当跃后水深小于下游水深时，肯定产生淹没式水跃，不需设消力池。但通常还是将护坦高程降低 0.5～1.0m 形成消力池，这样对稳定水跃位置，充分消能和调整消力池中的流速分布都是有利的。

消力池底板厚度按抗冲抗渗要求计算，可采用等厚或变厚，变厚底板在靠近闸室端一侧取大值，另一端取其值 1/2。对大中型水闸，底板厚度一般取 0.5～1.0m，小型水闸可取 0.3～0.5m。若在池中加设消立槛、齿、墩等辅助消能工，不仅能使池深减少 10%～15%，而且能强迫水跃缩短 1/3 左右。

若防冲槽计算槽深过大，既不经济，也不利于施工，可采用 1.5 ～2.0m。防冲槽底宽约为槽深的 1～2 倍，上游坡率 $m=2\sim3$，下游坡率 m'根据现场开挖情况而定。

3. 防渗排水设计

（1）防渗排水布置。防渗排水设施的布置，又称地下轮廓线布置，是围绕如何减少闸室底板扬压力，提高闸室抗滑稳定性，防止闸基土壤发生渗透变形开展的。根据本例设计要求和地基土壤特性，选用的防渗排水布置为（自闸室上游开始）：混凝土铺盖、板桩、闸室底板、排水孔（图 3-108）。

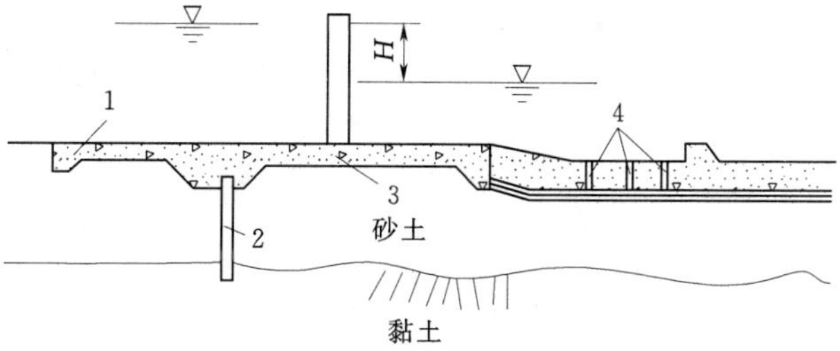

图 3-108　防渗排水布置图

1—铺盖；2—板桩；3—底板；4—排水孔

（2）防渗排水设施尺寸拟定。

1）底板长度。底板长度 L 一般根据公式和上部结构布置要求计算确定一个初拟值，最后还要根据其他防渗排水设施的布置和闸基抗滑稳定分析的结果，作验证调整。

本例计算结果为：设计水位时 $L=12.6$m；校核水位时 $L=12.71$m。

上部结构要求净宽：公路桥加栏杆总宽 9.4m，工作桥宽度由闸门启闭机安置场地尺寸决定为 4.0m，检修桥置于检修门槽之上，宽度选 2.0m。因此，上部结构要求最小宽度为 15.4m。

进一步考虑稳定和防渗要求，初拟底板长度 $L=20$m。

2）铺盖。铺盖材料选用混凝土，厚度为 60cm，长度 20m，纵缝缝距 22.8m，靠近两岸翼墙处，缝距为 10.6m。铺盖与翼墙及底板间设沉陷缝。

3）板桩长度。采用钢筋混凝土板桩。由于闸址位置不透水层距底板约有 16m 之多，限于施工条件所限，采用悬挂式板桩。板桩入土深度 4.4m，厚 20cm。

4）排水设施。排水设施的形式主要有两种，一种为在闸室下游地基表面铺设厚度在 0.2～0.3m 的卵石、砾石和碎石，向上可铺至闸室中后部；另一种为在消力池底（后半部或全部）设排水孔。本例将排水设施尽量向上游布置，即将其置于底板之后护坦下面，首部紧接底板下游齿墙。

5）验算防渗长度 L

按下式计算 L

$$L = c\Delta H \tag{3-155}$$

式中：L 为防渗长度，m；ΔH 为上下游水位差，m；c 为渗径系数，查 SL 265—2001

《水闸设计规范》表 4.3.2 得到。

设计水位时，上游水位 19.5m，下游水位 14.5m，$c=5.0$，计算 $L=25$m。

校核水位时，上游水位 20.0m，下游水位 14.5m，$c=8.0$，计算 $L=44$m。

根据上述 1）～4）确定的尺寸，设计防渗长度为 48.8m，大于设计和校核水位下的计算值 L。

（3）闸基渗流计算。渗流计算主要内容包括确定设计和校核水位条件下的闸基渗透压力、地基抗渗稳定性验算和渗流量。

闸基渗透压力计算方法采用 SL 265—2001《水闸设计规范》推荐的改进阻力系数法（计算结果略）。

验算闸基土的抗渗稳定性：

设计水位条件下，计算水平段坡降 $J_x=0.066<[J_x]=[0.10]$；出口计算坡降 $J_0=0.214<[J_0]=0.35$。$[J_x]$、$[J_0]$ 查 SL 265—2001《水闸设计规范》表 6.0.4。

校核水位条件下，计算水平段坡降 $J_x=0.056<[J_x]=[0.10]$；出口计算坡降 $J_0=0.202<[J_0]=0.35$。$[J_x]$、$[J_0]$ 查 SL 265—2001《水闸设计规范》表 6.0.4。

阶段点评：

铺盖厚度在与闸室底板连接处向上游逐渐减小，黏土及黏壤土铺盖最大厚度应不小于 1～1.5m，最小厚度可取 0.6m；混凝土或钢筋混凝土铺盖厚度在闸室底板处约为 1.0m，在上游端约为 0.25～0.5m。铺盖与闸室底板连接处应设置好止水。

对黏土及黏壤土铺盖，还要按下式对确定的厚度 D 进行验算

$$D \geqslant \Delta H/[J] \tag{3-156}$$

式中：ΔH 为计算截面处上下面的水头差；$[J]$ 为铺盖材料的允许坡降，黏土 $[J]=4\sim6$，黏壤土 $[J]=3\sim5$。

设计时，应选择好板桩与底板的连接形式。

下游排水起点位置应视排水降压效果和满足防渗长度要求以及运行条件等因素综合分析选定。在设计排水设施的同时，也要设计好反滤层。

4. 闸室布置设计

闸室由底板、闸墩、工作桥、交通桥和闸门等部分组成。

（1）底板。按底板与闸墩连接方式的不同，底板有整体式和分离式两种（图3-109）；按底板结构型式划分，底板又有平底式、低堰式、折线式和反拱式之分。本例选择应用较广的平底板。

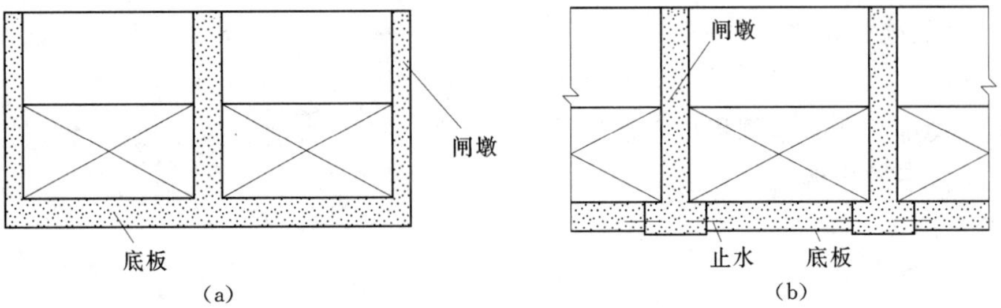

图 3-109 闸室底板与闸墩的连接方式

（a）整体式；（b）分离式

底板尺寸为：长度 20m，顶高程 13.0m，厚度 1.8m，齿墙深 1.0m，上游齿墙底宽 1.5m，下游齿墙底宽 1.0m。

（2）闸墩。闸墩的作用主要是分隔闸门，同时作为上部结构的支承，传递上部荷载至底板地基。闸墩的长度取决于上部结构的布置和闸门型式。本例闸墩长度采用与底板同长 20.0m，同时用阶梯形式由底板向上部结构过渡，以减少工程量。检修闸门槽和工作闸门之间保持 2m 净宽，便于检修人员进出和工作。检修门槽深 20cm，宽 30cm；工作门槽深 30cm，宽 60cm。闸墩上下游端部均采用半圆形墩头，以便设置沉陷缝和施工缝。

闸墩的高度在迎水面为最高水位＋超高，即泄水时，应高于设计或校核水位加安全超高；关门时，应高于设计或校核水位加波浪计算高度和超高。对应泄洪和关门的超高值见表 3－73。闸墩下游部分的高度在满足交通桥和工作桥高度的情况下，可比上游适当降低，本例下游闸墩高程取公路桥梁底高程 25m。

表 3－73　　闸墩安全超高下限值　　单位：m

运用条件	泄洪时			关门时		
水闸级别	1	2	3	1	2	3
设计洪水位	1.5	1.0	0.7	0.7	0.5	0.4
校核洪水位	1.0	0.7	0.5	0.5	0.4	0.3

闸墩厚度必须满足稳定和强度要求。本例闸墩厚度受控于闸门槽处最小厚度为 50cm，边墩厚 1.0m，不分缝中墩厚 1.2m，分缝中墩厚 1.6m，中间缝宽 2cm。

（3）胸墙。当挡水水位较高时，为了减少闸门高度，节省投入，可增设用以挡水的胸墙。胸墙高度与岸墩顶部高度相同（图 3－110），底部高程应不影响水闸过流能力。胸墙常做成钢筋混凝土结构，厚度一般大于 10cm。

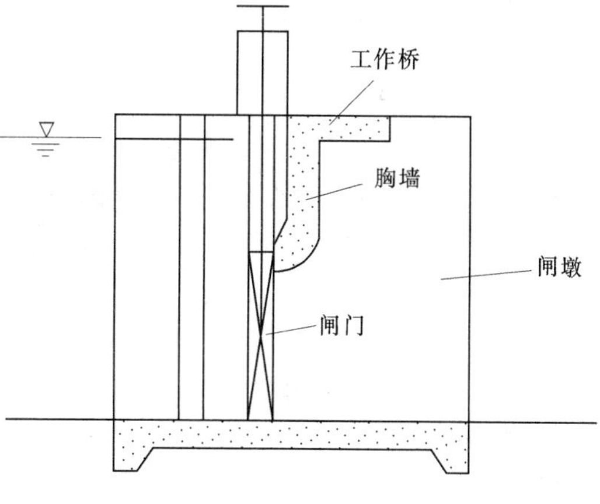

图 3－110　胸墙位置示意图

（4）工作桥。工作桥为安置闸门启闭设备及工作人员操作而设置，由建于闸墩上的支墩或排架支承（图 3－111）。工作桥高度一般取闸门高度的 2 倍，再加上 1.0～1.5m 的安全超高。工作桥宽度据安装的启闭设备而定，通常在 3～5m。本例工作桥梁底高程取 32m。

（5）交通桥。交通桥位置应根据闸室稳定及与两岸公路连接情况确定，通常布置在闸门下游侧。交通桥的尺寸和载重等级应结合交通发展的现状和未来情况综合考虑，桥面净宽单车道一般取 4.5m，双车道取 7.0m。本例交通桥梁底取 25m，路宽 9.4m。

（6）上下游连接段布置。上下游连接段布置应能保持岸坡稳定，改善水闸进、出水流条件，提高消能防冲效果，满足侧向防渗需要，减轻闸室底板边载影响，且有利于环境绿化等。

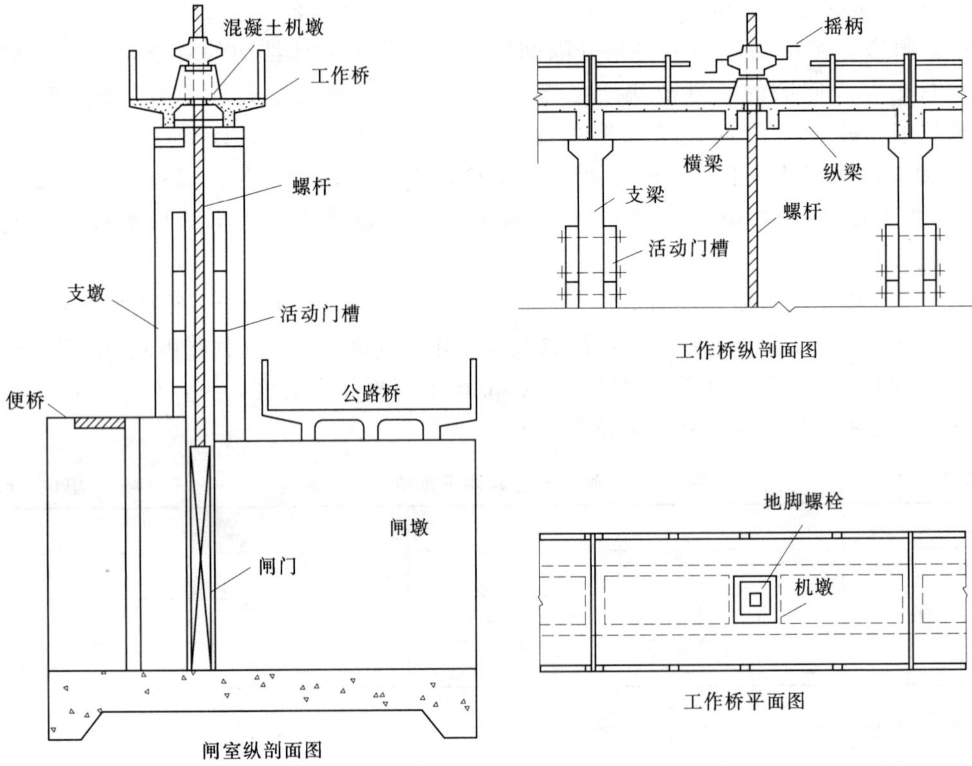

图 3-111 螺杆式启闭机的工作桥布置示意图

1）上下游翼墙。本例上游翼墙采用施工简单、水流条件和防渗效果较好的圆弧形翼墙。圆弧半径取 20m，中心角 90°，自闸室向上游布置，顺水流向投影长度等于铺盖长度。下游翼墙采用直线与圆弧组合或折线组合的型式，自闸室下游延伸到护坦末端。

上下游翼墙顶部高程高于上下游最不利运用水位，上游翼墙设防渗设施，在下游翼墙上设排水孔。

2）岸墙。作为连接闸室和两岸建筑物的岸墙，布置采用与闸墩平行，上下游方向长度与闸墩相同。

阶段点评：

底板采用哪一种型式，主要取决于地基条件。在中等坚硬、紧密的地基上或地震区，宜采用整体式平底板；在坚硬、紧密的地基上，采用分离式平底板；在松软地基上或地震区，且闸室孔径较大时，可采用桩基分离式平底板。

底板主要是受弯构件，其厚度一般由最大弯矩和配筋率（取 0.5%比较合适）确定。整体式底板厚度必须满足强度和刚度的要求，大、中型水闸采用（1/5～1/9）闸孔净宽，一般取 1～2m，小型水闸不宜小于 0.7m。分离式底板由于不是受弯构件，因此，在满足不被扬压力抬起原则下，底板厚度可取得较薄，如混凝土材料取 15～20cm，浆砌石取 30～40cm。

底板高程的高低不仅影响到过闸单宽流量对下游河床的冲刷程度，以及下游消能防冲的效果，而且，直接决定着水闸的造价。一般小型水闸，因其两岸连接建筑物的工程量占总工程量的比重较大，可将底板高程定得高些，以降低两岸连接建筑物的高度，减少投资。对大中型水闸来说，适当降低底板高程，有利于闸室总宽度的减少。设计时，可先假定一个闸底板高程初选值作闸孔设计计算，当闸孔数和尺寸确定后，验算总过闸流量和单宽流量，若不满足，修正底板高程重新设计，直至满足要求。

各类建材的闸墩厚度：浆砌石 0.8～1.5m；混凝土 1.0～1.6m；少筋混凝土 0.7～1.2m。闸墩门槽处的厚度及分缝处半个闸墩的厚度不宜小于 0.5～0.8m。

根据地基土质情况及闸室荷载情况，沿闸室轴线向，应按一定距离（基岩上不大于 20m，土基上不大于 35m），设置永久缝，缝宽一般取 2～3cm。对坚实地基上或采用桩基的水闸，可在闸室底板上或闸墩中间设缝分段；在软弱地基上或地震区，宜在闸墩中间设缝分段。

对于有防渗要求的缝，必须设置水平或垂直止水，止水结构力求简单，防渗效果好，适应地基沉陷变形。

翼墙平面布置型式，有反翼墙、扭曲面翼墙、斜降式翼墙、圆弧翼墙以及斜坡式等，翼墙布置和结构型式根据防渗要求、水流条件，地基情况和工程量大小等因素，进行选用。结构设计可按重力式、悬臂式、扶臂式、空箱式、连拱空箱式或挡土墙式进行稳定计算，图 3－112 为圆弧翼墙型式。

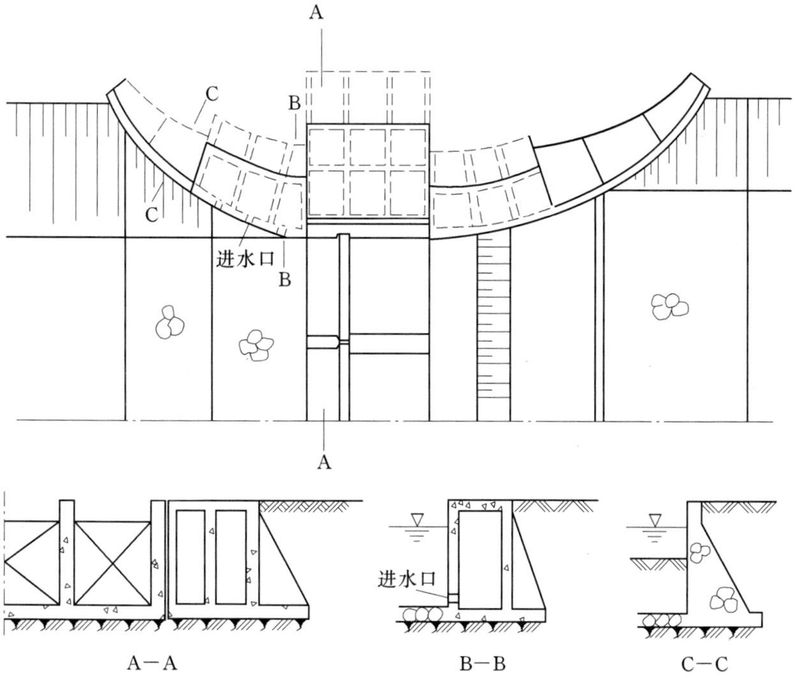

图 3－112 圆弧翼墙

岸墙布置型式有：岸墙与边墩结合式，岸墙与边墩分开式；岸墙部分挡土式（图 3－113）。

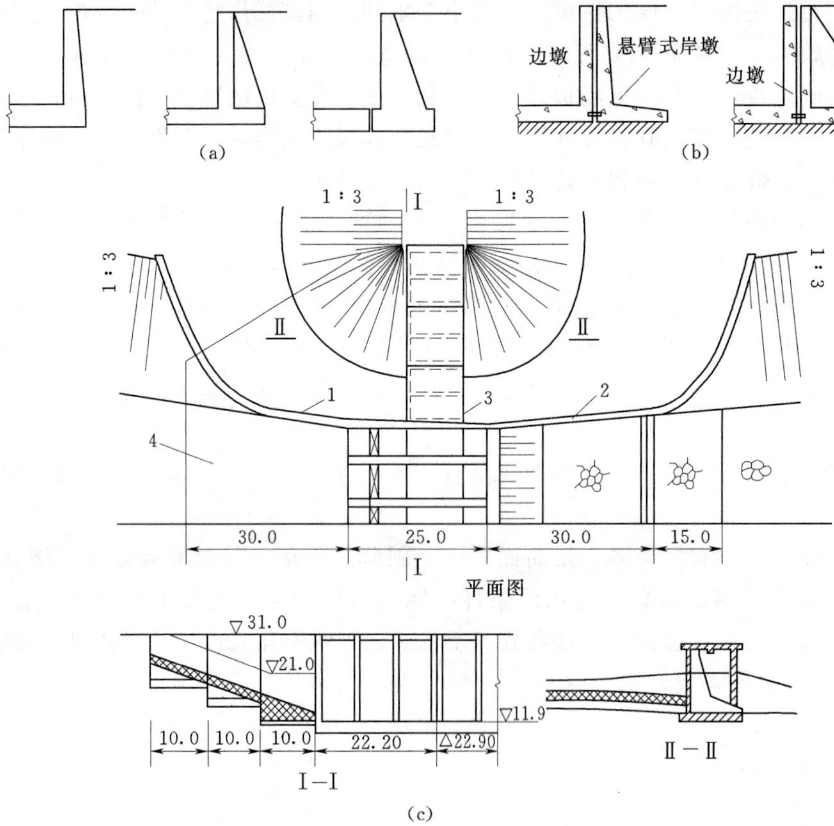

图 3-113　岸墙布置形式（单位：m）

(a) 边墩直接挡土；(b) 边墩不挡土；(c) 边墩部分挡土

1—上游翼墙；2—下游翼墙；3—扶臂式刺墙；4—铺盖

5. 闸室稳定计算

本例水闸为 3 级建筑物，设计地震基本烈度 6 度，河床土质贯入击数 $N_{63.5}=20$。查表可知设计情况的允许安全系数、不均匀系数和基底应力分别为 $[k]=1.25$、$[\eta]=2.0$、$[R]=235\text{kPa}$，基础底面与地基土之间的摩擦系数 $f=0.45$。

根据以上选型布置和尺寸拟定，得到设计和校核情况下各个作用荷载及力矩大小，详见表 3-74 和表 3-75。表中闸室结构自重主要包括闸底板、闸门、闸墩、启闭机、公路桥、工作桥等；上下静水压力中含作用于铺盖与底板间止水片上下底板面上水压力。

表 3-74　　计算力汇总表（设计情况）

荷载名称	垂直向力（kN）		水平向力（kN）		力臂（m）	力矩（kN·m）	
	↓	↑	→	←		←	→
闸室结构自重	40694.8					404370.8	
上游静水压力			8079.3		12.62	34522.7	
下游静水压力				823.7	3.18		1946.7
底板上水重	11889.7				16.6	77162.6	
渗透压力		6620.3			8.2		54286.5

续表

荷载名称	垂直向力（kN）		水平向力（kN）		力臂（m）	力矩（kN·m）	
	↓	↑	→	←		←	→
浮托力		15544.9			9.9		153894.8
合力	52584.5	22165.2	8079.3	823.7		516055.7	210128.0

表 3－75　　计算力汇总表（校核情况）

荷载名称	垂直向力（kN）		水平向力（kN）		力臂（m）	力矩（kN·m）	
	↓	↑	→	←		←	→
闸室结构自重	40694.8					404370.8	
上游静水压力			8461.8		12.68	34128.1	
下游静水压力				1175.5	4.45		1892.8
底板上水重	12507.7				16.6	79108.9	
渗透压力		11167.9			9.09		19516.2
浮托力		15544.9			9.9		153894.8
合力	53202.5	26712.8	8461.8	1175.5		517607.8	257303.8

闸室稳定计算主要内容有：

（1）各种计算情况下闸室平均基底应力。

（2）基地应力最大值与最小值之比。

（3）抗滑稳定安全系数。

上述3项内容对应的计算公式见SL 265—2001《水闸设计规范》“结构设计”部分。本例计算结果汇于表3－76。由表可见，3项设计指标均满足要求。

表 3－76　　水闸稳定计算成果汇总表

计算项目			计算工况		
			完建期	设计水位	校核水位
抗滑稳定	计算值	K_c		1.68	1.45
	容许值	$[K_c]$		1.25	1.10
不均匀系数	计算值	η	1.04	1.04	1.10
	容许值	$[\eta]$	2.0	2.0	2.5
平均基底应力（kPa）	计算值	P	89.2	66.7	58.1
	容许值	$[R]$	235	235	235

阶段点评：

本例地基承载力验算忽略了基础宽度和埋深影响，是偏于安全的处理，亦便于计算。

若计算不能满足要求，应通过调整闸室布置或增加工程措施来保证，并重新核算，直至满足为止。

闸室地基是否需要计算沉陷量，可据工程规模和地基的标准贯入数$N_{63.5}$的大小作为计算依据。不计算沉陷量的地基情况：①$N_{63.5}>15$的大型水闸；②$N_{63.5}>10$的中型水闸，地基土可为粉沙、细沙、沙壤土、壤土和黏土。

6. 闸室结构计算

闸室结构计算的内容主要为根据选定的底板、闸墩、胸墙、工作桥、交通桥等构件型式，分别计算各自受外荷载作用的内力大小，验算其强度和稳定性，并进行配筋。

（1）闸墩结构计算。

1）闸墩抗滑稳定计算。由于闸墩长度较大，具有一定的厚度，且与底板连接处有较高的抗剪强度，发生滑动的可能性很小，因此，一般不作抗滑验算。

2）闸墩应力计算。将闸墩视为固定于底板上的悬臂梁，并以闸墩与底板的结合面为计算控制面，选择最不利荷载，按偏心受压公式，用式（3-156）、式（3-157）计算面上的应力值。

$$\sigma_{\substack{上\\下}}=\frac{\sum G}{A}\mp\frac{\sum M_x}{I_x}\frac{L}{2} \tag{3-157}$$

$$\sigma'=\frac{\sum G}{A}\pm\frac{\sum M_y}{I_y}\frac{d}{2} \tag{3-158}$$

计算工况主要有：

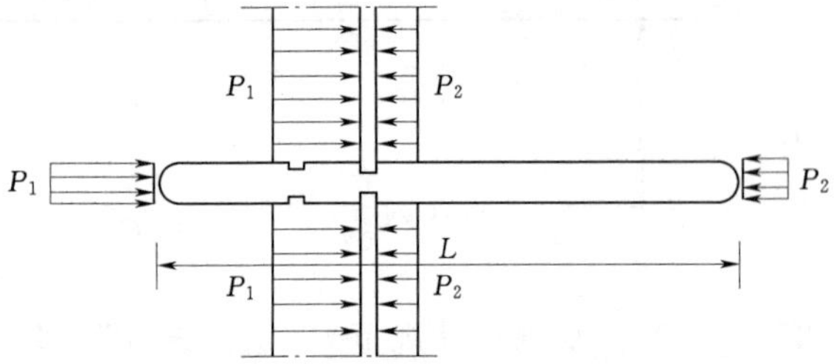

图 3-114　墩底纵向正应力计算图

a. 运用期闸门关闭，上下游水位差最大，顺水流向闸墩底板上下游应力。

b. 当一孔闸门检修，其他孔口过水，垂直水流向闸墩底板应力。

下面以本例中墩为对象，计算（1）条件下墩底正应力和剪应力，图3-114为墩底正应力计算简图。正应力计算结果列于表3-77，剪应力计算结果如图3-115所示。

表 3-77　　中墩墩底计算正应力

计算内容	完建期	设计水位	校核水位
I_x（墩底截面对形心轴的惯性距）	730.1	730.1	730.1
偏心距 e（m）	0.1	0.88（偏下游）	0.82（偏下游）
正应力 $\sigma_上$（kPa）	350.5	242.4	248.8
正应力 $\sigma_下$（kPa）	328.2	434.5	427.9

（2）闸室底板应力计算。土基上水闸底板的应力可采用反力直线分布法或弹性地基梁法。对于相对密度 $D_r>0.5$ 的砂土地基或黏土地基，可采用弹性地基梁法；对于 $D_r\leqslant 0.5$ 的砂土地基或黏土地基，可采用反力直线分布法。考虑到底板主要在垂直水流方向产生弯曲变形，因此，底板内力计算，沿垂直水流方向截取单位宽度的板条，按梁计算。

本例可压缩土层厚 $H=22.8$m，地基梁半长 $L=11.4$m，比值 $H/L\leqslant 2.0$，因此，按半无限深地基的弹性地基梁计算。

底板应力计算主要步骤：

1）按偏心受压公式，计算沿水流方向的地基反力。

2）在顺水流方向将底板分成几段，至少要分成闸前的上游段和门后的下游段，每段取单位宽度板条脱离体。

3）计算不同设计条件下（如设计、校核、完建期）单宽板条上的不平衡剪力，此时作用在单位宽度板条上的铅直荷载有底板自重、水重、闸墩重（含上部结构）、浮托力、渗透应力、地基反力和不平衡剪力。立铅直向力的平衡方程，求出不平衡剪力值 ΔQ。

4）不平衡剪力分配。不平衡剪力由闸墩和底板共同承担，如图 3－116 所示。剪应力按下式计算

$$\tau_y = \frac{S_y \Delta Q}{Jb} \qquad (3-159)$$

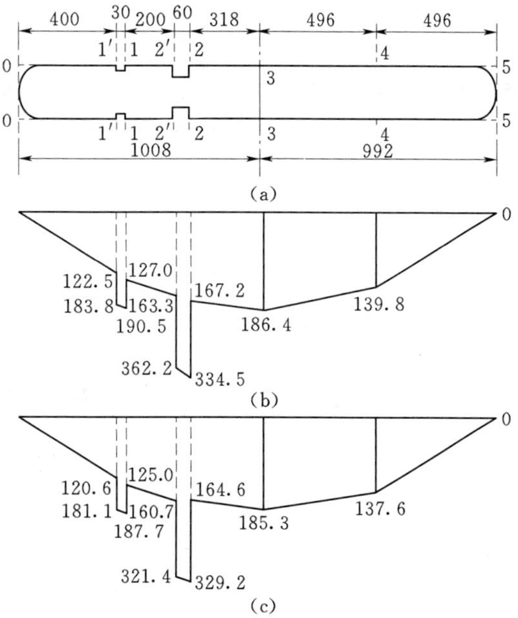

图 3－115　墩底剪应力计算图

式中：τ_y 为离断面形心为 Y 处的任一点剪应力；ΔQ 为不平衡剪力；S_y 为计算截面以下（如 Y 坐标向下为正）的面积对形心轴的面积距；J 为整个断面对形心轴的惯性距；b 为计算截面宽度。

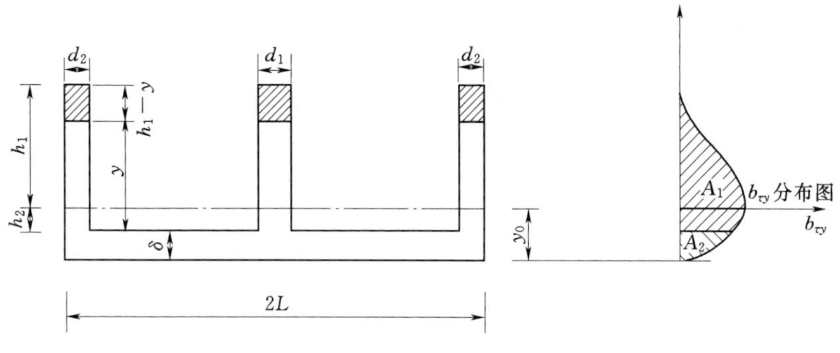

图 3－116　不平衡剪力分布图

图 3－116 中，A_1、A_2 面积大小为分配给闸墩和底板的不平衡剪力值，其中分配给闸墩的不平衡剪力，再乘以墩厚系数 $d_1/(d_1+d_2)$ 或 $d_2/(d_1+d_2)$ 分配至中墩和缝墩，d_1 为中墩厚，d_2 为边墩厚。

分配给闸墩的不平衡剪力　$\Delta Q_1 = \Delta Q A_1/(A_1+A_2)$

分配给底板的不平衡剪力　$\Delta Q_2 = \Delta Q A_2/(A_1+A_2)$

一般　　　$\Delta Q_1 = (85\% \sim 90\%)\Delta Q$，$\Delta Q_2 = (10\% \sim 15\%)\Delta Q$

5）弹性地基梁荷载计算。如图 3－117 所示，作用在梁上的荷载为集中荷载和均布荷载，集中荷载为分配给闸墩的不平衡剪力，计算公式为：

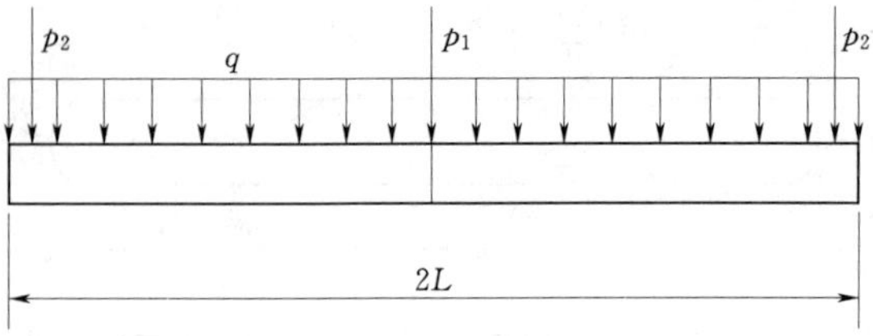

图 3-117　基础梁荷载

中墩 $P_1=N_1+\Delta Q_1 d_1/(d_1+2d_2)$

缝墩 $P_2=N_2+\Delta Q_1 d_2/(d_1+2d_2)$

N_1 为中墩重，N_2 为缝墩重。均布荷载为底板自重、水重、浮托力、渗透压力以及分配给底板的不平衡剪力（按均匀分布考虑 ΔQ_2、$2L$）。

6）边荷载的影响。边荷载指的是地基梁两侧的建筑物或回填土的荷重。设计可按照表 3-78 所规定的原则来确定边荷载对梁内力影响计算百分数。

表 3-78　边荷载计算百分数表　%

地基类别	边荷载施加程序	使计算闸段内力减少	使计算闸段内力增加
砂性土	计算闸段底板浇注之前施加边荷载	0	50
	计算闸段底板浇注之后施加边荷载	50	100
黏性土	计算闸段底板浇注之前施加边荷载	0	100
	计算闸段底板浇注之后施加边荷载	0	100

7）底板内力计算。主要计算步骤：

a. 按下式计算梁的柔性指数 t。

$$t=10\frac{E_0}{E}\left(\frac{L}{h}\right)^3 \tag{3-160}$$

式中：E_0 为地基变形模量；E 为基础梁的弹性模量；h 为基础梁的高度，m，即底板的高度；L 为基础梁的一半长度，m，即闸室底板全长的一半。

b. 据 t、H/L 值确定按弹性地基梁计算对应的表格，H 为地基可压缩层的厚度，L 为地基梁的一半长度。

c. 用弹性地基梁计算方法，查表计算确定各计算截面上的剪力和弯矩。

（3）闸墩和底板配筋计算。

1）闸墩配筋。本例计算结果给出闸墩门槽处最大压应力 $\sigma_{a\max}=36.0$kPa，最大拉应力 $\sigma_{l\max}=-226.1$kPa。若用 150 号混凝土作为闸墩材料，其设计抗压强度为 8338.5kPa$>\sigma_{a\max}=36.0$kPa，设计抗拉强度为 1030.05kPa $>\sigma_{l\max}=-226.1$kPa，故门槽处只需按构造配筋。

闸墩墩底综合正应力计算和侧向应力计算结果为最大压应力 $\sigma_{a\max}=1313.3$kPa，最大拉应力 $\sigma_{l\max}=648.7$kPa。两个数值均小于 150 号混凝土设计抗压强度和抗拉强度，整个闸墩按构造配筋，顺水流方向配筋 ϕ10@25，垂直水流方向配 ϕ12@25。

2）底板配筋。在底板顺水流方向，以闸门为界分成两个区段，绘出弯矩包络图，分别按底板顶部和底板最大弯矩计算相应受力钢筋面积，然后根据弯矩包络图予以切断，受力位置布置钢筋（直径可选 12～25mm）在垂直受力钢筋方向布置分布钢筋（直径可选 10～12mm），计算结果不需要配置钢筋时，可以不配置，但在底板面层，仍需按每米配置 3～4 根直径为12～16mm构造钢筋。

（4）抗裂计算。计算方法见 SDJ 20—78《水工钢筋混凝土结构设计规范》。

本例点评：

本例较详细介绍了水闸设计步骤和内容。由各阶段点评可知，在每一个设计阶段，无论是选择结构形式，还是确定计算方法，都可能会从多个方面去论证和复核，设计结果也多不会是唯一的。因此，在设计过程中，应多参考已建工程，从技术和经济两个方面来控制每一项设计内容。

四、渡槽设计（毕业设计示例）

拟在一座中型水库向灌区输水的干渠上，建一座跨越一条小河的渡槽。槽址位置基础稳定，两端均与挖方渠道连接，且连接段平顺，土质坚硬，高程适宜。设计流量 $Q=5m^3/s$，加大流量 $Q_{加}=6.6m^3/s$，上游渠道均为 4m×2m 矩形过水断面。

渡槽设计可分为 3 个阶段：第一阶段选型布置，即根据渡槽所承担的任务和地形、地质条件，确定渡槽轴线和渡槽基本结构型式；第二阶段水力计算和结构计算，确定槽身断面、进出口形式以及合理的渡槽框架结构；第三阶段从技术、经济上进行多方案优化比较，确定工程量和投资规模。

1. 渡槽的位置选择

渡槽一般应选择在地质条件好、河床和河岸稳定、水流进出顺直的地段，进出口建筑物应避免选在填方基础上。据此，可知本例槽址符合条件。

2. 渡槽的槽身及支承结构

本例渡槽槽身断面采用常用的 U 形。U 形断面比相同过水断面的矩形槽经济，水力条件和结构受力性能较好，但施工工艺较复杂。另一种常用槽身型式是结构简单、施工方便的矩形断面。

渡槽的支承结构有梁式和拱式两大类型。梁式渡槽以槽身为梁，下部槽墩或槽架为支承体，形式上有单跨简支、双悬臂和多跨连接；拱式渡槽槽身支承体为拱式结构。本例采用梁式。

3. 渡槽纵坡及渐变段

渡槽纵坡选定应满足过流能力大、槽内水流平顺和通航等要求。有通航要求的渡槽坡降 $i=1/2000\sim1/3000$；无通航要求坡降 $i=1/500\sim1/2000$。

渡槽两端与渠道连接处应设使水流逐渐收缩和扩散的渐变段，渐变段长度一般为渠道水深的 4～6 倍，平面扩散角 1∶3～1∶4，出口缓于进口。

本例渡槽初拟尺寸为：跨长 12m，共 11 跨，总长 132m，坡降 $i=1/1200$，$n=0.014$，超高 0.2m。

4. 渡槽水力计算

根据设计条件，作如下计算：

（1）拟定槽身断面尺寸：据已知条件和 $Q=n^{-1}\omega R^{2/3}i^{1/2}$，拟定内半径 R_0 和过水断面。设 $R_0=1.3m$，直段水深 $h=0.23m$，则得过水断面积 $\omega=3.25m^2$，水力半径 $R=0.71m$，计算得 $Q=5.38m^3/s$。

（2）进口水面降落计算：渠道过水断面 4m×2m，$V_0=0.625m/s$，进口渠底高程 98.568m，按淹没宽顶堰流量公式计算，取 $\sigma=0.9$，$\phi=0.95$，得：

$Z_0 = Q^2/(\sigma\omega\phi)^2 = 0.164$m；

$Z = Z_0 - V_0^2/2g = 0.144$m。

(3) 沿程水头损失：$Z_1 = L_i = 132 \times 1/1200 = 0.11$m

(4) 出口水面回升值：采用 $Z_2 \approx Z/3 = 0.048$m，总水头损失 $\Delta Z = Z + Z_1 - Z_2 = 0.144 + 0.11 - 0.048 = 0.206$m。

(5) 进出口高程确定（图 3-118）：

进口抬高：$y_1 = h_1 - Z - h_2 == 0.326$m；

出口降低：$y_2 = h_1 - Z_2 - h_2 = 0.422$m；

进口槽底高程：$\nabla_1 = \nabla_3 + y_1 = 98.894$m；

出口槽底高程：$\nabla_2 = \nabla_1 - y_1 = 98.784$m；

进口渠底高程：$\nabla_4 = \nabla_2 - y_2 = 98.322$m。

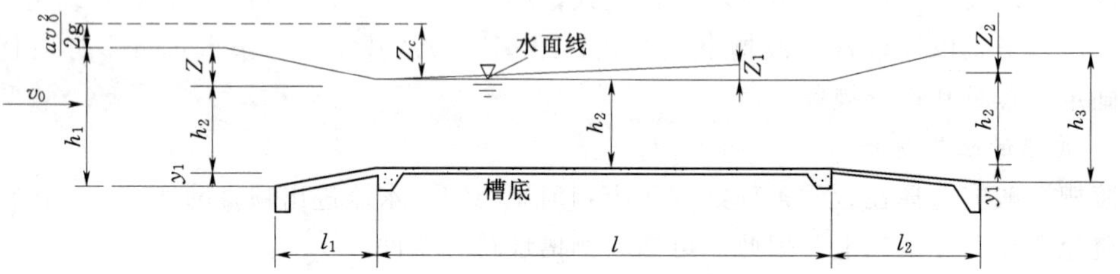

图 3-118 渡槽通过设计流量时水力计算图

5. 渡槽结构计算

(1) 荷载。作用于渡槽上的主要荷载有：结构自重，槽中水重，土压力，静、动水压力，风压力，温度变化引起的力，对于中小型渡槽，一般不考虑地震力，除风压力外，其他荷载计算方法与重力坝、拱坝中介绍的相同。

风荷载 W（MPa）计算公式为

$$W = KK_2W_0 \quad (3-161)$$

式中：K 为风载体型系数，与建筑物体型、尺寸等有关，按表 3-79 取值；K_2 为风压高度变化系数，按表 3-80 选用；W_0 为基本风压，MPa，根据荷载规范中全国基本风压分布图选取，对于没有给出风压的地区，可通过实地调查，据近几年（一般不小于 5～10 年），最大风速 v，按 $W_0 = V^2/1.6$ 估算。

表 3-79　　风载体型系数

断面形式	矩形	U形	圆管
K	1.2～1.3	0.8～0.9	0.7
说明	空槽时取小值，满槽时取大值	直段高度较大时取大值	

表 3-80　　风压高度变化系数 K_2 值

离地面高度（m）	≤2	5	10	15	20	30	40	50	60	70	80	90
K_2	0.52	0.78	1.00	1.15	1.25	1.41	1.54	1.63	1.71	1.78	1.84	1.90

（2）槽身结构计算。梁式渡槽结构计算分槽身的纵向结构计算和横向结构计算，计算方法主要采用结构力学分析方法。

纵向结构计算视渡槽支承排架的位置不同，可形成简支梁、等跨双悬臂梁和等弯矩双悬臂梁等多种计算简图。渡槽跨度视槽高（槽身距地面高度）、地基情况及施工条件等而定。槽高较大，地基较好时，可采用大跨度。简支梁式渡槽常用跨度可取 8～15m，双悬臂梁 30～40m。纵向计算步骤可分为：

1）梁的弯矩及剪力计算。

2）按受弯构件，进行正截面强度计算和抗裂验算。

3）对拟定尺寸修正，确定强度材料标号。

4）配筋计算。

横向结构计算可沿槽长方向取 1m 长作为计算段，按平面问题分析，并根据断面形式，槽顶有无拉杆，槽侧有无加肋等情况，选择相应的计算公式和方法。

（3）支承结构（槽墩和排架）设计。

1）槽墩。槽墩是支承槽身的结构，应有较高的承重能力和纵向稳定性。当槽墩高度不大，地基有较高的承载力时，可采用实体式槽墩，建筑材料多为砖石、混凝土；当槽墩高度较高，有减轻自重，节约材料等要求，可用混凝土预制块砌筑或空心式槽墩。槽墩一般做成上窄下宽梯形形状，四侧坡比 15∶1～40∶1。

2）排架。排架由排架框和拦梁组成的空间多层框架结构，用钢筋混凝土作为建筑材料，形式有单排式、双排式和 A 字形式等，如图 3-119 所示。槽身高度在 15m 以内适用单排架，双排架一般用于 15～25m 左右的支承高度，排架与基础连接可采用固接和绞接两种形式。

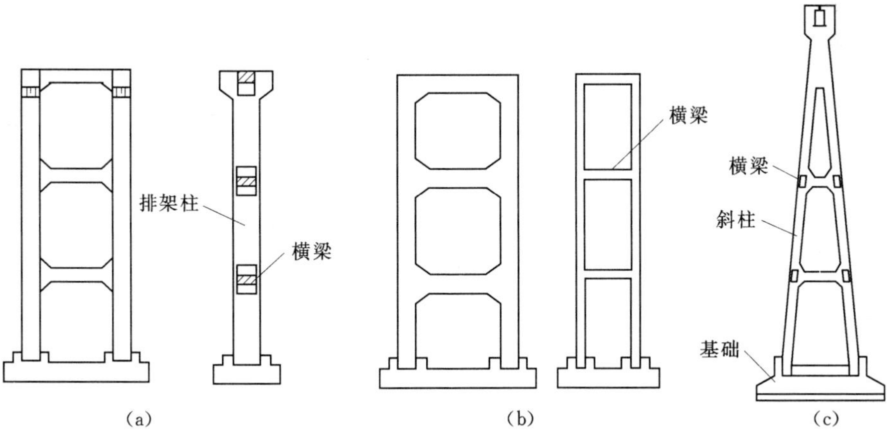

图 3-119　排架的形式

（4）基础。

渡槽的基础应具有较高的承载能力，当地质条件较好时，可采用埋深小于 5m 的浅基础，如刚性基础或整体板式基础（图 3-120）。若地质条件差，上部荷载重，持力层深度较大时，可用桩基或沉井等作为渡槽的基础。

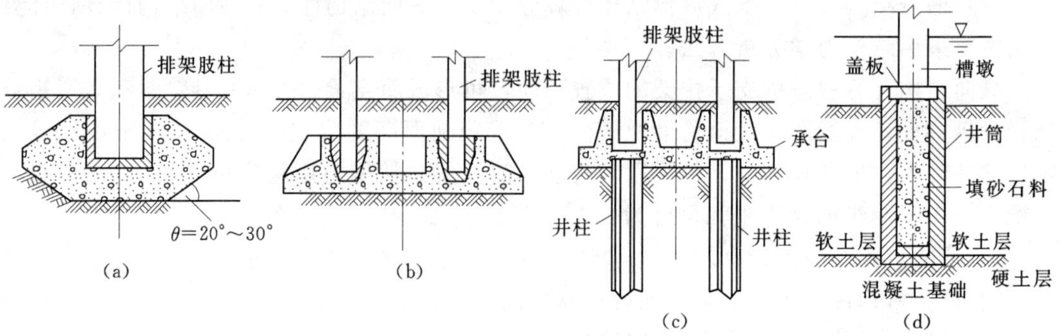

图 3-120　渡槽基础型式

本例点评：

本例主要介绍了渡槽设计的主要步骤和内容，在计算方法和结构选型上作了简单分析。近年来，随着新材料、新技术、新设备的不断出现，渡槽设计理论和方法也得到很大的发展，总体趋势是要求渡槽设计能够适应各种流量、各种跨度特别是大跨度结构。

附　　录

附录一　分块积分法求拱坝梁的变位系数 a_{ij}

关于分块积分法求拱坝梁的变位系数 a_{ij} 的计算，原上海勘测设计院在《拱坝试载法计算的简化和改进》一文中，提出了一种分块与积分相结合的方法，各分块的变位按积分法计算，然后将各分块变位进行组合求得 a_{ij}，称“分块积分法”，该法精度高，其计算原理如下。

附图 1-1 所示悬臂梁分为四块，在单位荷载 3 作用下各块所受的力，不外乎是直接作用在其上的单位三角形荷载Ⅰ或Ⅱ和由上块传递下来的弯矩 M、剪力 V，称为荷载系数，如：单荷 3 对块Ⅳ的荷载系数仅有块顶传下的 $V=2\times1/2\Delta h\times1=\Delta h$，$M=V\times\Delta h=\Delta h^2$。

单荷 3 对块Ⅲ的荷载系数：三角形荷载Ⅱ，$V=1/2\Delta h$，$M=V\times1/3\Delta h=1/6\Delta h^2$。

单荷 3 对块Ⅱ的荷载系数：三角形荷载Ⅰ，$V=0$，$M=0$。

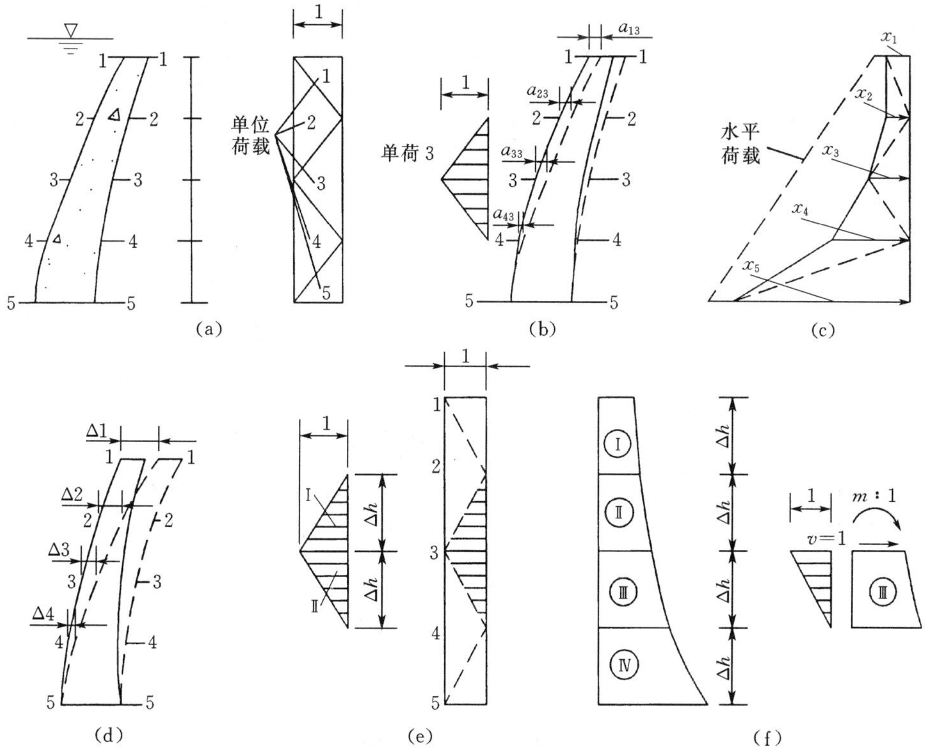

附图 1-1　拱梁分载示意图

分块法首先算出在四种基本荷载Ⅰ、Ⅱ、$m=1$、$v=1$ 作用下，梁各分块块顶的变位，用积分法计算。再以各梁块在基荷作用下的变位与单荷对各梁块的荷载系数组合，即得单荷下梁各块顶的变位。

附图 1-2 所示梁块，其上各断面的断面积 A、惯性矩 I 是随其高程坐标而变化的，而这个变化规律可用二次曲线粗略地进行逼近。二次曲线的块顶及块底边界值 A_0、I_0、A_2、I_2 是预先知道的，故二次曲线型式如下：

$$\frac{1}{A}=\frac{1}{A_0}+az+bz^2$$

$$\frac{1}{I}=\frac{1}{I_0}+cz+dz^2$$

式中，a、b、c、d 为常数，可用下式求解：

$$\frac{1}{A_1}=\frac{1}{A_0}+\frac{1}{2}ah+\frac{1}{4}bh^2$$

$$\frac{1}{A_2}=\frac{1}{A_0}+ah+bh^2$$

$$\frac{1}{I_1}=\frac{1}{I_0}+\frac{1}{2}ch+\frac{1}{4}dh^2$$

$$\frac{1}{I_2}=\frac{1}{I_0}+ch+dh$$

解得：

$$a=\frac{1}{h}\left(-\frac{3}{A_0}+\frac{4}{A_1}-\frac{1}{A_2}\right)$$

$$b=\frac{1}{h^2}\left(\frac{2}{A_0}-\frac{4}{A_1}+\frac{2}{A_2}\right)$$

$$c=\frac{1}{h}\left(-\frac{3}{I_0}+\frac{4}{I_1}-\frac{1}{I_2}\right)$$

$$d=\frac{1}{h^2}\left(\frac{2}{I_0}-\frac{4}{I_1}+\frac{2}{I_2}\right)$$

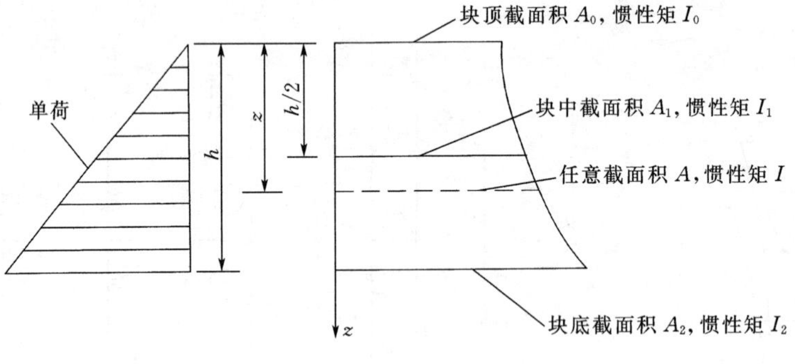

附图 1-2 梁块面积惯性矩计算示意图

三角形荷载I作用下任意分块上任意截面处弯矩 $M=z^3/(6h)$，剪力 $V=z^2/(2h)$，使块顶产生角变位 θ、径向变位 $\Delta\gamma_1$（弯矩作用），径向变位 $\Delta\gamma_2$（剪力作用），可用积分法得：

$$\overline{\theta}=\int_0^h\frac{M}{E_cI}\mathrm{d}z=\frac{1}{E_c}\int_0^h\frac{z^3}{6h}\left(\frac{1}{I_0}+cz+dz^2\right)\mathrm{d}z=\frac{h^3}{24E_c}\left(\frac{1}{I_0}+\frac{4ch}{5}+\frac{2}{3}dh^2\right)$$

$$\overline{\Delta\gamma_1}=\int_0^h\frac{MZ}{E_cI}\mathrm{d}z=\frac{1}{E_c}\int_0^h\frac{z^4}{6h}\left(\frac{1}{I_0}+cz+dz^2\right)\mathrm{d}z=\frac{h^4}{6E_c}\left(\frac{1}{5I_0}+\frac{ch}{6}+\frac{dh^2}{7}\right)$$

$$\overline{\Delta\gamma_2}=\int_0^h\frac{KV}{AG}\mathrm{d}z=\frac{3}{E_c}\int_0^h\frac{V}{A}\mathrm{d}z=\frac{h^2}{2E_c}\left(\frac{1}{A_0}+\frac{3ah}{4}+\frac{3bh^2}{5}\right)$$

在三角形荷载Ⅱ、单位力矩 $m=1$、单位剪力 $v=1$ 作用下变位亦可同理求得，见附表1-1。

附表 1-1　　坝块块顶变位计算

荷　载	$\bar\theta$	$\overline{\Delta\gamma_1}$	$\overline{\Delta\gamma_2}$
三角形荷载Ⅰ($p_1=1$)	$\bar\theta_{\text{I}}=\frac{h^3}{24E_c}\left(\frac{1}{I_0}+\frac{4}{5}ch+\frac{2}{3}dh^2\right)$	$\overline{\Delta\gamma_{1\text{I}}}=\frac{h^4}{6E_c}\left(\frac{1}{5I_0}+\frac{1}{6}ch+\frac{1}{7}dh^2\right)$	$\overline{\Delta\gamma_{2\text{I}}}=\frac{h^2}{2E_c}\left(\frac{1}{A_0}+\frac{3}{4}ah+\frac{3}{5}bh^2\right)$
三角形荷载Ⅱ($p_2=1$)	$\bar\theta_{\text{II}}=\frac{h^3}{8E_c}\left(\frac{1}{I_0}+\frac{11}{15}ch+\frac{26}{45}dh^2\right)$	$\overline{\Delta\gamma_{1\text{II}}}=\frac{h^4}{12E_c}\left(\frac{11}{10I_0}+\frac{13}{15}ch+\frac{5}{7}dh^2\right)$	$\overline{\Delta\gamma_{2\text{II}}}=\frac{h^2}{E_c}\left(\frac{1}{A_0}+\frac{5}{8}ah+\frac{9}{20}bh^2\right)$
单位力矩($m=1$)	$\bar\theta_m=\frac{h}{E_c}\left(\frac{1}{I_0}+\frac{1}{2}ch+\frac{1}{3}dh^2\right)$	$\overline{\Delta\gamma_{1m}}=\frac{h^2}{12E_c}\left(\frac{6}{I_0}+4ch+3dh^2\right)$	$\overline{\Delta\gamma_{2m}}=0$
单位剪力($v=1$)	$\bar\theta_v=\overline{\Delta\gamma_{1m}}=\frac{h^2}{12E_c}\left(\frac{6}{I_0}+4ch+3dh^2\right)$	$\overline{\Delta\gamma_{1V}}=\frac{h^3}{E_c}\left(\frac{6}{3I_0}+\frac{1}{4}ch+\frac{1}{5}dh^2\right)$	$\overline{\Delta\gamma_{2V}}=\frac{3h}{E_c}\left(\frac{1}{A_0}+\frac{1}{2}ah+\frac{1}{3}bh^2\right)$

用附表1-1中的公式算得各分块在四种基本荷载作用下的变位后，即可与单位荷载的荷载系数进行变位组合，算出各种单位荷载作用下梁任意高程断面处的变位，即 a_{ij}。

上述计算比较繁琐，为简化计算，将四种基本荷载的坝块顶变位（附表1-1）转化为 $N=t_{底}/t_{顶}$ 的函数，见附表1-2，并编制数表进行查算，可使计算大为简化。

附表 1-2　　坝块块顶变位计算(N=块底厚度 $t_{底}$/块顶厚度 $t_{顶}$，h 为块高)

$\bar\theta_{\text{I}}=\frac{h^3}{E_ct_{顶}^3}\overline{\theta}_{\text{I}}$	$\overline{\theta}_{\text{I}}=\frac{(1.6-0.2N^3)(1+N)^3+12.8N^3}{6N^3(1+N)^3}$	$\overline{\Delta\gamma_{1m}}=\frac{h^2}{E_ct_{顶}^3}\overline{\Delta\gamma}_{1m}$	$\overline{\Delta\gamma}_{1m}=\overline{\theta}_V$
$\bar\theta_{\text{II}}=\frac{h^3}{E_ct_{顶}^3}\overline{\theta}_{\text{II}}$	$\overline{\theta}_{\text{II}}=\frac{(76-8N^3)(1+N)^3+896N^3}{120N^3(1+N)^3}$	$\overline{\Delta\gamma_{1V}}=\frac{h^3}{E_ct_{顶}^3}\overline{\Delta\gamma}_{1V}$	$\overline{\Delta\gamma}_{1V}=\frac{(1+N)^3(9-N^3)+96N^3}{5N^3(1+N)^3}$
$\bar\theta_m=\frac{h}{E_ct_{顶}^3}\overline{\theta}_m$	$\overline{\theta}_m=\frac{2(1+N^3)(1+N)^3+64N^3}{N^3(1+N)^3}$	$\overline{\Delta\gamma_{2\text{I}}}=\frac{h^2}{E_ct_{顶}}\overline{\Delta\gamma}_{2\text{I}}$	$\overline{\Delta\gamma}_{2\text{I}}=\frac{9+32N-N^2}{40N(1+N)}$
$\bar\theta_V=\frac{h^2}{E_ct_{顶}^3}\overline{\theta}_V$	$\overline{\theta}_V=\frac{4(1+N)^3+64N^3}{2N^3(1+N)^3}$	$\overline{\Delta\gamma_{2\text{II}}}=\frac{h^2}{E_ct_{顶}}\overline{\Delta\gamma}_{2\text{II}}$	$\overline{\Delta\gamma}_{2\text{II}}=\frac{11+68N+N^2}{40N(1+N)}$
$\overline{\Delta\gamma_{1\text{I}}}=\frac{h^4}{E_ct_{顶}^3}\overline{\Delta\gamma}_{1\text{I}}$	$\overline{\Delta\gamma}_{1\text{I}}=\frac{(1+N)^3(50-6N^3)+320N^3}{210N^3(1+N)^3}$	$\overline{\Delta\gamma_{2m}}=0$	—
$\overline{\Delta\gamma_{1\text{II}}}=\frac{h^4}{E_ct_{顶}^3}\overline{\Delta\gamma}_{1\text{II}}$	$\overline{\Delta\gamma}_{1\text{II}}=\frac{(1+N)^3(1298-165N^3)+1126N^3}{2310N^3(1+N)^3}$	$\overline{\Delta\gamma_{2V}}=\frac{h}{E_ct_{顶}}\overline{\Delta\gamma}_{2V}$	$\overline{\Delta\gamma}_{2V}=\frac{1+10N+N^2}{2N(1+N)}$

利用坝块块顶变位计算式（附表1-2），求得四种基本荷载的变位后，进行荷载和变位组合，以求梁的变位系数 a_{ij}，这仍是一件麻烦的事情，为简化 a_{ij} 的组合，可利用编制成的拱冠梁变位系数 a_{ij} 组成表（将梁分成4段或6段），用此表可直接求得其 a_{ij} 值，其步骤是根据给定的梁块尺寸查附表1-3，求得各段坝顶在基本荷载下的变位系数$\overline{\theta}$、$\overline{\Delta\gamma}_1$、$\overline{\Delta\gamma}_2$，然

后代入附表1－4或附表 1－5，即可求得 a_{ij}，a_{ij} 值连同前面的变位计算结果，即可组成拱梁变位协调方程组，用主元消去法可解得拱梁荷载分配。

附表 1－3　　四种基本荷载下拱冠梁分块块顶变位系数表($N=t_{底}/t_{顶}$)

N	$\overline{\theta}_{\mathrm{I}}$	$\overline{\theta}_{\mathrm{II}}$	$\overline{\theta}_m$	$\overline{\theta}_V$ $\overline{\Delta\gamma}_{1m}$	$\overline{\Delta\gamma}_{1\mathrm{I}}$	$\overline{\Delta\gamma}_{1\mathrm{II}}$	$\overline{\Delta\gamma}_{1V}$	$\overline{\Delta\gamma}_{2\mathrm{I}}$	$\overline{\Delta\gamma}_{2\mathrm{II}}$	$\overline{\Delta\gamma}_{2V}$
1.00	0.500	1.500	12.000	6.000	0.400	1.100	4.000	0.500	1.000	3.000
1.01	0.488	1.468	11.822	5.882	0.390	1.074	3.911	0.496	0.994	2.985
1.02	0.477	1.436	11.849	5.767	0.381	1.050	3.326	0.493	0.988	2.970
1.03	0.466	1.406	11.481	5.656	0.372	1.026	3.742	0.489	0.982	2.956
1.04	0.455	1.376	11.716	5.547	0.363	1.002	3.662	0.486	0.976	2.942
1.05	0.445	1.347	11.157	5.442	0.354	0.980	3.584	0.482	0.970	2.927
1.06	0.435	1.319	11.000	5.340	0.346	0.958	3.508	0.4785	0.964	2.913
1.07	0.425	1.292	10.848	5.240	0.338	0.937	3.434	0.475	0.958	2.900
1.08	0.415	1.266	10.700	5.144	0.330	0.916	3.362	0.472	0.953	2.886
1.09	0.406	1.240	10.555	5.050	0.322	0.897	3.293	0.468	0.947	2.873
1.10	0.397	1.215	10.413	4.958	0.315	0.877	3.226	0.465	0.942	2.859
1.11	0.389	1.191	10.275	4.809	0.308	0.858	3.160	0.462	0.936	2.846
1.12	0.380	1.168	10.141	4.732	0.301	0.840	3.096	0.459	0.931	2.833
1.13	0.372	1.145	10.009	4.698	0.294	0.823	3.034	0.456	0.926	2.820
1.14	0.364	1.123	9.880	4.615	0.288	0.805	2.974	0.453	0.920	2.808
1.15	0.357	1.101	9.755	4.535	0.281	0.789	2.915	0.450	0.915	2.795
1.16	0.349	1.080	9.632	4.457	0.275	0.772	2.858	0.447	0.910	2.783
1.17	0.342	1.060	9.512	4.380	0.269	0.757	2.803	0.444	0.905	2.771
1.18	0.335	1.040	9.395	4.306	0.263	0.741	2.749	0.441	0.900	2.759
1.19	0.328	1.020	9.280	4.233	0.258	0.726	2.696	0.438	0.895	2.747
1.20	0.321	1.001	9.168	4.163	0.252	0.712	2.645	0.435	0.890	2.735
1.21	0.315	0.983	9.058	4.094	0.247	0.698	2.595	0.432	0.886	2.723
1.22	0.308	0.965	8.951	4.026	0.242	0.684	2.546	0.430	0.881	2.712
1.23	0.302	0.947	8.846	3.960	0.237	0.670	2.499	0.427	0.876	2.700
1.24	0.296	0.930	8.743	3.896	0.232	0.657	2.452	0.424	0.872	2.689
1.25	0.290	0.913	8.743	3.833	0.227	0.644	2.407	0.422	0.867	2.678
1.26	0.285	0.897	8.643	3.772	0.222	0.632	2.363	0.419	0.863	2.667
1.27	0.279	0.881	8.544	3.712	0.218	0.620	2.320	0.416	0.858	2.658
1.28	0.274	0.865	8.353	3.654	0.214	0.608	2.275	0.414	0.854	2.645
1.29	0.268	0.850	8.261	3.596	0.209	0.596	2.237	0.411	0.850	2.634
1.30	0.263	0.835	8.170	3.540	0.205	0.585	2.167	0.409	0.845	2.624
1.31	0.258	0.821	8.082	3.486	0.201	0.574	2.153	0.406	0.841	2.613

续表

N	$\overline{\theta}_{\mathrm{I}}$	$\overline{\theta}_{\mathrm{II}}$	$\overline{\theta}_m$	$\overline{\theta}_V$ $\overline{\Delta\gamma}_{1m}$	$\overline{\Delta\gamma}_{1\mathrm{I}}$	$\overline{\Delta\gamma}_{1\mathrm{II}}$	$\overline{\Delta\gamma}_{1V}$	$\overline{\Delta\gamma}_{2\mathrm{I}}$	$\overline{\Delta\gamma}_{2\mathrm{II}}$	$\overline{\Delta\gamma}_{2V}$
1.32	0.253	0.807	7.925	3.432	0.197	0.563	2.120	0.404	0.837	2.603
1.33	0.249	0.793	7.910	3.380	0.193	0.553	2.083	0.402	0.833	2.593
1.34	0.244	0.779	7.826	3.329	0.189	0.543	2.047	0.399	0.828	2.583
1.35	0.239	0.766	7.744	3.279	0.186	0.533	2.011	0.397	0.824	2.573
1.36	0.235	0.753	7.664	3.230	0.182	0.523	1.976	0.395	0.820	2.563
1.37	0.231	0.740	7.585	3.182	0.178	0.513	1.942	0.392	0.816	2.553
1.38	0.226	0.728	7.508	3.105	0.175	0.504	1.909	0.390	0.812	2.543
1.39	0.222	0.716	7.433	3.089	0.172	0.495	1.877	0.388	0.809	2.533
1.40	0.218	0.704	7.358	3.044	0.168	0.486	1.845	0.386	0.805	2.524
1.41	0.214	0.693	7.286	3.000	0.165	0.477	1.814	0.384	0.801	2.514
1.42	0.210	0.681	7.214	2.956	0.162	0.469	1.786	0.381	0.797	2.505
1.43	0.208	0.676	7.144	2.914	0.159	0.461	1.754	0.379	0.793	2.496
1.44	0.205	0.658	7.075	2.878	0.156	0.452	1.724	0.377	0.790	2.487
1.45	0.199	0.649	7.008	2.832	0.153	0.444	1.696	0.375	0.786	2.478
1.46	0.196	0.638	6.942	2.792	0.150	0.437	1.668	0.373	0.782	2.468
1.47	0.192	0.628	6.877	2.753	0.148	0.429	1.641	0.371	0.779	2.460
1.48	0.189	0.618	6.815	2.715	0.145	0.422	1.614	0.369	0.775	2.451
1.49	0.186	0.605	6.750	2.677	0.142	0.414	1.588	0.367	0.772	2.442
1.50	0.1822	0.5989	6.6886	2.6406	0.1395	0.4071	1.5621	0.3650	0.7683	2.4333
1.51	0.1791	0.5899	6.6302	2.6059	0.1371	0.4004	1.5379	0.3631	0.7649	2.4249
1.52	0.1761	0.5808	6.5719	2.5711	0.1346	0.3937	1.5138	0.3612	0.7615	2.4165
1.53	0.1730	0.5718	6.5135	2.5364	0.1322	0.3869	1.4896	0.3593	0.7582	2.4080
1.54	0.1700	0.5627	6.4552	2.5016	0.1297	0.3802	1.4655	0.3574	0.7548	2.3996
1.55	0.1669	0.5537	6.3968	2.4689	0.1273	0.3735	1.4413	0.3555	0.7514	2.3912
1.56	0.1641	0.5455	6.3434	2.4353	0.1251	0.3674	1.4194	0.3537	0.7482	2.3832
1.57	0.1614	0.5373	6.2899	2.4037	0.1229	0.3614	1.3975	0.3519	0.7450	2.3751
1.58	0.1586	0.5292	6.2365	2.3721	0.1207	0.3553	1.3757	0.3500	0.7417	2.3671
1.59	0.1559	0.5210	6.1830	2.3405	0.1185	0.3453	1.3535	0.3482	0.7385	2.3590
1.60	0.1531	0.5128	6.1296	2.3039	0.1163	0.3432	1.3319	0.3464	0.7353	2.3510
1.61	0.1506	0.5053	6.0805	2.2801	0.1143	0.3377	1.3120	0.3447	0.7322	2.3433
1.62	0.1481	0.4979	6.0315	2.2513	0.1123	0.3322	1.2921	0.3430	0.7292	2.3356
1.63	0.1457	0.4904	5.9824	2.2224	0.1103	0.3267	1.2722	0.3412	0.7261	2.3279
1.64	0.1432	0.4830	5.9334	2.1936	0.1053	0.3212	1.2523	0.3395	0.7231	2.3202
1.65	0.1407	0.4755	5.8843	2.1648	0.1063	0.3157	1.2324	0.3378	0.7200	2.3125
1.66	0.1384	0.4687	5.8392	2.1384	0.1045	0.3107	1.2143	0.3362	0.7171	2.3051
1.67	0.1361	0.4619	5.7940	2.1120	0.1027	0.3057	1.1962	0.3345	0.7141	2.2977

续表

N	$\overline{\theta}_{\mathrm{I}}$	$\overline{\theta}_{\mathrm{II}}$	$\overline{\theta}_{m}$	$\overline{\theta}_{V}$ $\overline{\Delta\gamma}_{1m}$	$\overline{\Delta\gamma}_{1\mathrm{I}}$	$\overline{\Delta\gamma}_{1\mathrm{II}}$	$\overline{\Delta\gamma}_{1V}$	$\overline{\Delta\gamma}_{2\mathrm{I}}$	$\overline{\Delta\gamma}_{2\mathrm{II}}$	$\overline{\Delta\gamma}_{2V}$
1.68	0.1339	0.4552	5.7489	2.0857	0.1009	0.3007	1.1780	0.3329	0.7112	2.2904
1.69	0.1316	0.4434	5.7037	2.0593	0.0991	0.2957	1.1599	0.3312	0.7082	2.2830
1.70	0.1293	0.4416	5.6586	2.0329	0.0973	0.2907	1.1418	0.3296	0.7053	2.2758
1.71	0.1272	0.4354	5.6170	2.0087	0.0957	0.2861	1.1253	0.3280	0.7025	2.2685
1.72	0.1252	0.4292	5.5754	1.9845	0.0924	0.2816	1.1087	0.3265	0.6997	2.2615
1.73	0.1231	0.4229	5.5338	1.9603	0.0906	0.2770	1.0922	0.3249	0.6968	2.2544
1.74	0.1210	0.4167	5.4922	1.9361	0.0891	0.2725	1.0756	0.3234	0.6940	2.2474
1.75	0.1190	0.4105	5.4506	1.9118	0.0876	0.2679	1.0591	0.3218	0.6912	2.2403
1.76	0.1171	0.4048	5.4122	1.8897	0.0862	0.2637	1.0439	0.3203	0.6885	2.2335
1.77	0.1152	0.3991	5.3737	1.8674	0.0846	0.2895	1.0288	0.3188	0.8853	2.2267
1.78	0.1134	0.3935	5.3553	1.8452	0.0832	0.2554	1.0136	0.3173	0.6832	2.2189
1.79	0.1115	0.3878	5.2968	1.8229	0.0832	0.2512	0.9985	0.3156	0.6805	2.2131
1.80	0.1096	0.3821	5.2584	1.8007	0.0817	0.2470	0.9833	0.3143	0.6778	2.2063
1.81	0.1079	0.3769	5.2228	1.7802	0.0803	0.2432	0.9694	0.3129	0.6752	2.1993
1.82	0.1061	0.3716	5.1873	1.7597	0.0790	0.2394	0.9555	0.3114	0.6726	2.1933
1.83	0.1044	0.3664	5.1517	1.7392	0.0776	0.2356	0.9415	0.3100	0.6701	2.1868
1.84	0.1026	0.3611	5.1162	1.7187	0.0762	0.2318	0.9276	0.3085	0.6675	2.1803
1.85	0.1009	0.3559	5.086	1.6982	0.0749	0.2280	0.9137	0.3071	0.6649	2.1738
1.86	0.0993	0.3511	5.0476	1.6793	0.0736	0.2245	0.9009	0.3057	0.6624	2.1675
1.87	0.0978	0.3463	5.0146	1.6604	0.0724	0.2210	0.8810	0.3044	0.6599	2.1613
1.88	0.0962	0.3414	4.9817	1.6415	0.0711	0.2174	0.8753	0.3030	0.6575	2.1550
1.89	0.0946	0.3366	4.9487	1.6226	0.0699	0.2139	0.8625	0.3017	0.6550	2.1488
1.90	0.0930	0.3318	4.9157	1.5037	0.0686	0.2104	0.8497	0.3003	0.6525	2.1425
1.91	0.0916	0.3274	4.8851	1.5862	0.0675	0.2072	0.8379	0.2990	0.6501	2.1365
1.92	0.0901	0.3229	4.8545	1.5687	0.0663	0.2040	0.8261	0.2977	0.6477	2.1304
1.93	0.0886	0.3185	4.8239	1.5512	0.0652	0.2007	0.8142	0.2964	0.6454	2.1244
1.94	0.0872	0.3140	4.7933	1.5337	0.0640	0.1975	0.8024	0.2951	0.6430	2.1183
1.95	0.0857	0.3096	4.7627	1.5162	0.0629	0.1943	0.7906	0.2938	0.6406	2.1123
1.96	0.0344	0.3055	4.7342	1.5000	0.0618	0.1913	0.7797	0.2925	0.6383	2.1065
1.97	0.0830	0.3014	4.7053	1.4838	0.0808	0.1883	0.7688	0.2913	0.6380	2.1007
1.98	0.0817	0.2972	4.6773	1.4676	0.0597	0.1854	0.7579	0.2900	0.6338	2.0949
1.99	0.0804	0.2931	4.6489	1.4514	0.0587	0.1824	0.7470	0.2888	0.6315	2.0891
2.00	0.0790	0.2890	4.6204	1.4352	0.0578	0.1704	0.7361	0.2875	0.6292	2.0833

附表 1-4　　**拱冠梁变位系数 a_{ij} 组成表(梁分为四段)**

a_{ij}	h^4/t_1^3	h^4/t_2^3					h^4/t_3^3					h^4/t_4^3					h^2/t_1	h^2/t_2		h^2/t_3		h^2/t_4		h^3/t_5^2	h^2/t_5	h	Σx $(-1/E_c)$
				$\overline{\Delta\gamma}_{1m2}$	$\overline{\Delta\gamma}_{1V2}$	$\overline{\theta}_{m2}$			$\overline{\Delta\gamma}_{1m3}$	$\overline{\Delta\gamma}_{1V3}$	$\overline{\theta}_{m3}$			$\overline{\Delta\gamma}_{1m4}$	$\overline{\Delta\gamma}_{1V4}$	$\overline{\theta}_{m4}$			$\overline{\Delta\gamma}_{2V2}$		$\overline{\Delta\gamma}_{2V3}$		$\overline{\Delta\gamma}_{2V4}$	n	n	n	
a_{11}	$\overline{\Delta\gamma}_{1\mathrm{II}1}$			5/6	1/2	2/6			11/6	1/2	10/6			17/6	1/2	4	$\overline{\Delta\gamma}_{2\mathrm{II}1}$		1/2		1/2		1/2	41.2	2.840	1.79	
a_{12}	$\overline{\Delta\gamma}_{1\mathrm{I}1}$	$\overline{\Delta\gamma}_{1\mathrm{II}2}$	$\overline{\theta}_{\mathrm{II}2}$	4/6	1/2	1/6			3	1	2			5	1	6	$\overline{\Delta\gamma}_{2\mathrm{I}1}$	$\overline{\Delta\gamma}_{2\mathrm{II}2}$	1/2		1		1	67.53	5.175	3.58	
a_{13}		$\overline{\Delta\gamma}_{1\mathrm{I}2}$	$\overline{\theta}_{\mathrm{I}2}$				$\overline{\Delta\gamma}_{1\mathrm{II}3}$	$2\overline{\theta}_{\mathrm{II}3}$	7/6	1/2	2/6			4	1	3		$\overline{\Delta\gamma}_{2\mathrm{I}2}$		$\overline{\Delta\gamma}_{2\mathrm{II}3}$	1/2		1	44.92	4.441	3.58	
a_{14}							$\overline{\Delta\gamma}_{1\mathrm{I}3}$	$2\overline{\theta}_{\mathrm{I}3}$				$\overline{\Delta\gamma}_{1\mathrm{II}4}$	$3\overline{\theta}_{\mathrm{II}4}$	10/6	1/2	1/2				$\overline{\Delta\gamma}_{2\mathrm{I}3}$		$\overline{\Delta\gamma}_{2\mathrm{II}4}$	1/2	22.52	3.699	3.58	
a_{15}												$\overline{\Delta\gamma}_{1\mathrm{I}4}$	$3\overline{\theta}_{\mathrm{I}4}$									$\overline{\Delta\gamma}_{2\mathrm{I}4}$		3.745	1.603	1.79	
a_{21}				2/6	1/2				8/6	1/2	5/6			14/6	1/2	16/6			1/2		1/2		1/2	30.9	2.470	1.79	
a_{22}		$\overline{\Delta\gamma}_{1\mathrm{II}2}$		1/6	1/2				2	1	1			4	1	4		$\overline{\Delta\gamma}_{2\mathrm{II}2}$	1/2		1		1	50.64	4.435	3.58	
a_{23}		$\overline{\Delta\gamma}_{1\mathrm{I}2}$					$\overline{\Delta\gamma}_{1\mathrm{II}3}$	$\overline{\theta}_{\mathrm{II}3}$	4/6	1/2	1/6			3	1	2		$\overline{\Delta\gamma}_{2\mathrm{I}2}$		$\overline{\Delta\gamma}_{2\mathrm{II}3}$	1/2		1	33.69	3.701	3.58	
a_{24}							$\overline{\Delta\gamma}_{1\mathrm{I}3}$	$\overline{\theta}_{\mathrm{I}3}$				$\overline{\Delta\gamma}_{1\mathrm{II}4}$	$2\overline{\theta}_{\mathrm{II}4}$	7/6	1/2	2/6				$\overline{\Delta\gamma}_{2\mathrm{I}3}$		$\overline{\Delta\gamma}_{2\mathrm{II}4}$	1/2	15.89	2.959	3.58	
a_{25}												$\overline{\Delta\gamma}_{1\mathrm{I}4}$	$2\overline{\theta}_{\mathrm{I}4}$									$\overline{\Delta\gamma}_{2\mathrm{I}4}$		2.808	1.233	1.79	
a_{31}									5/6	1/2				11/6	1/2	8/6					1/2		1/2	20.6	2.100	1.79	
a_{32}									1	1				3	1	2					1		1	33.76	3.695	3.58	
a_{33}							$\overline{\Delta\gamma}_{1\mathrm{II}3}$		1/6	1/2				2	1	1				$\overline{\Delta\gamma}_{2\mathrm{II}3}$	1/2		1	22.46	2.961	3.58	
a_{34}							$\overline{\Delta\gamma}_{1\mathrm{I}3}$					$\overline{\Delta\gamma}_{1\mathrm{II}4}$	$\overline{\theta}_{\mathrm{II}4}$	4/6	1/2	1/6				$\overline{\Delta\gamma}_{2\mathrm{I}3}$		$\overline{\Delta\gamma}_{2\mathrm{II}4}$	1/2	11.26	2.219	3.58	

续表

a_{ij}	h^4/t_1^3	h^4/t_2^3					h^4/t_3^3					h^4/t_4^3					h^2/t_1	h^2/t_2		h^2/t_3		h^2/t_4		h^3/t_5^2	h^2/t_5	h	Σx $(-1/E_c)$
				$\overline{\Delta\gamma}_{1m2}$	$\overline{\Delta\gamma}_{1V2}$	$\overline{\theta}_{m2}$			$\overline{\Delta\gamma}_{1m3}$	$\overline{\Delta\gamma}_{1V3}$	$\overline{\theta}_{m3}$			$\overline{\Delta\gamma}_{1m4}$	$\overline{\Delta\gamma}_{1V4}$	$\overline{\theta}_{m4}$			$\overline{\Delta\gamma}_{2V2}$		$\overline{\Delta\gamma}_{2V3}$		$\overline{\Delta\gamma}_{2V4}$	n	n	n	
a_{35}												$\overline{\Delta\gamma}_{1\mathrm{I}4}$	$\overline{\theta}_{\mathrm{I}4}$									$\overline{\Delta\gamma}_{2\mathrm{I}4}$		1.872	0.863	1.79	
a_{41}														8/6	1/2								1/2	10.3	1.730	1.79	
a_{42}														2	1								1	16.88	2.955	3.58	
a_{43}														1	1								1	11.23	2.221	3.58	
a_{44}												$\overline{\Delta\gamma}_{1\mathrm{II}4}$		1/6	1/2							$\overline{\Delta\gamma}_{2\mathrm{II}4}$	1/2	5.63	1.479	3.58	
a_{45}												$\overline{\Delta\gamma}_{1\mathrm{I}4}$										$\overline{\Delta\gamma}_{2\mathrm{I}4}$		0.936	0.493	1.79	
a_{51}																									1.360	1.79	
a_{52}																									2.215	3.58	
a_{53}																									1.481	3.58	
a_{54}																									0.739	3.58	
a_{55}																									0.123	1.79	

说明 1. 由于$\overline{\Delta\gamma}_{1m}=\overline{\theta}_V$，因此，在表中已将$\overline{\theta}_V$合并于$\overline{\Delta\gamma}_{1m}$栏内。

2. 将表头横行与欲求横行的各对应项相乘，得其积，再按横行累加，即为所求值，如：

$$a_{11}=\left[\overline{\Delta\gamma}_{1\mathrm{III}}\frac{h^4}{t_1^3}+\left(\frac{5}{6}\overline{\Delta\gamma}_{1m2}+\frac{1}{2}\overline{\Delta\gamma}_{1V2}+\frac{2}{6}\overline{\theta}_{m2}\right)\frac{h^4}{t_2^3}+\cdots+41.2n\frac{h^3}{t_5^2}+2.84n\frac{h^2}{t_5}+1.79nh\right]\frac{-1}{E_c}$$

3. 坝体弹模与坝基弹模之比值 $n=E_c/E_\gamma$，可按实际情况选用代入。

4. 表列各项均应乘以 $1/E_c$，在Σ栏内统一处理。

5. 在水压力作用下，梁向下游变位，与拱冠梁径向变位之正方向相反，故本表计算得之 a_{ij} 值均为负号，在Σ栏内统一处理。

附表 1－5　　　　**拱冠梁变位系数 a_{ij} 组成表(梁分为六段)**

a_{ij}	h^4/t_1^3	h^4/t_2^3					h^4/t_3^3					h^4/t_4^3					h^4/t_5^3				
				$\overline{\Delta\gamma'}_{1m2}$	$\overline{\Delta\gamma'}_{1V2}$	$\overline{\theta'}_{m2}$			$\overline{\Delta\gamma'}_{1m3}$	$\overline{\Delta\gamma'}_{1V3}$	$\overline{\theta'}_{m3}$			$\overline{\Delta\gamma'}_{1m4}$	$\overline{\Delta\gamma'}_{1V4}$	$\overline{\theta'}_{m4}$			$\overline{\Delta\gamma'}_{1m5}$	$\overline{\Delta\gamma'}_{1V5}$	$\overline{\theta'}_{m5}$
a_{11}	$\overline{\Delta\gamma'}_{1\,\mathrm{II}1}$			5/6	1/2	2/6			11/6	1/2	10/6			17/6	1/2	4			23/6	1/2	44/6
a_{12}	$\overline{\Delta\gamma'}_{1\,\mathrm{I}1}$	$\overline{\Delta\gamma'}_{1\,\mathrm{II}2}$	$\overline{\theta'}_{\mathrm{II}2}$	4/6	1/2	1/6			3	1	2			5	1	6			7	1	12
a_{13}		$\overline{\Delta\gamma'}_{1\,\mathrm{I}2}$	$\overline{\theta'}_{\mathrm{I}2}$				$\overline{\Delta\gamma'}_{1\,\mathrm{II}3}$	$2\,\overline{\theta'}_{\mathrm{II}3}$	7/6	1/2	2/6			4	1	3			6	1	8
a_{14}							$\overline{\Delta\gamma'}_{1\,\mathrm{I}3}$	$2\,\overline{\theta'}_{\mathrm{I}3}$				$\overline{\Delta\gamma'}_{1\,\mathrm{II}4}$	$3\,\overline{\theta'}_{\mathrm{II}4}$	10/6	1/2	1/2			5	1	4
a_{15}												$\overline{\Delta\gamma'}_{1\,\mathrm{I}4}$	$3\,\overline{\theta'}_{\mathrm{I}4}$				$\overline{\Delta\gamma'}_{1\,\mathrm{II}5}$	$4\,\overline{\theta'}_{\mathrm{II}5}$	13/6	1/2	4/6
a_{16}																	$\overline{\Delta\gamma'}_{1\,\mathrm{I}5}$	$4\,\overline{\theta'}_{\mathrm{I}5}$			
a_{17}																					
a_{21}				2/6	1/2				8/6	1/2	5/6			14/6	1/2	16/6			20/6	1/2	33/6
a_{22}		$\overline{\Delta\gamma'}_{1\,\mathrm{II}2}$		1/6	1/2				2	1	1			4	1	4			6	1	9
a_{23}		$\overline{\Delta\gamma'}_{1\,\mathrm{I}2}$					$\overline{\Delta\gamma'}_{1\,\mathrm{II}3}$	$\overline{\theta'}_{\mathrm{II}3}$	4/6	1/2	1/6			3	1	2			5	1	6
a_{24}							$\overline{\Delta\gamma'}_{1\,\mathrm{I}3}$	$\overline{\theta'}_{\mathrm{I}3}$				$\overline{\Delta\gamma'}_{1\,\mathrm{II}4}$	$2\,\overline{\theta'}_{\mathrm{II}4}$	7/6	1/2	2/6			4	1	3
a_{25}												$\overline{\Delta\gamma'}_{1\,\mathrm{I}4}$	$2\,\overline{\theta'}_{\mathrm{I}4}$				$\overline{\Delta\gamma'}_{1\,\mathrm{II}5}$	$3\,\overline{\theta'}_{\mathrm{II}5}$	10/6	1/2	3/6
a_{26}																	$\overline{\Delta\gamma'}_{1\,\mathrm{I}5}$	$3\,\overline{\theta'}_{\mathrm{I}5}$			
a_{27}																					
a_{31}									5/6	1/2				11/6	1/2	8/6			17/6	1/2	22/6
a_{32}									1	1				3	1	2			5	1	6
a_{33}							$\overline{\Delta\gamma'}_{1\,\mathrm{II}3}$		1/6	1/2				2	1	1			4	1	4
a_{34}							$\overline{\Delta\gamma'}_{1\,\mathrm{I}3}$					$\overline{\Delta\gamma'}_{1\,\mathrm{II}4}$	$\overline{\theta'}_{\mathrm{II}4}$	4/6	1/2	2/6			3	1	2
a_{35}												$\overline{\Delta\gamma'}_{1\,\mathrm{I}4}$	$\overline{\theta'}_{\mathrm{I}4}$				$\overline{\Delta\gamma'}_{1\,\mathrm{II}5}$	$\overline{\theta'}_{\mathrm{II}5}$	7/6	1/2	2/6
a_{36}																	$\overline{\Delta\gamma'}_{1\,\mathrm{I}5}$	$2\,\overline{\theta'}_{\mathrm{I}5}$			
a_{37}																					
a_{41}														8/6	1/2				14/6	1/2	11/6
a_{42}														2	1				4	1	3
a_{43}														1	1				3	1	2
a_{44}												$\overline{\Delta\gamma'}_{1\,\mathrm{II}4}$		1/6	1/2				2	1	1

续表

a_{ij}	h^4/t_1^3	h^4/t_2^3					h^4/t_3^3					h^4/t_4^3					h^4/t_5^3				
				$\overline{\Delta\gamma'}_{1m2}$	$\overline{\Delta\gamma'}_{1V2}$	$\overline{\theta'}_{m2}$			$\overline{\Delta\gamma'}_{1m3}$	$\overline{\Delta\gamma'}_{1V3}$	$\overline{\theta'}_{m3}$			$\overline{\Delta\gamma'}_{1m4}$	$\overline{\Delta\gamma'}_{1V4}$	$\overline{\theta'}_{m4}$			$\overline{\Delta\gamma'}_{1m5}$	$\overline{\Delta\gamma'}_{1V5}$	$\overline{\theta'}_{m5}$
a_{45}												$\overline{\Delta\gamma'}_{1\,\mathrm{I}4}$					$\overline{\Delta\gamma'}_{1\,\mathrm{II}5}$	$\overline{\theta'}_{\mathrm{II}5}$	4/6	1/2	1/6
a_{46}																	$\overline{\Delta\gamma'}_{1\,\mathrm{I}5}$	$\overline{\theta'}_{\mathrm{I}5}$			
a_{47}																					
a_{51}																			11/6	1/2	
a_{52}																			3	1	
a_{53}																			2	1	
a_{54}																			1	1	
a_{55}																	$\overline{\Delta\gamma'}_{1\,\mathrm{II}5}$		1/6	1/2	
a_{56}																	$\overline{\Delta\gamma'}_{1\,\mathrm{I}5}$				
a_{57}																					
a_{61}																					
a_{62}																					
a_{63}																					
a_{64}																					
a_{65}																					
a_{66}																					
a_{67}																					
a_{71}																					
a_{72}																					
a_{73}																					
a_{74}																					
a_{75}																					
a_{76}																					
a_{77}																					

续表

a_{ij}	h^4/t_6^3					h^2/t_1	h^2/t_2		h^2/t_3		h^2/t_4		h^2/t_5		h^2/t_6		h^3/t_7^2	h^2/t_7	h	$\sum x$
			$\overline{\Delta\gamma'}_{1m6}$	$\overline{\Delta\gamma'}_{1V6}$	$\overline{\theta'}_{m6}$			$\overline{\Delta\gamma'}_{2V2}$		$\overline{\Delta\gamma'}_{2V3}$		$\overline{\Delta\gamma'}_{2V4}$		$\overline{\Delta\gamma'}_{2V5}$		$\overline{\Delta\gamma'}_{2V6}$	n	n	n	$(-1/E_c)$
a_{11}			29/6	1/2	70/6	$\overline{\Delta\gamma'}_{2\mathrm{II}1}$		1/2		1/2		1/2		1/2		1/2	95.4	4.32	1.79	
a_{12}			9	1	20	$\overline{\Delta\gamma'}_{2\mathrm{I}1}$	$\overline{\Delta\gamma'}_{2\mathrm{II}2}$	1/2		1		1		1		1	168.6	8.15	3.58	
a_{13}			8	1	15		$\overline{\Delta\gamma'}_{2\mathrm{I}2}$		$\overline{\Delta\gamma'}_{2\mathrm{II}3}$	1/2		1		1		1	135.0	7.4	3.58	
a_{14}			7	1	10				$\overline{\Delta\gamma'}_{2\mathrm{I}3}$		$\overline{\Delta\gamma'}_{2\mathrm{II}4}$	1/2		1		1	101.28	6.65	3.58	
a_{15}			6	1	5						$\overline{\Delta\gamma'}_{2\mathrm{I}4}$		$\overline{\Delta\gamma'}_{2\mathrm{II}5}$	1/2		1	67.38	5.92	3.58	
a_{16}	$\overline{\Delta\gamma'}_{1\mathrm{II}6}$	$5\overline{\theta'}_{\mathrm{II}6}$	16/6	1/2	5/6								$\overline{\Delta\gamma'}_{2\mathrm{I}5}$		$\overline{\Delta\gamma'}_{2\mathrm{II}6}$	1/2	35.78	5.18	3.58	
a_{17}	$\overline{\Delta\gamma'}_{1\mathrm{I}6}$	$5\overline{\theta'}_{\mathrm{I}6}$													$\overline{\Delta\gamma'}_{2\mathrm{I}6}$		5.616	2.34	1.79	
a_{21}			26/6	1/2	56/6			1/2		1/2		1/2		1/2		1/2	79.5	3.95	1.79	
a_{22}			8	1	16		$\overline{\Delta\gamma'}_{2\mathrm{II}2}$	1/2		1		1		1		1	140.5	7.41	3.58	
a_{23}			7	1	12		$\overline{\Delta\gamma'}_{2\mathrm{I}2}$		$\overline{\Delta\gamma'}_{2\mathrm{II}3}$	1/2		1		1		1	112.5	6.66	3.58	
a_{24}			6	1	8				$\overline{\Delta\gamma'}_{2\mathrm{I}3}$		$\overline{\Delta\gamma'}_{2\mathrm{II}4}$	1/2		1		1	84.4	5.91	3.58	
a_{25}			5	1	4						$\overline{\Delta\gamma'}_{2\mathrm{I}4}$		$\overline{\Delta\gamma'}_{2\mathrm{II}5}$	1/2		1	56.15	5.18	3.58	
a_{26}	$\overline{\Delta\gamma'}_{1\mathrm{II}6}$	$4\overline{\theta'}_{\mathrm{II}6}$	13/6	1/2	4/6								$\overline{\Delta\gamma'}_{2\mathrm{I}5}$		$\overline{\Delta\gamma'}_{2\mathrm{II}6}$	1/2	28.15	4.44	3.58	
a_{27}	$\overline{\Delta\gamma'}_{1\mathrm{I}6}$	$4\overline{\theta'}_{\mathrm{I}6}$													$\overline{\Delta\gamma'}_{2\mathrm{I}6}$		4.68	1.97	1.79	
a_{31}			23/6	1/2	7					1/2		1/2		1/2		1/2	63.6	3.58	1.79	
a_{32}			7	1	12					1		1		1		1	112.4	6.67	3.58	
a_{33}			6	1	9				$\overline{\Delta\gamma'}_{2\mathrm{II}3}$	1/2		1		1		1	90.0	5.92	3.58	
a_{34}			5	1	6				$\overline{\Delta\gamma'}_{2\mathrm{I}3}$		$\overline{\Delta\gamma'}_{2\mathrm{II}4}$	1/2		1		1	67.52	5.18	3.58	
a_{35}			4	1	3						$\overline{\Delta\gamma'}_{2\mathrm{I}4}$		$\overline{\Delta\gamma'}_{2\mathrm{II}5}$	1/2		1	44.92	4.44	3.58	
a_{36}	$\overline{\Delta\gamma'}_{1\mathrm{II}6}$	$3\overline{\theta'}_{\mathrm{II}6}$	10/6	1/2	3/6								$\overline{\Delta\gamma'}_{2\mathrm{I}5}$		$\overline{\Delta\gamma'}_{2\mathrm{II}6}$	1/2	22.52	3.70	3.58	
a_{37}	$\overline{\Delta\gamma'}_{1\mathrm{I}6}$	$3\overline{\theta'}_{\mathrm{I}6}$													$\overline{\Delta\gamma'}_{2\mathrm{I}6}$		3.744	1.60	1.79	
a_{41}			20/6	1/2	28/6							1/2		1/2		1/2	47.7	3.21	1.79	
a_{42}			6	1	8							1		1		1	84.3	5.93	3.58	
a_{43}			5	1	6							1		1		1	67.5	5.18	3.58	
a_{44}			4	1	4						$\overline{\Delta\gamma'}_{2\mathrm{II}}$	1/2		1		1	50.64	4.44	3.58	

续表

a_{ij}	h^4/t_6^3					h^2/t_1	h^2/t_2		h^2/t_3		h^2/t_4		h^2/t_5		h^2/t_6		h^3/t_7^2	h^2/t_7	h	$\sum x$
			$\overline{\Delta\gamma'}_{1m6}$	$\overline{\Delta\gamma'}_{1V6}$	$\overline{\theta'}_{m6}$			$\overline{\Delta\gamma'}_{2V2}$		$\overline{\Delta\gamma'}_{2V3}$		$\overline{\Delta\gamma'}_{2V4}$		$\overline{\Delta\gamma'}_{2V5}$		$\overline{\Delta\gamma'}_{2V6}$	n	n	n	$(-1/E_c)$
a_{45}			3	1	2						$\overline{\Delta\gamma'}_{2\mathrm{I}}$		$\overline{\Delta\gamma'}_{2\mathrm{II}5}$	1/2		1	33.69	3.70	3.58	
a_{46}	$\overline{\Delta\gamma'}_{1\mathrm{II}6}$	$2\overline{\theta'}_{\mathrm{II}6}$	7/6	1/2	2/6								$\overline{\Delta\gamma'}_{2\mathrm{I}5}$		$\overline{\Delta\gamma'}_{2\mathrm{II}6}$	1/2	16.89	2.96	3.58	
a_{47}	$\overline{\Delta\gamma'}_{1\mathrm{I}6}$	$2\overline{\theta'}_{\mathrm{I}6}$													$\overline{\Delta\gamma'}_{2\mathrm{I}6}$		2.808	1.25	1.79	
a_{51}			17/6	1/2	14/6									1/2		1/2	31.8	2.84	1.79	
a_{52}			5	1	4									1		1	56.2	5.19	3.58	
a_{53}			4	1	3									1		1	45.0	4.44	3.58	
a_{54}			3	1	2									1		1	33.76	3.70	3.58	
a_{55}			2	1	1								$\overline{\Delta\gamma'}_{2\mathrm{II}5}$	1/2		1	22.46	2.96	3.58	
a_{56}	$\overline{\Delta\gamma'}_{1\mathrm{II}6}$	$\overline{\theta'}_{\mathrm{II}6}$	4/6	1/2	1/6								$\overline{\Delta\gamma'}_{2\mathrm{I}5}$		$\overline{\Delta\gamma'}_{2\mathrm{II}6}$	1/2	11.26	2.22	3.58	
a_{57}	$\overline{\Delta\gamma'}_{1\mathrm{I}6}$	$\overline{\theta'}_{\mathrm{I}6}$													$\overline{\Delta\gamma'}_{2\mathrm{I}6}$		1.872	0.865	1.79	
a_{61}			14/6	1/2												1/2	15.9	2.41	1.79	
a_{62}			4	1												1	28.1	4.44	3.58	
a_{63}			3	1												1	22.5	3.70	3.58	
a_{64}			2	1												1	16.88	2.96	3.58	
a_{65}			1	1												1	11.23	2.22	3.58	
a_{66}	$\overline{\Delta\gamma'}_{1\mathrm{II}6}$		1/6	1/2											$\overline{\Delta\gamma'}_{2\mathrm{II}6}$	1/2	5.63	1.48	3.58	
a_{67}	$\overline{\Delta\gamma'}_{1\mathrm{I}6}$														$\overline{\Delta\gamma'}_{2\mathrm{I}6}$		0.936	0.49	1.79	
a_{71}																		2.10	1.79	
a_{72}																		3.70	3.58	
a_{73}																		2.96	3.58	
a_{74}																		2.22	3.58	
a_{75}																		1.48	3.58	
a_{76}																		0.74	3.58	
a_{77}																		0.123	1.79	

说明 1. 由于$\overline{\Delta\gamma'}_{1\mathrm{II}3}=\overline{\theta'}_{\mathrm{II}3}$，因此，在表中已将$\overline{\theta'}_{V}$合并于$\overline{\Delta\gamma'}_{1m}$栏内。

2. 将表头横行与欲求横行的各对应项相乘，得其积，再按横行累加，即为所求值，如：

$$a_{11}=\left[\overline{\Delta\gamma'}_{1\mathrm{III}}\frac{h^4}{t_1^3}+\left(\frac{5}{6}\overline{\Delta\gamma'}_{1m2}+\frac{1}{2}\overline{\Delta\gamma'}_{1V2}+\frac{2}{6}\overline{\theta'}_{m2}\right)\frac{h^4}{t_2^3}+\cdots+95.4n\frac{h^3}{t_5^2}+4.32n\frac{h^2}{t_5}+1.79nh\right]\frac{-1}{E_c}$$

3. 坝体弹模与坝基弹模之比值$n=E_c/E_\gamma$，可按实地情况选用代入。

4. 表列各项均应乘以$1/E_c$，在$\sum$栏内统一处理。

5. 在水压力作用下，梁向下游变位，与拱冠梁径向变位之正方向相反，故本表计算得之a_{ij}值均为负号，在$\sum$栏内统一处理。

附表 1-6　坝身矩形孔口 $(a/b=1.5)\sigma/p_y$ 的应力计算系数

d/b	1 线	2 线	3 线	4 线	5 线	6 线
0.00	−0.92	—	—	—	+1.49	+1.36
0.10	−0.59	−0.13	+0.85	+1.39	+1.42	+1.34
0.15	−0.44	−0.21	+0.76	+1.31	+1.38	+1.34
0.20	−0.32	−0.23	+0.71	+1.27	+1.33	+1.33
0.30	−0.13	−0.18	+0.64	+1.21	+1.27	+1.31
0.40	−0.02	−0.12	+0.59	+1.16	+1.22	+1.29
0.50	−0.04	−0.08	+0.58	+1.13	+1.18	+1.26
0.60	+0.07	−0.05	+0.56	+1.10	+1.16	+1.23
0.70	+0.09	−0.03	+0.54	+1.07	+1.13	+1.21
0.80	+0.10	−0.02	+0.53	+1.05	+1.10	+1.19
0.90	+0.11	0	+0.52	+1.04	+1.08	+1.18
1.00	+0.11	−0.01	+0.51	+1.03	+1.06	+1.17

附表 1-7　坝身矩形孔口 σ/τ_{xy} 的应力计算系数

d/b	1 线	2 线	3 线	4 线	5 线	6 线
0.00	0	—	—	—	−0.95	0
0.05	0	−1.94	−2.77	−2.36	−1.00	0
0.10	0	−1.44	−2.20	−1.83	−0.99	0
0.15	0	−1.07	−1.89	−1.43	−0.93	0
0.20	0	−0.79	−1.69	−1.17	−0.85	0
0.30	0	−0.42	−1.45	−0.82	−0.65	0
0.40	0	−0.21	−1.28	−0.60	−0.43	0
0.50	0	−0.14	−1.18	−0.44	−0.27	0
0.60	0	−0.11	−1.11	−0.33	−0.17	0
0.70	0	−0.08	−1.06	−0.23	−1.10	0
0.80	0	−0.06	−1.02	−0.18	−0.06	0
0.90	0	−0.05	−0.99	−0.12	−0.03	0
1.00	0	−0.04	−0.98	−0.08	−0.02	0

附表 1-8　　坝身矩形孔口 σ/p_x 的应力计算系数

d/b	1线	2线	3线	4线	5线	6线
0.0	+1.78	—	—	—	−0.89	−0.92
0.05	+1.75	+1.81	+1.32	+0.14	−0.78	−0.81
0.10	+1.72	+1.66	+1.12	−0.07	−0.66	−0.70
0.15	+1.69	+1.57	+0.99	−0.14	−0.55	−0.59
0.20	+1.65	+1.51	+0.89	−0.16	−0.43	−0.49
0.30	+1.55	+1.44	+0.77	−0.17	−0.24	−0.32
0.40	+1.45	+1.36	+0.70	−0.15	−0.14	−0.18
0.50	+1.36	+1.30	+0.65	−0.13	−0.08	−0.09
0.60	+1.28	+1.25	+0.61	−0.11	−0.05	−0.02
0.70	+1.23	+1.21	+0.59	−0.08	−0.02	+0.03
0.80	+1.19	+1.17	+0.57	−0.05	+0.01	+0.06
0.90	+1.16	+1.13	+0.55	−0.02	+0.03	+0.07
1.00	+1.14	+1.11	+0.54	+0.02	+0.05	+0.08

附表 1-9　　坝身矩形孔口拉应力面积计算系数

$_x/\sigma_y$ \ $/b$	0	0.1	0.2	0.3	0.4	0.5
1.0	1500	970	600	330	140	33
1.2	1500	950	570	280	120	17
1.4	1500	940	540	250	80	0
1.6	1500	920	500	220	60	—
1.8	1500	900	470	180	40	—
2.0	1500	880	440	150	20	—
2.2	1500	850	410	130	10	—
2.4	1500	830	380	110	0	—

附录二　毕业设计中的常用参考文献及资料

一、设计规范（准则、导则）

1. DL 5077—1997《水工建筑物荷载设计规范》
2. DL 5073—2000，SL 203—97《水工建筑物抗震设计规范》
3. DL 5073—1997《水工钢筋混凝土结构设计规范》
4. GB 50286—98《堤防设计规范》
5. SL/T 225—98《水利水电工程土工合成材料应用技术规范》
6. DL 5108—1999，SL 319—2005《混凝土重力坝设计规范》
7. DL/T 5346—2006，SL 282—2003《混凝土拱坝设计规范》
8. DL/T 5395—2007，SL 274—2001《碾压式土石坝设计规范》
9. SL 314—2004《碾压混凝土坝设计规范》
10. DL/T 5016—1999，SL 228—98《混凝土面板堆石坝设计规范》
11. SD 274—1988（2005 复审）《土石坝沥青混凝土面板和心墙设计准则》
12. SL 25—2006《浆砌石坝设计规范》
13. SLJ 03—88《橡胶坝技术指南》
14. DL/T 5166—2002《溢洪道设计规范》
15. SL 265—2001《水闸设计规范》
16. SL 285—2003，DL/T 5398—2007《水电站进水口设计规范》
17. SL 279—2002，DL/T 5195—2004《水工隧洞设计规范》
18. SL 266—2001《水电站厂房设计规范》
19. DL/T 5058—1996《水电站调压井设计规范》
20. SL 281—2003，DL/T 5141—2001《水电站压力钢管设计规范》
21. SDJ 11—77，DLT 5015—1996《水利水电工程水利动能设计规范》
22. SL 72—94《水利建设项目经济评价规范》
23. DL/T 5015—1996《水利水电工程动能设计规范》
24. SL 303—2004《水利水电工程施工组织设计规范》
25. GB 50201—94《防洪标准》
26. SL 252—2000《水利水电工程等级划分及防洪标准》
27. DL/T 5105—1999《水电工程水利计算规范》

二、综合参考书

[1] 水利水电规划设计总院. 水工设计手册（基础理论）. 北京：水利电力出版社，1983.
[2] 水利水电规划设计总院. 水工设计手册（地质　水文　建筑材料）. 北京：水利电力出版社，1984.
[3] 水利水电规划设计总院. 水工设计手册（结构计算）. 北京：水利电力出版社，1984.

[4] 水利水电规划设计总院．水工设计手册（土石坝）．北京：水利电力出版社，1984.
[5] 水利水电规划设计总院．水工设计手册（混凝土坝）．北京：水利电力出版社，1987.
[6] 水利水电规划设计总院．水工设计手册（泄水与过坝建筑物）．北京：水利电力出版社，1987.
[7] 水利水电规划设计总院．水工设计手册（水电站建筑物）．北京：水利电力出版社，1989.
[8] 水利水电规划设计总院．水工设计手册（灌区建筑物）．北京：水利电力出版社，1984.
[9] A．R．高尔泽［美］，等．坝工手册．北京：水利电力出版社，1990.
[10]［苏］B．Π．涅特里加．水工建筑物设计手册．北京：水利电力出版社，1992.
[11] 张光斗，王光伦．水工建筑物（上）．北京：水利电力出版社，1992.
[12] 张光斗，王光伦．水工建筑物（下）．北京：水利电力出版社，1994.
[13] 潘家铮．重力坝．北京：水利电力出版社，1987.
[14] 美国垦务局．拱坝设计．北京：水利电力出版社，1984.
[15] 水利电力部第五工程局，水利电力部东北勘测设计院．土坝设计（上）．北京：水利出版社，1978.
[16] 水利电力部第五工程局，水利电力部东北勘测设计院．土坝设计（下）．北京：水利出版社，1978.
[17] 陈明致，等．堆石坝设计．北京：水利电力出版社，1982.
[18] 谈松曦．水闸设计．北京：水利电力出版社，1986.
[19] 能源部水利部碾压混凝土筑坝推广领导小组．碾压混凝土筑坝——设计与施工．北京：电子工业出版社，1990.
[20] 杨华全，任旭华．碾压混凝土的层面结合与渗流．北京：中国水利水电出版社，1999.
[21] 马君寿．钢筋混凝土面板堆石坝．北京：水利电力出版社，1990.
[22] 傅志安，凤家骥．混凝土面板堆石坝．北京：华中理工大学出版社，1993.
[23] 李惕先，等．水利水能规划（第二版）．北京：中国水利水电出版社，2003.
[24] 华东水利学院．水工设计手册（1～7卷）．北京：水利电力出版社，1989.
[25] 商跃进．有限元原理与ANSYS应用指南．北京：清华大学出版社，2005.
[26] 王福军．计算流体动力学分析．北京：清华大学出版社，2004.
[27] 刘启钊．水电站．北京：中国水利水电出版社，1998.
[28] 王雪光，周佳新．AutoCAD 2004中文版制图经典教程．北京：电子工业出版社，2004.
[29] 卢湘鸿．Access数据库技术应用．北京：清华大学出版社，2007.
[30] 水电站机电设计手册编写组．水电站机电设计手册（水力机械分册）．北京：水利电力出版社，1983.
[31] 大连工学院，武汉水利电力学院，天津大学．水电站建筑物．北京：水利出版社，1982.
[32] 刘天雄．水电站建筑物设计参考图册．清华大学水利系水文及水电站教研组．1984.

[33] 张治滨，季奎. 水电站建筑物设计参考资料. 北京：水利电力出版社，1990.
[34] 清华大学流体传动与控制教研组译. [美] E. B. 怀利，V. L. 斯特里特. 瞬变流. 北京：水利电力出版社，1983.
[35] E. B. Wylie. V. L. Streeter. Fluid Transients. McGRaw-Hill Inc. 1978.
[36] 魏先导. 水力机组过渡过程计算. 北京：水利电力出版社，1991.
[37] 金锥，姜乃昌，汪兴华. 停泵水锤及其保护. 北京：中国建筑工业出版社，1993.
[38] M. H. Chaudry. Applied Hydraulic Transients. Litton Educational Publishing Inc.
[39] 陆佑楣，潘家铮. 抽水蓄能电站. 北京：水利电力出版社，1992.
[40] 李惕先，季云，刘启钊. 抽水蓄能电站. 北京：中国水利水电出版社，1995.
[41] 王汉杰，邵立群. 农田水利工程设计范例. 长春：吉林科学出版社，1994.
[42] 宋祖昭，等. 渠首工程. 北京：水利电力出版社，1989.
[43] 董符群，等. 农村水利技术实用手册. 北京：水利电力出版社，1989.
[44] 康权主. 农田水利学. 北京：水利电力出版社，1993.
[45] 李永善，陈珍平. 农田水利. 北京：中国水利水电出版社，1995.
[46] [苏] M. M. 格里申. 水工建筑物. 北京：水利电力出版社，1986.
[47] 左东启，等. 水工建筑物. 南京：河海大学出版社，1995.
[48] 任德林. 水工建筑物，南京：河海大学出版社，1990.
[49] 赵文华，等. 渡槽. 北京：水利电力出版社，1985.
[50] 高逸士. 水闸. 北京：水利电力出版社，1988.
[51] 施嘉炀. 水资源综合利用. 北京：中国水利水电出版社，1996.
[52] 电力工业部成都勘测设计院. 水能设计（上、下册）. 北京：电力工业出版社，1981.
[53] 长江流域规划办公室水文处. 水利工程实用水文水利计算. 北京：水利出版社，1980.
[54] 水利电力部水利水电规划设计院，长江流域规划办公室. 水利动能设计手册（综合利用分册）. 北京：水利电力出版社，1988.
[55] 水利电力部水利水电规划设计院，长江流域规划办公室. 水利动能设计手册（防洪分册）. 北京：水利电力出版社，1988.
[56] 水利电力部水利水电规划设计院，中南勘测设计院. 水利动能设计手册（水力发电分册）. 北京：水利电力出版社，1988.
[57] 国家计委，建设部. 建设项目经济评价方法与参数.
[58] 朱伯芳，宋敬廷. 双曲拱坝最优化设计. 水利水运科学研究. 1980 (2).
[59] 黎展眉. 拱坝. 北京：水利电力出版社，1982.
[60] 沈长松，王世夏，林益才，等. 水工建筑物. 北京：中国水利水电出版社，2008.
[61] 顾圣平，田富强，徐得潜. 水资源规划及利用. 北京：中国水利水电出版社，2009.